高等院校数字化建设精品教材

高 等 数 学

（上）

兰州理工大学数学教学部　编著

主　编　欧志英　马成业　王亚芹

副主编　孟新友　杨　帆　雷东侠　杜翻身

北京大学出版社

PEKING UNIVERSITY PRESS

内 容 简 介

　　本书是根据教育部关于高等学校理工科非数学专业本科"高等数学"课程的教学基本要求,结合分层分类教学的课程教学内容和课程体系改革方针以及编者多年的教学经验与实践编写而成的.

　　本书分上、下两册,上册内容包括:函数、极限与连续,导数与微分,微分中值定理与导数的应用,不定积分,定积分及其应用,常微分方程;下册内容包括:向量代数与空间解析几何,多元函数微分法及其应用,重积分及其应用,曲线积分与曲面积分,无穷级数,高等数学中的数学实验.几乎每节都配有对应内容的习题,此外每章都配有总习题,书末附有习题参考答案与提示,以便于学生理解和学习.

　　本书在高等数学原有知识体系结构基础上增加了数学实验的内容,适合普通高等学校理工科非数学专业本科生和任课教师参考使用.

前　言

"高等数学"是高等学校理工科非数学专业的一门公共必修课,随着"高等学校本科教学质量与教学改革工程"的推进和理工科通识类课程要求的变化以及信息技术的高速发展,对"高等数学"的教学提出了新的要求和目标.为了满足新形势下培养高素质理工科专业人才的实际需求,迫切需要编写新的"高等数学"教材,以适应课程分层分类教学体系.本书是编者在多年教学经验的基础上,在经典教材的理论框架下,按照突出数学思想和数学方法、淡化计算技巧、强调应用实例等原则编写而成的,适合普通高等学校理工科非数学专业本科生使用.

本书分上、下两册,上册内容包括:函数、极限与连续,导数与微分,微分中值定理与导数的应用,不定积分,定积分及其应用,常微分方程;下册内容包括:向量代数与空间解析几何,多元函数微分法及其应用,重积分及其应用,曲线积分与曲面积分,无穷级数,高等数学中的数学实验.为了满足分层分类教学的需要,书中选修内容用"＊"标注.为了突出"培养创新精神和应用发展能力为核心"的指导思想,培养学生应用数学知识解决复杂工程问题的能力,本书将数学建模思想和数学知识在实际中的应用贯穿始终,精心设计和安排了教材的内容体系和框架,增加了数学实验一章.另外,本书按章节配有动画视频、课程思政案例和数学家简介的二维码云资源,以加深学生对课程内容的理解,培养学生的学习兴趣.

本书由兰州理工大学数学教学部统一规划、编写,其中参与讨论和编写的人员有:欧志英,马成业,王亚芹,孟新友,杨帆,雷东侠,杜翻身,张民悦,王大斌,李敦刚,常杰,关雯,彭淑慧,常小凯,张运虎等.特别感谢张民悦教授前期对本书知识结构总体的设计和安排,付小军、谷任盟、龚维安对本书配套教学资源的规划与制作,以及编辑人员对书中体例、格式和图表的统一及再设计.

由于编者水平有限,书中难免有不妥之处,恳请使用本书的读者批评指正,提出修改意见和建议.

编者

2021 年 2 月

目　录

课程思政案例

第一章 函数、极限与连续

实际问题中遇到的各种变量,通常并不都是独立变化的.函数反映了变量之间的相互依赖关系,是高等数学的研究对象.高等数学特别强调极限思想和方法.极限方法作为分析变量的基本方法,构成高等数学的理论基础.连续与极限密切相关,是很广泛的一类函数所具有的性质.本章将复习集合、映射等内容,并介绍函数、极限与连续等概念及其相关性质.

第一节 映射与函数

一、集合

1. 集合的概念

集合是指具有某种共同属性的事物的全体,或是一些确定对象的汇总.例如,图书馆里的藏书构成一个集合,直线 $x+y-1=0$ 上的所有点构成一个集合,等等.由于人们对事物的评判标准各异,有些汇总则不是集合.例如,"高档消费品""很大的实数"都不构成集合.集合的**元素**是指构成集合的每个事物或对象.由有限个元素构成的集合,称为**有限集**.由无限多个元素构成的集合,称为**无限集**.

通常,用大写英文字母 $A,B,C,\cdots$ 表示集合,用小写英文字母 $a,b,c,\cdots$ 表示集合的元素.如果 a 是集合 A 的元素,那么称 a **属于** A,记作 $a\in A$;如果 a 不是集合 A 的元素,那么称 a **不属于** A,记作 $a\notin A$ 或 $a\overline{\in}A$.元素 a 对于集合 A 而言具有确定性,要么 $a\in A$,要么 $a\notin A$.

集合有两种表示法.一种是**列举法**,就是一一列举集合中所有元素的表示法.例如,由 100 以内的正偶数构成的集合 A 可表示为

$$A=\{2,4,\cdots,100\}.$$

另一种是**描述法**,就是用文字或数学表达式写出集合中元素所具有的某种共同属性的表示法.例如,集合 $B=\{x\mid x=2n$ 且 n 为正整数$\}$ 表示由全体正偶数构成的集合(称为**正偶数集**).常见的集合有数集(由数构成的集合)、点集(由点构成的集合).在本书中,$\mathbf{N}$ 表示**自然数集**(由全体自然数构成的集合),$\mathbf{Z}$ 表示**整数集**(由全体整数构成的集合),$\mathbf{Q}$ 表示**有理数集**(由全体有理数构成的集合),$\mathbf{R}$ 表示**实数集**(由全体实数构成的集合),$\mathbf{R}_+$ 表示**正实数集**(由全体正实数构成的集合).另外,除特殊说明以外,本书所涉及的数均指实数.

设 A,B 是两个集合.如果集合 A 的元素都属于集合 B,即若 $a\in A$,则 $a\in B$,那么称 A 是 B 的

子集，记作 $A \subseteq B$（读作"A 包含于 B"）或 $B \supseteq A$（读作"B 包含 A"）. 若 $A \subseteq B$，且存在 $b \in B$，但 $b \notin A$，则称 A 为 B 的**真子集**，记作 $A \subset B$（读作"A 真包含于 B"）或 $B \supset A$（读作"B 真包含 A"）.

如果集合 A 与集合 B 互为子集，即 $A \subseteq B$ 且 $B \subseteq A$，此时 A 的元素与 B 的元素相同，那么称 A 与 B **相等**，记作 $A = B$.

由研究的所有事物构成的集合，称为**全集**或**基本集**，记作 U. 全集具有相对性. 不含任何元素的集合，称为**空集**，记作 $\varnothing$. 例如，$\{x \mid x^2 - 2 = 0, x \in \mathbf{N}\}$ 就是空集. 规定空集是任何集合的子集.

2. 集合的运算

集合的基本运算主要包括：并、交、差、补（余）.

设 A, B 是两个集合. 由 A 和 B 的所有元素构成的，相同的元素只取一个的集合，称为 A 与 B 的**并集**（简称并），记作 $A \bigcup B$，即

$$A \bigcup B = \{x \mid x \in A \text{ 或 } x \in B\}.$$

由 A 和 B 的所有公共元素构成的集合，称为 A 与 B 的**交集**（简称交），记作 $A \bigcap B$，即

$$A \bigcap B = \{x \mid x \in A \text{ 且 } x \in B\}.$$

若 $A \bigcap B = \varnothing$，则称 A 与 B **互斥**.

由所有属于 A 而不属于 B 的元素构成的集合，称为 A 与 B 的**差集**（简称差），记作 $A - B$ 或 $A \backslash B$，即

$$A - B = \{x \mid x \in A \text{ 但 } x \notin B\}.$$

对于全集 U 和任一集合 A，称 $U - A$ 为 A 的**补集**（简称补）或**余集**（简称余），记作 $\complement_U A$.

对于任意两个集合 A, B，有

$$A - B = A \bigcap \complement_U B = A - (A \bigcap B).$$

设 A, B, C 是三个集合，则集合的并、交和补运算满足以下运算律：

(1) 交换律：$A \bigcup B = B \bigcup A, A \bigcap B = B \bigcap A$；

(2) 结合律：$(A \bigcup B) \bigcup C = A \bigcup (B \bigcup C), (A \bigcap B) \bigcap C = A \bigcap (B \bigcap C)$；

(3) 分配律：$(A \bigcup B) \bigcap C = (A \bigcap C) \bigcup (B \bigcap C)$，

$\qquad\qquad\quad (A \bigcap B) \bigcup C = (A \bigcup C) \bigcap (B \bigcup C)$；

(4) 对偶律：$\complement_U (A \bigcup B) = \complement_U A \bigcap \complement_U B, \complement_U (A \bigcap B) = \complement_U A \bigcup \complement_U B$.

3. 区间和邻域

数集 $\{x \mid a < x < b\}$ 称为**开区间**，记作 (a, b)；数集 $\{x \mid a \leqslant x \leqslant b\}$ 称为**闭区间**，记作 $[a, b]$. 类似地，还有**半开半闭区间**：$[a, b) = \{x \mid a \leqslant x < b\}, (a, b] = \{x \mid a < x \leqslant b\}$. 以上区间统称为**有限区间**，数 $b - a$ 称为有限区间的**长度**，其中 a, b 分别称为**左端点**、**右端点**，统称为**端点**. 闭区间 $[a, b]$，开区间 (a, b) 分别如图 1-1(a)，(b) 所示.

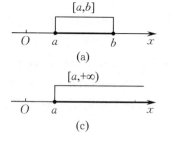

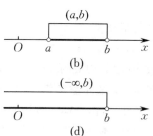

图 1-1

相应地,还有**无限区间**,例如

$$(a,+\infty) = \{x \mid x > a\}, \quad [a,+\infty) = \{x \mid x \geqslant a\},$$
$$(-\infty,b) = \{x \mid x < b\}, \quad (-\infty,b] = \{x \mid x \leqslant b\},$$

其中符号"$+\infty$"读作"正无穷大","$-\infty$"读作"负无穷大".两个无限区间$[a,+\infty),(-\infty,b)$分别如图 $1-1$(c),(d) 所示.实数集 $\mathbf{R} = (-\infty,+\infty)$ 也是无限区间.一般区间也可用 I,X 等来表示.

邻域的概念也经常用到.设 a 为已知点,称以点 a 为中心的任一有限开区间为点 a 的**邻域**,记作 $U(a)$.设 δ 是某个正数,称以点 a 为中心,长度为 2δ 的开区间为点 a 的 δ **邻域**,记作 $U(a,\delta)$,即

$$U(a,\delta) = \{x \mid a-\delta < x < a+\delta\} = \{x \mid |x-a| < \delta\},$$

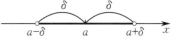

其中点 a 称为该邻域的**中心**,δ 称为该邻域的**半径**(见图 $1-2$).

图 $1-2$

例如,$U(2,0.25)$ 表示以点 2 为中心,以 0.25 为半径的邻域,即开区间 $(1.75,2.25)$.

邻域 $U(a,\delta)$ 去掉中心点 a 后剩下的部分,称为点 a 的**去心 δ 邻域**(简称**去心邻域**),记作 $\overset{\circ}{U}(a,\delta)$,即

$$\overset{\circ}{U}(a,\delta) = (a-\delta,a) \bigcup (a,a+\delta) = \{x \mid 0 < |x-a| < \delta\},$$

其中$(a-\delta,a),(a,a+\delta)$ 分别称为点 a 的**左邻域**、**右邻域**.点 a 的某个去心邻域通常用符号 $\overset{\circ}{U}(a)$ 表示.

例如,去心邻域 $\overset{\circ}{U}(5,1)$ 就是 $(4,5) \bigcup (5,6)$.

二、映射

1.映射的概念

映射是两个集合之间的一种对应关系.

定义 1　设 X,Y 都是非空集合.若存在一个对应法则 f,使得对 X 中每个元素 x,在 Y 中都有唯一确定的元素 y 与之对应,则称 f 为从 X 到 Y 的**映射**或**算子**,记作

$$f:X \to Y,$$

其中 y 称为元素 x 的**像**,记作 $f(x)$,即 $y = f(x)$;x 称为元素 y 的**原像**;X 称为映射 f 的**定义域**,记作 D 或 D_f,即 $D = D_f = X$.由 X 中所有元素的像构成的集合,称为映射 f 的**值域**,记作 W,R_f 或 $f(X)$,即

$$W = R_f = f(X) = \{f(x) \mid x \in X\}.$$

构成一个映射必须具备三要素:定义域 $D = X$,值域 $W \subseteq Y$,对应法则 f.D 中每个元素 x 的像 y 唯一,W 中每个元素 y 的原像未必唯一.

映射 $f:X \to Y$ 的值域 $W \subseteq Y$,不一定有 $W = Y$.若 f 的值域 $W = Y$,即 Y 中任一元素 y 都是 X 中某个元素的像,则称 f 为从 X 到 Y 的**满射**;若 X 中任意两个不同元素 $x_1,x_2(x_1 \neq x_2)$ 的像满足 $f(x_1) \neq f(x_2)$,则称 f 为从 X 到 Y 的**单射**.既是单射又是满射的映射 f,称为**一一映射**或**双射**.

例 1　设 $f:\mathbf{R} \to \mathbf{R},f(x) = x^3$.对于每个 $x \in \mathbf{R}$,有唯一确定的 $y \in \mathbf{R}$ 与之对应,即 f 是一个映射.f 的定义域为 $D = \mathbf{R}$,值域为 $W = \mathbf{R}$.W 中所有元素 y 的原像是存在且唯一的.例如,$y = 8$ 的原像只有一个,为 $x = 2$.所以,f 是一一映射.

例 2　　设 $f:\mathbf{R}\to\mathbf{R},f(x)=x^2$. 与例 1 同理，$f$ 也是一个映射，f 的定义域为 $D=\mathbf{R}$，值域为 $W=\{y\mid y\geqslant 0\}$，且 $W\subseteq\mathbf{R}$. 对于 W 中的元素 y，当且仅当 $y=0$ 时，原像才是唯一的. 例如，$y=9$ 的原像就有两个：$x=3$ 和 $x=-3$. 所以，映射 f 既非单射，也非满射.

2. 逆映射与复合映射

设 f 是从 X 到 Y 的单射，则对于每个 $y\in W$，有唯一的 $x\in X$，满足 $f(x)=y$. 于是，可定义一个从 W 到 X 的新映射 g，即

$$g:W\to X.$$

对于每个 $y\in W$，规定 $g(y)=x$，且此 x 满足 $f(x)=y$. 这个映射 g 称为 f 的**逆映射**，记作 f^{-1}，其定义域为 $D_{f^{-1}}=W$，值域为 $R_{f^{-1}}=X$.

只有单射才有逆映射. 上述例子中，只有例 1 中的映射 f 才有逆映射 $f^{-1}:f^{-1}(x)=\sqrt[3]{x}$，且其定义域和值域为 $D_{f^{-1}}=R_{f^{-1}}=\mathbf{R}$.

设有两个映射 $g:X\to Y_1,f:Y_2\to W$，其中 $Y_1\subseteq Y_2$. 由映射 g 和 f 可以确定一个从 X 到 W 的映射，它将每个 $x\in X$ 映射成 $f[g(x)]\in W$. 这个映射称为由映射 g 和 f 构成的**复合映射**，记作 $f\circ g$，即

$$f\circ g:X\to W,\quad (f\circ g)(x)=f[g(x)],\quad x\in X.$$

并非任意两个映射都可构成复合映射. g 和 f 可以构成复合映射的条件是：g 的值域包含于 f 的定义域. 映射 g 和 f 的复合是有顺序的，$f\circ g$ 有意义并不代表 $g\circ f$ 也有意义. 即使 $f\circ g$ 与 $g\circ f$ 都有意义，复合映射 $f\circ g$ 与 $g\circ f$ 也未必相同.

三、函数

1. 函数的概念

函数是一种特殊的映射，是从实数集或其子集到实数集的映射.

定义 2　　设 D 是给定的非空数集，x,y 是两个变量，x 取值于 D，y 取值于 $\mathbf{R}$. 若有一个对应法则 f，使得对于任意 $x\in D$，都有唯一确定的 $y\in\mathbf{R}$，它与 x 对应，则称 f 为定义在 D 上的一个**函数**，也称 y 是 x 的**函数**，记作

$$y=f(x),\quad x\in D,$$

其中 x 称为**自变量**，y 称为**因变量**，D 称为**定义域**，也可记作 D_f.

在定义 2 中，当自变量 x 取某个数值 $x_0\in D$ 时，y 有确定的数值 y_0 与 x_0 对应，满足 $y_0=f(x_0)$. 称 y_0 为函数 $y=f(x)$ 在点 $x=x_0$ 处的**函数值**，或称函数 $y=f(x)$ 在点 $x=x_0$ 处**有定义**. 函数值的全体所构成的集合，称为函数 $y=f(x)$ 的**值域**，记作 W,R_f 或 $f(D)$，即

$$W=R_f=f(D)=\{y\mid y=f(x),x\in D\}.$$

除常用的符号 f 以外，也可用其他英文字母或希腊字母表示对应法则，如 g,h,φ 等，相应的函数记作 $y=g(x),y=h(x),y=\varphi(x)$ 等. 有时也将函数记作 $y=y(x)$ 或者省略 y，直接将函数记作 $g(x),h(x),\varphi(x),y(x)$ 等. 函数仅与定义域和对应法则有关，而与用什么字母表示无关，这就是函数表示法的"无关特性".

构成函数的要素是:非空的定义域 D 及对应法则 f.例如,$y = \arcsin(2 + x^2)$ 不是函数,因为 $D = \varnothing$.如果两个函数有相同的定义域和对应法则,那么这两个函数就相同.显然,相应的值域也相同.例如,函数 $y = x$ 与 $y = (\sqrt{x})^2$ 不相同,因为它们的定义域不相同;函数 $y = x$ 与 $y = \sqrt{x^2}$ 不相同,因为它们的对应法则不相同;函数 $y = |x|$ 与 $y = \sqrt{x^2}$ 相同,因为它们的定义域相同,对应法则也相同.

除非特别说明,函数的定义域是指使实际问题或函数表达式有意义的自变量的取值范围.实际问题中的定义域由实际意义确定,本书主要涉及几何或物理意义.例如,对于圆的面积函数 $A = \pi r^2$,定义域为 $r > 0$;对于自由落体运动的位移函数 $s = \dfrac{1}{2}gt^2$(忽略空气阻力),定义域为 $t \in [0, T]$,其中 T 为落地的时刻,g 为重力加速度.若函数由抽象的解析式给出,则使解析式有意义的一切实数构成的集合就是函数的定义域,也称之为**自然定义域**.例如,函数 $y = \ln(16 - x^2)$ 的定义域是开区间 $(-4, 4)$.

常常把上述定义的函数称为**单值函数**;如果定义 2 中对应的 y 值确定但不唯一,则称对应法则 f 为**多值函数**.例如,设变量 x 和 y 之间的对应法则 f 由方程 $x^2 + y^2 = 25$ 给出,则区间 $[-5, 5]$ 上除 $x = \pm 5$ 以外,当 x 取区间 $(-5, 5)$ 内任一值时,有两个值 $y = \pm\sqrt{25 - x^2}$ 与之对应,从而 f 是一个多值函数.对多值函数附加一些条件,可将其转化为单值函数,称这样得到的单值函数为多值函数的**单值分支**.例如,对方程 $x^2 + y^2 = 25$ 附加条件 $y \geqslant 0$,得到一个单值分支 $y = y_1(x) = \sqrt{25 - x^2}$;附加条件 $y \leqslant 0$,得到另一个单值分支 $y = y_2(x) = -\sqrt{25 - x^2}$.本书主要讨论单值函数.

同时,可按自变量的数目对函数进行分类.含有一个自变量的函数 $y = f(x)$,称为**一元函数**.含有 $n(n \geqslant 2)$ 个自变量的函数,称为 n **元函数**.而且,我们将含有两个或两个以上自变量的函数统称为**多元函数**.例如,$z = f(x, y)$ 为二元函数,$u = f(x, y, z)$ 为三元函数,它们都是多元函数.

常用的函数表示方法有图形法和解析法.**图形法**是指以平面点集 $\{(x, y) \mid y = f(x), x \in D\}$ 来表示函数,称之为函数 $y = f(x)$ 的**图形**,如图 1-3 所示.**解析法**是指以 $y = f(x)$ 的形式来表示函数.

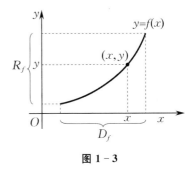

图 1-3

例 3　常数函数 $y = C$(C 为常数)的定义域为 $D = \mathbf{R}$,值域为 $W = \{C\}$,图形是一条平行于 x 轴的水平直线.图 1-4 给出了函数 $y = 2$ 的图形.

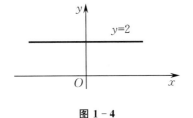

图 1-4

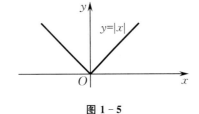

图 1-5

例 4　　**绝对值函数**

$$y = |x| = \begin{cases} x, & x \geqslant 0, \\ -x, & x < 0 \end{cases}$$

的定义域为 $D = \mathbf{R}$，值域为 $W = [0, +\infty)$，图形如图 1-5 所示.

例 5　　**符号函数**

$$y = \mathrm{sgn}\, x = \begin{cases} 1, & x > 0, \\ 0, & x = 0, \\ -1, & x < 0 \end{cases}$$

的定义域为 $D = \mathbf{R}$，值域为 $W = \{-1, 0, 1\}$，图形如图 1-6 所示.显然有关系式 $x = \mathrm{sgn}\, x \cdot |x|$ 成立.

例 6　　**取整函数** $y = [x] = n\, (n \leqslant x < n+1, n \in \mathbf{Z})$ 表示不超过 x 的最大整数,其定义域为 $D = \mathbf{R}$,值域为 $W = \mathbf{Z}$,图形如图 1-7 所示.可见,在 x 为整数时,取整函数的图形发生跳跃,所以称取整函数的图形为**阶梯曲线**.

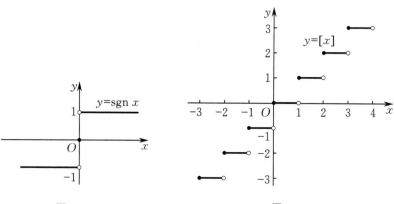

图 1-6　　　　　　　　　　　　　图 1-7

例 7　　**狄利克雷（Dirichlet）函数**

$$y = \mathrm{D}(x) = \begin{cases} 1, & x \in \mathbf{Q}, \\ 0, & x \notin \mathbf{Q} \end{cases}$$

数学家简介

的定义域为 $D = \mathbf{R}$，值域为 $W = \{0, 1\}$，图形无法画出.

从上面的例子可以看到,有时一个函数要用两个或两个以上式子表示.在自变量的不同变化范围内,对应法则用不同式子表示的函数,称为**分段函数**.分段函数的求值要根据自变量取值的具体范围分别计算.

例 8　　**函数**

$$y = f(x) = \begin{cases} 2\sqrt{x}, & 0 \leqslant x \leqslant 1, \\ x+1, & x > 1 \end{cases}$$

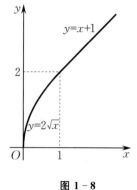

图 1-8

是一个分段函数,其定义域为 $D = [0, +\infty)$,且 $f(1) = 2\sqrt{1} = 2$, $f(3) = 3+1 = 4$.此函数的图形如图 1-8 所示.

例 9 对于例 8，求函数 $f(x+3)$ 的定义域.

解 由函数 $f(x)$ 的解析式得

$$f(x+3) = \begin{cases} 2\sqrt{x+3}, & 0 \leqslant x+3 \leqslant 1 \\ x+3+1, & x+3 > 1 \end{cases} = \begin{cases} 2\sqrt{x+3}, & -3 \leqslant x \leqslant -2, \\ x+4, & x > -2, \end{cases}$$

故函数 $f(x+3)$ 的定义域为 $D = [-3, +\infty)$.

2. 函数的几种特性

1）函数的单调性

设函数 $f(x)$ 的定义域为 D，区间 $X \subseteq D$. 如果对于 X 中任意两点 x_1, x_2，当 $x_1 < x_2$ 时，都有

$$f(x_1) < f(x_2) \quad (\text{或 } f(x_1) > f(x_2))$$

成立，那么称 $f(x)$ 在区间 X 上**单调增加**（或**单调减少**），其中 X 称为**单调区间**. 单调增加和单调减少的函数统称为**单调函数**；否则，称为**非单调函数**. 如图 1-9（或图 1-10）所示，单调增加（或单调减少）函数的图形一般为自左向右上升（或下降）的曲线.

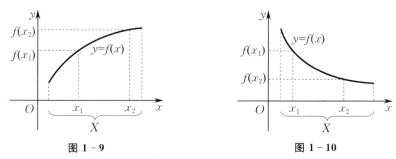

图 1-9　　　　　　　　　　　　　图 1-10

函数的单调性与自变量的区间有关. 例如，函数 $y = x^2$ 在 $[0, +\infty)$ 上单调增加，在 $(-\infty, 0]$ 上单调减少，而在 $(-\infty, +\infty)$ 上是非单调的（见图 1-11）. 又如，函数 $y = x^3$ 在 $(-\infty, +\infty)$ 上单调增加（见图 1-12）.

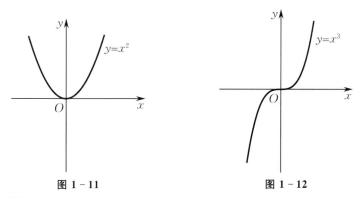

图 1-11　　　　　　　　　　　　　图 1-12

2）函数的有界性

设函数 $f(x)$ 的定义域为 D，区间 $X \subseteq D$. 如果存在常数 B，使得对于任意 $x \in X$，都有

$$f(x) \leqslant B$$

成立，那么称 $f(x)$ 在 X 上**有上界**，并称 B 为 $f(x)$ 在 X 上的一个**上界**. 由定义可知，比 B 大的数都是 $f(x)$ 在 X 上的上界. 如果存在常数 A，使得对于任意 $x \in X$，都有

$$f(x) \geqslant A$$

成立，那么称 $f(x)$ 在 X 上**有下界**，并称 A 为 $f(x)$ 在 X 上的一个**下界**. 由定义可知，比 A 小的数都是 $f(x)$ 在 X 上的下界. 如果存在正常数 M，使得对于任意 $x \in X$，都有

$$|f(x)| \leqslant M$$

成立，那么称 $f(x)$ 在 X 上**有界**，也称 $f(x)$ 为 X 上的**有界函数**，而称 M 为 $f(x)$ 在 X 上的一个**界**. 界不唯一，比 M 大的数也是 $f(x)$ 的界. 如果这样的 M 不存在，那么称 $f(x)$ 在 X 上**无界**. 容易证明，$f(x)$ 在 X 上有界的充要条件是它在 X 上既有上界又有下界.

函数的有界性与区间有关. 讨论函数的有界性时，必须指出其自变量的取值范围. 例如，函数 $y = \dfrac{1}{x}$ 在 $[-3, -2]$ 上有界，可取界 $M = 2$；在 $(0, 1)$ 上有下界 1，而无上界，那么在 $(0, 1)$ 上无界. 又如，函数 $y = \tan x$ 在 $\left[0, \dfrac{\pi}{3}\right]$ 上有界，在 $\left[0, \dfrac{\pi}{2}\right)$ 上无界.

有界函数 $y = f(x)$ 的图形位于两条水平直线 $y = M$ 与 $y = -M$ 所围的带形区域内，其中 M 为 $y = f(x)$ 的一个界.

3）函数的奇偶性

设函数 $f(x)$ 的定义域 D 关于坐标原点对称（若 $x \in D$，则 $-x \in D$）. 如果对于任意 $x \in D$，有 $f(-x) = f(x)$（或 $f(-x) = -f(x)$），那么称 $f(x)$ 为**偶函数**（或**奇函数**）. 既非奇函数也非偶函数的函数，称为**非奇非偶函数**.

例如，$f(x) = x^2$ 是偶函数，$f(x) = x^3$ 是奇函数，而 $f(x) = x^2 + x^3$ 为非奇非偶函数.

偶函数的图形关于 y 轴对称. 事实上，若 $y = f(x)$ 是偶函数，则 $f(-x) = f(x)$. 如果点 $A(x, f(x))$ 在 $y = f(x)$ 的图形上，那么与它关于 y 轴对称的点 $A'(-x, f(x))$ 也在此图形上（见图 1-13）.

奇函数的图形关于坐标原点对称. 事实上，若 $y = f(x)$ 是奇函数，则 $f(-x) = -f(x)$. 如果点 $A(x, f(x))$ 在 $y = f(x)$ 的图形上，那么与它关于坐标原点对称的点 $A''(-x, -f(x))$ 也在此图形上（见图 1-14）.

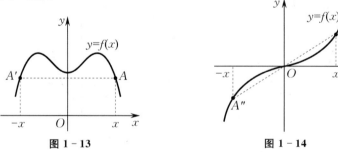

图 1-13   图 1-14

例 10　证明：函数 $f(x) = \ln(x + \sqrt{x^2 + 1})$ 是奇函数.

证　$f(x)$ 的定义域为 $\mathbf{R}$. 对于任意 $x \in \mathbf{R}$，有

$$f(-x) = \ln[-x + \sqrt{(-x)^2 + 1}] = \ln(\sqrt{x^2 + 1} - x)$$

$$= \ln \frac{(\sqrt{x^2 + 1} - x)(\sqrt{x^2 + 1} + x)}{\sqrt{x^2 + 1} + x}$$

$$= \ln \frac{1}{\sqrt{x^2 + 1} + x} = -f(x),$$

所以 $f(x)$ 是奇函数.

例 11　设函数 $f(x)$ 定义在区间 $(-l,l)$ 上,证明:必存在 $(-l,l)$ 上的偶函数 $g(x)$ 与奇函数 $h(x)$,使得 $f(x)=g(x)+h(x)$.

证　令

$$g(x)=\frac{1}{2}\big[f(x)+f(-x)\big],\quad h(x)=\frac{1}{2}\big[f(x)-f(-x)\big],$$

则 $g(x),h(x)$ 都是定义在 $(-l,l)$ 上的函数.上两式相加,得

$$g(x)+h(x)=f(x).$$

因为

$$g(-x)=\frac{1}{2}\big[f(-x)+f(x)\big]=g(x),\quad h(-x)=\frac{1}{2}\big[f(-x)-f(x)\big]=-h(x),$$

所以 $g(x)$ 是偶函数,而 $h(x)$ 是奇函数.

4)函数的周期性

设函数 $f(x)$ 的定义域为 D.若存在一个不为 0 的常数 l,使得对于任意 $x\in D$,都有 $x\pm l\in D$,且 $f(x\pm l)=f(x)$,则称 $f(x)$ 为**周期函数**,并称 l 为 $f(x)$ 的**周期**.

若 $f(x)$ 是以 l 为周期的周期函数,易证 $kl(k\in\mathbf{Z}$ 且 $k\neq 0)$ 都是 $f(x)$ 的周期,即周期不唯一.通常说的周期是指**最小正周期**.

三角函数都是周期函数.例如,函数 $\sin x,\cos x$ 都是以 2π 为周期的周期函数;函数 $\tan x,\cot x$ 都是以 π 为周期的周期函数.

图 1-15 表示周期为 $l(l>0)$ 的一个周期函数.在每个长度为 l 的区间上,函数的图形都相同.

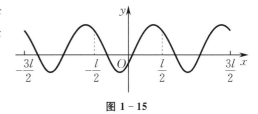

图 1-15

例 12　对于狄利克雷函数

$$y=\mathrm{D}(x)=\begin{cases}1,&x\in\mathbf{Q},\\0,&x\notin\mathbf{Q},\end{cases}$$

可以验证它在定义域 $\mathbf{R}$ 内为有界的非单调偶函数.它也是一个周期函数,任何非零有理数 r 都是它的周期,但是它没有最小正周期.可见,并非每个周期函数都有最小正周期.

在求周期函数的周期时,常用到如下结论:设 $f(x)$ 是在 $\mathbf{R}$ 上有定义的以 l 为周期的周期函数,a 为正常数,则函数 $f(ax)$ 是以 $\dfrac{l}{a}$ 为周期的周期函数.例如,函数 $\sin 3x$ 的周期是 $l=\dfrac{2\pi}{3}$,函数 $\cos\dfrac{x}{2}$ 的周期是 $l=\dfrac{2\pi}{\frac{1}{2}}=4\pi$.

3.反函数与复合函数

在研究两个变量的依赖关系时,可由具体问题选定其中一个为自变量,另一个就是因变量,如此便有反函数的概念.例如,在不计空气阻力时,自由落体运动的位移函数为

$$s=s(t)=\frac{1}{2}gt^2\quad(0\leqslant t\leqslant T),$$

其中 g 为重力加速度，T 为落地的时刻. 如果已知运动时间 t，只需将 t 代入上式即可求出位移 s.

反之，如果已知位移 s，只需解出 $t = \sqrt{\dfrac{2s}{g}}\left(0 \leqslant s \leqslant \dfrac{1}{2}gT^2\right)$，记为 $t(s)$，再代入 s 即可求出运动时

间 t. 这里我们称 $t(s)$ 为 $s(t)$ 的反函数.

反函数是逆映射的特例. 设函数 $f: D \to W$ 是一个单射，则它存在逆映射 $f^{-1}: W \to D$，映射 f^{-1} 就是函数 f 的反函数. 设函数 $y = f(x)$ 的定义域为 D，值域为 W. 若对于任意 $y \in W$，存在唯一的 $x \in D$ 与之对应，且满足 $f(x) = y$，则变量 x 是变量 y 的函数，记作 $x = \varphi(y)$ 或 $x = f^{-1}(y)$，称其为 $y = f(x)$ 的**反函数**. 显然，$y = f(x)$ 与其反函数 $x = f^{-1}(y)$ 互为反函数.

一般地，给定函数 $y = f(x)$，从中可解出 $x = f^{-1}(y)$，从而得到反函数. 按习惯写法，自变量用 x 表示，因变量用 y 表示. 于是，将 x, y 互换，得到反函数 $y = f^{-1}(x), x \in W$. 例如，函数 $y = x^3 (x \in \mathbf{R})$ 的反函数通常记作 $y = \sqrt[3]{x} (x \in \mathbf{R})$.

相对于反函数 $y = f^{-1}(x)$，称原来的函数 $y = f(x)$ 为**直接函数**. 变量 x 与 y 互换前，函数 $y = f(x)$ 与 $x = f^{-1}(y)$ 在同一个坐标平面内是同一个图形. 变量 x 与 y 互换后，直接函数 $y = f(x)$ 和反函数 $y = f^{-1}(x)$ 有以下关系：

（1）图形关于直线 $y = x$ 对称（见图 1 - 16）. 事实上，如果点 $P(a, b)$ 在 $y = f(x)$ 的图形上，满足 $b = f(a)$，就有 $a = f^{-1}(b)$，故点 $Q(b, a)$ 在 $y = f^{-1}(x)$ 的图形上；反之亦然. 而点 $P(a, b)$ 与点 $Q(b, a)$ 关于直线 $y = x$ 对称，或 $y = x$ 垂直且平分线段 PQ.

（2）直接函数的定义域正好是反函数的值域，直接函数的值域正好是反函数的定义域. 例如，函数 $y = e^x$ 的定义域为 $\mathbf{R}$，值域为 $(0, +\infty)$，其反函数 $y = \ln x$ 的定义域为 $(0, +\infty)$，值域为 $\mathbf{R}$.

反函数的存在条件是：若 $y = f(x)$ 是 D 上的单调函数，则其反函数 $y = f^{-1}(x)$ 存在且也是 $f(D)$ 上单调性相同的单调函数. 例如，函数 $y = e^x$ 在 $\mathbf{R}$ 上单调增加，其反函数 $y = \ln x$ 存在，且在 $(0, +\infty)$ 上也单调增加. 又如，函数 $y = x^2$ 在区间 $(-\infty, 0]$ 上单调减少，则 $y = x^2$ 有反函数 $y = -\sqrt{x}$，且此反函数在 $[0, +\infty)$ 上也单调减少.

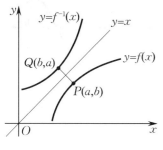

图 1 - 16

复合函数是复合映射的特殊情形. 设函数 $y = f(u)$，定义域为 D_1，值域为 W_1；函数 $u = g(x)$，定义域为 D_2，值域为 W_2. 如果 $W_2 \subseteq D_1$，则 y 通过 u 成为 x 的函数，记作 $y = f[g(x)]$ 或 $y = (f \circ g)(x)$，称为由函数 $y = f(u)$ 与 $u = g(x)$ 构成的**复合函数**，其中 u 称为**中间变量**，$u = g(x)$ 和 $y = f(u)$ 分别称为**内函数**和**外函数**. 这时也称 $y = f[g(x)]$ 是由 $y = f(u)$ 与 $u = g(x)$ 复合成的函数. 两个函数复合的关系图为

$$x \xrightarrow{u = g(x)} u \xrightarrow{y = f(u)} y.$$

复合函数 $y = f[g(x)]$ 在点 x 处有定义，意味着函数 $u = g(x)$ 必须在点 x 处有定义，同时函数 $y = f(u)$ 在对应点 $u = g(x)$ 处有定义，所以 $y = f[g(x)]$ 的定义域或者与 $g(x)$ 的定义域完全相同，或者只是 $g(x)$ 的定义域的一部分.

并非任意两个函数都可复合. $g(x)$ 与 $f(u)$ 可以构成复合函数 $(f \circ g)(x)$ 的条件是：$g(x)$ 的值域必须包含于 $f(u)$ 的定义域，即 $W_2 \subseteq D_1$. 一般只要 $D_1 \bigcap W_2 \neq \varnothing$ 就可复合，否则不可复

合. 例如, 函数 $y = \arcsin u$ 的定义域为 $D_1 = [-1,1]$, 函数 $u = 1 - x^2$ 的值域为 $W_2 = (-\infty, 1]$, $D_1 \cap W_2 \neq \varnothing$, 可构成复合函数

$$y = \arcsin(1 - x^2), \quad x \in [-\sqrt{2}, \sqrt{2}].$$

又如, 对于函数 $y = \arcsin u$ 的定义域 D_1 和函数 $u = 2 + x^2$ 的值域 W_2, 有 $D_1 \cap W_2 = [-1,1] \cap [2, +\infty) = \varnothing$, 所以这两个函数不可复合.

多个函数也可复合, 只要它们依次满足函数复合的条件即可. 例如, 函数 $y = \sqrt{u}, u = \dfrac{v}{3}$ 和 $v = 4 - x^2$ 可构成复合函数 $y = \sqrt{\dfrac{4 - x^2}{3}}$, 其中 u 与 v 都是中间变量, 该复合函数的定义域为 $D = [-2, 2]$, 而不是 $v = 4 - x^2$ 的定义域 $\mathbf{R}$, D 是 $\mathbf{R}$ 的一个非空子集.

复合函数的一个作用在于, 一定条件下可以把一个复杂函数分解成几个简单函数的复合, 以便对函数进行研究. 例如, 函数 $y = \mathrm{e}^{\arctan\sqrt{x}}$ 可分解为函数 $y = \mathrm{e}^u, u = \arctan v$ 和 $v = \sqrt{x}$.

4. 初等函数

初等数学中介绍的基本初等函数是构成复杂函数的基本单元, 它包括下列几类函数:

(1) 常数函数: $y = C$ (C 为常数).

(2) 幂函数: $y = x^\mu$ (μ 是常数), 其定义域随 μ 而定, 但无论 μ 为何值, 在区间 $(0, +\infty)$ 上总有定义, 图形都过点 $(1,1)$. 作图时可先画出第一象限的图形, 如果在区间 $(-\infty, 0)$ 上也有定义, 再结合函数奇偶性将图形补全.

(3) 指数函数: $y = a^x$ ($a > 0$ 且 $a \neq 1$), 其定义域为 $D = \mathbf{R}$, 值域为 $W = (0, +\infty)$, 图形过点 $(0,1)$ 且位于 x 轴上方. 当 $a > 1$ 时, $y = a^x$ 单调增加; 当 $0 < a < 1$ 时, $y = a^x$ 单调减少. 特别地, 当 $a = \mathrm{e}$ 时, $y = \mathrm{e}^x$, 其中无理数 e 的含义见第六节.

(4) 对数函数: $y = \log_a x$ ($a > 0$ 且 $a \neq 1$), 定义域为 $D = (0, +\infty)$, 值域为 $W = \mathbf{R}$, 图形过点 $(1,0)$ 且位于 y 轴右方. 当 $a > 1$ 时, $y = \log_a x$ 单调增加; 当 $0 < a < 1$ 时, $y = \log_a x$ 单调减少. 特别地, 当 $a = \mathrm{e}$ 时, $y = \ln x$ (自然对数函数). 指数函数 $y = a^x$ 与对数函数 $y = \log_a x$ 互为反函数, 它们的图形关于直线 $y = x$ 对称.

(5) 三角函数: $y = \sin x, y = \cos x, y = \tan x, y = \cot x, y = \sec x, y = \csc x$, 其中自变量 x 以弧度为单位.

① 正弦函数 $y = \sin x$ 的定义域为 $\mathbf{R}$, 值域为 $[-1,1]$; 它在区间 $\left[-\dfrac{\pi}{2}, \dfrac{\pi}{2}\right]$ 上单调增加, 在区间 $\left[\dfrac{\pi}{2}, \dfrac{3\pi}{2}\right]$ 上单调减少; 它是有界函数 (因为 $|\sin x| \leqslant 1$)、奇函数和周期函数, 周期为 $T = 2\pi$.

② 余弦函数 $y = \cos x$ 的定义域为 $\mathbf{R}$, 值域为 $[-1,1]$; 它在区间 $[-\pi, 0]$ 上单调增加, 在区间 $[0, \pi]$ 上单调减少; 它是有界函数 (因为 $|\cos x| \leqslant 1$)、偶函数和周期函数, 周期为 $T = 2\pi$.

③ 正切函数 $y = \tan x$ 的定义域为 $D = \left\{ x \mid x \neq k\pi + \dfrac{\pi}{2}, k \in \mathbf{Z} \right\}$, 值域为 $\mathbf{R}$; 它在区间 $\left(-\dfrac{\pi}{2}, \dfrac{\pi}{2}\right)$ 内单调增加, 在定义域上无界; 它是奇函数和周期函数, 周期为 $T = \pi$.

④ 余切函数 $y = \cot x$ 的定义域为 $D = \{ x \mid x \neq k\pi, k \in \mathbf{Z} \}$, 值域为 $\mathbf{R}$; 它在区间 $(0, \pi)$ 内单调减少, 在定义域上无界; 它是奇函数和周期函数, 周期为 $T = \pi$.

⑤ 正割函数 $y = \sec x = \dfrac{1}{\cos x}$ 的定义域为 $D = \left\{ x \left| x \neq k\pi + \dfrac{\pi}{2}, k \in \mathbf{Z} \right. \right\}$，值域为 $W = \{ y \mid y \leqslant -1$ 或 $y \geqslant 1 \}$；它在区间 $\left(0, \dfrac{\pi}{2} \right)$ 内无界；它是偶函数和周期函数，周期为 $T = 2\pi$.

⑥ 余割函数 $y = \csc x = \dfrac{1}{\sin x}$ 的定义域为 $D = \{ x \mid x \neq k\pi, k \in \mathbf{Z} \}$，值域为 $W = \{ y \mid y \leqslant -1$ 或 $y \geqslant 1 \}$；它在区间 $\left(0, \dfrac{\pi}{2} \right)$ 内无界；它是奇函数和周期函数，周期为 $T = 2\pi$.

（6）反三角函数：$y = \arcsin x, y = \arccos x, y = \arctan x, y = \operatorname{arccot} x$ 是几个常用的反三角函数，它们分别是三角函数 $y = \sin x, y = \cos x, y = \tan x, y = \cot x$ 在相应区间上的反函数.

① 反正弦函数 $y = \arcsin x$，其定义域为 $D = [-1, 1]$，值域为 $\left[-\dfrac{\pi}{2}, \dfrac{\pi}{2} \right]$；它在区间 $[-1, 1]$ 上单调增加.

② 反余弦函数 $y = \arccos x$，其定义域为 $D = [-1, 1]$，值域为 $[0, \pi]$；它在区间 $[-1, 1]$ 上单调减少.

③ 反正切函数 $y = \arctan x$，其定义域为 $D = \mathbf{R}$，值域为 $\left(-\dfrac{\pi}{2}, \dfrac{\pi}{2} \right)$；它在 $\mathbf{R}$ 上单调增加.

④ 反余切函数 $y = \operatorname{arccot} x$，其定义域为 $D = \mathbf{R}$，值域为 $(0, \pi)$；它在 $\mathbf{R}$ 上单调减少.

以上六类函数统称为**基本初等函数**. 关于基本初等函数的概念、性质及其图形非常重要.

由基本初等函数经过有限次的四则运算和函数复合所构成的可用一个解析式表示的函数，称为**初等函数**. 例如，

$$y = \ln \sin(1 - x^2)^2, \quad y = \mathrm{e}^x \cos(2x + 3), \quad y = \sqrt{\cot \dfrac{x}{2}}, \quad y = \dfrac{\lg x + \sqrt[3]{x} + 3 \tan x}{10^x - x + 10}$$

都是初等函数. 不是所有的函数都是初等函数. 本书所讨论的函数绝大多数都是初等函数.

若一个分段函数不可合并，则它不是初等函数. 例如，函数 $y = \begin{cases} x^2 + 1, & -1 < x \leqslant 2, \\ \mathrm{e}^x - 3, & 2 < x \leqslant 4 \end{cases}$ 不是初等函数，符号函数 $y = \operatorname{sgn} x = \begin{cases} 1, & x > 0, \\ 0, & x = 0, \\ -1, & x < 0 \end{cases}$ 也不是初等函数.

若一个分段函数可合并为一个式子，则它是初等函数. 例如，绝对值函数

$$y = f(x) = \begin{cases} x, & x \geqslant 0, \\ -x, & x < 0 \end{cases}$$

可合并为 $y = f(x) = \sqrt{x^2} = |x|$，故它是初等函数. 又如，分段函数 $y = \begin{cases} x + 1, & x \leqslant 0, \\ 2x + 1, & x > 0 \end{cases}$ 可合并为 $y = \dfrac{1}{2}(3x + \sqrt{x^2}) + 1$，故它也是初等函数.

大部分分段函数都不是初等函数.

* 5. 双曲函数

工程技术和物理应用上常用到由指数函数 $y = \mathrm{e}^x$ 和 $y = \mathrm{e}^{-x}$ 所形成的双曲函数以及它们的反函数 —— 反双曲函数. 双曲函数的定义如下：

（1）**双曲正弦函数**：$\operatorname{sh} x = \dfrac{\mathrm{e}^x - \mathrm{e}^{-x}}{2}$；

(2) **双曲余弦函数**:$\mathrm{ch}\, x = \dfrac{\mathrm{e}^x + \mathrm{e}^{-x}}{2}$;

(3) **双曲正切函数**:$\mathrm{th}\, x = \dfrac{\mathrm{sh}\, x}{\mathrm{ch}\, x} = \dfrac{\mathrm{e}^x - \mathrm{e}^{-x}}{\mathrm{e}^x + \mathrm{e}^{-x}}$.

这三种函数的简单性态如下:

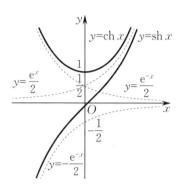

(1) 双曲正弦函数 $y = \mathrm{sh}\, x$ 的定义域为 **R**,它是奇函数,且在 **R** 上单调增加. 它的图形通过坐标原点且关于坐标原点对称. 当 x 的绝对值很大时,它的图形在第一象限内接近于曲线 $y = \dfrac{\mathrm{e}^x}{2}$,在第三象限内接近于曲线 $y = -\dfrac{\mathrm{e}^{-x}}{2}$,如图 1-17 所示.

(2) 双曲余弦函数 $y = \mathrm{ch}\, x$ 的定义域为 **R**,它是偶函数,且在区间 $(-\infty, 0]$ 上单调减少,在区间 $[0, +\infty)$ 上单调增加. $\mathrm{ch}\, 0 = 1$ 是它的最小值. 它的图形通过点 $(0,1)$ 且关于 y 轴对称. 当 x 的绝对值很大时,它的图形在第一象限内接近于曲线 $y = \dfrac{\mathrm{e}^x}{2}$,在第二象限内接近于曲线 $y = \dfrac{\mathrm{e}^{-x}}{2}$,如图 1-17 所示.

图 1-17

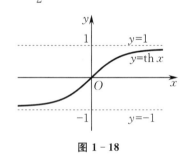

图 1-18

(3) 双曲正切函数 $y = \mathrm{th}\, x$ 的定义域为 **R**,它是奇函数,且在 **R** 上单调增加. 它的图形通过坐标原点且关于坐标原点对称,位于水平直线 $y = 1$ 与 $y = -1$ 之间. 当 x 的绝对值很大时,它的图形在第一象限内接近于直线 $y = 1$,在第三象限内接近于直线 $y = -1$,如图 1-18 所示.

关于双曲函数,有以下常用公式:

(1) $\mathrm{sh}(x \pm y) = \mathrm{sh}\, x\, \mathrm{ch}\, y \pm \mathrm{ch}\, x\, \mathrm{sh}\, y$;

(2) $\mathrm{ch}(x \pm y) = \mathrm{ch}\, x\, \mathrm{ch}\, y \pm \mathrm{sh}\, x\, \mathrm{sh}\, y$;

(3) $\mathrm{sh}\, 2x = 2\mathrm{sh}\, x\, \mathrm{ch}\, x$;

(4) $\mathrm{ch}\, 2x = \mathrm{ch}^2 x + \mathrm{sh}^2 x = 1 + 2\mathrm{sh}^2 x = 2\mathrm{ch}^2 x - 1$;

(5) $\mathrm{ch}^2 x - \mathrm{sh}^2 x = 1$.

双曲函数 $y = \mathrm{sh}\, x, y = \mathrm{ch}\, x\, (x \geqslant 0), y = \mathrm{th}\, x$ 的反函数分别如下:

(1) **反双曲正弦函数**:$y = \mathrm{arsh}\, x$;

(2) **反双曲余弦函数**:$y = \mathrm{arch}\, x$;

(3) **反双曲正切函数**:$y = \mathrm{arth}\, x$.

这些反双曲函数的具体形式都可利用自然对数函数来表示,分别如下:

反双曲正弦函数:$y = \mathrm{arsh}\, x = \ln(x + \sqrt{x^2 + 1})$;

反双曲余弦函数:$y = \mathrm{arch}\, x = \ln(x + \sqrt{x^2 - 1})$;

反双曲正切函数:$y = \mathrm{arth}\, x = \dfrac{1}{2}\ln\dfrac{1 + x}{1 - x}$.

反双曲正弦函数 $y = \mathrm{arsh}\, x$ 的定义域为 **R**,它在 **R** 上单调增加,且为奇函数. 由 $y = \mathrm{sh}\, x$ 的图形,结合反函数的性质,可得 $y = \mathrm{arsh}\, x$ 的图形如图 1-19 所示.

反双曲余弦函数 $y = \mathrm{arch}\, x$ 的定义域为 $[1, +\infty)$,它在区间 $[1, +\infty)$ 上单调增加,且为非奇非偶函数,其图形如图 1-20 所示.

反双曲正切函数 $y = \mathrm{arth}\, x$ 的定义域为 $(-1,1)$,它在区间 $(-1,1)$ 内单调增加,且为奇函数，其图形关于坐标原点对称，如图 1-21 所示.

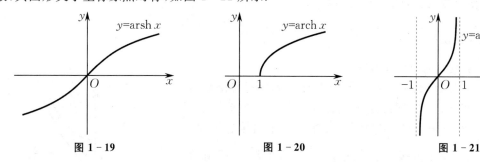

图 1-19　　　　　　　　　　图 1-20　　　　　　　　　　图 1-21

习　题　1-1

1. 设集合 $A=\{x\mid 3<x<5\}$，$B=\{x\mid x>4\}$，写出 $A\bigcup B,A\bigcap B,A-B$ 的表达式.

2. 已知开区间 $(-2,4)$ 是点 x_0 的 δ 邻域，求点 x_0 及 δ.

3. 若函数 $f(t)=2t^2+\dfrac{2}{t^2}+\dfrac{5}{t}+5t$，证明：$f(t)=f\left(\dfrac{1}{t}\right)$，其中 $t\neq 0$.

4. 求下列函数的定义域：

(1) $y=\sqrt{2x-5}$；

(2) $y=\dfrac{x}{x^2-5}$；

(3) $y=\arctan\dfrac{1}{x^2}-\sqrt{9-x}$；

(4) $y=\dfrac{1}{1-x^2}+\sqrt{x+2}$；

(5) $y=\sqrt{x^3}+\dfrac{1}{\sqrt{x+2}}$；

(6) $y=\tan(x-5)$；

(7) $y=\arcsin\dfrac{x-1}{3}$；

(8) $y=\sqrt{3-x}+\ln(x-1)$；

(9) $y=\sqrt{\lg\dfrac{5x-x^2}{4}}$；

(10) $y=\dfrac{x-1}{x^2-5x+6}+\sqrt[3]{4x+1}$.

5. 判断下列各对函数 $f(x)$ 和 $g(x)$ 是否相同，并说明理由：

(1) $f(x)=\ln x^2,g(x)=2\ln x$；

(2) $f(x)=x+3,g(x)=\dfrac{x^2-9}{x-3}$；

(3) $f(x)=\sqrt{x^4-x^2},g(x)=\mid x\mid\sqrt{x^2-1}$；

(4) $f(x)=\begin{cases}2x+1,&x\leqslant 0,\\3x+1,&x>0,\end{cases}$ $g(x)=\dfrac{1}{2}(5x+\sqrt{x^2})+1$.

6. (1) 已知函数 $f(x)=2x^2+3x-4$，求 $f(0),f(1+\sqrt{2}),f(x+1),f(2x)$；

(2) 已知函数 $f(x)=x^2-3x+1$，求 $f(1),f(-x),f(x+1),f\left(\dfrac{1}{x}\right)$；

(3) 已知函数 $f\left(\dfrac{1}{x}\right)=x+\sqrt{1+x^2}\ (x<0)$，求 $f(x)$；

(4) 已知函数 $f(x)=\dfrac{1}{x-1}$，求 $f\{f[f(x)]\},f\left[\dfrac{1}{f(x)}\right]$；

(5) 已知函数 $f(x)=x^3,g(x)=3^x$，求 $f[g(x)],g[f(x)]$；

(6) 已知函数 $f(x) = \begin{cases} 1, & x \geqslant 0, \\ 0, & x < 0, \end{cases}$ 求 $f(x) - f(x+1)$.

7. 判断下列函数的单调性和有界性：

(1) $y = 1 - 3x^2$；

(2) $y = \dfrac{x}{1+x} + \arctan x$ （$x > 0$）.

8. 设 $f(x)$ 为定义在区间 $(-l, l)$ 上的奇函数，且 $f(x)$ 在区间 $(0, l)$ 上单调增加，证明：$f(x)$ 在区间 $(-l, 0)$ 上也单调增加.

9. 设下列所考虑的函数都是定义在区间 $(-l, l)$ 上的，证明：

(1) 两个偶函数的和是偶函数，两个奇函数的和是奇函数；

(2) 两个偶函数的乘积是偶函数，两个奇函数的乘积是偶函数，偶函数与奇函数的乘积是奇函数.

10. 判断下列函数的奇偶性：

(1) $y = x^3(1 - x^2)$；

(2) $y = x\sin\dfrac{1}{x}$；

(3) $y = \dfrac{9 - x^4}{3 + x^4}$；

(4) $y = \ln(x^2 + x - 1)$；

(5) $y = x^3 + \cos x + 1$；

(6) $y = \dfrac{e^x - e^{-x}}{2}$.

11. 下列函数中哪些是周期函数？若是周期函数，则指出其最小正周期.

(1) $y = \cos(2x + 1)$；

(2) $y = \sin^3 x$；

(3) $y = \dfrac{\sin \pi x - 2}{5}$；

(4) $y = (x + 3)\tan x$.

12. 求下列函数的反函数：

(1) $y = 2x + 7$；

(2) $y = 2^{x-5}$；

(3) $y = \dfrac{ax + b}{cx + d}$ $(ad - bc \neq 0)$；

(4) $y = 2 - \cos^5 x$；

(5) $y = \ln(x^2 - 1)$ $(x > 1)$；

(6) $y = e^{x+1}$.

13. 设函数 $f(x)$ 在数集 X 上有定义，证明：$f(x)$ 在 X 上有界的充要条件是它在 X 上既有上界又有下界.

14. 设函数 $f(x)$ 的定义域为对称区间 $(-l, l)$，证明：$F_1(x) = f(x) + f(-x)$ 为偶函数，$F_2(x) = f(x) - f(-x)$ 为奇函数.

15. 下列函数是由哪些基本初等函数复合而成的？

(1) $y = \sqrt{1 + \sin^2 x}$；

(2) $y = (1 + \ln x)^5$；

(3) $y = \cos^2(1 + \sqrt{x})$；

(4) $y = \arctan(e^{x^2} + 1)$.

16. 设函数 $f(x)$ 的定义域为 $D = [0, 1]$，求下列函数的定义域：

(1) $f(x^2 - 1)$；

(2) $f(\ln x)$；

(3) $f(\tan x)$；

(4) $f(x + a) + f(x - a)$ $(a > 0)$.

第二节　数列的极限

极限是高等数学最基本的工具，很多概念和方法都需借助极限来给出. 极限方法来自求某些实际问题的精确解. 在实际问题中，为了计算某个量 A，常常先求 A 的近似值 $A_1, A_2, \cdots, A_n$，再让 n 无限增大，观察 A_n 与哪个值无限接近，该值就是所求的 A. 极限思想就是一个无限逼近的过程. 我国古代数学家刘徽在《九章算术注》中，利用单位圆内接正多边形来推算圆的面积，进而推算圆周率的方法 —— 割圆术，就是极限思想在几何学上的应用.

为了表达方便，引入记号"∀"表示"对于任意的"，记号"∃"表示"存在"，记号"max X"表示数集 X 中的最大数.

一、数列极限的定义

先说明数列的概念. 数列 $\{x_n\}$ 可看作自变量为正整数 n 的函数 $x_n = f(n)$（称为**整标函数**）. 当 n 按 $1,2,\cdots,n,\cdots$ 依次增大的顺序取值时，对应的函数值排成一列有次序的数 $x_1,x_2,\cdots,$ $x_n,\cdots$，称这一列数为**无穷数列**（简称**数列**），记为 $\{x_n\}$. 数列中的每一个数叫作数列的**项**，第 n 项 x_n 叫作数列的**一般项**或**通项**. 例如：

(1) $2,\dfrac{3}{2},\dfrac{4}{3},\cdots,\dfrac{n+1}{n},\cdots$；

(2) $1,8,27,\cdots,n^3,\cdots$；

(3) $\dfrac{1}{2},\dfrac{1}{4},\dfrac{1}{8},\cdots,\dfrac{1}{2^n},\cdots$；

(4) $-1,1,-1,\cdots,(-1)^n,\cdots$；

(5) $2,\dfrac{1}{2},\dfrac{4}{3},\cdots,\dfrac{n+(-1)^{n-1}}{n},\cdots$；

(6) $0,1,0,\dfrac{1}{2},\cdots,\dfrac{1+(-1)^n}{n},\cdots$.

它们都是数列，通项依次为 $\dfrac{n+1}{n},n^3,\dfrac{1}{2^n},(-1)^n,\dfrac{n+(-1)^{n-1}}{n},\dfrac{1+(-1)^n}{n}$.

若数列 $\{x_n\}$ 的项满足 $x_1 \leqslant x_2 \leqslant \cdots \leqslant x_n \leqslant x_{n+1} \leqslant \cdots$，则称 $\{x_n\}$ 为**单调增加**的；若数列 $\{x_n\}$ 的项满足 $x_1 \geqslant x_2 \geqslant \cdots \geqslant x_n \geqslant x_{n+1} \geqslant \cdots$，则称 $\{x_n\}$ 为**单调减少**的. 单调增加数列与单调减少数列统称为**单调数列**. 既非单调增加又非单调减少的数列，称为**非单调数列**. 例如，上述数列中，数列(2)单调增加，数列(1)，(3)单调减少，数列(4)，(5)，(6)非单调.

对于数列 $\{x_n\}$，若 $\exists M > 0$，使得 $\forall n \in \mathbf{N}_+$，有 $|x_n| \leqslant M$，则称 $\{x_n\}$ **有界**，并称 M 为 $\{x_n\}$ 的一个**界**. 如果这样的正数 M 不存在，那么称 $\{x_n\}$ **无界**. 例如，上述数列中，除数列(2)以外，其余数列都有界.

数列 $\{x_n\}$ 可看作数轴上的一个动点，它依次取点 $x_1,x_2,\cdots,x_n,\cdots$（见图 1-22），亦称为**点列**. 数列 $\{x_n\}$ 单调在数轴上表现为这些点都朝着一个方向移动：当单调增加时，朝数轴的正向移动；当单调减少时，朝数轴的负向移动. 有界数列 $\{x_n\}$ 在数轴上表现为这些点都落在有限区间 $[-M,M]$ 上.

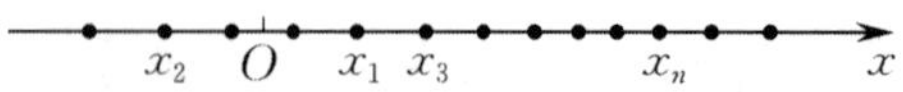

图 1-22

对于数列 $\{x_n\}$，主要研究当 n 无限增大（记作 $n \to \infty$，读作 n 趋向于无穷大）时，x_n 的变化趋势，即 x_n 能否无限接近于某个确定的数值. 如果能的话，这个数值等于多少？如何求出？观察上述数列(1)~(6)的变化趋势发现，当 $n \to \infty$ 时，数列(1)无限接近于 1，数列(3)无限接近于 0，数列(5)无限接近于 1，数列(6)无限接近于 0，而数列(2)和(4)不会无限接近于任一常数.

我们现在来分析上述数列(1)：

$$\{x_n\}: \ 2, \ \frac{3}{2}, \ \frac{4}{3}, \ \cdots, \ \frac{n+1}{n}, \ \cdots.$$

直观上看,当 n 无限增大时,数列(1)无限接近于 1.这种描述形象但粗糙,下面给出数学上的精确描述.

在数轴上,$|b-a|$ 表示点 a 与点 b 之间的距离,$|b-a|$ 越小,a 与 b 就越接近.对数列(1)而言,$|x_n-1|=\dfrac{1}{n}$,n 越大,$|x_n-1|$ 越小,x_n 越接近于 1.那么,我们可以预先给定任意小的正数 ε 来衡量 x_n 与 1 的接近程度,只要 n 充分大(大于某个正整数 N 时,即 $n>N$ 时),就可以保证 $|x_n-1|$ 小于这个正数 ε.

例如,给定 $\varepsilon=\dfrac{1}{100}$,要使 $|x_n-1|=\dfrac{1}{n}<\dfrac{1}{100}$,只要 $n>100$,取 $N=100$,则从第 $n=101$ 项开始,以后所有项 $x_{101},x_{102},\cdots$ 都满足不等式 $|x_n-1|<\dfrac{1}{100}$.

又如,给定 $\varepsilon=\dfrac{1}{10\,000}$,只要 $n>10\,000$,取 $N=10\,000$,则从第 $n=10\,001$ 项开始,以后所有项 $x_{10\,001},x_{10\,002},\cdots$ 都满足不等式 $|x_n-1|<\dfrac{1}{10\,000}$.

于是,对于任意给定的无论多么小的正数 ε,总存在一个正整数 $N=\left[\dfrac{1}{\varepsilon}\right]$,使得当 $n>N$ 时,不等式 $|x_n-1|<\varepsilon$ 成立.由于 ε 的任意性,$|x_n-1|<\varepsilon$ 可以精确刻画 $\{x_n\}$ 与常数 1 无限接近的变化趋势.这就是数列(1)当 $n\to\infty$ 时无限接近于 1 的实质.常数 1 叫作该数列当 $n\to\infty$ 时的极限.

现在给出数列极限的 ε-N 定义.

定义 1　　设 $\{x_n\}$ 为一个数列.如果存在常数 a,对于任意给定的正数 ε(不论它多么小),总存在正整数 N,使得当 $n>N$ 时,有

$$|x_n-a|<\varepsilon$$

成立,那么称常数 a 为 $\{x_n\}$ 当 $n\to\infty$ 时的**极限**,或者称 $\{x_n\}$ 当 $n\to\infty$ 时**收敛**于 a,记作

$$\lim_{n\to\infty}x_n=a \quad \text{或} \quad x_n\to a \ (n\to\infty).$$

如果这样的常数 a 不存在,那么称 $\{x_n\}$ **没有极限**,或者称 $\{x_n\}$ **发散**,也称极限 $\lim\limits_{n\to\infty}x_n$ 不存在.

注意,数列 $\{x_n\}$ 不以 a 为极限与 $\{x_n\}$ 没有极限是不同的.

下面对数列极限的定义给出几点说明:

(1) ε 是任意给出的,但每次给出后,暂时认为它是固定的.

(2) N 的选取依赖于 ε.ε 和 N 的出现次序不能颠倒,先给定 ε,然后才有使得不等式 $|x_n-a|<\varepsilon$ 成立的 N.一般来说,ε 越小,N 越大.N 不唯一,无须找最小的,选其一即可.例如,N 取 1 000 时,也可取 1 010,1 020 等比 1 000 大的数.

(3) 除非 ε 给定具体值,为了避免 N 为 0 或负整数情形 $\left(\text{如 }N=\left[\dfrac{1}{\varepsilon}\right]\text{或 }N=\left[\dfrac{1}{\varepsilon}-1\right]\right.$,其中 $\varepsilon>1\Big)$,后面我们都假设 ε 取得足够小,以确保所找到的 N 是正整数.

现在给出"数列 $\{x_n\}$ 的极限为 a"的几何解释：在数轴上表示出点 a，点列 $x_1, x_2, \cdots, x_n, \cdots$ 以及点 a 的 ε 邻域 $U(a, \varepsilon)$（开区间 $(a-\varepsilon, a+\varepsilon)$，见图 $1-23$）. 因为 $|x_n - a| < \varepsilon$ 与 $a-\varepsilon < x_n < a+\varepsilon$ 等价，所以当 $n > N$ 时，无限多个点 $x_{N+1}, x_{N+2}, \cdots$ 都落在 $U(a, \varepsilon)$ 内，而 $n \leqslant N$ 的前面 N 个点 $x_1, x_2, \cdots, x_N$ 不一定落在 $U(a, \varepsilon)$ 内，即只有有限个点（最多 N 个点）落在 $U(a, \varepsilon)$ 外.

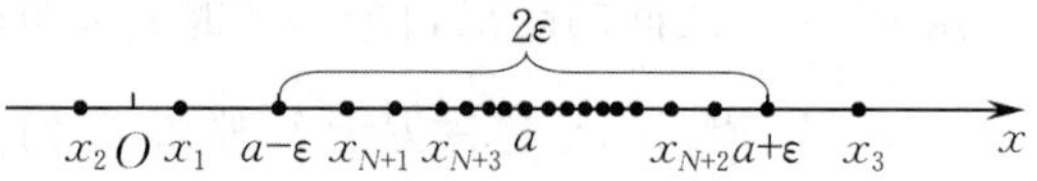

图 $1-23$

数列极限的定义可简单表述为

$$\lim_{n\to\infty} x_n = a \Leftrightarrow \forall \varepsilon > 0, \exists \text{ 正整数 } N, \text{当 } n > N \text{ 时，有 } |x_n - a| < \varepsilon \text{ 成立}.$$

在数列极限的定义中，常数 a 是需找出的，以后会介绍寻找 a，即求数列极限的各种方法. 若已知数列 $\{x_n\}$ 收敛于 a，可以用数列极限的 ε-N 定义去验证这一事实. 验证的关键是 $\forall \varepsilon > 0$，去找一个正整数 N，使得当 $n > N$ 时，有 $|x_n - a| < \varepsilon$ 成立. 一般地，直接解不等式 $|x_n - a| < \varepsilon$，取满足此不等式的全体 n 中的某个 N 即可，习惯上取最小的 N.

例 1　　证明：$\lim\limits_{n\to\infty} \dfrac{1}{n} = 0$.

证　这里 $x_n = \dfrac{1}{n}$. $\forall \varepsilon > 0$，要使

$$|x_n - 0| = \frac{1}{n} < \varepsilon,$$

只要 $n > \dfrac{1}{\varepsilon}$ 即可. 取 $N = \left[\dfrac{1}{\varepsilon}\right]$，则当 $n > N$ 时，有 $|x_n - 0| < \varepsilon$ 成立，即

$$\lim_{n\to\infty} \frac{1}{n} = 0.$$

例 2　　设 $|q| < 1$，证明：等比数列 $1, q, q^2, \cdots, q^{n-1}, \cdots$ 的极限是 0.

证　这里 $x_n = q^{n-1}$. $\forall \varepsilon > 0$，要使

$$|x_n - 0| = |q^{n-1} - 0| = |q|^{n-1} < \varepsilon,$$

只要 $(n-1)\ln|q| < \ln\varepsilon$ 即可. 因 $|q| < 1, \ln|q| < 0$，故需要 $n > 1 + \dfrac{\ln\varepsilon}{\ln|q|}$. 于是，取 $N = \left[1 + \dfrac{\ln\varepsilon}{\ln|q|}\right]$，则当 $n > N$ 时，有 $|q^{n-1} - 0| < \varepsilon$ 成立，即

$$\lim_{n\to\infty} q^{n-1} = 0.$$

例 3　　证明：数列 $2, \dfrac{1}{2}, \dfrac{4}{3}, \cdots, \dfrac{n+(-1)^{n-1}}{n}, \cdots$ 的极限是 1.

证　这里 $x_n = \dfrac{n+(-1)^{n-1}}{n}$. $\forall \varepsilon > 0$，要使

$$|x_n - 1| = \left|\frac{n+(-1)^{n-1}}{n} - 1\right| = \frac{1}{n} < \varepsilon,$$

只要 $n > \dfrac{1}{\varepsilon}$ 即可. 取 $N = \left[\dfrac{1}{\varepsilon}\right]$，则当 $n > N$ 时，有 $\left|\dfrac{n+(-1)^{n-1}}{n} - 1\right| < \varepsilon$ 成立，即

$$\lim_{n \to \infty} \frac{n + (-1)^{n-1}}{n} = 1.$$

例 4 已知 $x_n = \dfrac{1 + (-1)^n}{n}$，证明：数列 $\{x_n\}$ 的极限是 0.

证 $\forall \varepsilon > 0$，要使

$$|x_n - 0| = \left| \frac{1 + (-1)^n}{n} - 0 \right| \leqslant \frac{2}{n} < \varepsilon,$$

只要 $n > \dfrac{2}{\varepsilon}$ 即可. 取 $N = \left[\dfrac{2}{\varepsilon} \right]$，则当 $n > N$ 时，有 $\left| \dfrac{1 + (-1)^n}{n} - 0 \right| < \varepsilon$ 成立，即

$$\lim_{n \to \infty} \frac{1 + (-1)^n}{n} = 0.$$

可见，在利用数列极限的 ε-N 定义去做论证时，$\forall \varepsilon > 0$，要找的正整数 N 不必取最小. 有时为了计算方便，可将 $|x_n - a|$ 适当放大，即如果 $|x_n - a| < \beta_n$（β_n 是 n 的一个函数），那么当 $\beta_n < \varepsilon$ 时，所确定的 N 自然也能保证 $|x_n - a| < \varepsilon$ 成立. 这种寻找 N 的技巧非常有用.

例 5 证明：$\lim\limits_{n \to \infty} (\sqrt{n^2 + 1} - n) = 0$.

证 $\forall \varepsilon > 0$，要使

$$|\sqrt{n^2 + 1} - n - 0| = \frac{1}{\sqrt{n^2 + 1} + n} < \frac{1}{n} < \varepsilon,$$

只要 $n > \dfrac{1}{\varepsilon}$ 即可. 取 $N = \left[\dfrac{1}{\varepsilon} \right]$，则当 $n > N$ 时，有 $|\sqrt{n^2 + 1} - n - 0| < \varepsilon$ 成立，即

$$\lim_{n \to \infty} (\sqrt{n^2 + 1} - n) = 0.$$

例 6 证明：

(1) 如果 $\lim\limits_{n \to \infty} x_n = a$，那么 $\lim\limits_{n \to \infty} |x_n| = |a|$；反之不然.

(2) $\lim\limits_{n \to \infty} x_n = 0$ 的充要条件是 $\lim\limits_{n \to \infty} |x_n| = 0$（这个结论经常用到）.

证 (1) 因为 $\lim\limits_{n \to \infty} x_n = a$，所以 $\forall \varepsilon > 0$，$\exists N > 0$，当 $n > N$ 时，有 $|x_n - a| < \varepsilon$ 成立. 对于上述 ε，取同一个 N，则当 $n > N$ 时，有 $||x_n| - |a|| \leqslant |x_n - a| < \varepsilon$ 成立，因此 $\lim\limits_{n \to \infty} |x_n| = |a|$. 反之未必成立. 例如，对于数列 $x_n = (-1)^n$（$n = 1, 2, \cdots$），有 $\lim\limits_{n \to \infty} |x_n| = 1$，但 $\lim\limits_{n \to \infty} x_n$ 不存在.

(2) 在(1)中令 $a = 0$，即得(2)的必要性；(1)中的逆向证明过程对 $a \neq 0$ 不成立，但对 $a = 0$ 成立，由此即得(2)的充分性.

二、收敛数列的性质

下面给出收敛数列的一些基本性质.

定理 1（极限的唯一性） 如果数列 $\{x_n\}$ 收敛，那么它的极限唯一.

证 用反证法. 不妨假设 $x_n \to a$ 且 $x_n \to b$，其中 $a < b$. 取 $\varepsilon = \dfrac{b - a}{2}$. 因为 $\lim\limits_{n \to \infty} x_n = a$，所以 $\exists$ 正整数 N_1，当 $n > N_1$ 时，有不等式

$$|x_n - a| < \frac{b - a}{2}, \quad \text{即} \quad \frac{3a - b}{2} < x_n < \frac{a + b}{2} \tag{1.1}$$

成立. 又因为 $\lim\limits_{n\to\infty}x_n = b$，所以 $\exists$ 正整数 N_2，当 $n > N_2$ 时，有不等式

$$|x_n - b| < \frac{b-a}{2}, \quad 即 \quad \frac{a+b}{2} < x_n < \frac{3b-a}{2} \tag{1.2}$$

也成立. 取 $N = \max\{N_1, N_2\}$，则当 $n > N$ 时，式(1.1)及式(1.2)同时成立. 但这是不可能的. 该矛盾证明了定理的结论.

从几何上看，由于 $\lim\limits_{n\to\infty}x_n = a$，$\lim\limits_{n\to\infty}x_n = b$，而 $a \neq b$，因此可分别作点 a 与点 b 的 ε 邻域，并取 ε 足够小，使这两个邻域没有公共点. 但是，由数列极限的几何解释，点列 $\{x_n\}$ 中从某个点起以后的无限多个点既要落在点 a 的 ε 邻域内，又要落在点 b 的 ε 邻域内，矛盾.

例 7　证明：数列 $x_n = (-1)^n (n = 1, 2, \cdots)$ 是发散的.

证　用反证法. 设数列 $\{x_n\}$ 收敛，则极限存在且唯一. 令 $\lim\limits_{n\to\infty}x_n = a$，对于 $\varepsilon = \frac{1}{4}$，$\exists$ 正整数 N，当 $n > N$ 时，有 $|x_n - a| < \frac{1}{4}$，即 $x_n \in \left(a - \frac{1}{4}, a + \frac{1}{4}\right)$ 成立. 但这是不可能的，因为当 $n \to \infty$ 时，x_n 无限重复取数 -1 和 1，不可能同时属于长度为 $\frac{1}{2}$ 的区间 $\left(a - \frac{1}{4}, a + \frac{1}{4}\right)$. 因此，该数列发散.

定理 2（收敛数列的有界性）　如果数列 $\{x_n\}$ 收敛，那么它一定有界.

证　不妨设 $\lim\limits_{n\to\infty}x_n = a$. 对于 $\varepsilon = 1$，$\exists$ 正整数 N，当 $n > N$ 时，有 $|x_n - a| < 1$，即 $a - 1 < x_n < a + 1$ 成立. 于是，取

$$M = \max\{|x_1|, |x_2|, \cdots, |x_N|, |a-1|, |a+1|\},$$

那么 $\{x_n\}$ 中的一切项 x_n 都满足 $|x_n| \leqslant M$. 这就证明了 $\{x_n\}$ 是有界的.

在几何上，若 $\{x_n\}$ 收敛于常数 a，则必能找到一个有限区间 $[A, B]$，它既包含点 a 的 ε 邻域，也包含前 N 个点 $x_1, x_2, \cdots, x_N$，故数列 $\{x_n\}$ 有界.

根据上述定理，如果数列 $\{x_n\}$ 无界，那么 $\{x_n\}$ 一定发散，如数列 $x_n = n^3 (n = 1, 2, \cdots)$. 但是，若数列 $\{x_n\}$ 有界，它未必收敛. 例如，数列 $x_n = (-1)^n (n = 1, 2, \cdots)$ 有界，但它却是发散的. 因此，数列有界只是数列收敛的必要条件.

定理 3（收敛数列的保号性）　如果 $\lim\limits_{n\to\infty}x_n = a$，且 $a > 0$（或 $a < 0$），那么存在正整数 N，使得当 $n > N$ 时，有 $x_n > 0$（或 $x_n < 0$）成立.

证　仅证 $a > 0$ 的情形. 因为 $\lim\limits_{n\to\infty}x_n = a$，所以对于 $\varepsilon = \frac{a}{2} > 0$，$\exists$ 正整数 N，当 $n > N$ 时，有 $|x_n - a| < \frac{a}{2}$ 成立，从而 $x_n > a - \frac{a}{2} = \frac{a}{2} > 0$.

推论 1　设 N 是某个正整数. 如果数列 $\{x_n\}$ 当 $n > N$ 时有 $x_n \geqslant 0$（或 $x_n \leqslant 0$），且 $\lim\limits_{n\to\infty}x_n = a$，那么 $a \geqslant 0$（或 $a \leqslant 0$）.

注意，如果数列 $\{x_n\}$ 从某一项起满足 $x_n > 0$（或 $x_n < 0$），那么不能推出 $a > 0$（或 $a < 0$），因为有可能 $a = 0$. 例如，$x_n = \frac{1}{n} > 0 (n = 1, 2, \cdots)$，但 $a = \lim\limits_{n\to\infty}\frac{1}{n} = 0$.

推论 2　若 $\lim\limits_{n\to\infty}x_n = a$，$\lim\limits_{n\to\infty}y_n = b$，且 $a > b$（或 $a < b$），则 $\exists$ 正整数 N，当 $n > N$ 时，有

$x_n > y_n$(或 $x_n < y_n$)成立.

推论 3　设 N 是某个正整数.如果数列 $\{x_n\}$ 和 $\{y_n\}$ 当 $n > N$ 时有 $x_n \geqslant y_n$(或 $x_n \leqslant y_n$),且 $\lim\limits_{n\to\infty}x_n = a, \lim\limits_{n\to\infty}y_n = b$,那么 $a \geqslant b$(或 $a \leqslant b$).

最后介绍子列的概念,并给出有关收敛数列与其子列间关系的一个定理.

在数列 $\{x_n\}$ 中任意抽取无限多项并保持原有次序,所得新数列称为原数列 $\{x_n\}$ 的**子数列**(简称**子列**),记为

$$\{x_{n_k}\}: x_{n_1}, x_{n_2}, \cdots, x_{n_k}, \cdots \quad (n_1 \geqslant 1, n_2 \geqslant 2, \cdots, n_k \geqslant k, \cdots).$$

在子列 $\{x_{n_k}\}$ 中,一般项 x_{n_k} 是第 k 项,而 x_{n_k} 在原数列 $\{x_n\}$ 中却是第 n_k 项.例如,

$$\{x_{n_k}\}: x_1, x_2, \cdots, x_i, \cdots, x_n, \cdots \quad (n_k = n),$$
$$\{x_{n_k}\}: x_2, x_4, \cdots, x_{2i}, \cdots, x_{2n}, \cdots \quad (n_k = 2n),$$
$$\{x_{n_k}\}: x_1, x_3, \cdots, x_{2i-1}, \cdots, x_{2n-1}, \cdots \quad (n_k = 2n-1)$$

都是数列 $\{x_n\}$ 的子列.

定理 4（收敛数列与其子列间的关系）　如果数列 $\{x_n\}$ 收敛于 a,那么它的任一子列也收敛于 a.

证　设 $\{x_{n_k}\}$ 是数列 $\{x_n\}$ 的任一子列.由于 $\lim\limits_{n\to\infty}x_n = a$,因此 $\forall \varepsilon > 0$, $\exists$ 正整数 N,当 $n > N$ 时,有 $|x_n - a| < \varepsilon$ 成立.取 $K = N$,则当 $k > K$ 时,$n_k > n_K = n_N \geqslant N$,从而有 $|x_{n_k} - a| < \varepsilon$ 成立,即 $\lim\limits_{k\to\infty}x_{n_k} = a$.

由定理 4 可知,如果数列 $\{x_n\}$ 有一个发散的子列,或有两个极限不相同的子列,那么数列 $\{x_n\}$ 就是发散的.例如,数列 $x_n = (-1)^n (n = 1, 2, \cdots)$ 的奇数项构成子列 $\{x_{2k-1}\}$ 且收敛于 -1,偶数项构成子列 $\{x_{2k}\}$ 且收敛于 1,因此数列 $x_n = (-1)^n (n = 1, 2, \cdots)$ 是发散的.此例同时也说明,一个发散的数列也可能有收敛的子列.

定理 4 是判断数列极限是否存在的一个常用工具.

习　题　1-2

1. 观察下列数列 $\{x_n\}$ 的通项,指出 $\{x_n\}$ 是否收敛,若收敛,写出其极限:

(1) $x_n = \dfrac{1}{5^n}$;

(2) $x_n = 3 + (-1)^n \dfrac{1}{\sqrt{n}}$;

(3) $x_n = \dfrac{n}{n+1}$;

(4) $x_n = \dfrac{n^2-1}{2n}$;

(5) $x_n = 2 - (-1)^n$;

(6) $x_n = \dfrac{2n-1}{3^n}$;

(7) $x_n = n^4$;

(8) $x_n = [(-1)^n + 1]\sin n$.

2. 设数列 $\{x_n\}$ 的一般项为 $x_n = \dfrac{1}{n^3}\sin\dfrac{n\pi+1}{3}$, $\lim\limits_{n\to\infty}x_n$ 等于多少?求出正整数 N,使得当 $n > N$ 时,x_n 与其极限之差的绝对值小于正数 ε.当 $\varepsilon = 0.001$ 时,求出正整数 N.

3. 根据数列极限的定义证明:

(1) $\lim\limits_{n\to\infty}\dfrac{1}{\sqrt{n}}=0$;　　　　　(2) $\lim\limits_{n\to\infty}\dfrac{9-3n}{2+n}=-3$;

(3) $\lim\limits_{n\to\infty}\dfrac{\sqrt{n^2+7}}{n}=1$;　　　(4) $\lim\limits_{n\to\infty}\left(1-\dfrac{1}{2^n}\right)=1$.

4. 证明定理 3 的推论 1.

5. 设数列 $\{x_n\}$ 有界，且 $\lim\limits_{n\to\infty}y_n=0$，证明：$\lim\limits_{n\to\infty}x_ny_n=0$.

6. 设有数列 $\{x_n\}$. 若 $\lim\limits_{k\to\infty}x_{2k-1}=a$，$\lim\limits_{k\to\infty}x_{2k}=a$，证明：$\lim\limits_{n\to\infty}x_n=a$.

第三节　函数的极限

一、函数极限的定义

数列 $\{x_n\}$ 可看作自变量为正整数 n 的特殊函数 $x_n=f(n)$. 数列的极限研究 $n\to\infty$ 时 $f(n)$ 的变化趋势. 因此，数列极限是函数极限的特例. 把 $n\to\infty$ 及 $f(n)$ 等特殊性撇开，便得函数极限的概念. 在自变量 x 的某个变化过程中，如果对应的函数值 $f(x)$ 无限接近于某个确定的常数，那么该常数叫作这一变化过程中**函数 $f(x)$ 的极限**. 函数 $f(x)$ 的极限与自变量 x 的具体变化过程有关，主要涉及下面两种.

1. 自变量趋向于有限值时函数的极限

设函数 $f(x)$ 在点 x_0 的某个去心邻域内有定义. 若当自变量 x 沿 x 轴任何方向趋向于点 x_0 时（记为 $x\to x_0$），函数值 $f(x)$ 无限接近于常数 A（记为 $f(x)\to A$），则称 A 为函数 $f(x)$ 当 $x\to x_0$ 时的**极限**.

类似于数列极限的定义，$f(x)\to A$ 可用 $|f(x)-A|<\varepsilon$（ε 为任意给定的正数）表示，$x\to x_0$ 可用 $0<|x-x_0|<\delta$（δ 是某个正数）表示，同时 $f(x)\to A$ 是在 $x\to x_0$ 的过程中实现的. 也就是说，要使 $|f(x)-A|<\varepsilon$ 成立，就要 $0<|x-x_0|<\delta$；或者说，以 $0<|x-x_0|<\delta$ 为前提保证了 $|f(x)-A|<\varepsilon$ 成立.

下面我们给出 $x\to x_0$ 时函数极限的 $\varepsilon\text{-}\delta$ 定义.

定义1　设函数 $f(x)$ 在点 x_0 的某个去心邻域内有定义. 如果存在常数 A，对于任意给定的正数 ε（无论它多么小），总存在正数 δ，使得当 $0<|x-x_0|<\delta$ 时，有 $|f(x)-A|<\varepsilon$ 成立，那么称 A 为 $f(x)$ 当 $x\to x_0$ 时的**极限**，也称 $f(x)$ 当 $x\to x_0$ 时**收敛**于 A，记作

$$\lim\limits_{x\to x_0}f(x)=A \quad\text{或}\quad f(x)\to A \quad (x\to x_0).$$

这里要注意，定义 1 中 δ 随 ε 而定. 一般来说，ε 越小，δ 越小. $|x-x_0|>0$ 表明 $x\neq x_0$. 我们只关心 $x\to x_0$ 时 $f(x)$ 的变化趋势，而对 $f(x)$ 在点 x_0 处是否有定义以及 $f(x_0)$ 的值是多少不做要求，所以无须考虑点 x_0.

定义 1 可以简单表述为

$$\lim\limits_{x\to x_0}f(x)=A\Leftrightarrow\forall\varepsilon>0,\exists\delta>0,\text{当}\ 0<|x-x_0|<\delta\ \text{时}，\text{有}\ |f(x)-A|<\varepsilon\ \text{成立}.$$

$\lim\limits_{x \to x_0} f(x) = A$ 的几何解释如下:不等式 $|f(x) - A| < \varepsilon$ 等价于 $A - \varepsilon < f(x) < A + \varepsilon$,而

不等式 $0 < |x - x_0| < \delta$ 等价于 $x_0 - \delta < x < x_0 + \delta (x \neq x_0)$.
作两条平行于 x 轴的直线 $y = A - \varepsilon$ 和 $y = A + \varepsilon$,当曲线
$y = f(x)(f(x)$ 的 图 形) 上 点 的 横 坐 标 x 在 区 间
$(x_0 - \delta, x_0 + \delta)(x \neq x_0)$ 内时,对应曲线上的点都落在这两条
直线所围的,以直线 $y = A$ 为中心线,宽为 2ε 的带形区域内(见
图 1 - 24).

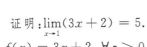 证明: $\lim\limits_{x \to 1}(3x + 2) = 5$.

证　这里 $f(x) = 3x + 2$. $\forall \varepsilon > 0$,要使
$$|f(x) - 5| = |3x + 2 - 5| = 3|x - 1| < \varepsilon,$$
只要 $|x - 1| < \dfrac{\varepsilon}{3}$ 即可.取 $\delta = \dfrac{\varepsilon}{3}$,则当 $0 < |x - 1| < \delta$ 时,有
$|f(x) - 5| < \varepsilon$ 成立,即
$$\lim_{x \to 1}(3x + 2) = 5.$$

例 2　证明: $\lim\limits_{x \to 0}\cos x = 1$.

证　$\forall \varepsilon > 0$,要使
$$\left|\cos x - 1\right| = \left|2\sin^2 \frac{x}{2}\right| \leqslant 2\left(\frac{x}{2}\right)^2 = \frac{x^2}{2} < \varepsilon \quad (合理放大),$$
只要 $|x| < \sqrt{2\varepsilon}$ 即可.取 $\delta = \sqrt{2\varepsilon}$,则当 $0 < |x - 0| < \delta$ 时,有 $|\cos x - 1| < \varepsilon$ 成立,即
$$\lim_{x \to 0}\cos x = 1.$$
此例说明,δ 的选取不唯一,只要从中选取一个,无须选取最大的.

例 3　证明: $\lim\limits_{x \to 1}(x^2 - 5x + 4) = 0$.

证　限制 $|x - 1| < 1$,则
$$|x - 4| = |x - 1 - 3| \leqslant |x - 1| + 3 < 1 + 3 = 4.$$
于是,$\forall \varepsilon > 0$,要使
$$|x^2 - 5x + 4 - 0| = |x - 1||x - 4| < 4|x - 1| < \varepsilon,$$
只要 $|x - 1| < \dfrac{\varepsilon}{4}$ 即可. 取 $\delta = \min\left\{1, \dfrac{\varepsilon}{4}\right\}$ $\left(表示 \delta 是 1 与 \dfrac{\varepsilon}{4} 中最小的那个数\right)$,则当 $0 < |x - 1| < \delta$ 时,有 $|x^2 - 5x + 4 - 0| < \varepsilon$ 成立,即
$$\lim_{x \to 1}(x^2 - 5x + 4) = 0.$$

例 4　证明:当 $x_0 > 0$ 时,$\lim\limits_{x \to x_0}\sqrt{x} = \sqrt{x_0}$.

证　$\forall \varepsilon > 0$,要使
$$|\sqrt{x} - \sqrt{x_0}| = \left|\frac{x - x_0}{\sqrt{x} + \sqrt{x_0}}\right| \leqslant \frac{1}{\sqrt{x_0}}|x - x_0| < \varepsilon,$$
只要 $|x - x_0| < \sqrt{x_0}\varepsilon$ 且 $x \geqslant 0$ 即可,$x \geqslant 0$ 可由 $|x - x_0| \leqslant x_0$ 保证.取 $\delta = \min\{x_0, \sqrt{x_0}\varepsilon\}$,则当 $0 < |x - x_0| < \delta$ 时,有 $|\sqrt{x} - \sqrt{x_0}| < \varepsilon$ 成立,即

$$\lim_{x \to x_0} \sqrt{x} = \sqrt{x_0} \quad (x_0 > 0).$$

上述 $x \to x_0$ 时，x 既可从点 x_0 的左侧也可从点 x_0 的右侧趋向于点 x_0. 在实际问题中，有时只需考虑 x 从点 x_0 的左侧（$x < x_0$）趋向于点 x_0（记作 $x \to x_0^-$）的情形，或者只需考虑 x 从点 x_0 的右侧（$x > x_0$）趋向于点 x_0（记作 $x \to x_0^+$）的情形.

定义 2　设 A 为常数. 若 $\forall \varepsilon > 0$，$\exists \delta > 0$，当 $x_0 - \delta < x < x_0$ 时，有
$$|f(x) - A| < \varepsilon$$
成立，则称 A 为 $f(x)$ 当 $x \to x_0$ 时的**左极限**，记作
$$\lim_{x \to x_0^-} f(x) = A, \quad f(x_0 - 0) = A \quad 或 \quad f(x_0^-) = A.$$

定义 3　设 A 为常数. 若 $\forall \varepsilon > 0$，$\exists \delta > 0$，当 $x_0 < x < x_0 + \delta$ 时，有
$$|f(x) - A| < \varepsilon$$
成立，则称 A 为 $f(x)$ 当 $x \to x_0$ 时的**右极限**，记作
$$\lim_{x \to x_0^+} f(x) = A, \quad f(x_0 + 0) = A \quad 或 \quad f(x_0^+) = A.$$

根据函数极限及左、右极限的定义，可得到下面的定理.

定理 1　函数 $f(x)$ 当 $x \to x_0$ 时极限存在的充要条件是 $f(x)$ 当 $x \to x_0$ 时的左、右极限都存在且相等，即
$$\lim_{x \to x_0} f(x) = A \Leftrightarrow f(x_0^-) = f(x_0^+) = A,$$
其中 A 为常数.

由定理 1 可知，若 $f(x_0^-)$，$f(x_0^+)$ 中有一个不存在，或者 $f(x_0^-)$ 和 $f(x_0^+)$ 都存在但不相等，则 $\lim_{x \to x_0} f(x)$ 不存在. 左极限与右极限统称为**单侧极限**，它们常用于分段函数在分段点处相关极限的判断.

例 5　设函数 $f(x) = \begin{cases} x^2, & x \neq 1, \\ 2, & x = 1, \end{cases}$ 求 $\lim_{x \to 1} f(x)$.

解　因为当 $x \neq 1$ 时，$f(x) = x^2$，所以
$$\lim_{x \to 1} f(x) = \lim_{x \to 1} x^2 = 1$$
（由 $y = x^2$ 的图形可看出 $\lim_{x \to 1} x^2 = 1$）. 此时，函数值 $f(1) = 2$，极限值不等于函数值.

例 6　设函数 $f(x) = \begin{cases} x - 1, & x < 0, \\ 0, & x = 0, \\ x + 1, & x > 0, \end{cases}$ 当 $x \to 0$ 时，$f(x)$ 的极限是否存在？

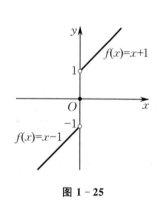

图 1-25

解　$f(x)$ 的图形如图 1-25 所示. 因为 $f(x)$ 在点 $x = 0$ 左、右两侧的表达式不同，所以要分 $x < 0$，$x > 0$ 两种情况进行讨论. 因
$$f(0^-) = \lim_{x \to 0^-} (x - 1) = -1,$$
$$f(0^+) = \lim_{x \to 0^+} (x + 1) = 1$$
（由图 1-25 可看出 $\lim_{x \to 0^-} (x - 1) = -1$，$\lim_{x \to 0^+} (x + 1) = 1$），从而 $f(0^-) \neq f(0^+)$，即 $f(x)$ 当 $x \to 0$ 时的左、右极限都存在但不相等，

故 $\lim\limits_{x\to 0}f(x)$ 不存在.

例 7　讨论 $\lim\limits_{x\to 0}2^{\frac{1}{x}}$ 是否存在.

解　当 $x\to 0$ 时,$\left|\dfrac{1}{x}\right|$ 无限增大,但 $\dfrac{1}{x}$ 在 $x<0$ 与 $x>0$ 时符号不同,$2^{\frac{1}{x}}$ 又是指数函数,从而引起 $2^{\frac{1}{x}}$ 的变化趋势不同,故分左、右极限来考虑.显然,$f(0^+)=\lim\limits_{x\to 0^+}2^{\frac{1}{x}}$ 不存在,故 $\lim\limits_{x\to 0}2^{\frac{1}{x}}$ 不存在.

2. 自变量趋向于无穷大时函数的极限

自变量 x 趋向于无穷大有以下三种情形:

(1) $x\to\infty$,表示 x 沿 x 轴正向和负向趋向于无穷大,或者 x 既可取正值,也可取负值,且 $|x|$ 无限增大;

(2) $x\to+\infty$,表示 x 沿 x 轴正向趋向于无穷大,或者 x 取正值且无限增大(是数列极限中 $n\to\infty$ 的直接推广);

(3) $x\to-\infty$,表示 x 沿 x 轴负向趋向于无穷大,或者 x 取负值且 $|x|$ 无限增大.

如果当 $|x|$ 无限增大时,函数值 $f(x)$ 无限接近于常数 A,那么 A 叫作函数 $f(x)$ 当 $x\to\infty$ 时的**极限**.借鉴数列极限的 ε-N 定义,下面给出 $x\to\infty$ 时函数极限的 ε-X 定义.

定义 4　设函数 $f(x)$ 当 $|x|$ 大于某个正数时有定义.如果存在常数 A,对于任意给定的正数 ε(无论它多么小),总存在正数 X,使得当 $|x|>X$ 时,有
$$|f(x)-A|<\varepsilon$$
成立,那么称 A 为 $f(x)$ 当 $x\to\infty$ 时的**极限**,记作
$$\lim\limits_{x\to\infty}f(x)=A\quad \text{或}\quad f(x)\to A\quad(x\to\infty).$$

注意,在定义 4 中,X 随 ε 而定.一般地,ε 越小,X 越大.

定义 4 可简单表述为
$$\lim\limits_{x\to\infty}f(x)=A\Leftrightarrow\forall\varepsilon>0,\exists X>0,\text{当}\,|x|>X\,\text{时},\text{有}\,|f(x)-A|<\varepsilon\,\text{成立}.$$

类似地,有如下定义:
$$\lim\limits_{x\to+\infty}f(x)=A\Leftrightarrow\forall\varepsilon>0,\exists X>0,\text{当}\,x>X\,\text{时},\text{有}\,|f(x)-A|<\varepsilon\,\text{成立},$$
$$\lim\limits_{x\to-\infty}f(x)=A\Leftrightarrow\forall\varepsilon>0,\exists X>0,\text{当}\,x<-X\,\text{时},\text{有}\,|f(x)-A|<\varepsilon\,\text{成立}.$$

定理 2　函数 $f(x)$ 当 $x\to\infty$ 时极限存在的充要条件是 $f(x)$ 当 $x\to+\infty$ 和 $x\to-\infty$ 时的极限都存在且相等,即
$$\lim\limits_{x\to\infty}f(x)=A\Leftrightarrow\lim\limits_{x\to+\infty}f(x)=\lim\limits_{x\to-\infty}f(x)=A,$$
其中 A 为常数.

例如,由函数 $y=\arctan x$ 的图形可看出 $\lim\limits_{x\to+\infty}\arctan x=\dfrac{\pi}{2}$,$\lim\limits_{x\to-\infty}\arctan x=-\dfrac{\pi}{2}$,所以 $\lim\limits_{x\to\infty}\arctan x$ 不存在;由函数 $y=\operatorname{arccot} x$ 的图形可看出 $\lim\limits_{x\to+\infty}\operatorname{arccot} x=0$,$\lim\limits_{x\to-\infty}\operatorname{arccot} x=\pi$,所以 $\lim\limits_{x\to\infty}\operatorname{arccot} x$ 也不存在.

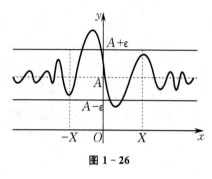

图 1 - 26

极限 $\lim\limits_{x \to \infty} f(x) = A$ 的几何解释如下：不等式 $|f(x) - A| < \varepsilon$ 等价于 $A - \varepsilon < f(x) < A + \varepsilon$. 作两条平行于 x 轴的直线 $y = A - \varepsilon$ 和 $y = A + \varepsilon$，当曲线 $y = f(x)$ 上点的横坐标 x 满足 $|x| > X$，即 $x < -X$ 或 $x > X$ 时，对应曲线上的点完全落在这两条直线所围的，以直线 $y = A$ 为中心线，宽为 2ε 的带形区域内（见图 $1 - 26$）.

例 8　　证明： $\lim\limits_{x \to \infty} \dfrac{1}{x} = 0$.

证　$\forall \varepsilon > 0$，要使

$$\left| \frac{1}{x} - 0 \right| = \frac{1}{|x|} < \varepsilon,$$

只要 $|x| > \dfrac{1}{\varepsilon}$ 即可. 取 $X = \dfrac{1}{\varepsilon}$，则当 $|x| > X$ 时，有 $\left| \dfrac{1}{x} - 0 \right| < \varepsilon$ 成立，即

$$\lim_{x \to \infty} \frac{1}{x} = 0.$$

例 9　　证明： $\lim\limits_{x \to \infty} \dfrac{x^2}{x^2 + 1} = 1$.

证　$\forall \varepsilon > 0$，要使

$$\left| \frac{x^2}{x^2 + 1} - 1 \right| = \frac{1}{x^2 + 1} < \frac{1}{x^2} < \varepsilon,$$

只要 $|x| > \dfrac{1}{\sqrt{\varepsilon}}$ 即可. 取 $X = \dfrac{1}{\sqrt{\varepsilon}}$，则当 $|x| > X$ 时，有 $\left| \dfrac{x^2}{x^2 + 1} - 1 \right| < \varepsilon$ 成立，即

$$\lim_{x \to \infty} \frac{x^2}{x^2 + 1} = 1.$$

例 10　　证明： $\lim\limits_{x \to +\infty} \left(\dfrac{1}{2} \right)^x = 0$.

证　$\forall \varepsilon > 0$，要使

$$\left| \left(\frac{1}{2} \right)^x - 0 \right| = \frac{1}{2^x} < \varepsilon,$$

只要 $x > \log_2 \dfrac{1}{\varepsilon}$ 即可. 取 $X = \log_2 \dfrac{1}{\varepsilon}$，则当 $x > X$ 时，有 $\left| \left(\dfrac{1}{2} \right)^x - 0 \right| < \varepsilon$ 成立，即

$$\lim_{x \to +\infty} \left(\frac{1}{2} \right)^x = 0.$$

例 11　　证明： $\lim\limits_{x \to -\infty} \mathrm{e}^x = 0$.

证　$\forall \varepsilon > 0$，要使

$$|\mathrm{e}^x - 0| < \varepsilon,$$

只要 $x < \ln \varepsilon$ 即可. 取 $X = |\ln \varepsilon|$，则当 $x < -X$ 时，有 $|\mathrm{e}^x - 0| < \varepsilon$ 成立，即

$$\lim_{x \to -\infty} \mathrm{e}^x = 0.$$

二、函数极限的性质

借鉴数列极限的性质,可以得到函数极限的相应性质.由于函数自变量的变化过程不同,下面以 $\lim\limits_{x \to x_0} f(x)$ 为代表给出函数极限的一些性质,并证明其中几个.对于其他形式函数极限的性质及其证明,可以类似得到.

定理 3 (函数极限的唯一性)　如果 $\lim\limits_{x \to x_0} f(x)$ 存在,那么它的值是唯一的.

在函数极限的唯一性性质中,"当 $x \to x_0$ (或 $x \to \infty$) 时, $f(x) \to A$" 应理解为:当 x 在 x 轴上从任何方向、以任意方式趋向于 x_0 (或无穷大) 时, $f(x)$ 无限接近于唯一的常数 A.这点非常重要,尤其是在说明极限不存在时非常有用.

例 12　讨论 $\lim\limits_{x \to \infty} \sin x$ 是否存在.

解　记函数 $f(x) = \sin x$.若取 $x = x_n = 2n\pi + \dfrac{\pi}{2}(x \to \infty$ 即 $n \to \infty)$,则 $f(x_n) = f\left(2n\pi + \dfrac{\pi}{2}\right) = 1$.若取 $x = x_m = m\pi(x \to \infty$ 即 $m \to \infty)$,则 $f(x_m) = f(m\pi) = 0$,这里 n, m 均为整数.假设 $\lim\limits_{x \to \infty} \sin x$ 存在,则与极限的唯一性矛盾,所以 $\lim\limits_{x \to \infty} \sin x$ 不存在.

类似地,可知 $\lim\limits_{x \to \infty} \cos x$, $\lim\limits_{x \to 0} \sin \dfrac{1}{x}$ 都不存在.

从此例也可看出,函数有界时未必有极限.

定理 4 (函数的局部有界性)　如果 $\lim\limits_{x \to x_0} f(x)$ 存在,那么函数 $f(x)$ 必在点 x_0 的某个去心邻域内有界,即存在正数 M 和 δ,使得当 $x \in \mathring{U}(x_0, \delta)$ 时,有 $|f(x)| \leqslant M$ 成立.

证　设 $\lim\limits_{x \to x_0} f(x) = A$.取 $\varepsilon = 1$,则 $\exists \delta > 0$,当 $0 < |x - x_0| < \delta$,即 $x \in \mathring{U}(x_0, \delta)$ 时,有 $|f(x) - A| < 1$ 成立.于是

$$|f(x)| = |f(x) - A + A| \leqslant |f(x) - A| + |A| < 1 + |A|,$$

记 $M = 1 + |A|$,则 $|f(x)| \leqslant M$.

注意,该定理的结论只能断定函数的局部有界性,而不能断言函数在整个定义域内有界.

定理 5 (函数极限的局部保号性)　如果 $\lim\limits_{x \to x_0} f(x) = A(A$ 为常数),且 $A > 0$(或 $A < 0$),那么函数 $f(x)$ 必在点 x_0 的某个去心邻域内,与 A 的符号保持一致,即存在常数 $\delta > 0$,使得当 $x \in \mathring{U}(x_0, \delta)$ 时,有 $f(x) > 0$(或 $f(x) < 0$) 成立.

证　不妨设 $\lim\limits_{x \to x_0} f(x) = A > 0$.取定 ε,使得 $0 < \varepsilon \leqslant A$,则 $\exists \delta > 0$,当 $0 < |x - x_0| < \delta$,即 $x \in \mathring{U}(x_0, \delta)$ 时,有

$$|f(x) - A| < \varepsilon, \quad 即 \quad A - \varepsilon < f(x) < A + \varepsilon$$

成立.因为 $A - \varepsilon \geqslant 0$,所以 $f(x) > 0$.

类似可证 $A < 0$ 的情形(此时可取 $0 < \varepsilon \leqslant -A$).

若定理 5 的证明中,取定合适的 ε,可得下面的结论.

定理 5′　如果 $\lim\limits_{x \to x_0} f(x) = A$(常数 $A \neq 0$),那么必存在点 x_0 的某个去心邻域 $\mathring{U}(x_0, \delta)$,使

得当 $x \in \mathring{U}(x_0, \delta)$ 时,有 $|f(x)| > \dfrac{|A|}{2}$ 成立.

证 由于 $\lim\limits_{x \to x_0} f(x) = A (A \neq 0)$,取 $\varepsilon = \dfrac{|A|}{2} > 0$,则 $\exists \delta > 0$,使得当 $x \in \mathring{U}(x_0, \delta)$ 时,有

$|f(x) - A| < \dfrac{|A|}{2}$ 成立. 于是

$$|f(x)| = |f(x) - A + A| \geqslant |A| - |f(x) - A| > |A| - \frac{|A|}{2} = \frac{|A|}{2}.$$

在上述证明中,当 ε 的取值不同时,定理 $5'$ 的结论可以继续推广.

考虑定理 5 的逆否命题,可得如下推论:

推论 1 如果在点 x_0 的某个去心邻域内,函数 $f(x) \geqslant 0$（或 $f(x) \leqslant 0$）,且 $\lim\limits_{x \to x_0} f(x) = A$（$A$ 为常数）,那么 $A \geqslant 0$（或 $A \leqslant 0$）.

在推论 1 中,若 $f(x) > 0$（或 $f(x) < 0$）,不能保证 $A > 0$（或 $A < 0$）. 例如,函数 $f(x) = x^2 > 0 \ (x \neq 0)$,但 $\lim\limits_{x \to 0} x^2 = 0$.

习 题 1-3

1. 函数 $f(x)$ 的图形如图 1-27 所示,下列等式或表述中哪些是对的,哪些是错的?

图 1-27

(1) $\lim\limits_{x \to -1^+} f(x) = 0$;

(2) $\lim\limits_{x \to -1^+} f(x) = 1$;

(3) $\lim\limits_{x \to 0^+} f(x)$ 不存在;

(4) $\lim\limits_{x \to 0} f(x) = 0$;

(5) $\lim\limits_{x \to 1^-} f(x) = 1$;

(6) $\lim\limits_{x \to 1^+} f(x) = 1$;

(7) $\lim\limits_{x \to 2^-} f(x) = 0$;

(8) $\lim\limits_{x \to 2^-} f(x) = 1$.

2. 设函数 $f(x) = \begin{cases} \dfrac{1}{1-x}, & x < 0, \\ x^2 + 1, & 0 \leqslant x < 1, \\ 1, & 1 \leqslant x < 2, \end{cases}$ 求 $f(x)$ 当 $x \to 0, x \to 1$ 时的左、右极限,并说明在 $x = 0, 1$ 这

两点的极限是否存在.

3. 根据函数极限的定义证明:

(1) $\lim\limits_{x \to 3} (3x + 3) = 12$;

(2) $\lim\limits_{x \to -2} \dfrac{x^2 - 4}{x + 2} = -4$;

(3) $\lim\limits_{x \to 4} \dfrac{x - 4}{x} = 0$;

(4) $\lim\limits_{x \to 0} x \sin \dfrac{1}{x} = 0$;

(5) $\lim\limits_{x \to \infty} \dfrac{2x + 3}{x} = 2$;

(6) $\lim\limits_{x \to \infty} \dfrac{\sin x}{\sqrt{x}} = 0$.

4. 设函数 $f(x) = \lim\limits_{n \to \infty} \dfrac{nx}{nx^2 + 2}$,写出 $f(x)$ 的具体表达式.

5. 当 $x \to 1$ 时,函数 $y = x^2 \to 1$. 问:δ 等于多少时,可使得当 $|x-1| < \delta$ 时,$|y-1| < 0.01$?

6. 当 $x \to \infty$ 时,函数 $y = \dfrac{x}{x^2+3} \to 0$. 问:$X$ 等于多少时,可使得当 $|x| > X$ 时,$|y| < 0.01$?

7. 证明:函数 $f(x) = \cos\dfrac{1}{x}$ 当 $x \to 0$ 时的极限不存在.

8. 根据函数极限的定义证明定理 1.

9. 证明:如果 $\lim\limits_{x \to x_0} f(x) = A$(常数 $A \neq 0$),那么存在点 x_0 的某个去心邻域 $\mathring{U}(x_0, \delta)$,使得当 $x \in \mathring{U}(x_0, \delta)$ 时,有 $|f(x)| > \dfrac{|A|}{3}$.

10. 根据函数极限的定义证明定理 2.

第四节　无穷小量与无穷大量

在自变量的某个变化过程中,函数的绝对值无限变小或无限增大,这两种情形常常会遇到,它们就是下面要介绍的无穷小量与无穷大量.无穷小量是极限存在的一种特殊形式.从某种意义上讲,基于这个概念建立了整个高等数学体系,高等数学也因此常常被称为无穷小分析.由此可见,无穷小量在高等数学理论和实际问题中的重要位置.而无穷大量是极限不存在的一种特殊形式.

在以后的讨论中,记号"lim"没有标明自变量的变化过程,意指定义或定理对自变量的变化过程 $x \to x_0$(含 $x \to x_0^+$,$x \to x_0^-$)及 $x \to \infty$(含 $x \to +\infty$,$x \to -\infty$)都是成立的.若 $f(x)$ 为具体函数(常数函数除外),则不能使用此记号.

本节内容对数列也适用.

一、无穷小量

定义 1　　如果 $\lim f(x) = 0$,那么称 $f(x)$ 为自变量 x 的相应变化过程的**无穷小量**,简称**无穷小**.

简单地说,无穷小就是极限为 0 的量.

例如,易知 $\lim\limits_{x \to 1}(x-1) = 0$,故函数 $x-1$ 为当 $x \to 1$ 时的无穷小.

又如,易知 $\lim\limits_{x \to -\infty} \dfrac{1}{\sqrt{1-x}} = 0$,故函数 $\dfrac{1}{\sqrt{1-x}}$ 为当 $x \to -\infty$ 时的无穷小.

再如,易知 $\lim\limits_{n \to \infty} \dfrac{1}{2^n} = 0$,故数列 $\left\{\dfrac{1}{2^n}\right\}$ 为当 $n \to \infty$ 时的无穷小.

注意,无穷小与很小的数不同,无穷小一般是一个变量,无限接近于 0,其绝对值可小于任意给定的正数 ε. 而任何非零常数是常量,不管它多么小都不是无穷小,如 10^{-26} 就不是无穷小. 0 是无穷小中的唯一常数,因为 $|0| < \varepsilon$.

函数是否为无穷小,与自变量的具体变化过程有关,一般要指明这个变化过程.

例如,函数 $f(x) = \dfrac{1}{x}$ 当 $x \to \infty$ 时为无穷小,当 $x \to 2$ 时不是无穷小.

又如,易知 $\lim\limits_{x \to -\infty} 2^x = 0$,故函数 2^x 当 $x \to -\infty$ 时是无穷小.而易知 $\lim\limits_{x \to +\infty} 2^x = +\infty$,故函数 2^x 当 $x \to +\infty$ 时不是无穷小.

下面说明无穷小与函数极限的关系.

定理 1 在自变量 x 的某个变化过程中,$\lim f(x) = A$ 的充要条件是 $f(x) = A + \alpha$,其中 $\alpha = \alpha(x)$ 是 x 的同一变化过程的无穷小.

证 仅证 $x \to x_0$ 的情形.

必要性 设 $\lim\limits_{x \to x_0} f(x) = A$,则 $\forall \varepsilon > 0$,$\exists \delta > 0$,当 $0 < |x - x_0| < \delta$ 时,有 $|f(x) - A| < \varepsilon$ 成立.令 $\alpha = f(x) - A$,则 α 是当 $x \to x_0$ 时的无穷小,且 $f(x) = A + \alpha$.

充分性 设 $f(x) = A + \alpha$,其中 A 是常数,α 是当 $x \to x_0$ 时的无穷小.于是,$\forall \varepsilon > 0$,$\exists \delta > 0$,当 $0 < |x - x_0| < \delta$ 时,有 $|\alpha| < \varepsilon$ 成立.又 $|f(x) - A| = |\alpha|$,故 $|f(x) - A| < \varepsilon$,即

$$\lim\limits_{x \to x_0} f(x) = A.$$

由定理 1 可知,如果函数 $f(x)$ 的极限存在,那么 $f(x)$ 可分解为两项之和:第一项为常数,即 $f(x)$ 的极限;第二项为无穷小.反之也成立.这个定理的意义在于:

(1) 将一般极限问题转化为特殊极限问题(无穷小);

(2) 给出了函数 $f(x)$ 在 x 的某个变化过程中的近似表达式 $f(x) \approx A$,误差为 α.

例 1 求 $\lim\limits_{x \to \infty} \dfrac{x}{x-1}$.

解 设函数 $f(x) = \dfrac{x}{x-1}$.由于 $f(x) = 1 + \dfrac{1}{x-1}$,又可求得 $\lim\limits_{x \to \infty} \dfrac{1}{x-1} = 0$,所以

$$\lim\limits_{x \to \infty} \frac{x}{x-1} = 1.$$

二、无穷大量

如果在自变量 x 的某个变化过程中,对应函数值的绝对值 $|f(x)|$ 无限增大,那么称函数 $f(x)$ 为该变化过程的**无穷大量**,简称**无穷大**,记作 $\lim f(x) = \infty$.如果只是 $f(x) > 0$ 且 $f(x)$ 无限增大,那么称 $f(x)$ 为该变化过程的**正无穷大量**,简称**正无穷大**,记作 $\lim f(x) = +\infty$;如果只是 $f(x) < 0$ 且 $|f(x)|$ 无限增大,那么称 $f(x)$ 为该变化过程的**负无穷大量**,简称**负无穷大**,记作 $\lim f(x) = -\infty$.下面给出无穷大量的精确定义.

定义 2 设函数 $f(x)$ 在点 x_0 的某个去心邻域内有定义(或 $|x|$ 大于某个正数时有定义).如果 $\forall M > 0$(无论它多么大),$\exists \delta > 0$(或 $X > 0$),当 $0 < |x - x_0| < \delta$(或 $|x| > X$)时,有

$$|f(x)| > M$$

成立,那么称 $f(x)$ 为当 $x \to x_0$(或 $x \to \infty$)时的**无穷大量**,记作

$$\lim\limits_{x \to x_0} f(x) = \infty \quad (\text{或} \lim\limits_{x \to \infty} f(x) = \infty).$$

在定义 2 中,把 $|f(x)| > M$ 换成 $f(x) > M$(或 $f(x) < -M$),就得到

$$\lim\limits_{\substack{x \to x_0 \\ (x \to \infty)}} f(x) = +\infty \quad (\text{或} \lim\limits_{\substack{x \to x_0 \\ (x \to \infty)}} f(x) = -\infty).$$

必须注意,无穷大是一个变量,而且其绝对值可以无限增大.无论多大的常数(如 100^{100}),也不是无穷大.另外,无穷大与自变量 x 的具体变化过程有关,说无穷大时必须指明这个变化过程.

无穷大是极限不存在的情形.为了在语言上叙述方便,并结合函数的变化趋势,才说极限是无穷大,并借用了记号 ∞,$+\infty$ 和 $-\infty$.在运算时一定要注意这一点.

极限不存在时,它不一定是无穷大.例如,函数 $f(x) = \sin x$ 当 $x \to \infty$ 时的极限不存在,但也不是 $x \to \infty$ 时的无穷大.

例 2 易知 $\lim\limits_{x \to 0} \dfrac{1}{x} = \infty$,$\lim\limits_{x \to 0^+} \dfrac{1}{x} = +\infty$,$\lim\limits_{x \to 0^-} \dfrac{1}{x} = -\infty$,$\lim\limits_{x \to \infty} \dfrac{1}{x} = 0$,因此函数 $f(x) = \dfrac{1}{x}$ 是当 $x \to 0$ 时的无穷大,当 $x \to 0^+$ 时的正无穷大,当 $x \to 0^-$ 时的负无穷大,当 $x \to \infty$ 时的无穷小.

例 3 参照基本初等函数的图形,直观分析可得

$$\lim_{x \to +\infty} x^2 = +\infty, \qquad \lim_{x \to 0} \frac{1}{x^2} = +\infty;$$

$$\lim_{x \to +\infty} e^x = +\infty, \qquad \lim_{x \to -\infty} e^x = 0;$$

$$\lim_{x \to +\infty} a^x = +\infty \ (a > 1), \qquad \lim_{x \to +\infty} a^x = 0 \ (0 < a < 1);$$

$$\lim_{n \to \infty} q^n = \infty \ (|q| > 1), \qquad \lim_{n \to \infty} q^n = 0 \ (|q| < 1);$$

$$\lim_{x \to +\infty} \ln x = +\infty, \qquad \lim_{x \to 0^+} \ln x = -\infty;$$

$$\lim_{x \to \frac{\pi}{2}^+} \tan x = -\infty, \qquad \lim_{x \to \frac{\pi}{2}^-} \tan x = +\infty;$$

$$\lim_{x \to \pi^+} \cot x = +\infty, \qquad \lim_{x \to \pi^-} \cot x = -\infty.$$

例 4 证明:$\lim\limits_{x \to 1} \dfrac{1}{x-1} = \infty$.

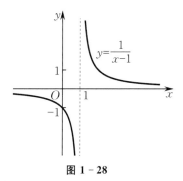

图 1-28

证 $\forall M > 0$,要使 $\left| \dfrac{1}{x-1} \right| > M$,只要 $|x-1| < \dfrac{1}{M}$ 即可.取 $\delta = \dfrac{1}{M}$,则当 $0 < |x-1| < \delta$ 时,有 $\left| \dfrac{1}{x-1} \right| > M$ 成立,即

$$\lim_{x \to 1} \frac{1}{x-1} = \infty.$$

函数 $y = \dfrac{1}{x-1}$ 的图形如图 1-28 所示.

例 5 证明:$\lim\limits_{x \to 0} \dfrac{x+1}{x} = \infty$.

证 $\forall M > 0$,要使 $\left| \dfrac{x+1}{x} \right| > M$,只要 $\left| \dfrac{x+1}{x} \right| \geqslant \dfrac{1}{|x|} - 1 > M$,即 $\dfrac{1}{|x|} > M+1$ 即可.于是,只需 $|x| < \dfrac{1}{M+1}$.取 $\delta = \dfrac{1}{M+1}$,则当 $0 < |x-0| < \delta$ 时,有 $\left| \dfrac{x+1}{x} \right| > M$ 成立,即

$$\lim_{x \to 0} \frac{x+1}{x} = \infty.$$

由无穷大与无穷小的概念，可得无穷大与无穷小之间的关系.

定理 2　在自变量 x 的某个变化过程中，如果函数 $f(x)$ 为无穷大，那么 $\dfrac{1}{f(x)}$ 为无穷小；反之，如果函数 $f(x)$ 为无穷小，且 $f(x) \neq 0$，则 $\dfrac{1}{f(x)}$ 为无穷大.

证　仅证 $x \to x_0$ 的情形.

设 $\lim\limits_{x \to x_0} f(x) = \infty$，则 $\forall \varepsilon > 0$，取 $M = \dfrac{1}{\varepsilon}$，$\exists \delta > 0$，当 $0 < |x - x_0| < \delta$ 时，有

$$|f(x)| > M = \frac{1}{\varepsilon}$$

成立，即 $\left| \dfrac{1}{f(x)} \right| < \varepsilon$，从而

$$\lim_{x \to x_0} \frac{1}{f(x)} = 0.$$

于是，$\dfrac{1}{f(x)}$ 为当 $x \to x_0$ 时的无穷小.

反之，设 $\lim\limits_{x \to x_0} f(x) = 0$，且 $f(x) \neq 0$，则 $\forall M > 0$，取 $\varepsilon = \dfrac{1}{M}$，$\exists \delta > 0$，当 $0 < |x - x_0| < \delta$ 时，有

$$|f(x)| < \varepsilon = \frac{1}{M}$$

成立. 又 $f(x) \neq 0$，从而 $\left| \dfrac{1}{f(x)} \right| > M$，所以

$$\lim_{x \to x_0} \frac{1}{f(x)} = \infty,$$

即 $\dfrac{1}{f(x)}$ 为当 $x \to x_0$ 时的无穷大.

定理 2 说明，无穷大与无穷小有类似于倒数的关系. 据此定理，无穷大问题都可转化为无穷小问题来讨论.

例 6　$\lim\limits_{x \to 0} x^2 = 0$，　$\lim\limits_{x \to 0} \dfrac{1}{x^2} = +\infty$；

$\lim\limits_{x \to +\infty} \mathrm{e}^x = +\infty$，　$\lim\limits_{x \to +\infty} \dfrac{1}{\mathrm{e}^x} = \lim\limits_{x \to +\infty} \mathrm{e}^{-x} = 0$；

$\lim\limits_{x \to 0} \sin x = 0$，　$\lim\limits_{x \to 0} \dfrac{1}{\sin x} = \lim\limits_{x \to 0} \csc x = \infty$.

注意无穷大与无界函数的区别. 如果函数 $f(x)$ 为 x 的某个变化过程的无穷大，那么 x 在相应某个部分时 $f(x)$ 一定无界. 反过来未必成立，即无界函数不一定是无穷大. 例如，函数 $f(x) = x\cos x$ 在 $\mathbf{R}$ 上无界，但不是当 $x \to \infty$ 时的无穷大. 又如，数列 $x_n = [1 + (-1)^n]n(n = 1, 2, \cdots)$ 无界，但也不是当 $n \to \infty$ 时的无穷大.

习　题　1－4

1. 判断下列说法是否正确，并说明理由：

(1) 无穷小就是 0；　　　　　　　　　　(2) 0 是无穷小；

(3) 无穷小一定是越变越小；　　　　　　(4) $-\infty$ 是无穷小；

(5) 10^{100} 不是无穷大；　　　　　　　(6) 2^x 是无穷大.

2. 根据函数极限的定义证明：

(1) 函数 $f(x) = \dfrac{2x}{1+x}$ 为当 $x \to 0$ 时的无穷小；

(2) 函数 $f(x) = \dfrac{1}{e^x - 1}$ 为当 $x \to 0$ 时的无穷大.

3. 两个无穷小之商是否一定是无穷小? 试举例说明.

4. 利用定理 1 计算下列极限：

(1) $\lim\limits_{x \to 0} \dfrac{x^2 + x - 2}{x - 1}$；　　　　　　　(2) $\lim\limits_{x \to \infty} \dfrac{4x^2 + 1}{x^2}$.

5. 证明：函数 $y = x\sin x$ 在区间 $(-\infty, +\infty)$ 上无界，但不是当 $x \to +\infty$ 时的无穷大.

6. 证明：函数 $y = \dfrac{1}{x}\cos\dfrac{1}{x}$ 在区间 $(0,1]$ 上无界，但不是当 $x \to 0^+$ 时的无穷大.

第五节　极限的运算法则

前面给出了极限的定义，由定义可以验证某个常数是否为函数的极限，但有时验证过程很不方便. 本节讨论极限的求法，主要是建立极限的四则运算法则和复合函数的极限运算法则. 以后我们还将介绍求极限的其他方法.

我们只对个别定理进行论证，且只证 $x \to x_0$ 时的情形. 把 δ 改成 X，并把 $0 < |x - x_0| < \delta$ 改成 $|x| > X$，就可得 $x \to \infty$ 情形的证明. 以下证明中的 α 是指 $\alpha(x)$，β, γ 的含义类似.

先给出无穷小的性质，再介绍极限的运算法则.

定理 1　有限个无穷小的代数和仍是无穷小.

证　考虑 $x \to x_0$ 时两个无穷小的和. 设 α 及 β 是当 $x \to x_0$ 时的两个无穷小，$\gamma = \alpha + \beta$.

$\forall \varepsilon > 0$，因为 $\lim\limits_{x \to x_0} \alpha = 0$，所以对于 $\dfrac{\varepsilon}{2}$，$\exists \delta_1 > 0$，当 $0 < |x - x_0| < \delta_1$ 时，有

$$|\alpha| < \frac{\varepsilon}{2}$$

成立. 又 $\lim\limits_{x \to x_0} \beta = 0$，故对于上述 $\dfrac{\varepsilon}{2}$，$\exists \delta_2 > 0$，当 $0 < |x - x_0| < \delta_2$ 时，有

$$|\beta| < \frac{\varepsilon}{2}$$

成立. 取 $\delta = \min\{\delta_1, \delta_2\}$，则当 $0 < |x - x_0| < \delta$ 时，有 $|\alpha| < \dfrac{\varepsilon}{2}$ 及 $|\beta| < \dfrac{\varepsilon}{2}$ 同时成立，从而

$$|\gamma| = |\alpha + \beta| \leqslant |\alpha| + |\beta| < \frac{\varepsilon}{2} + \frac{\varepsilon}{2} = \varepsilon.$$

于是 $\lim\limits_{x \to x_0} \gamma = 0$. 这就证明了 $\gamma = \alpha + \beta$ 也是当 $x \to x_0$ 时的无穷小.

类似可证有限个无穷小之和的情形.

无限多个无穷小之和未必是无穷小. 例如，$\lim\limits_{n \to \infty}\left(\dfrac{1}{n^2} + \dfrac{2}{n^2} + \cdots + \dfrac{n}{n^2}\right) \neq \lim\limits_{n \to \infty}\dfrac{1}{n^2} + \lim\limits_{n \to \infty}\dfrac{2}{n^2} + \cdots +$

$\lim\limits_{n \to \infty}\dfrac{n}{n^2} = 0$. 虽然 $\dfrac{1}{n^2} + \dfrac{2}{n^2} + \cdots + \dfrac{n}{n^2}$ 中的各项都是当 $n \to \infty$ 时的无穷小，但是当 $n \to \infty$ 时，项数无限增多，不满足有限个函数的条件. 正确解法为

$$\lim_{n \to \infty}\left(\frac{1}{n^2} + \frac{2}{n^2} + \cdots + \frac{n}{n^2}\right) = \lim_{n \to \infty}\frac{1 + 2 + \cdots + n}{n^2} = \lim_{n \to \infty}\frac{1}{n^2} \cdot \frac{n(n+1)}{2}$$

$$= \frac{1}{2}\lim_{n \to \infty}\left(1 + \frac{1}{n}\right) = \frac{1}{2}.$$

定理 2　　有界函数与无穷小的乘积是无穷小.

证　设函数 $f(x)$ 在点 x_0 的某个去心邻域 $\mathring{U}(x_0, \delta_1)$ 内是有界的，即 $\exists M > 0$，使得

$$|f(x)| \leqslant M$$

对一切 $x \in \mathring{U}(x_0, \delta_1)$ 都成立. 又设 α 是当 $x \to x_0$ 时的无穷小，即 $\forall \varepsilon > 0, \exists \delta_2 > 0$，当 $x \in \mathring{U}(x_0, \delta_2)$ 时，有

$$|\alpha| < \frac{\varepsilon}{M}$$

成立. 取 $\delta = \min\{\delta_1, \delta_2\}$，则当 $x \in \mathring{U}(x_0, \delta)$ 时，有 $|f(x)| \leqslant M$ 及 $|\alpha| < \dfrac{\varepsilon}{M}$ 同时成立，从而

$$|\alpha f(x)| = |\alpha| \cdot |f(x)| < \frac{\varepsilon}{M} \cdot M = \varepsilon.$$

故 $\lim\limits_{x \to x_0} \alpha f(x) = 0$. 这就证明了 $\alpha f(x)$ 是当 $x \to x_0$ 时的无穷小.

例如，$\lim\limits_{x \to +\infty} \dfrac{\sin\sqrt{x + \sqrt{x}}}{\sqrt{x}} = 0, \lim\limits_{x \to 0} x\sin\dfrac{1}{x} = 0.$

因为常数和无穷小都是有界函数，故可得下述推论：

推论 1　　常数与无穷小的乘积是无穷小.

推论 2　　有限个无穷小的乘积也是无穷小.

定理 3　　若在自变量 x 的某个变化过程中，α 是无穷小，函数 $f(x)$ 以常数 $A(A \neq 0)$ 为极限，则 $\dfrac{\alpha}{f(x)}$ 也是同一变化过程的无穷小.

证　设 $\lim\limits_{x \to x_0} f(x) = A \neq 0$，则对于 $\varepsilon = \dfrac{|A|}{2} > 0, \exists \delta > 0$，当 $0 < |x - x_0| < \delta$ 时，有

$$|A| - |f(x)| \leqslant |f(x) - A| < \varepsilon = \frac{|A|}{2}$$

成立,从而 $|f(x)| > \dfrac{|A|}{2}$,即 $\left|\dfrac{1}{f(x)}\right| < \dfrac{2}{|A|}$. 于是,在 $0 < |x - x_0| < \delta$ 内,$\dfrac{1}{f(x)}$ 有界. 由

定理 2,$\dfrac{\alpha}{f(x)}$ 为当 $x \to x_0$ 时的无穷小.

下面给出一般函数极限的四则运算法则.

定理 4　　如果 $\lim f(x), \lim g(x)$ 都存在,且 $\lim f(x) = A, \lim g(x) = B$,则

(1) $\lim[f(x) \pm g(x)] = \lim f(x) \pm \lim g(x) = A \pm B$;

(2) $\lim f(x) g(x) = \lim f(x) \cdot \lim g(x) = AB$;

(3) **当分母的极限不为 0,即 $B \neq 0$ 时,有**

$$\lim \frac{f(x)}{g(x)} = \frac{\lim f(x)}{\lim g(x)} = \frac{A}{B}.$$

证　利用无穷小与函数极限的关系来证明. 我们只证(2).

因为 $\lim f(x) = A, \lim g(x) = B$,由第四节的定理 1 中无穷小与函数极限的关系,有 $f(x) = A + \alpha, g(x) = B + \beta$,其中 α 及 β 为 x 在同一变化过程中的无穷小,于是

$$f(x) g(x) = (A + \alpha)(B + \beta) = AB + (B\alpha + A\beta + \alpha\beta).$$

由本节的定理 1、推论 1 及推论 2 可知,$B\alpha + A\beta + \alpha\beta$ 仍是无穷小. 再由第四节的定理 1 可得

$$\lim f(x) g(x) = AB = \lim f(x) \cdot \lim g(x).$$

定理 4 中的(1),(2)可推广到有限个函数的情形,但前提条件是每个函数的极限都存在. 例如,如果 $\lim f(x), \lim g(x), \lim h(x)$ 都存在,那么有

$$\lim[f(x) + g(x) - h(x)] = \lim f(x) + \lim g(x) - \lim h(x),$$

$$\lim f(x) g(x) h(x) = \lim f(x) \cdot \lim g(x) \cdot \lim h(x).$$

应用定理 4 中的(2),可得以下推论:

推论 3　　如果 $\lim f(x)$ 存在且为 A, k 为常数,那么

$$\lim[k f(x)] = k \lim f(x) = kA.$$

也就是说,求极限时,常数因子可以提到极限符号外面.

推论 4　　如果 $\lim f(x)$ 存在且为 A, n 是正整数,那么

$$\lim[f(x)]^n = [\lim f(x)]^n = A^n.$$

事实上,

$$\begin{aligned} \lim[f(x)]^n &= \lim f(x) f(x) \cdots f(x) \\ &= \lim f(x) \cdot \lim f(x) \cdot \cdots \cdot \lim f(x) = [\lim f(x)]^n. \end{aligned}$$

推论 5　　如果 $\lim f(x)$ 存在且为 A, n 是正整数,那么

$$\lim[f(x)]^{\frac{1}{n}} = [\lim f(x)]^{\frac{1}{n}} = A^{\frac{1}{n}}.$$

推论 6　　如果 $\lim f(x)$ 存在且为 $A(A > 0), \lim g(x)$ 存在且为 B,那么

$$\lim[f(x)]^{g(x)} = A^B.$$

这是幂指函数的极限运算法则,其中形如 $[f(x)]^{g(x)}$($f(x) > 0$ 且 $f(x) \neq 1$)的函数称为**幂指函数**.

应用极限的四则运算法则时,要注意:

（1）参加运算的是有限个函数,无限多个函数时极限的四则运算法则不成立.

（2）极限的四则运算法则成立的前提条件是各函数的极限存在,并且其逆命题不成立.例如,$\lim\limits_{n\to\infty}[(-1)^n+(-1)^{n+1}]=0\neq\lim\limits_{n\to\infty}(-1)^n+\lim\limits_{n\to\infty}(-1)^{n+1}$,因为$\lim\limits_{n\to\infty}(-1)^n,\lim\limits_{n\to\infty}(-1)^{n+1}$不存在.

（3）∞不能随便参与运算,因为∞不是数,它只是函数的一种变化状态记号.

关于数列,也有类似的极限四则运算法则及推论.

定理 5　设有数列$\{x_n\}$和$\{y_n\}$.如果$\lim\limits_{n\to\infty}x_n=A,\lim\limits_{n\to\infty}y_n=B$,那么

（1）$\lim\limits_{n\to\infty}(x_n\pm y_n)=\lim\limits_{n\to\infty}x_n\pm\lim\limits_{n\to\infty}y_n=A\pm B$;

（2）$\lim\limits_{n\to\infty}x_ny_n=\lim\limits_{n\to\infty}x_n\cdot\lim\limits_{n\to\infty}y_n=AB$;

（3）当$y_n\neq0(n=1,2,\cdots)$且$B\neq0$时,$\lim\limits_{n\to\infty}\dfrac{x_n}{y_n}=\dfrac{\lim\limits_{n\to\infty}x_n}{\lim\limits_{n\to\infty}y_n}=\dfrac{A}{B}$;

（4）$\lim\limits_{n\to\infty}(kx_n)=k\lim\limits_{n\to\infty}x_n=kA$,其中$k$是常数;

（5）$\lim\limits_{n\to\infty}(x_n)^m=(\lim\limits_{n\to\infty}x_n)^m=A^m$,其中$m$是正整数;

（6）$\lim\limits_{n\to\infty}(x_n)^{\frac{1}{m}}=(\lim\limits_{n\to\infty}x_n)^{\frac{1}{m}}=A^{\frac{1}{m}}$,其中$m$是正整数;

（7）$\lim\limits_{n\to\infty}(x_n)^{y_n}=(\lim\limits_{n\to\infty}x_n)^{\lim\limits_{n\to\infty}y_n}=A^B$,其中$A>0$.

证明从略.

该定理也可推广到有限个数列的情形.由若干个收敛数列经过有限次四则运算（极限为0的数列不能作分母）所构成的数列一定是收敛的,而且极限运算可以与四则运算互换先后次序.

定理 6（极限的不等式性质）　设$\lim\limits_{x\to x_0}f(x)=A,\lim\limits_{x\to x_0}g(x)=B$.若存在$x_0$的某个去心邻域$\mathring{U}(x_0)$,使得当$x\in\mathring{U}(x_0)$时,总有$f(x)\geqslant g(x)$,则$A\geqslant B$;反之,若$A>B$,则存在$x_0$的某个去心邻域$\mathring{U}(x_0)$,使得当$x\in\mathring{U}(x_0)$时,总有$f(x)>g(x)$.

证　只证前半部分.

令函数$h(x)=f(x)-g(x)$,则当$x\in\mathring{U}(x_0)$时,有$f(x)\geqslant g(x)$成立,所以$h(x)\geqslant0$.由第三节的推论1,可得$\lim\limits_{x\to x_0}h(x)\geqslant0$,而

$$\lim\limits_{x\to x_0}h(x)=\lim\limits_{x\to x_0}[f(x)-g(x)]=\lim\limits_{x\to x_0}f(x)-\lim\limits_{x\to x_0}g(x)=A-B,$$

于是$A-B\geqslant0$,即$A\geqslant B$.

定理6在$g(x)\equiv0$,即$B=0$时的情形,便是第三节的推论1.对于自变量x的其他变化过程,也有相应极限的不等式性质.

例 1　证明：$\lim\limits_{x\to\infty}\dfrac{\sin x}{x}=0$.

证　当$x\to\infty$时,$\dfrac{\sin x}{x}$中分子及分母的极限都不存在,故不能应用商的极限运算法则.把$\dfrac{\sin x}{x}$看作$\dfrac{1}{x}$与$\sin x$的乘积,由于$\dfrac{1}{x}$当$x\to\infty$时为无穷小,而$\sin x$是有界函数,根据定理2,有

$$\lim\limits_{x\to\infty}\dfrac{\sin x}{x}=0.$$

如下求极限是错误的：

$$\lim_{x \to \infty} \frac{\sin x}{x} = \lim_{x \to \infty} \frac{1}{x} \cdot \lim_{x \to \infty} \sin x = 0.$$

这是因为 $\lim\limits_{x \to \infty} \sin x$ 不存在.

例 2　　求 $\lim\limits_{x \to 1} \dfrac{2x-3}{x^2-1}$.

解　　因为分母的极限 $\lim\limits_{x \to 1}(x^2-1) = (\lim\limits_{x \to 1}x)^2 - \lim\limits_{x \to 1}1 = 1^2 - 1 = 0$，所以不能应用商的极限运算
法则. 但

$$\lim_{x \to 1}(2x-3) = \lim_{x \to 1}2x - \lim_{x \to 1}3 = 2 \times 1 - 3 = -1 \neq 0,$$

从而

$$\lim_{x \to 1} \frac{x^2-1}{2x-3} = \frac{0}{-1} = 0,$$

故由第四节的定理 2 得

$$\lim_{x \to 1} \frac{2x-3}{x^2-1} = \infty.$$

函数极限中最简单的，也是经常遇到的情形就是有理函数的极限.

例 3　　求 $\lim\limits_{x \to 1}(x^2 + 5x - 4)$.

解　　$\lim\limits_{x \to 1}(x^2 + 5x - 4) = \lim\limits_{x \to 1}x^2 + \lim\limits_{x \to 1}5x - \lim\limits_{x \to 1}4 = (\lim\limits_{x \to 1}x)^2 + 5\lim\limits_{x \to 1}x - 4$

$$= 1^2 + 5 \times 1 - 4 = 2.$$

例 4　　求 $\lim\limits_{x \to 2} \dfrac{x^3+1}{x^2-5x+3}$.

解　　因分母的极限 $\lim\limits_{x \to 2}(x^2 - 5x + 3) = 2^2 - 5 \times 2 + 3 = -3 \neq 0$，故

$$\lim_{x \to 2} \frac{x^3+1}{x^2-5x+3} = \frac{\lim\limits_{x \to 2}(x^3+1)}{\lim\limits_{x \to 2}(x^2-5x+3)} = \frac{2^3+1}{-3} = -3.$$

从例 3 和例 4 可以看出，求多项式（有理整式）或有理分式当 $x \to x_0$ 的极限时，只要把
$x = x_0$ 代入函数就行了. 但是，对于有理分式函数，代入后如果分母等于 0，就不能直接应用商
的极限运算法则.

一般地，设多项式 $P_n(x) = a_0x^n + a_1x^{n-1} + \cdots + a_n$，其中 $a_0 \neq 0$，则

$$\lim_{x \to \infty} P_n(x) = \infty,$$

$$\lim_{x \to x_0} P_n(x) = \lim_{x \to x_0}(a_0x^n + a_1x^{n-1} + \cdots + a_n)$$

$$= a_0x_0^n + a_1x_0^{n-1} + \cdots + a_n = P_n(x_0).$$

又设有理分式

$$F(x) = \frac{P_n(x)}{Q_m(x)},$$

其中 $P_n(x), Q_m(x)$ 分别为 n 次和 m 次多项式，且 $Q_m(x_0) \neq 0$，则

$$\lim_{x \to x_0} P_n(x) = P_n(x_0), \quad \lim_{x \to x_0} Q_m(x) = Q_m(x_0),$$

从而

$$\lim_{x \to x_0} F(x) = \lim_{x \to x_0} \frac{P_n(x)}{Q_m(x)} = \frac{\lim\limits_{x \to x_0} P_n(x)}{\lim\limits_{x \to x_0} Q_m(x)} = \frac{P_n(x_0)}{Q_m(x_0)} = F(x_0),$$

即极限仍为函数 $F(x)$ 在点 x_0 处的函数值.

利用极限的四则运算法则求有理分式的极限时,遇到不能解决的极限,如 $Q_m(x_0)=0$,就需要另找他法,具体情况具体分析.下面针对两种常见的求极限形式介绍运算技巧:

(1) $\dfrac{0}{0}$ **型未定式**:若在 x 的某个变化过程中,$\dfrac{f(x)}{g(x)}$ 的分子、分母的极限都是 0,即 $\lim f(x) = 0$, $\lim g(x) = 0$,则称 $\lim \dfrac{f(x)}{g(x)}$ 是 $\dfrac{0}{0}$ 型未定式.求这种形式的极限,通常先设法把函数 $f(x)$ 和 $g(x)$ 适当变形,利用平方差、立方差及立方和等公式,结合分子或分母有理化、分解因式等技巧找出零因子,再尽量约去分子、分母中的零因子,并应用极限的四则运算法则求极限.

(2) $\dfrac{\infty}{\infty}$ **型未定式**:若在 x 的某个变化过程中,$\dfrac{f(x)}{g(x)}$ 的分子、分母都是无穷大,即 $\lim f(x) = \infty$, $\lim g(x) = \infty$,则称 $\lim \dfrac{f(x)}{g(x)}$ 是 $\dfrac{\infty}{\infty}$ 型未定式.求这种形式的极限,可先以函数 $f(x)$ 和 $g(x)$ 中 x 的最高次幂去除分子、分母的各项,消去其中的无穷因子,再应用极限的四则运算法则求极限.

例 5　求 $\lim\limits_{x \to 3} \dfrac{x^2 - 4x + 3}{x^2 - 9}$ $\left(\dfrac{0}{0} \text{ 型未定式} \right)$.

解　当 $x \to 3$ 时,分子 $x^2 - 4x + 3$ 及分母 $x^2 - 9$ 的极限都是 0. 对分子、分母因式分解,可见分子及分母都有零因子 $x - 3$. 约去这个零因子,得

$$\lim_{x \to 3} \frac{x^2 - 4x + 3}{x^2 - 9} = \lim_{x \to 3} \frac{(x-3)(x-1)}{(x-3)(x+3)} = \lim_{x \to 3} \frac{x-1}{x+3} = \frac{1}{3}.$$

例 6　求 $\lim\limits_{x \to 3} \dfrac{\sqrt{1+x} - 2}{x - 3}$ $\left(\dfrac{0}{0} \text{ 型未定式} \right)$.

解　分子 $\sqrt{1+x} - 2$ 中有根式,利用分子有理化,约去零因子 $x - 3$,得

$$\lim_{x \to 3} \frac{\sqrt{1+x} - 2}{x - 3} = \lim_{x \to 3} \frac{(\sqrt{1+x} - 2)(\sqrt{1+x} + 2)}{(x-3)(\sqrt{1+x} + 2)} = \lim_{x \to 3} \frac{x-3}{(x-3)(\sqrt{1+x} + 2)}$$

$$= \lim_{x \to 3} \frac{1}{\sqrt{1+x} + 2} = \frac{1}{4}.$$

例 7　求 $\lim\limits_{x \to -1} \left(\dfrac{1}{x+1} - \dfrac{3}{x^3+1} \right)$.

解　$\dfrac{1}{x+1}, \dfrac{3}{x^3+1}$ 都是当 $x \to -1$ 时的无穷大,此极限为 $\infty - \infty$ 型未定式,不能直接应用极限的四则运算法则.但通过通分、化简,可得

$$\lim_{x \to -1} \left(\frac{1}{x+1} - \frac{3}{x^3+1} \right) = \lim_{x \to -1} \frac{x^2 - x + 1 - 3}{x^3 + 1} = \lim_{x \to -1} \frac{(x-2)(x+1)}{(x+1)(x^2-x+1)}$$

$$= \lim_{x \to -1} \frac{x-2}{x^2-x+1} = -1.$$

例 8　求 $\lim\limits_{n \to \infty} (\sqrt{n+1} - \sqrt{n})$（$\infty - \infty$ 型未定式）.

解　$\lim\limits_{n \to \infty} (\sqrt{n+1} - \sqrt{n}) = \lim\limits_{n \to \infty} \dfrac{(\sqrt{n+1} - \sqrt{n})(\sqrt{n+1} + \sqrt{n})}{\sqrt{n+1} + \sqrt{n}}$

$$= \lim_{n \to \infty} \frac{1}{\sqrt{n+1} + \sqrt{n}} = 0.$$

例 9　求 $\lim\limits_{x \to \infty} \dfrac{3x^3 + 4x^2 + 2}{7x^3 + 5x^2 - 3}$（$\dfrac{\infty}{\infty}$ 型未定式）.

解　当 $x \to \infty$ 时，$\dfrac{3x^3 + 4x^2 + 2}{7x^3 + 5x^2 - 3}$ 中分子、分母的极限均为无穷大，不能直接应用极限的四则运算法则. 将分子、分母同时除以 x 的最高次幂 x^3，然后取极限，得

$$\lim_{x \to \infty} \frac{3x^3 + 4x^2 + 2}{7x^3 + 5x^2 - 3} = \lim_{x \to \infty} \frac{3 + \dfrac{4}{x} + \dfrac{2}{x^3}}{7 + \dfrac{5}{x} - \dfrac{3}{x^3}} = \frac{3 + 0 + 0}{7 + 0 - 0} = \frac{3}{7}.$$

例 10　求 $\lim\limits_{x \to \infty} \dfrac{5x^2 + 2x - 1}{2x^3 - x^2 + 5}$（$\dfrac{\infty}{\infty}$ 型未定式）.

解　先用 x^3 同时去除 $\dfrac{5x^2 + 2x - 1}{2x^3 - x^2 + 5}$ 的分子和分母，然后取极限，得

$$\lim_{x \to \infty} \frac{5x^2 + 2x - 1}{2x^3 - x^2 + 5} = \lim_{x \to \infty} \frac{\dfrac{5}{x} + \dfrac{2}{x^2} - \dfrac{1}{x^3}}{2 - \dfrac{1}{x} + \dfrac{5}{x^3}} = \frac{0}{2} = 0.$$

例 11　求 $\lim\limits_{x \to \infty} \dfrac{2x^3 - x^2 + 5}{5x^2 + 2x - 1}$（$\dfrac{\infty}{\infty}$ 型未定式）.

解　应用例 10 的结果并根据无穷小和无穷大的关系，得

$$\lim_{x \to \infty} \frac{2x^3 - x^2 + 5}{5x^2 + 2x - 1} = \infty.$$

例 9、例 10 和例 11 都是如下一般情形的特例：当 $a_0 \neq 0, b_0 \neq 0, m$ 和 n 均为非负整数时，有

$$\lim_{x \to \infty} \frac{P_n(x)}{Q_m(x)} = \lim_{x \to \infty} \frac{a_0 x^n + a_1 x^{n-1} + \cdots + a_n}{b_0 x^m + b_1 x^{m-1} + \cdots + b_m} = \begin{cases} \dfrac{a_0}{b_0}, & n = m, \\ 0, & n < m, \\ \infty, & n > m. \end{cases}$$

该公式也适用于数列. 例如：

$$\lim_{n \to \infty} \frac{n^2 + n - 1}{2n^2 - n + 1} = \frac{1}{2}, \quad \lim_{n \to \infty} \frac{2n - 3}{3n^2 - n + 1} = 0.$$

这种求极限的方法可以推广. 例如:

$$\lim_{x \to \infty} \frac{x + \sin x}{x - \sin x} = \lim_{x \to \infty} \frac{1 + \dfrac{\sin x}{x}}{1 - \dfrac{\sin x}{x}} = \frac{1 + 0}{1 - 0} = 1,$$

$$\lim_{n \to \infty} \frac{2^n - 1}{4^n + 1} = \lim_{n \to \infty} \frac{\left(\dfrac{2}{4}\right)^n - \dfrac{1}{4^n}}{1 + \dfrac{1}{4^n}} = \frac{0 - 0}{1 + 0} = 0,$$

$$\lim_{x \to \infty} \sqrt{x}\,(\sqrt{1 + x} - \sqrt{x - 2}) = \lim_{x \to \infty} \frac{\sqrt{x}\,(1 + x - x + 2)}{\sqrt{1 + x} + \sqrt{x - 2}}$$

$$= \lim_{x \to \infty} \frac{3}{\sqrt{\dfrac{1 + x}{x}} + \sqrt{\dfrac{x - 2}{x}}} = \frac{3}{2}.$$

定理 7 (复合函数的极限运算法则)   设函数 $y = f[g(x)]$ 由函数 $u = g(x)$ 与函数 $y = f(u)$ 复合而成, $f[g(x)]$ 在点 x_0 的某个去心邻域内有定义. 若 $\lim\limits_{x \to x_0} g(x) = u_0$, $\lim\limits_{u \to u_0} f(u) = A$, 且 $\exists \delta_0 > 0$, 当 $x \in \mathring{U}(x_0, \delta_0)$ 时, 有 $g(x) \neq u_0$, 则

$$\lim_{x \to x_0} f[g(x)] = \lim_{u \to u_0} f(u) = A.$$

证   由于 $\lim\limits_{u \to u_0} f(u) = A$, 因此 $\forall \varepsilon > 0$, $\exists \eta > 0$, 当 $0 < |u - u_0| < \eta$ 时, 有

$$|f(u) - A| < \varepsilon$$

成立. 又因为 $\lim\limits_{x \to x_0} g(x) = u_0$, 所以对于上述 $\eta > 0$, $\exists \delta_1 > 0$, 当 $0 < |x - x_0| < \delta_1$ 时, 有

$$|g(x) - u_0| < \eta$$

成立.

由假设, 当 $x \in \mathring{U}(x_0, \delta_0)$ 时, $g(x) \neq u_0$. 取 $\delta = \min\{\delta_0, \delta_1\}$, 则当 $0 < |x - x_0| < \delta$ 时, 有 $|g(x) - u_0| < \eta$ 及 $|g(x) - u_0| \neq 0$ 同时成立, 即 $0 < |g(x) - u_0| < \eta$ 成立, 从而有

$$|f[g(x)] - A| = |f(u) - A| < \varepsilon$$

成立.

将定理 7 中的条件 $\lim\limits_{x \to x_0} g(x) = u_0$ 换成 $\lim\limits_{x \to x_0} g(x) = \infty$ 或 $\lim\limits_{x \to \infty} g(x) = \infty$, 条件 $\lim\limits_{u \to u_0} f(u) = A$ 换成 $\lim\limits_{u \to \infty} f(u) = A$, 可得类似定理.

定理 7 表明, 如果函数 $g(x)$ 和 $f(u)$ 满足该定理的条件, 那么通过变量代换 $u = g(x)$ 可把 $\lim\limits_{x \to x_0} f[g(x)]$ 化为 $\lim\limits_{u \to u_0} f(u)$, 这里 $u_0 = \lim\limits_{x \to x_0} g(x)$.

同时, 定理 7 也说明, 若外函数 $f(u)$ 的极限存在, 且内函数 $g(x)$ 的极限也存在, 则复合函数 $f[g(x)]$ 的极限也存在. 但定理 7 的条件不足以保证函数符号 f 与极限符号 $\lim$ 可以交换次序.

习 题 1－5

1. 计算下列极限:

(1) $\lim\limits_{x \to 1}(x^3 + 2x^2 + x - 5)$;

(2) $\lim\limits_{x \to 2} \dfrac{x^2 + 2}{x + 3}$;

(3) $\lim\limits_{x \to 1} \dfrac{x^2 - 3x + 2}{x^2 - 1}$;

(4) $\lim\limits_{x \to 0} \dfrac{x^3 + 3x^2 + x}{2x^2 + x}$;

(5) $\lim\limits_{h \to 0} \dfrac{(x+h)^2 - x^2}{h}$;

(6) $\lim\limits_{x \to \infty}\left(3 - \dfrac{5}{x^2} + \dfrac{1}{x^4}\right)$;

(7) $\lim\limits_{x \to \infty} \dfrac{x^2 - 3x}{x^4 - 4x + 1}$;

(8) $\lim\limits_{x \to \infty} \dfrac{x^3 - 2x + 2}{x^2 - 4x - 1}$;

(9) $\lim\limits_{x \to \infty} \dfrac{2x^2 + 3x + 1}{x^2 - 7x - 1}$;

(10) $\lim\limits_{x \to \infty}\left(3 - \dfrac{1}{x^2}\right)\left(2 + \dfrac{1}{x}\right)$;

(11) $\lim\limits_{n \to \infty}\left(1 + \dfrac{1}{2} + \dfrac{1}{4} + \cdots + \dfrac{1}{2^n}\right)$;

(12) $\lim\limits_{n \to \infty} \dfrac{(n+1)(2n-2)(n+3)}{4n^3}$;

(13) $\lim\limits_{x \to \infty}(x^3 + 2x^2 + x - 5)$;

(14) $\lim\limits_{x \to 1} \dfrac{x^3 + 2x^2}{(x-1)^2}$;

(15) $\lim\limits_{x \to 2}(x-2)^2 \cos \dfrac{1}{x}$;

(16) $\lim\limits_{x \to \infty} \dfrac{\arctan x}{x}$;

(17) $\lim\limits_{x \to \infty} \dfrac{x + \sin x}{x - \cos x}$;

(18) $\lim\limits_{x \to 1}\left(\dfrac{1}{1-x} - \dfrac{3}{1-x^3}\right)$;

(19) $\lim\limits_{x \to 0} \dfrac{\sqrt{1+x} - \sqrt{1-x}}{x}$;

(20) $\lim\limits_{x \to \infty} \dfrac{(2x-1)^{30}(3x-2)^{20}}{(2x+1)^{50}}$.

2. 指出下列说法是对的还是错的,若是对的,说明理由;若是错的,给出反例:

(1) 如果 $\lim\limits_{x \to x_0} f(x)$ 存在,但 $\lim\limits_{x \to x_0} g(x)$ 不存在,那么 $\lim\limits_{x \to x_0}[f(x) + g(x)]$ 不存在;

(2) 如果 $\lim\limits_{x \to x_0} f(x)$ 和 $\lim\limits_{x \to x_0} g(x)$ 都不存在,那么 $\lim\limits_{x \to x_0}[f(x) + g(x)]$ 不存在;

(3) 如果 $\lim\limits_{x \to x_0} f(x)$ 存在,但 $\lim\limits_{x \to x_0} g(x)$ 不存在,那么 $\lim\limits_{x \to x_0}[f(x)g(x)]$ 不存在;

(4) 如果 $\lim\limits_{x \to \infty} f(x)$ 不存在,那么 $\lim\limits_{x \to \infty}\left|f(x)\right|$ 不存在.

3. 设 $\lim\limits_{x \to 1} \dfrac{x^2 + ax + b}{1-x} = 5$,求常数 a, b 的值.

第六节 极限存在准则 两个重要极限

研究比较复杂的函数的极限时,一般分两步:

(1) 考察极限是否存在;

(2) 若极限存在,考虑如何计算该极限.

本节主要讨论第一步中的问题.先介绍判定极限存在的两个准则,再引入两个重要极限,它们在理论研究、极限计算和应用实践上都十分重要.

极限存在准则 I 如果数列 $\{x_n\}, \{y_n\}, \{z_n\}$ 满足下列条件:

(1) $\exists\, n_0 \in \mathbf{N}_+$，当 $n > n_0$ 时，有 $y_n \leqslant x_n \leqslant z_n$ 成立；

(2) $\lim\limits_{n\to\infty} y_n = a$，$\lim\limits_{n\to\infty} z_n = a$，

那么 $\lim\limits_{n\to\infty} x_n$ 存在，且

$$\lim_{n\to\infty} x_n = a.$$

证　因为 $\lim\limits_{n\to\infty} y_n = a$，$\lim\limits_{n\to\infty} z_n = a$，所以 $\forall\, \varepsilon > 0$，$\exists$ 正整数 N_1，当 $n > N_1$ 时，有 $|y_n - a| < \varepsilon$ 成立；又 $\exists$ 正整数 N_2，当 $n > N_2$ 时，有 $|z_n - a| < \varepsilon$ 成立. 取 $N = \max\{n_0, N_1, N_2\}$，则当 $n > N$ 时，有

$$|y_n - a| < \varepsilon, \quad |z_n - a| < \varepsilon, \quad y_n \leqslant x_n \leqslant z_n$$

同时成立. 于是有

$$a - \varepsilon < y_n \leqslant x_n \leqslant z_n < a + \varepsilon, \quad 即 \quad |x_n - a| < \varepsilon$$

成立，从而 $\lim\limits_{n\to\infty} x_n = a$.

上述数列的极限存在准则可以推广到函数的情形.

极限存在准则 I'　如果函数 $f(x), g(x), h(x)$ 满足下列条件：

(1) $\exists\, \delta > 0$（或 $X > 0$），当 $0 < |x - x_0| < \delta$（或 $|x| > X$）时，有 $g(x) \leqslant f(x) \leqslant h(x)$ 成立；

(2) $\lim\limits_{\substack{x\to x_0 \\ (x\to\infty)}} g(x) = A$，$\lim\limits_{\substack{x\to x_0 \\ (x\to\infty)}} h(x) = A$，

那么 $\lim\limits_{\substack{x\to x_0 \\ (x\to\infty)}} f(x)$ 存在，且

$$\lim_{\substack{x\to x_0 \\ (x\to\infty)}} f(x) = A.$$

极限存在准则 I 与 I' 统称为**夹逼定理**.

例 1　求 $\lim\limits_{n\to\infty}\left(\dfrac{1}{\sqrt{n^2+1}} + \dfrac{1}{\sqrt{n^2+2}} + \cdots + \dfrac{1}{\sqrt{n^2+n}} \right)$.

解　因为

$$\frac{n}{\sqrt{n^2+n}} < \frac{1}{\sqrt{n^2+1}} + \frac{1}{\sqrt{n^2+2}} + \cdots + \frac{1}{\sqrt{n^2+n}} < \frac{n}{\sqrt{n^2+1}},$$

又

$$\lim_{n\to\infty} \frac{n}{\sqrt{n^2+n}} = \lim_{n\to\infty} \frac{1}{\sqrt{1+\dfrac{1}{n}}} = 1, \quad \lim_{n\to\infty} \frac{n}{\sqrt{n^2+1}} = \lim_{n\to\infty} \frac{1}{\sqrt{1+\dfrac{1}{n^2}}} = 1,$$

所以由夹逼定理可得

$$\lim_{n\to\infty}\left(\frac{1}{\sqrt{n^2+1}} + \frac{1}{\sqrt{n^2+2}} + \cdots + \frac{1}{\sqrt{n^2+n}} \right) = 1.$$

例 2　求 $\lim\limits_{n\to\infty}(1 + 2^n + 3^n)^{\frac{1}{n}}$.

解　因为

$$3 = (3^n)^{\frac{1}{n}} < (1 + 2^n + 3^n)^{\frac{1}{n}} < (3 \cdot 3^n)^{\frac{1}{n}} = 3 \cdot 3^{\frac{1}{n}},$$

而 $3 \cdot 3^{\frac{1}{n}} \to 3\,(n \to \infty)$，所以由夹逼定理可得

$$\lim_{n\to\infty}(1+2^n+3^n)^{\frac{1}{n}}=3.$$

下面应用夹逼定理证明第一个重要极限

$$\lim_{x\to0}\frac{\sin x}{x}=1.$$

首先,函数 $\dfrac{\sin x}{x}$ 的定义域为 $\mathbf{R}-\{0\}$,且 x 为弧度. 作如图 $1-29$ 所示第一象限的四分之一

单位圆,取任意圆心角 $\angle AOB=x$,其中 $x\in\left(0,\dfrac{\pi}{2}\right)$,设点 A 处的

切线与 OB 的延长线相交于点 D,再作 $BC\perp OA$,则

$\triangle OAB$ 的面积 $<$ 扇形 OAB 的面积 $<\triangle OAD$ 的面积.

而 $|BC|=\sin x$,$|AD|=\tan x$,$|OA|=|OB|=1$,所以

$$\frac{1}{2}\sin x<\frac{1}{2}\cdot1^2\cdot x<\frac{1}{2}\cdot1\cdot\tan x,$$

即

$$\sin x<x<\tan x.$$

当 $0<x<\dfrac{\pi}{2}$ 时,$\sin x>0$. 上式不等号两边都除以 $\sin x$,得

$$1<\frac{x}{\sin x}<\frac{1}{\cos x}.$$

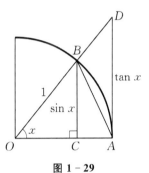

图 $1-29$

上式不等号两边取倒数,得

$$\cos x<\frac{\sin x}{x}<1. \tag{1.3}$$

以 $-x$ 代替 x,该不等式对 $x\in\left(-\dfrac{\pi}{2},0\right)$ 也是成立的. 由第三节例 2 知 $\lim\limits_{x\to0}\cos x=1$,再由不等式

(1.3) 及夹逼定理即得

$$\lim_{x\to0}\frac{\sin x}{x}=1.$$

从图 $1-30$ 也可以看出函数 $\dfrac{\sin x}{x}$ 当 $x\to0$ 时的极限为 1.

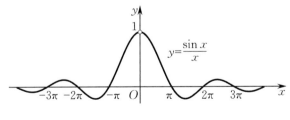

图 $1-30$

由公式 $\lim\limits_{x\to0}\dfrac{\sin x}{x}=1$ 可得 $\lim\limits_{x\to0}\dfrac{x}{\sin x}=1$,它们可推广为

$$\lim_{u(x)\to0}\frac{\sin u(x)}{u(x)}=1 \quad 或 \quad \lim_{u(x)\to0}\frac{u(x)}{\sin u(x)}=1.$$

使用这两个公式时要注意以下两点:

（1）三个位置的 $u(x)$ 要相同；

（2）$u(x)$ 一定要趋向于 0，过程熟练以后，$u(x) \to 0$ 不必明显写出．

例 3　求 $\lim\limits_{x \to 0} \dfrac{\tan x}{x}$.

解　$\lim\limits_{x \to 0} \dfrac{\tan x}{x} = \lim\limits_{x \to 0} \left(\dfrac{\sin x}{x} \cdot \dfrac{1}{\cos x} \right) = \lim\limits_{x \to 0} \dfrac{\sin x}{x} \cdot \lim\limits_{x \to 0} \dfrac{1}{\cos x} = 1.$

例 3 的结果也可以当作结论来使用，且由它可推广和变形得

$$\lim_{u(x) \to 0} \frac{\tan u(x)}{u(x)} = 1, \qquad \lim_{u(x) \to 0} \frac{u(x)}{\tan u(x)} = 1.$$

例 4　求 $\lim\limits_{x \to 0} \dfrac{\arcsin x}{x}$.

解　令 $t = \arcsin x$，则 $x = \sin t$，且当 $x \to 0$ 时，$t \to 0$. 于是

$$\lim_{x \to 0} \frac{\arcsin x}{x} = \lim_{t \to 0} \frac{t}{\sin t} = 1.$$

例 5　求 $\lim\limits_{x \to 0} \dfrac{1 - \cos x}{\dfrac{1}{2} x^2}$.

解　$\lim\limits_{x \to 0} \dfrac{1 - \cos x}{\dfrac{1}{2} x^2} = \lim\limits_{x \to 0} \dfrac{2 \sin^2 \dfrac{x}{2}}{\dfrac{1}{2} x^2} = \lim\limits_{x \to 0} \left(\dfrac{\sin \dfrac{x}{2}}{\dfrac{x}{2}} \right)^2 = \left(\lim\limits_{\frac{x}{2} \to 0} \dfrac{\sin \dfrac{x}{2}}{\dfrac{x}{2}} \right)^2 = 1^2 = 1.$

这里用到复合函数的极限运算法则，其中省略了变量代换 $u(x) = \dfrac{x}{2}$.

例 6　求 $\lim\limits_{x \to \infty} x \sin \dfrac{2}{x}$.

解　$\lim\limits_{x \to \infty} x \sin \dfrac{2}{x} = \lim\limits_{x \to \infty} \dfrac{2 \sin \dfrac{2}{x}}{\dfrac{2}{x}} = 2.$

这里要注意自变量的变化过程. 如果 $x \to 0$，则 $\lim\limits_{x \to 0} x \sin \dfrac{2}{x} = 0$.

例 7　求 $\lim\limits_{x \to 0} \dfrac{\tan 3x}{\sin 5x}$.

解　$\lim\limits_{x \to 0} \dfrac{\tan 3x}{\sin 5x} = \lim\limits_{x \to 0} \left(\dfrac{\tan 3x}{3x} \cdot \dfrac{5x}{\sin 5x} \cdot \dfrac{3x}{5x} \right) = \lim\limits_{3x \to 0} \dfrac{\tan 3x}{3x} \cdot \lim\limits_{5x \to 0} \dfrac{5x}{\sin 5x} \cdot \dfrac{3}{5} = \dfrac{3}{5}.$

例 8　求 $\lim\limits_{x \to 1} \dfrac{\sin(x^2 - 1)}{x - 1}$.

解　$\lim\limits_{x \to 1} \dfrac{\sin(x^2 - 1)}{x - 1} = \lim\limits_{x \to 1} \left[\dfrac{\sin(x^2 - 1)}{x^2 - 1} (x + 1) \right] = \lim\limits_{x \to 1} \dfrac{\sin(x^2 - 1)}{x^2 - 1} \cdot \lim\limits_{x \to 1} (x + 1) = 2.$

例 9　求 $\lim\limits_{x \to \infty} \dfrac{3x - 5}{x^2 \sin \dfrac{1}{2x}}$.

解　$\lim\limits_{x\to\infty}\dfrac{3x-5}{x^2\sin\dfrac{1}{2x}}=\lim\limits_{x\to\infty}\left(\dfrac{3x-5}{x}\cdot\dfrac{\dfrac{1}{2x}}{\sin\dfrac{1}{2x}}\cdot 2\right)=\lim\limits_{x\to\infty}\left(3-\dfrac{5}{x}\right)\cdot\lim\limits_{x\to\infty}\dfrac{\dfrac{1}{2x}}{\sin\dfrac{1}{2x}}\cdot 2=6.$

例 10　求 $\lim\limits_{x\to\infty}\dfrac{x^2\sin\dfrac{1}{x}}{\sqrt{2x^2-1}}.$

解　$\lim\limits_{x\to\infty}\dfrac{x^2\sin\dfrac{1}{x}}{\sqrt{2x^2-1}}=\lim\limits_{x\to\infty}\dfrac{x\sin\dfrac{1}{x}}{\dfrac{1}{x}\sqrt{2x^2-1}}=\lim\limits_{x\to\infty}\dfrac{\sin\dfrac{1}{x}}{\dfrac{1}{x}}\cdot\lim\limits_{x\to\infty}\dfrac{x}{\sqrt{2x^2-1}}=\dfrac{\sqrt{2}}{2}.$

例 11　求 $\lim\limits_{x\to\pi}\dfrac{\tan 5x}{\sin 3x}.$

解　$\lim\limits_{x\to\pi}\dfrac{\tan 5x}{\sin 3x}=\lim\limits_{x\to\pi}\left(\dfrac{\tan 5x}{5x}\cdot\dfrac{3x}{\sin 3x}\cdot\dfrac{5x}{3x}\right)=\dfrac{5}{3}$，这种做法是错误的.注意自变量的变化过程是 $x\to\pi$，而不是 $x\to 0$. 在这种情况下，常常做变量代换 $t=\pi-x$，使新变量 $t\to 0$，从而

$$\lim\limits_{x\to\pi}\dfrac{\tan 5x}{\sin 3x}=\lim\limits_{t\to0}\dfrac{\tan(5\pi-5t)}{\sin(3\pi-3t)}=\lim\limits_{t\to0}\dfrac{-\tan 5t}{\sin 3t}=-\lim\limits_{t\to0}\left(\dfrac{\tan 5t}{5t}\cdot\dfrac{3t}{\sin 3t}\cdot\dfrac{5t}{3t}\right)=-\dfrac{5}{3}.$$

例 12　求 $\lim\limits_{x\to a}\dfrac{\cos x-\cos a}{x-a}.$

解　$\lim\limits_{x\to a}\dfrac{\cos x-\cos a}{x-a}=\lim\limits_{x\to a}\dfrac{-2\sin\dfrac{x-a}{2}\sin\dfrac{x+a}{2}}{x-a}=-\lim\limits_{x\to a}\dfrac{\sin\dfrac{x-a}{2}}{\dfrac{x-a}{2}}\cdot\lim\limits_{x\to a}\sin\dfrac{x+a}{2}$

$$=-\sin a.$$

对于单调数列极限的存在性，还有一个重要的判别准则，即单调有界准则.

极限存在准则 Ⅱ　单调有界数列必有极限.

第二节中曾证明，收敛数列一定有界，但有界只是数列收敛的必要条件，有界数列不一定收敛. 极限存在准则 Ⅱ 表明，如果一个数列单调且有界，那么该数列一定收敛. 因此，单调有界是数列收敛的充分条件. 当有界数列中只有前面有限项不满足单调性时，该数列也是收敛的.

具体应用时，极限存在准则 Ⅱ 可分为两种形式：单调增加且有上界的数列必有极限，单调减少且有下界的数列必有极限.

对于极限存在准则 Ⅱ，在此不做证明，我们只给出如下几何解释：

不妨假设数列 $\{x_n\}$ 单调增加且 M 为它的一个上界，那么各项在数轴上的对应点 $x_n(n=1,2,\cdots)$ 只可能向右移动，且只有两种可能情形：一是点 x_n 沿数轴向右无限远移 $(x_n\to+\infty)$，但 $\{x_n\}$ 有界，因此这不可能；二是点 x_n 无限接近于某个定点 A（见图 1-31），又不能越过 A，最终密集在 A 的附近，所以数列 $\{x_n\}$ 趋向于极限 A，并且这个极限不超过 M.

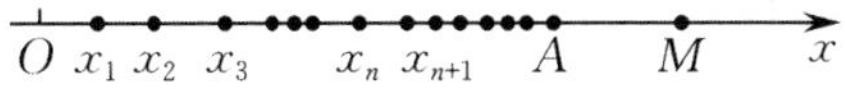

图 1-31

例 13　证明：数列 $x_n=\dfrac{\alpha^n}{n!}(n=1,2,\cdots)$ 当 $n\to\infty$ 时的极限为 0，其中 α 为正常数.

证   易知 $x_n > 0(n = 1, 2, \cdots)$，即 $\{x_n\}$ 有下界. 而 $x_{n+1} = \dfrac{\alpha^{n+1}}{(n+1)!} = \dfrac{\alpha}{n+1}x_n$，当 $n+1 > \alpha$ 时，$x_{n+1} < x_n$，即当 $n > \alpha - 1$ 时，$\{x_n\}$ 单调减少. 由极限存在准则 Ⅱ 可知，$\{x_n\}$ 必有极限，令其为 A.

对 $x_{n+1} = \dfrac{\alpha}{n+1}x_n$ 两边取极限，得

$$\lim_{n \to \infty} x_{n+1} = \lim_{n \to \infty} \frac{\alpha}{n+1} \cdot \lim_{n \to \infty} x_n,$$

即 $A = 0 \cdot A$，于是 $A = 0$. 故 $\lim\limits_{n \to \infty} x_n = 0$.

作为极限存在准则 Ⅱ 的应用，讨论第二个重要极限

$$\lim_{x \to \infty} \left(1 + \frac{1}{x}\right)^x = \mathrm{e}.$$

首先，取 x 为正整数 n，即证明极限 $\lim\limits_{n \to \infty} \left(1 + \dfrac{1}{n}\right)^n$ 存在.

设 $x_n = \left(1 + \dfrac{1}{n}\right)^n (n = 1, 2, \cdots)$. 先证数列 $\{x_n\}$ 是单调增加的. 根据二项式公式

$$(x + y)^n = \sum_{k=0}^{n} \mathrm{C}_n^k x^{n-k} y^k,$$

有

$$
\begin{aligned}
x_n &= \left(1 + \frac{1}{n}\right)^n = \sum_{k=0}^{n} \mathrm{C}_n^k \cdot 1^{n-k} \cdot \left(\frac{1}{n}\right)^k \\
&= 1 + \frac{n}{1!} \cdot \frac{1}{n} + \frac{n(n-1)}{2!} \cdot \frac{1}{n^2} + \frac{n(n-1)(n-2)}{3!} \cdot \frac{1}{n^3} + \cdots \\
&\quad + \frac{n(n-1)(n-2)\cdots[n-(n-1)]}{n!} \cdot \frac{1}{n^n} \\
&= 1 + 1 + \frac{1}{2!}\left(1 - \frac{1}{n}\right) + \frac{1}{3!}\left(1 - \frac{1}{n}\right)\left(1 - \frac{2}{n}\right) + \cdots \\
&\quad + \frac{1}{n!}\left(1 - \frac{1}{n}\right)\left(1 - \frac{2}{n}\right)\cdots\left(1 - \frac{n-1}{n}\right).
\end{aligned}
$$

再将 x_n 中的 n 换为 $n+1$，即有

$$
\begin{aligned}
x_{n+1} &= \left(1 + \frac{1}{n+1}\right)^{n+1} \\
&= 1 + 1 + \frac{1}{2!}\left(1 - \frac{1}{n+1}\right) + \frac{1}{3!}\left(1 - \frac{1}{n+1}\right)\left(1 - \frac{2}{n+1}\right) + \cdots \\
&\quad + \frac{1}{n!}\left(1 - \frac{1}{n+1}\right)\left(1 - \frac{2}{n+1}\right)\cdots\left(1 - \frac{n-1}{n+1}\right) \\
&\quad + \frac{1}{(n+1)!}\left(1 - \frac{1}{n+1}\right)\left(1 - \frac{2}{n+1}\right)\cdots\left(1 - \frac{n}{n+1}\right).
\end{aligned}
$$

可以看到，除了前两项外，x_n 的每一项都小于 x_{n+1} 的对应项，x_{n+1} 比 x_n 还多了最后一个正项，因此 $x_n < x_{n+1}$，即数列 $\{x_n\}$ 单调增加. 同时，$x_n(n = 1, 2, \cdots)$ 满足

$$2 \leqslant x_n < 1 + 1 + \frac{1}{2!} + \frac{1}{3!} + \cdots + \frac{1}{n!} < 1 + 1 + \frac{1}{2} + \frac{1}{2^2} + \cdots + \frac{1}{2^{n-1}}$$

$$= 1 + \frac{1 - \left(\frac{1}{2}\right)^n}{1 - \frac{1}{2}} = 3 - \frac{1}{2^{n-1}} < 3,$$

即数列 $\{x_n\}$ 有上界. 根据极限存在准则 Ⅱ, 可得数列 $\{x_n\}$ 的极限存在, 记为 e, 即

$$\lim_{n \to \infty} \left(1 + \frac{1}{n}\right)^n = e.$$

极限 e 就是自然对数的底, 也是无理数, 其值为

$$e = 2.718\,281\,828\,459\,045\cdots.$$

其次, 利用夹逼定理可证, 将正整数变量 n 换成连续实数变量 x 时, 上述结论成立, 即当 $x \to +\infty$ 或 $x \to -\infty$ 时, 函数 $\left(1 + \frac{1}{x}\right)^x$ 的极限仍然存在, 且都等于 e, 于是

$$\lim_{x \to \infty} \left(1 + \frac{1}{x}\right)^x = e.$$

在函数 $\left(1 + \frac{1}{x}\right)^x$ 中做变量代换 $t = \frac{1}{x}$, 得 $(1 + t)^{\frac{1}{t}}$, 且当 $x \to \infty$ 时, $t \to 0$. 因此, 上式又可写为

$$\lim_{t \to 0} (1 + t)^{\frac{1}{t}} = \lim_{x \to 0}(1 + x)^{\frac{1}{x}} = e.$$

和第一个重要极限一样, 公式 $\lim\limits_{x \to \infty} \left(1 + \frac{1}{x}\right)^x = e$ 也可推广为

$$\lim_{u(x) \to \infty} \left[1 + \frac{1}{u(x)}\right]^{u(x)} = e \quad \text{或} \quad \lim_{u(x) \to 0} \left[1 + u(x)\right]^{\frac{1}{u(x)}} = e.$$

例 14 求 $\lim\limits_{n \to \infty} \left(1 + \frac{1}{n}\right)^{1-3n}$.

解 $\lim\limits_{n \to \infty} \left(1 + \frac{1}{n}\right)^{1-3n} = \lim\limits_{n \to \infty} \dfrac{1 + \dfrac{1}{n}}{\left(1 + \dfrac{1}{n}\right)^{3n}} = \lim\limits_{n \to \infty} \dfrac{1 + \dfrac{1}{n}}{\left[\left(1 + \dfrac{1}{n}\right)^n\right]^3} = e^{-3}.$

下面的例子使用变量代换或直接凑公式形式的方法, 并结合复合函数的极限运算法则.

例 15 求 $\lim\limits_{x \to \infty} \left(1 + \frac{2}{x}\right)^x$.

解 方法 1 做变量代换, 令 $\frac{2}{x} = \frac{1}{t}$, 则 $x = 2t$, 且当 $x \to \infty$ 时, $t \to \infty$. 于是

$$\lim_{x \to \infty} \left(1 + \frac{2}{x}\right)^x = \lim_{t \to \infty} \left(1 + \frac{1}{t}\right)^{2t} = \lim_{t \to \infty} \left[\left(1 + \frac{1}{t}\right)^t\right]^2 = e^2.$$

方法 2 直接凑公式的形式, 得

$$\lim_{x \to \infty} \left(1 + \frac{2}{x}\right)^x = \lim_{x \to \infty} \left[\left(1 + \frac{1}{\frac{x}{2}}\right)^{\frac{x}{2}}\right]^2 = e^2.$$

一般地, 对于常数 k, 有

$$\lim_{x \to \infty} \left(1 + \frac{k}{x}\right)^x = e^k, \quad \lim_{x \to 0} (1 + kx)^{\frac{1}{x}} = e^k.$$

例 16　　求 $\lim\limits_{x \to 0} (1 + 3\sin^2 x)^{\cot^2 x}$.

解　当 $x \to 0$ 时，$1 + 3\sin^2 x \to 1, \cot^2 x \to \infty$，于是有

$$\lim_{x \to 0} (1 + 3\sin^2 x)^{\cot^2 x} = \lim_{x \to 0} \left[(1 + 3\sin^2 x)^{\frac{1}{3\sin^2 x}} \right]^{3\cos^2 x} = e^3.$$

在上例中，当 $x \to 0$ 时，函数 $3\cos^2 x$ 的极限可先单独求出，然后置于结果中 e 的指数上.

例 17　　求 $\lim\limits_{x \to \infty} \left(\dfrac{x-3}{x+1}\right)^{x+2}$.

解　　$\lim\limits_{x \to \infty} \left(\dfrac{x-3}{x+1}\right)^{x+2} = \lim\limits_{x \to \infty} \left[\left(1 + \dfrac{-4}{x+1}\right)^{\frac{x+1}{-4}} \right]^{\frac{-4}{x+1}(x+2)} = e^{-4}$,

其中 $\dfrac{-4}{x+1}(x+2) \to -4 (x \to \infty)$.

极限存在准则 II 是针对数列的. 对于一般的函数 $f(x)$，当 $x \to x_0^-, x \to x_0^+, x \to -\infty$，$x \to +\infty$ 时，也有类似的极限存在准则. 下面以 $x \to x_0^-$ 为例，给出相应准则的形式.

　　极限存在准则 II′　设函数 $f(x)$ 在点 x_0 的某个左邻域内单调且有界，则 $f(x)$ 在点 x_0 处的左极限 $f(x_0^-)$ 必定存在.

　　极限存在准则 II 中给出的"单调有界"，只是数列收敛的充分条件，而不是必要条件. 收敛数列不一定单调. 下面给出的柯西（Cauchy）极限存在准则给出了数列收敛的充要条件.

　　柯西极限存在准则　数列 $\{x_n\}$ 收敛的充要条件是 $\forall \varepsilon > 0, \exists$ 正整数 N，使得当 $m > N$，$n > N$ 时，有

$$|x_n - x_m| < \varepsilon$$

成立.

　　证　这里只给出必要性的证明.

　　设 $\lim\limits_{n \to \infty} x_n = a$. 由数列极限的定义可知，$\forall \varepsilon > 0, \exists$ 正整数 N，当 $n > N$ 时，有

$$|x_n - a| < \frac{\varepsilon}{2}$$

成立. 同理，当 $m > N$ 时，有

$$|x_m - a| < \frac{\varepsilon}{2}$$

成立. 那么，当 $m > N, n > N$ 时，有

$$|x_n - x_m| = |(x_n - a) - (x_m - a)| \leqslant |x_n - a| + |x_m - a| < \frac{\varepsilon}{2} + \frac{\varepsilon}{2} = \varepsilon$$

成立.

　　柯西极限存在准则的几何意义是：$\forall \varepsilon > 0$，以数轴上的点来表示收敛数列 $\{x_n\}$ 时，在一切具有足够大下标 n 的点中，任意两点间的距离小于 ε.

　　对于一般的函数，也有相应的柯西极限存在准则，此处不再叙述. 柯西极限存在准则也叫作**柯西审敛原理**.

习 题 1－6

1. 计算下列极限：

(1) $\lim\limits_{x\to 0}\dfrac{\sin 6x}{\tan 2x}$；

(2) $\lim\limits_{x\to 0}\dfrac{6x}{\arcsin 3x}$；

(3) $\lim\limits_{x\to 0}\dfrac{1-\cos 2x}{x\sin x}$；

(4) $\lim\limits_{n\to\infty}2^{n}\sin\dfrac{x}{2^{n}}$（$x$ 为非零常数）；

(5) $\lim\limits_{x\to\pi}\dfrac{\sin x}{x-\pi}$；

(6) $\lim\limits_{x\to\infty}\dfrac{\sin\dfrac{1}{3x}}{\sin\dfrac{1}{5x}}$；

(7) $\lim\limits_{x\to 0}\dfrac{x-\sin x}{x+\sin x}$；

(8) $\lim\limits_{x\to 0}\dfrac{\tan x-\sin x}{\sin^{3}x}$.

2. 计算下列极限：

(1) $\lim\limits_{x\to 0}(1-x)^{\frac{2}{x}}$；

(2) $\lim\limits_{x\to 0}\sqrt[x]{1+2x}$；

(3) $\lim\limits_{n\to\infty}\left(1+\dfrac{1}{n}\right)^{3n}$；

(4) $\lim\limits_{x\to\infty}\left(1-\dfrac{1}{x}\right)^{kx-1}$（$k$ 为正整数）；

(5) $\lim\limits_{x\to\infty}\left(\dfrac{x-1}{x+1}\right)^{x}$；

(6) $\lim\limits_{x\to\frac{\pi}{2}}(1+\cos x)^{2\sec x}$.

3. 利用极限存在准则证明：

(1) $\lim\limits_{n\to\infty}\sqrt{1+\dfrac{1}{n}}=1$；

(2) $\lim\limits_{n\to\infty}n\left[\dfrac{1}{n^{2}+\pi}+\dfrac{1}{n^{2}+3\pi}+\cdots+\dfrac{1}{n^{2}+(2n-1)\pi}\right]=1$；

(3) $\lim\limits_{x\to 0}\sqrt[n]{1+x}=1$；

(4) $\lim\limits_{n\to\infty}n\left(\dfrac{1}{n^{2}+1}+\dfrac{1}{n^{2}+2}+\cdots+\dfrac{1}{n^{2}+n}\right)=1$.

第七节 无穷小的比较

在同一自变量变化过程中，不同的无穷小的极限都是 0，但它们趋向于 0 的速度未必相同，有时相差很大. 一般利用无穷小之比的极限来衡量它们趋向于 0 的快慢程度. 例如，当 $x\to 0$ 时，$x,3x,x^{2},\sin x$ 都是无穷小，但有

$\lim\limits_{x\to 0}\dfrac{x^{2}}{3x}=0$，说明在 $x\to 0$ 的过程中，x^{2} 趋向于 0 的速度比 $3x$ 趋向于 0 的速度快得多；

$\lim\limits_{x\to 0}\dfrac{x}{x^{2}}=\infty$，说明在 $x\to 0$ 的过程中，x 趋向于 0 的速度比 x^{2} 趋向于 0 的速度慢得多；

$\lim\limits_{x\to 0}\dfrac{\sin x}{3x}=\dfrac{1}{3}$，说明在 $x\to 0$ 的过程中，$\sin x$ 趋向于 0 的速度与 $3x$ 趋向于 0 的速度差不多；

$\lim\limits_{x\to 0}\dfrac{\sin x}{x}=1$，说明在 $x\to 0$ 的过程中，$\sin x$ 趋向于 0 的速度与 x 趋向于 0 的速度基本相同.

可见，两个无穷小之比的极限各有不同，反映了各无穷小趋向于 0 的快慢程度. 为了简化问题的分析过程，往往要省略一些无关紧要的无穷小，这就需要进行无穷小的比较，从而引入无穷小的阶的概念.

定义1 设 α,β 是同一自变量变化过程的无穷小,且 $\alpha \neq 0$.

如果 $\lim \dfrac{\beta}{\alpha} = 0$,那么称 β 是比 α **高阶的无穷小**,记作 $\beta = o(\alpha)$;

如果 $\lim \dfrac{\beta}{\alpha} = \infty$,那么称 β 是比 α **低阶的无穷小**;

如果 $\lim \dfrac{\beta}{\alpha} = c \neq 0$,那么称 β 与 α 是**同阶无穷小**,记作 $\beta = O(\alpha)$;

如果 $\lim \dfrac{\beta}{\alpha^k} = c \neq 0, k > 0$,那么称 β 是关于 α 的 k **阶无穷小**;

如果 $\lim \dfrac{\beta}{\alpha} = 1$,那么称 β 与 α 是**等价无穷小**,记作 $\alpha \sim \beta$ 或 $\beta \sim \alpha$.

显然,等价无穷小是同阶无穷小的一种特殊情形,即 $c = 1$ 的情形.

例如:

因为 $\lim\limits_{x \to 0} \dfrac{x^2}{3x} = 0$,所以当 $x \to 0$ 时,x^2 是比 $3x$ 高阶的无穷小,即 $x^2 = o(3x)(x \to 0)$;

因为 $\lim\limits_{x \to 0} \dfrac{x}{x^2} = \infty$,所以当 $x \to 0$ 时,x 是比 x^2 低阶的无穷小;

因为 $\lim\limits_{x \to 3} \dfrac{x-3}{x^2-9} = \dfrac{1}{6}$,所以当 $x \to 3$ 时,$x-3$ 与 $x^2 - 9$ 是同阶无穷小,即 $x - 3 = O\left(x^2 - 9\right)$ $(x \to 3)$;

因为 $\lim\limits_{x \to 0} \dfrac{1 - \cos x}{x^2} = \dfrac{1}{2}$,所以当 $x \to 0$ 时,$1 - \cos x$ 是关于 x 的二阶无穷小;

因为 $\lim\limits_{n \to \infty} \dfrac{\sin \dfrac{1}{n}}{\dfrac{1}{n}} = 1$,所以当 $n \to \infty$ 时,$\sin \dfrac{1}{n}$ 与 $\dfrac{1}{n}$ 是等价无穷小,即 $\sin \dfrac{1}{n} \sim \dfrac{1}{n}(n \to \infty)$.

并非任意两个无穷小都能进行比较,能进行比较的前提条件是它们比值的极限存在或为无穷大. 例如,当 $x \to 0$ 时,x^2 与 $x^2 \sin \dfrac{1}{x}$ 都是无穷小,但 $\lim\limits_{x \to 0} \dfrac{x^2 \sin \dfrac{1}{x}}{x^2} = \lim\limits_{x \to 0} \sin \dfrac{1}{x}$ 不存在,也不是无穷大,所以它们不能进行比较.

若 α 是比 β 高阶的无穷小,则 β 是比 α 低阶的无穷小;反之亦然. 另外,等价无穷小在分析问题和简化某些极限的计算方面有着重要的作用. 下面介绍几个常用的等价无穷小.

当 $x \to 0$ 时,有

$$\sin x \sim x, \quad \tan x \sim x, \quad \arcsin x \sim x, \quad \arctan x \sim x,$$

$$\mathrm{e}^x - 1 \sim x, \quad \ln(1+x) \sim x, \quad 1 - \cos x \sim \dfrac{1}{2}x^2,$$

$$\sqrt{1+x} - 1 \sim \dfrac{1}{2}x, \quad \sqrt[n]{1+x} - 1 \sim \dfrac{1}{n}x, \quad (1+x)^\alpha - 1 \sim \alpha x \quad (\alpha \neq 0).$$

这些等价无穷小公式,有的在前面例题中已证过,现在只证明其中两个:

(1) $\mathrm{e}^x - 1 \sim x(x \to 0)$. 令 $\mathrm{e}^x - 1 = t$,则 $x = \ln(1+t)$,且当 $x \to 0$ 时,$t \to 0$. 于是

$$\lim_{x \to 0} \frac{e^x - 1}{x} = \lim_{t \to 0} \frac{t}{\ln(1+t)} = \lim_{t \to 0} \frac{1}{\ln(1+t)^{\frac{1}{t}}} = \frac{1}{\ln\left[\lim_{t \to 0}(1+t)^{\frac{1}{t}}\right]} = \frac{1}{\ln e} = 1,$$

即 $e^x - 1 \sim x (x \to 0)$.

（2）$\sqrt{1+x} - 1 \sim \frac{1}{2}x (x \to 0)$. 因为

$$\lim_{x \to 0} \frac{\sqrt{1+x} - 1}{\frac{1}{2}x} = \lim_{x \to 0} \frac{(\sqrt{1+x} - 1)(\sqrt{1+x} + 1)}{\frac{1}{2}x(\sqrt{1+x} + 1)} = \lim_{x \to 0} \frac{2}{\sqrt{1+x} + 1} = 1,$$

所以 $\sqrt{1+x} - 1 \sim \frac{1}{2}x (x \to 0)$.

下面介绍等价无穷小的两个性质.

定理 1　α 与 β 是等价无穷小的充要条件是 $\beta = \alpha + o(\alpha)$.

证　必要性　设 $\alpha \sim \beta$，则

$$\lim \frac{\beta - \alpha}{\alpha} = \lim \left(\frac{\beta}{\alpha} - 1\right) = \lim \frac{\beta}{\alpha} - 1 = 0.$$

因此 $\beta - \alpha = o(\alpha)$，即 $\beta = \alpha + o(\alpha)$.

充分性　设 $\beta = \alpha + o(\alpha)$，则

$$\lim \frac{\beta}{\alpha} = \lim \frac{\alpha + o(\alpha)}{\alpha} = \lim \left[1 + \frac{o(\alpha)}{\alpha}\right] = 1.$$

因此 $\alpha \sim \beta$.

在定理 1 中，常常称 α 是 β 的**主部**. 同理，β 也是 α 的主部，即两个等价无穷小互为主部. 利用定理 1 可给出一些函数的近似表达式.

例如，当 $x \to 0$ 时，有

$$\sin x = x + o(x), \qquad \tan x = x + o(x),$$
$$\arcsin x = x + o(x), \quad 1 - \cos x = \frac{1}{2}x^2 + o(x^2),$$

从而当 $|x|$ 充分小时，有

$$\sin x \approx x, \quad \tan x \approx x, \quad \arcsin x \approx x, \quad 1 - \cos x \approx \frac{1}{2}x^2.$$

定理 2　（等价无穷小替换）　设 $\alpha, \alpha', \beta, \beta'$ 是同一自变量变化过程的无穷小，其中 $\alpha \sim \alpha'$，$\beta \sim \beta'$. 若 $\lim \frac{\beta'}{\alpha'}$ 存在且为 A（或不存在但为 ∞），则

$$\lim \frac{\beta}{\alpha} = \lim \frac{\beta'}{\alpha'} = A（或 \infty）.$$

证　若 $\lim \frac{\beta'}{\alpha'} = A$，则

$$\lim \frac{\beta}{\alpha} = \lim \left(\frac{\beta}{\beta'} \cdot \frac{\beta'}{\alpha'} \cdot \frac{\alpha'}{\alpha}\right) = \lim \frac{\beta}{\beta'} \cdot \lim \frac{\beta'}{\alpha'} \cdot \lim \frac{\alpha'}{\alpha} = \lim \frac{\beta'}{\alpha'} = A.$$

若 $\lim \dfrac{\beta'}{\alpha'} = \infty$，则 $\lim \dfrac{\alpha'}{\beta'} = 0$. 于是 $\lim \dfrac{\alpha}{\beta} = \lim \dfrac{\alpha'}{\beta'} = 0$，可得 $\lim \dfrac{\beta}{\alpha} = \infty$.

这个定理表明，求两个无穷小之比的极限时，分子、分母都可以用等价无穷小来替换. 因此，如果用来替换的等价无穷小选得合适，可简化极限的计算过程.

例 1 求 $\lim\limits_{x \to 0} \dfrac{\tan 3x}{\sin 5x}$.

解 当 $x \to 0$ 时，$\tan 3x \sim 3x$，$\sin 5x \sim 5x$，所以

$$\lim_{x \to 0} \frac{\tan 3x}{\sin 5x} = \lim_{x \to 0} \frac{3x}{5x} = \frac{3}{5}.$$

例 2 求 $\lim\limits_{x \to 0} \dfrac{(1+x^2)^{\frac{1}{3}} - 1}{\cos x - 1}$.

解 当 $x \to 0$ 时，$(1+x^2)^{\frac{1}{3}} - 1 \sim \dfrac{1}{3}x^2$，$\cos x - 1 \sim -\dfrac{1}{2}x^2$，所以

$$\lim_{x \to 0} \frac{(1+x^2)^{\frac{1}{3}} - 1}{\cos x - 1} = \lim_{x \to 0} \frac{\dfrac{1}{3}x^2}{-\dfrac{1}{2}x^2} = -\frac{2}{3}.$$

在求两个无穷小之比的极限时，若分子或分母为若干个因子的乘积，可将分子、分母中的任意无穷小因子或整体项分别用它们的等价无穷小来替换，而不会改变原式的极限，但加、减项的无穷小不能用等价无穷小来替换. 有时根据问题的需要，还需要做一些恒等变形.

例 3 求 $\lim\limits_{x \to 0} \dfrac{\ln \cos ax}{\ln \cos bx}$.

解 $\lim\limits_{x \to 0} \dfrac{\ln \cos ax}{\ln \cos bx} = \lim\limits_{x \to 0} \dfrac{\ln[1 + (\cos ax - 1)]}{\ln[1 + (\cos bx - 1)]} = \lim\limits_{x \to 0} \dfrac{\cos ax - 1}{\cos bx - 1} = \lim\limits_{x \to 0} \dfrac{-\dfrac{(ax)^2}{2}}{-\dfrac{(bx)^2}{2}} = \dfrac{a^2}{b^2}.$

例 4 求 $\lim\limits_{x \to 0} \dfrac{\tan x - \sin x}{x^3}$.

解 $\lim\limits_{x \to 0} \dfrac{\tan x - \sin x}{x^3} = \lim\limits_{x \to 0} \dfrac{x - x}{x^3} = 0$，这种解法是错误的. 正确的解法是：

$$\lim_{x \to 0} \frac{\tan x - \sin x}{x^3} = \lim_{x \to 0} \frac{\dfrac{\sin x}{\cos x} - \sin x}{x^3} = \lim_{x \to 0} \frac{\sin x(1 - \cos x)}{x^3 \cos x} = \lim_{x \to 0} \frac{x \cdot \dfrac{1}{2}x^2}{x^3} = \frac{1}{2}.$$

例 5 求 $\lim\limits_{x \to 0} \dfrac{\tan 5x - \cos x + 1}{\sin 3x}$.

解 当 $x \to 0$ 时，$\tan 5x \sim 5x$，$\sin 3x \sim 3x$，$1 - \cos x \sim \dfrac{1}{2}x^2$. 根据定理 1，有

$$\tan 5x = 5x + o(x), \quad \sin 3x = 3x + o(x), \quad 1 - \cos x = \frac{1}{2}x^2 + o(x^2),$$

于是

$$\lim_{x \to 0} \frac{\tan 5x - \cos x + 1}{\sin 3x} = \lim_{x \to 0} \frac{5x + o(x) + \dfrac{1}{2}x^2 + o(x^2)}{3x + o(x)} = \lim_{x \to 0} \frac{5 + \dfrac{o(x)}{x} + \dfrac{1}{2}x + \dfrac{o(x^2)}{x}}{3 + \dfrac{o(x)}{x}}$$

$$= \lim_{x \to 0} \frac{5 + \dfrac{o(x)}{x} + \dfrac{1}{2} x + \dfrac{o(x^2)}{x^2} \cdot \dfrac{x^2}{x}}{3 + \dfrac{o(x)}{x}} = \frac{5}{3}.$$

习　题　1-7

1. 当 $x \to 0$ 时，$x^2(x+1)$ 和 $\sqrt{1+x} - \sqrt{1-x}$ 中哪一个与 x 是等价无穷小？

2. 当 $x \to 0$ 时，$\sqrt{4+x} - 2$ 和 $\sqrt{9+x} - 3$ 是同阶无穷小，还是等价无穷小？

3. 证明：当 $x \to 0$ 时，$\tan x - \sin x = o(x)$.

4. 利用等价无穷小替换性质，求下列极限：

(1) $\lim\limits_{x \to 0} \dfrac{\tan \alpha x}{\sin \beta x}$ $(\beta \neq 0)$;

(2) $\lim\limits_{x \to 0} \dfrac{\sin 2x}{x + 2x^2}$;

(3) $\lim\limits_{x \to 0} \dfrac{\ln(1+x^2)}{\sin^2 x}$;

(4) $\lim\limits_{x \to 0} \dfrac{\sin x^n}{\sin^m x}$ $(n, m$ 为正整数$)$;

(5) $\lim\limits_{x \to \infty} x^2 \ln\left(1 + \dfrac{5}{x^2}\right)$;

(6) $\lim\limits_{x \to 0} \dfrac{\sin x - \tan x}{(\sqrt[3]{1+x^2} - 1)(\sqrt{1 + \sin x} - 1)}$.

5. 证明等价无穷小具有下列性质：

(1) $\alpha \sim \alpha$（自反性）；

(2) 若 $\alpha \sim \beta$，则 $\beta \sim \alpha$（对称性）；

(3) 若 $\alpha \sim \beta, \beta \sim \gamma$，则 $\alpha \sim \gamma$（传递性）.

6. 已知当 $x \to 0$ 时，$\arctan 3x$ 与 $\dfrac{ax}{\cos x}$ 是等价无穷小，试确定 a 的值.

第八节　函数的连续性与间断点

一、函数的连续性

　　自然界中的很多现象，如溪水的潺潺流动、植物的不断生长、人们体重的逐步变化等，都具有一个特点，就是当时间的变化很微小时，这些量的变化也很小. 这种现象反映到数学上，就是函数的连续性. 下面先引入增量的概念，再给出函数连续性的定义.

　　设变量 u 的初值为 u_1，终值为 u_2，则 $u_2 - u_1$ 叫作变量 u 的**增量**，记作 Δu，即

$$\Delta u = u_2 - u_1.$$

　　增量 Δu 可以是任何实数. 记号 Δu 是一个不可分割的整体.

　　下面利用函数的增量与自变量的增量之间的关系来描述函数的连续性.

　　定义 1　　设函数 $y = f(x)$ 在点 x_0 的某个邻域内有定义，当自变量 x 在点 x_0 处取得增量 Δx，即 $\Delta x = x - x_0$ 时，该函数相应地取得增量 Δy，即

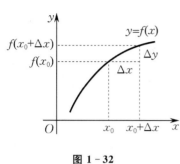

图 1-32

$$\Delta y = f(x_0 + \Delta x) - f(x_0),$$

如图 1-32 所示. 如果

$$\lim_{\Delta x \to 0} \Delta y = \lim_{\Delta x \to 0} [f(x_0 + \Delta x) - f(x_0)] = 0,$$

则称 $y = f(x)$ 在点 x_0 处**连续**，并称点 x_0 为 $y = f(x)$ 的**连续点**.

定义 1 说明，对于在点 x_0 处连续的函数，如果自变量 x 在点 x_0 处的变化不大，那么所引起的函数值的变化也不大. 为了使用方便，令 $x = x_0 + \Delta x$，则 $\Delta x \to 0$ 就是 $x \to x_0$. 由于

$$\Delta y = f(x_0 + \Delta x) - f(x_0) = f(x) - f(x_0),$$

因此 $\Delta y \to 0$ 就是 $f(x) \to f(x_0)$. 于是，又有如下函数连续性的定义.

定义 2　　设函数 $y = f(x)$ 在点 x_0 的某个邻域内有定义. 如果

$$\lim_{x \to x_0} f(x) = f(x_0),$$

那么称 $y = f(x)$ 在点 x_0 处**连续**.

定义 2 说明，若函数 $f(x)$ 在点 x_0 处连续，则在点 x_0 的充分小的邻域内，x 越接近于 x_0，函数值 $f(x)$ 就越接近于 $f(x_0)$. 同时，由定义 2 可得函数 $f(x)$ 在点 x_0 处连续的三要素：

(1) $f(x)$ 在点 x_0 处有定义（$f(x_0)$ 存在）；

(2) $\lim\limits_{x \to x_0} f(x)$ 存在；

(3) $\lim\limits_{x \to x_0} f(x) = f(x_0)$.

函数 $f(x)$ 在点 x_0 处连续的 ε-δ 定义如下：

$$\forall \varepsilon > 0, \exists \delta > 0, \text{当} |x - x_0| < \delta \text{时，有} |f(x) - f(x_0)| < \varepsilon \text{成立}.$$

相应于左、右极限，有左、右连续的概念.

如果 $f(x_0^-)$ 存在且等于 $f(x_0)$，则称 $f(x)$ 在点 x_0 处**左连续**；如果 $f(x_0^+)$ 存在且等于 $f(x_0)$，则称 $f(x)$ 在点 x_0 处**右连续**.

由函数 $f(x)$ 在点 x_0 处极限存在的充要条件是 $f(x_0^-) = f(x_0^+)$，可得 $f(x)$ 在点 x_0 处连续的充要条件是 $f(x_0^-) = f(x_0^+) = f(x_0)$，即 $f(x)$ 在点 x_0 处既左连续，又右连续.

由于初等函数在它的定义区间内总是连续的（参见第九节），因此对于非初等函数的分段函数，当在分段点两侧的表达式不同时，需讨论它在分段点处的左、右连续性. 如图 1-33 所示的函数 $y = f(x)$，就需讨论它在点 x_0 处的左、右连续性.

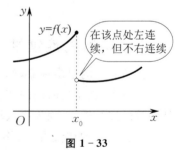

图 1-33

若函数 $f(x)$ 在开区间 (a,b) 内的每一点处都连续，则称 $f(x)$ 在**开区间** (a,b) **内连续**，记作 $f(x) \in C(a,b)$.

如果 $f(x) \in C(a,b)$，且在左端点 a 处右连续，在右端点 b 处左连续，则称 $f(x)$ 在**闭区间** $[a,b]$ **上连续**，记作 $f(x) \in C[a,b]$.

类似可定义 $f(x) \in C[a,b)$，$f(x) \in C(a,b]$，$f(x) \in C(a, +\infty)$ 等.

在区间 I 上每一点都连续的函数，称为该区间上的**连续函数**.

从几何直观上看，连续函数的图形是一条连续不间断的曲线.

由第五节可知,对于多项式 $P_n(x)$,有 $\lim\limits_{x \to x_0} P_n(x) = P_n(x_0)$,其中 $x_0 \in \mathbf{R}$;对于有理分式 $F(x) = \dfrac{P_n(x)}{Q_m(x)}$,只要 $Q_m(x_0) \neq 0$,也有 $\lim\limits_{x \to x_0} F(x) = F(x_0)$.因此,多项式和有理分式都在其定义域上连续.

例 1　证明:函数 $y = \sin x$ 在 $\mathbf{R}$ 上连续,即 $y = \sin x \in C(-\infty, +\infty)$.

证　$\forall x_0 \in \mathbf{R}$,当 x 在点 x_0 处有增量 Δx 时,函数 $y = \sin x$ 对应的增量为

$$\Delta y = \sin(x_0 + \Delta x) - \sin x_0 = 2\sin\frac{\Delta x}{2}\cos\left(x_0 + \frac{\Delta x}{2}\right).$$

因为

$$0 \leqslant |\Delta y| = \left|2\sin\frac{\Delta x}{2}\cos\left(x_0 + \frac{\Delta x}{2}\right)\right| \leqslant 2\left|\sin\frac{\Delta x}{2}\right| \leqslant 2 \cdot \frac{|\Delta x|}{2} = |\Delta x|,$$

由夹逼定理得 $|\Delta y| \to 0 (\Delta x \to 0)$,从而 $\Delta y \to 0 (\Delta x \to 0)$.这就证明了函数 $y = \sin x$ 在点 x_0 处是连续的.再由 x_0 的任意性,知 $y = \sin x \in C(-\infty, +\infty)$.

同理可以证明,函数 $y = \cos x \in C(-\infty, +\infty)$.

例 2　讨论函数 $y = f(x) = \begin{cases} -x+1, & x < 1, \\ -x+3, & x \geqslant 1 \end{cases}$ 在点 $x = 1$ 处的连续性.

解　因 $f(1) = 2$,且

$$f(1^-) = \lim_{x \to 1^-}(-x+1) = 0 \neq f(1), \quad f(1^+) = \lim_{x \to 1^+}(-x+3) = 2 = f(1),$$

故 $f(x)$ 在点 $x = 1$ 处右连续,但不左连续.因此,$f(x)$ 在点 $x = 1$ 处不连续.

例 3　证明:函数 $f(x) = \begin{cases} x\sin\dfrac{1}{x}, & x \neq 0, \\ 0, & x = 0 \end{cases}$ 在点 $x = 0$ 处连续.

证　$f(x)$ 在形式上是分段函数,但在点 $x = 0$ 左、右两侧的表达式相同,不必分别求左、右极限.因为

$$\lim_{x \to 0} f(x) = \lim_{x \to 0} x\sin\frac{1}{x} = 0 = f(0),$$

所以 $f(x)$ 在点 $x = 0$ 处连续.

例 4　讨论函数 $f(x) = |x-1|$ 在点 $x = 1$ 处是否连续.

解　对于含绝对值的函数,通常先变形为分段函数,再讨论它的连续性.因为

$$f(x) = \begin{cases} x-1, & x \geqslant 1, \\ 1-x, & x < 1, \end{cases}$$

所以

$$f(1^-) = \lim_{x \to 1^-}(1-x) = 0 = f(1), \quad f(1^+) = \lim_{x \to 1^+}(x-1) = 0 = f(1),$$

即 $f(1^-) = f(1^+) = f(1)$,从而 $f(x)$ 在点 $x = 1$ 处连续.

二、函数的间断点

1. 函数的间断点概念

设函数 $f(x)$ 在点 x_0 的某个去心邻域内有定义.由 $f(x)$ 在点 x_0 处连续的三要素可知,如果

有下列三种情形之一：

（1）$f(x)$ 在点 x_0 处没有定义，即 $f(x_0)$ 不存在；

（2）$f(x_0)$ 存在，但 $\lim\limits_{x \to x_0} f(x)$ 不存在；

（3）$f(x_0)$ 存在，$\lim\limits_{x \to x_0} f(x)$ 也存在，但 $\lim\limits_{x \to x_0} f(x) \neq f(x_0)$，

则称 $f(x)$ 在点 x_0 处**间断**，并称点 x_0 为 $f(x)$ 的**间断点**.

2. 间断点的分类

通常把间断点分成两类：第一类间断点和第二类间断点. 它们具体定义如下：

（1）设点 x_0 是函数 $f(x)$ 的间断点. 如果 $f(x_0^-)$ 及 $f(x_0^+)$ 都存在，则称点 x_0 为 $f(x)$ 的**第一类间断点**. 对于第一类间断点 x_0，当 $f(x_0^-) = f(x_0^+)$（$\lim\limits_{x \to x_0} f(x)$ 存在），但 $\lim\limits_{x \to x_0} f(x)$ 不等于 $f(x_0)$ 或 $f(x_0)$ 不存在时，称点 x_0 为 $f(x)$ 的**可去间断点**；当 $f(x_0^-) \neq f(x_0^+)$ 时，称点 x_0 为 $f(x)$ 的**跳跃间断点**. 对于可去间断点，只要改变 $f(x_0)$ 或补充 $f(x_0)$，可使 $f(x)$ 在点 x_0 处连续.

（2）不是第一类间断点的间断点，称为**第二类间断点**. 对于第二类间断点 x_0，要求 $f(x_0^-)$ 和 $f(x_0^+)$ 中至少有一个不存在. 当 $\lim\limits_{x \to x_0} f(x) = \infty$ 或 $f(x_0^+) = \infty$ 或 $f(x_0^-) = \infty$（∞ 也可以是 $+\infty$，$-\infty$）时，称点 x_0 为 $f(x)$ 的**无穷间断点**；当 $f(x_0^-)$ 或 $f(x_0^+)$ 不存在，也不等于 ∞，而是呈现无限多次振荡状态时，称点 x_0 为 $f(x)$ 的**振荡间断点**. 对于其他类型的第二类间断点，这里不再介绍，感兴趣的读者可参阅其他相关书籍.

例 5　　函数 $f(x) = \dfrac{\sin x}{x}$ 在点 $x = 0$ 处没有定义，但 $\lim\limits_{x \to 0} \dfrac{\sin x}{x} = 1$，所以点 $x = 0$ 是

$f(x) = \dfrac{\sin x}{x}$ 的可去间断点. 点 $x = 0$ 也是函数 $g(x) = \begin{cases} \dfrac{\sin x}{x}, & x \neq 0, \\ 0, & x = 0 \end{cases}$ 的可去间断点，此时

$\lim\limits_{x \to 0} \dfrac{\sin x}{x} = 1 \neq g(0) = 0$. 对于这两种情形，可改变或补充定义函数在点 $x = 0$ 处的值，使其变为在点 $x = 0$ 处连续的函数. 例如，可将 $f(x)$，$g(x)$ 变为函数

$$F(x) = \begin{cases} \dfrac{\sin x}{x}, & x \neq 0, \\ 1, & x = 0, \end{cases}$$

这时 $F(x)$ 在点 $x = 0$ 处连续.

例 6　　设函数

图 1-34

$$f(x) = \begin{cases} x - 1, & x < 0, \\ 0, & x = 0, \\ x + 1, & x > 0. \end{cases}$$

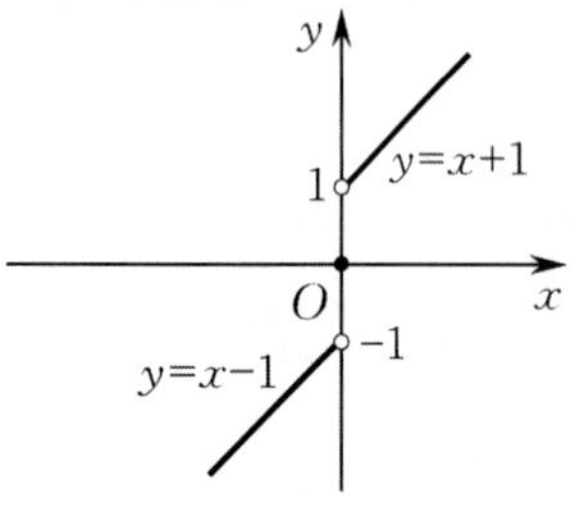

因为

$$f(0^-) = \lim\limits_{x \to 0^-} (x - 1) = -1, \quad f(0^+) = \lim\limits_{x \to 0^+} (x + 1) = 1,$$

即 $f(0^-)$ 与 $f(0^+)$ 存在但不相等，所以点 $x = 0$ 是该函数的跳跃间断点（见图 1-34）.

例 7　函数 $y = \dfrac{1}{x^2}$ 在点 $x = 0$ 处没有定义，且 $\lim\limits_{x \to 0} \dfrac{1}{x^2} = +\infty$，所以点 $x = 0$ 是该函数的无穷间断点. 类似地，点 $x = 0$ 是函数 $y = \mathrm{e}^{-\frac{1}{x}}$ 的无穷间断点，也是函数 $y = \mathrm{e}^{\frac{1}{x}}$ 的无穷间断点，因为 $\lim\limits_{x \to 0^-} \mathrm{e}^{-\frac{1}{x}} = +\infty$，$\lim\limits_{x \to 0^+} \mathrm{e}^{\frac{1}{x}} = +\infty$. 由第四节的例 3 可知，点 $x = \dfrac{\pi}{2}$ 是函数 $y = \tan x$ 的无穷间断点，其图形如图 1 - 35 所示.

例 8　函数 $y = \sin \dfrac{1}{x}$ 在点 $x = 0$ 处没有定义，$\lim\limits_{x \to 0} \sin \dfrac{1}{x}$ 不存在，也不是 ∞. 又当 $x \to 0$ 时，函数值在 -1 与 1 之间以越来越高的频率来回振荡无限多次（见图 1 - 36），所以点 $x = 0$ 是函数 $y = \sin \dfrac{1}{x}$ 的振荡间断点.

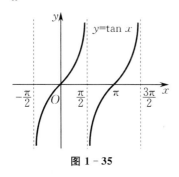

图 1 - 35

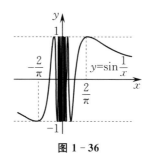

图 1 - 36

习　题　1 - 8

1. 讨论下列函数的连续性，并画出函数的图形：

(1) $f(x) = \begin{cases} x^2 - 1, & 0 \leqslant x \leqslant 1, \\ x - 1, & 1 < x \leqslant 2; \end{cases}$ 　　　(2) $f(x) = \begin{cases} x^3, & -1 \leqslant x \leqslant 1, \\ 1, & x < -1 \text{ 或 } x > 1. \end{cases}$

2. 求下列函数的间断点，并判断其类型，若是可去间断点，改变或补充函数在可去间断点处的定义使其连续：

(1) $y = \dfrac{2x - 1}{x^2 + 3x + 2}$;　　　(2) $y = \begin{cases} x^2 - 1, & x \leqslant 0, \\ x + 2, & x > 0; \end{cases}$

(3) $y = \sin \dfrac{2}{x - 1}$;　　　(4) $y = \dfrac{x}{\tan x}$;

(5) $y = \dfrac{|x|}{x}$;　　　(6) $y = \dfrac{(\mathrm{e}^{2x} - 1)^2}{x^2}$.

3. 讨论函数 $f(x) = \lim\limits_{n \to \infty} \dfrac{1 - x^{2n}}{1 + x^{2n}} x$ 的连续性，若有间断点，指出其类型.

4. 试确定 a 的值，使得函数 $f(x) = \begin{cases} \dfrac{\sin 2x}{x}, & x > 0, \\ a + x, & x \leqslant 0 \end{cases}$ 在点 $x = 0$ 处连续.

5. 证明：若函数 $f(x)$ 在点 x_0 处连续，且 $f(x_0) \neq 0$，则存在点 x_0 的某个邻域 $U(x_0)$，使得当 $x \in U(x_0)$ 时，$f(x) \neq 0$.

6. 设函数 $f(x) = (1 + x)^{\frac{1}{x}}$，怎样补充定义 $f(0)$，使得 $f(x)$ 在点 $x = 0$ 处连续？

第九节　连续函数的运算与初等函数的连续性

本节中的定义区间，是指包含在定义域内的区间.

一、连续函数的和、差、积、商的连续性

由函数在某点处连续的定义并利用极限的四则运算法则，很容易得出下面的定理.

定理 1（四则运算的连续性）　设函数 $f(x)$ 和 $g(x)$ 均在点 x_0 处连续，则它们的和 $f(x)+g(x)$、差 $f(x)-g(x)$、积 $f(x)g(x)$、商 $\dfrac{f(x)}{g(x)}(g(x_0)\neq 0)$ **也在点 x_0 处连续**.

定理 1 可以从点 x_0 推广到函数 $f(x)$ 和 $g(x)$ 共同的定义区间内，也可以推广到有限个连续函数的和、差、积的情形. 简单地说，四则运算不改变函数的连续性.

例 1　讨论指数函数 $y=a^x(a>0$ 且 $a\neq 1)$ 在其定义域上的连续性.

解　当 $a>1$ 时，先证 $y=a^x$ 在点 $x=0$ 处连续. 设 $0<x<\dfrac{1}{n}(n\to\infty)$，则

$$0<a^x-1<a^{\frac{1}{n}}-1\to 0\quad(n\to\infty).$$

由夹逼定理得 $\lim\limits_{x\to 0^+}a^x=1=a^0$，故 $y=a^x$ 在点 $x=0$ 处右连续. 设 $x=-y$，且 $y>0$，则 $a^x=\dfrac{1}{a^y}$，$\lim\limits_{x\to 0^-}a^x=\lim\limits_{y\to 0^+}\dfrac{1}{a^y}=1=a^0$，故 $y=a^x$ 在点 $x=0$ 处左连续. 于是，$y=a^x$ 在点 $x=0$ 处连续.

再证 $y=a^x$ 在 $\forall x_0\in\mathbf{R}$ 处连续. 由上面的证明知，当 $a>1$ 时，有

$$|a^x-a^{x_0}|=a^{x_0}|a^{x-x_0}-1|\to 0\quad(x\to x_0),$$

所以 $y=a^x(a>1)$ 在点 x_0 处连续. 于是，$y=a^x(a>1)$ 在 $\mathbf{R}$ 上连续.

当 $0<a<1$ 时，令 $a=\dfrac{1}{b}$，则 $b>1$，且 $a^x=\dfrac{1}{b^x}$. 又 b^x 在 $\mathbf{R}$ 上连续，由定理 1 知 $y=a^x(0<a<1)$ 也在 $\mathbf{R}$ 上连续.

综上所述，指数函数 $y=a^x(a>0$ 且 $a\neq 1)$ 在其定义域上连续.

例 2　根据定理 1，由于函数 $\sin x,\cos x\in C(-\infty,+\infty)$，所以函数 $\tan x=\dfrac{\sin x}{\cos x}$ 在其定义域 $\left\{x\ \middle|\ x\in\mathbf{R},x\neq n\pi+\dfrac{\pi}{2},n\in\mathbf{Z}\right\}$ 上连续，函数 $\cot x=\dfrac{\cos x}{\sin x}$ 在其定义域 $\{x\mid x\in\mathbf{R},x\neq n\pi,n\in\mathbf{Z}\}$ 上连续. 同理，函数 $y=\sec x,y=\csc x$ 也在其定义域上连续. 因此，三角函数在其定义域上都是连续函数.

两个不连续函数的和、差、积、商未必不连续. 例如，函数

$$f(x)=\begin{cases}1,&x\geq 0,\\-1,&x<0,\end{cases}\qquad g(x)=\begin{cases}-1,&x\geq 0,\\1,&x<0\end{cases}$$

都在点 $x=0$ 处不连续，而 $f(x)+g(x)=0$ 在点 $x=0$ 处连续.

二、反函数与复合函数的连续性

下面结合反函数和复合函数的概念来讨论它们的连续性.

定理 2（反函数的连续性）　**如果函数 $y = f(x)$ 在区间 I_x 上单调且连续,那么其反函数 $x = f^{-1}(y)$ 在对应区间 $I_y = \{y \mid y = f(x), x \in I_x\}$ 上也单调且连续.**

这里要求函数 $y = f(x)$ 单调,是为了保证反函数的存在性. 从几何上看,$y = f(x)$ 与其反函数 $x = f^{-1}(y)$ 在同一坐标平面内是同一条曲线,所以定理结论显然成立.

例 3　　函数 $y = x^2$ 在区间 $[0, +\infty)$ 上单调增加且连续,则其反函数 $x = \sqrt{y}$ 在对应区间 $[0, +\infty)$ 上单调增加且连续,即其反函数 $y = \sqrt{x}$ 在区间 $[0, +\infty)$ 上也单调增加且连续.

例 4　　由于函数 $y = \sin x$ 在闭区间 $\left[-\dfrac{\pi}{2}, \dfrac{\pi}{2}\right]$ 上单调增加且连续,所以它的反函数 $y = \arcsin x$ 在对应区间 $[-1, 1]$ 上也单调增加且连续.

由此可得,反三角函数 $\arcsin x, \arccos x, \arctan x, \text{arccot } x$ 在它们的定义域上都是单调且连续的.

定理 3　　设函数 $y = f[g(x)]$ 由函数 $u = g(x)$ 与 $y = f(u)$ 复合而成,且 x_0 的某个去心邻域 $\mathring{U}(x_0) \subseteq D_{f \circ g}$. **若** $\lim\limits_{x \to x_0} g(x) = u_0$,**且** $\lim\limits_{u \to u_0} f(u) = f(u_0)$,**则有以下两式成立:**

$$\lim_{x \to x_0} f[g(x)] = \lim_{u \to u_0} f(u) = f(u_0), \tag{1.4}$$

$$\lim_{x \to x_0} f[g(x)] = f(u_0) = f\left[\lim_{x \to x_0} g(x)\right]. \tag{1.5}$$

式(1.4)表明,通过变量代换 $u = g(x)$,可将求 $\lim\limits_{x \to x_0} f[g(x)]$ 转化为求 $\lim\limits_{u \to u_0} f(u)$,这里 $u_0 = \lim\limits_{x \to x_0} g(x)$. 一般情况下,变量代换 $u = g(x)$ 可省略.

式(1.5)表明,若外函数 $f(u)$ 连续,内函数 $g(x)$ 的极限存在,则求复合函数的极限 $\lim\limits_{x \to x_0} f[g(x)]$ 时,函数符号 f 与极限符号 $\lim$ 可交换次序.

把定理 3 中的 $x \to x_0$ 换成 $x \to \infty$,可得类似的定理.

例 5　　求 $\lim\limits_{x \to 0} \arctan \dfrac{\sin x}{x}$.

解　因 $\lim\limits_{x \to 0} \dfrac{\sin x}{x} = 1$,而函数 $y = \arctan u$ 在点 $u = 1$ 处连续,故由式(1.5)得

$$\lim_{x \to 0} \arctan \frac{\sin x}{x} = \arctan\left(\lim_{x \to 0} \frac{\sin x}{x}\right) = \arctan 1 = \frac{\pi}{4}.$$

例 6　　求 $\lim\limits_{x \to 3} \sqrt{\dfrac{x-3}{x^2-9}}$.

解　函数 $y = \sqrt{\dfrac{x-3}{x^2-9}}$ 可看作由函数 $y = \sqrt{u}$ 与 $u = \dfrac{x-3}{x^2-9}$ 复合而成. 因为

$$\lim_{x \to 3} \frac{x-3}{x^2-9} = \frac{1}{6},$$

而 $y = \sqrt{u}$ 在点 $u = \dfrac{1}{6}$ 处连续,所以

$$\lim_{x \to 3} \sqrt{\frac{x-3}{x^2-9}} = \sqrt{\lim_{x \to 3} \frac{x-3}{x^2-9}} = \sqrt{\frac{1}{6}} = \frac{\sqrt{6}}{6}.$$

类似可求得

$$\lim_{x \to 0} \ln\left(1 + \frac{1}{x}\right)^x = \ln\left[\lim_{x \to 0}\left(1 + \frac{1}{x}\right)^x\right] = \ln e = 1,$$

$$\lim_{x \to 0} \sin\frac{1-\cos x}{x} = \sin\left(\lim_{x \to 0} \frac{1-\cos x}{x}\right) = \sin\left(\lim_{x \to 0} \frac{\frac{1}{2}x^2}{x}\right) = \sin 0 = 0.$$

定理 4 （复合函数的连续性）　设函数 $y = f[g(x)]$ 由函数 $u = g(x)$ 与 $y = f(u)$ 复合而成，且 x_0 的某个去心邻域 $U(x_0) \subseteq D_{f \circ g}$. 若 $u = g(x)$ 在点 x_0 处连续，即 $\lim\limits_{x \to x_0} g(x) = g(x_0) = u_0$，且 $y = f(u)$ 在对应的点 u_0 处连续，则复合函数 $y = f[g(x)]$ 在点 x_0 处也连续.

证　在定理 3 中，令 $u_0 = g(x_0)$，则由式（1.4）得

$$\lim_{x \to x_0} f[g(x)] = f(u_0) = f[g(x_0)],$$

即复合函数 $y = f[g(x)]$ 在点 x_0 处连续.

在定理 4 的条件下，函数符号 f 与极限符号 lim 可交换次序，即

$$\lim_{x \to x_0} f[g(x)] = f[\lim_{x \to x_0} g(x)] = f[g(x_0)].$$

由此定理推广可知，连续函数经有限次复合而成的复合函数在其定义区间内仍是连续函数，即函数复合不改变函数的连续性.

例 7　　讨论函数 $y = e^{\sqrt{x}}$ 的连续性.

解　函数 $y = e^{\sqrt{x}}$ 可看作由函数 $u = \sqrt{x}$ 与 $y = e^u$ 复合而成. 又 $u = \sqrt{x}$ 在其定义域 $[0, +\infty)$ 上是连续的，$y = e^u$ 在其定义域 **R** 上连续的. 由定理 4 可知，函数 $y = e^{\sqrt{x}}$ 在其定义域 $[0, +\infty)$ 上是连续的.

三、初等函数的连续性

在第八节和本节已经证明了三角函数及反三角函数在它们的定义域上都是连续的.

又例 1 已经证明，指数函数 $y = a^x (a > 0$ 且 $a \neq 1)$ 在其定义域 $(-\infty, +\infty)$ 上是连续的. 于是，由指数函数的单调性和连续性，结合定理 2，可得对数函数 $y = \log_a x (a > 0$ 且 $a \neq 1)$ 在其定义域 $(0, +\infty)$ 上也单调且连续.

对于幂函数 $y = x^\mu$，无论 μ 为何值，在区间 $(0, +\infty)$ 上都是连续的. 这是因为，x^μ 可看作由函数 $y = a^u (a > 0$ 且 $a \neq 1)$ 与 $u = \mu \log_a x$ 复合而成，即 $y = x^\mu = a^{\mu \log_a x}$，根据定理 4，$y = x^\mu$ 在 $(0, +\infty)$ 上是连续的. 同理可证，μ 取各种不同值时，$y = x^\mu$ 在其定义域上也是连续的.

综上可得：**基本初等函数在其定义域上都是连续的.**

由基本初等函数的定义及连续性，结合定理 1 和定理 4，可得下面关于初等函数连续性的重要结论.

定理 5 （初等函数的连续性）　初等函数在其定义区间上都是连续的.

初等函数仅在其定义区间上连续，在其定义域上不一定连续. 这一点在讨论函数的连续性时非常重要，这时一般只需关注那些有定义的孤立点.

例如，函数 $y = \sqrt{\cos x - 1}$ 的定义域 $D = \{x \mid x = 0, \pm 2\pi, \pm 4\pi, \cdots\}$ 内都是孤立点，该

函数在这些点的去心邻域内没有定义,自然在这些点处都不连续.

又如,函数 $y = \sqrt{x^2(x-1)^3}$ 的定义域为 $D = \{x \mid x = 0 \text{ 或 } x \geqslant 1\}$,其中 $x = 0$ 是孤立点,该函数在点 $x = 0$ 的去心邻域内没有定义,所以在点 $x = 0$ 处不连续.于是,该函数仅在区间 $[1, +\infty)$ 上连续.

初等函数在其定义区间上的连续性,提供了求极限的一个简捷方法,即代入法:当求极限 $\lim\limits_{x \to x_0} f(x)$ 时,如果 $f(x)$ 是初等函数,点 x_0 是 $f(x)$ 的定义区间中的点,那么只需在 $f(x)$ 的表达式中把自变量 x 换成 x_0,即

$$\lim\limits_{x \to x_0} f(x) = f(x_0).$$

 求 $\lim\limits_{x \to 2} \dfrac{x^2 + \sin x}{\mathrm{e}^x \sqrt{1 + x^2}}$.

解 函数 $y = \dfrac{x^2 + \sin x}{\mathrm{e}^x \sqrt{1 + x^2}}$ 是初等函数,点 $x = 2$ 是它的定义区间中的一点,所以

$$\lim\limits_{x \to 2} \dfrac{x^2 + \sin x}{\mathrm{e}^x \sqrt{1 + x^2}} = \dfrac{2^2 + \sin 2}{\mathrm{e}^2 \sqrt{1 + 2^2}} = \dfrac{4 + \sin 2}{\mathrm{e}^2 \sqrt{5}}.$$

对于分段函数,若不是初等函数,就必须在定义区间内部和分段点处分别讨论其连续性,大多数情况只需考察分段点处的连续性.

习 题 1-9

1. 求函数 $f(x) = \dfrac{x^3 + 3x^2 - x - 3}{x^2 + x - 6}$ 的连续区间,并求极限 $\lim\limits_{x \to 0} f(x)$,$\lim\limits_{x \to 1} f(x)$,$\lim\limits_{x \to 2} f(x)$,$\lim\limits_{x \to -3} f(x)$ 及 $\lim\limits_{x \to \infty} f(x)$.

2. 设函数 $f(x)$ 与函数 $g(x)$ 都在点 x_0 处连续,证明:函数 $\varphi(x) = \max\{f(x), g(x)\}$ 和函数 $\psi(x) = \min\{f(x), g(x)\}$ 在点 x_0 处也连续.

3. 求下列极限:

(1) $\lim\limits_{x \to 1} \sqrt{2x^2 - 3x + 6}$;

(2) $\lim\limits_{x \to \frac{\pi}{8}} \sin^3 4x$;

(3) $\lim\limits_{x \to 0} \dfrac{\ln(1-x) - \ln(1+x)}{x}$;

(4) $\lim\limits_{x \to \mathrm{e}} \arcsin \ln x$;

(5) $\lim\limits_{x \to 0} \ln \arctan \dfrac{\pi - x}{4}$;

(6) $\lim\limits_{x \to 0} \dfrac{x}{\sqrt{x + 4} - 2}$;

(7) $\lim\limits_{x \to 4} \dfrac{\sqrt{2x + 1} - 3}{\sqrt{x} - 2}$;

(8) $\lim\limits_{x \to +\infty} \left(\sqrt{x^2 + x} - \sqrt{x^2 - x} \right)$.

4. 求下列极限:

(1) $\lim\limits_{x \to 2} \sqrt{\dfrac{x - 2}{x^2 - 4}}$;

(2) $\lim\limits_{x \to \infty} \left(1 + \dfrac{1}{x + 2} \right)^{\frac{x+1}{2}}$;

(3) $\lim\limits_{x \to \frac{\pi}{2}} (1 + 3\cot^2 x)^{\tan^2 x}$;

(4) $\lim\limits_{x \to \infty} \left(\dfrac{x - 7}{x + 3} \right)^{\frac{x}{2}}$.

(5) $\lim\limits_{x \to 0} \dfrac{\sqrt{1+\tan x}-\sqrt{1+\sin x}}{x \sqrt{1+\sin^2 x}-x}$;　　　　(6) $\lim\limits_{x \to 1} \dfrac{x+x^2+\cdots+x^n-n}{x-1}$.

5. 设函数 $f(x)=\begin{cases} \mathrm{e}^x+5, & x<0, \\ x-a, & x \geqslant 0, \end{cases}$ 应当怎样选择常数 a，使得 $f(x)$ 成为在区间 $(-\infty,+\infty)$ 上的连续函数？

6. 设函数 $f(x)=\begin{cases} \dfrac{\sin 2x}{\ln(x+1)}, & x>0, \\ 3x^2+\mathrm{e}^x+k, & x \leqslant 0, \end{cases}$ 当常数 k 取何值时，$f(x)$ 在区间 $(-\infty,+\infty)$ 上连续？

第十节　闭区间上连续函数的性质

闭区间上的连续函数有几个重要性质，它们在分析和论证某些问题时可作为理论根据．这些性质的证明需用到实数理论，故仅以定理的形式叙述它们，并在几何上给出解释．

一、最大值和最小值定理及有界性定理

设函数 $f(x)$ 在区间 X 上有定义．如果存在点 $\xi \in X$，使得对于任一 $x \in X$，都有
$$f(x) \leqslant f(\xi) \quad （或 f(x) \geqslant f(\xi)），$$
则称 $f(\xi)$ 是 $f(x)$ 在区间 X 上的**最大值**（或最小值），记为 M（或 m），点 ξ 称为**最大值点**（或最小值点）．

定理1 （最大值和最小值定理）　在闭区间上连续的函数在该区间上一定能取得最大值和最小值．

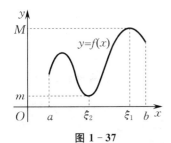
图 1-37

定理 1 说明，若 $f(x) \in C[a,b]$，则至少存在两点 $\xi_1,\xi_2 \in [a,b]$，使得 $\forall x \in [a,b]$，有
$$m=f(\xi_2) \leqslant f(x) \leqslant f(\xi_1)=M.$$
其几何意义如图 1-37 所示，其中最大值和最小值对应曲线的最高点和最低点．

例如，函数 $y=x^2 \in C[0,1]$，在 $[0,1]$ 上有 $M=1,m=0$；又如，函数 $y=1+\sin x \in C[0,2\pi]$，在 $[0,2\pi]$ 上有 $M=2,m=0$.

在应用定理 1 的结论时，必须要注意条件，当条件不满足时，结论未必成立．如果函数仅在开区间内连续，或在闭区间上有间断点，那么函数在相应区间上不一定有最大值或最小值．

例如，函数 $y=x^2 \in C(0,1)$，它在 $(0,1)$ 上取不到最大值 M 和最小值 m；函数 $y=\cos x \in C\left(\dfrac{\pi}{2},\dfrac{5\pi}{2}\right)$，它在 $\left(\dfrac{\pi}{2},\dfrac{5\pi}{2}\right)$ 上却可取得最小值 $m=f(\pi)=-1$，也可取得最大值 $M=f(2\pi)=1$.

又如，函数
$$y=f(x)=\begin{cases} -x, & -1 \leqslant x<0, \\ x-1, & 0 \leqslant x \leqslant 1 \end{cases}$$
在 $[-1,1]$ 上有间断点 $x=0$，但可取得最大值 $M=f(-1)=1$ 和最小值 $m=f(0)=-1$；而函数

$$y = f(x) = \begin{cases} 1-x, & 0 \leqslant x < 1, \\ 1, & x = 1, \\ 3-x, & 1 < x \leqslant 2 \end{cases}$$

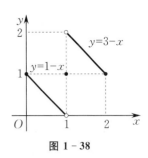

图 1-38

在 $[0,2]$ 上有间断点 $x = 1$,且取不到最大值 M,也取不到最小值 m(见图 1-38).

定理 2 (有界性定理)　闭区间上的连续函数在该区间上一定有界.

证　设函数 $f(x) \in C[a,b]$. 由定理 1 可知,$\exists\, \xi_1, \xi_2 \in [a,b]$,$\forall\, x \in [a,b]$,有

$$m = f(\xi_2) \leqslant f(x) \leqslant f(\xi_1) = M.$$

令 $K = \max\{|m|, |M|\}$,则 $\forall\, x \in [a,b]$,有

$$|f(x)| \leqslant K.$$

于是,$f(x)$ 在 $[a,b]$ 上有界.

二、零点定理与介值定理

如果 ξ 是方程 $f(x) = 0$ 的根,即 $f(\xi) = 0$,则称 ξ 为函数 $y = f(x)$ 的零点.

定理 3 (零点定理)　设函数 $f(x) \in C[a,b]$,且在区间端点 a,b 处函数值异号,即 $f(a) \cdot f(b) < 0$,那么至少有一点 $\xi \in (a,b)$,使得

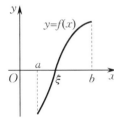

$$f(\xi) = 0,$$

即 $f(x)$ 在 (a,b) 内至少存在一个零点,或者方程 $f(x) = 0$ 在 (a,b) 内至少存在一个根.

定理 3 的几何意义很明显:如果闭区间 $[a,b]$ 上的连续曲线弧 $y = f(x)$ 的两个端点分别位于 x 轴的上、下两侧,那么这段曲线弧必定穿过 x 轴至少一次(见图 1-39),且交点对应的横坐标为 ξ.

图 1-39

将零点定理推广可得以下定理.

定理 4 (介值定理)　设函数 $f(x) \in C[a,b]$,且在区间端点处的函数值不同,即

$$f(a) = A \quad \text{及} \quad f(b) = B \quad (A \neq B),$$

则对介于 A 与 B 之间的任一常数 $C(C \neq A$ 且 $C \neq B)$,至少有一点 $\xi \in (a,b)$,使得

$$f(\xi) = C,$$

即 $f(x)$ 必可取得介于 A 与 B 之间的任何值 C 至少一次.

证　令函数 $\varphi(x) = f(x) - C$,则 $\varphi(x) \in C[a,b]$,且 $\varphi(a) = A - C$ 与 $\varphi(b) = B - C$ 异号. 由零点定理可知,至少有一点 $\xi \in (a,b)$,使得

$$\varphi(\xi) = 0.$$

又 $\varphi(\xi) = f(\xi) - C$,由上式即得

$$f(\xi) = C.$$

定理 4 的几何意义是:闭区间 $[a,b]$ 上的连续曲线弧 $y = f(x)$ 与水平直线 $y = C$ 至少相交于一点(见图 1-40).

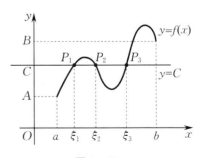

图 1-40

推论 1（中间值定理）　闭区间上的连续函数必取得最大值 M 与最小值 $m(M \neq m)$ 之间的任何值至少一次.

这是因为，若函数 $f(x) \in C[a,b]$，它的最大值为 M，最小值为 $m(M \neq m)$，则 $\forall C \in \mathbf{R}$，且 $m < C < M$（但 C 可能为 $f(a)$ 或 $f(b)$），至少存在一点 $\xi \in [a,b]$，使得 $f(\xi) = C$. 设 $M = f(\xi_1)$，$m = f(\xi_2)$，而 $m \neq M$，在闭区间 $[\xi_1,\xi_2]$（或 $[\xi_2,\xi_1]$）上应用介值定理，即得上述推论.

我们可利用零点定理来判断方程在开区间内根的存在性.

例 1　证明：方程 $x^3 - 3x^2 = x - 3$ 在区间 $(0,2)$ 内至少有一个根.

证　设函数 $f(x) = x^3 - 3x^2 - x + 3$. 显然 $f(x) \in C[0,2]$，且

$$f(0) = 3 > 0, \quad f(2) = -3 < 0,$$

即 $f(0) \cdot f(2) < 0$. 由零点定理可知，至少存在一点 $\xi \in (0,2)$，使得

$$f(\xi) = 0, \quad 即 \quad \xi^3 - 3\xi^2 - \xi + 3 = 0.$$

因此，方程 $x^3 - 3x^2 = x - 3$ 在区间 $(0,2)$ 内至少有一个根 ξ.

例 2　证明：方程 $x - 2\sin x = 0$ 在区间 $(0, +\infty)$ 内至少有一个根.

证　显然，0 是该方程的根，但不在 $(0, +\infty)$ 内. 设函数 $f(x) = x - 2\sin x$，则 $f(x) \in C(0, +\infty)$. 要证明该方程在 $(0, +\infty)$ 内有根，必须再找出两点，使得 $f(x)$ 在这两点处的函数值异号. 因为

$$f\left(\frac{\pi}{2}\right) = \frac{\pi}{2} - 2 < 0, \quad f(\pi) = \pi > 0,$$

即 $f\left(\frac{\pi}{2}\right) \cdot f(\pi) < 0$，所以闭区间可取为 $\left[\frac{\pi}{2}, \pi\right]$. 根据零点定理，该方程在开区间 $\left(\frac{\pi}{2}, \pi\right)$ 内至少有一个根，而 $\left(\frac{\pi}{2}, \pi\right) \subset (0, +\infty)$，所以该方程在 $(0, +\infty)$ 内至少有一个根.

例 3　证明：方程 $x = a\cos^2 x + 1 (a > 0)$ 至少有一个不大于 $a + 1$ 的正根.

证　设函数 $f(x) = x - a\cos^2 x - 1$，则 $f(x) \in C[0, a+1]$，且

$$f(0) = -a - 1 < 0, \quad f(a+1) = a\sin^2(a+1) \geqslant 0.$$

若上式等号成立，则 $a + 1$ 就是该方程的正根；若上式等号不成立，则在 $[0, a+1]$ 上应用零点定理，可知至少存在 $\xi \in (0, a+1)$，使得 $f(\xi) = 0$，即 ξ 为该方程的正根. 总之，方程 $x = a\cos^2 x + 1$ $(a > 0)$ 至少有一个正根 $\xi \in (0, a+1]$.

*三、一致连续性

现在介绍函数的一致连续性概念.

设函数 $f(x)$ 在区间 I 上连续，即 $\forall x_0 \in I$，$f(x)$ 在点 x_0 处连续，则 $\forall \varepsilon > 0$，$\exists \delta > 0$，当 $|x - x_0| < \delta$ 时，有 $|f(x) - f(x_0)| < \varepsilon$ 成立. 通常这个 δ 不仅与 ε 有关，而且与 x_0 有关，即使 ε 不变，当 x_0 改变时，这个 δ 就不一定适用了. 但是，对于某些函数，却存在着只与 ε 有关，而对 $\forall x_0 \in I$ 都适用的正数 δ，当 $|x - x_0| < \delta$ 时，就有 $|f(x) - f(x_0)| < \varepsilon$ 成立. 如此便有一致连续的概念.

定义 1　设函数 $f(x)$ 在区间 I 上有定义. 如果 $\forall \varepsilon > 0$，$\exists \delta > 0$，$\forall x_1, x_2 \in I$，当 $|x_1 - x_2| < \delta$ 时，有

$$\mid f(x_1) - f(x_2)\mid < \varepsilon$$

成立,则称 $f(x)$ 在区间 I 上是**一致连续**的.

如果函数 $f(x)$ 在区间 I 上一致连续,那么 $f(x)$ 在 I 上是连续的.但是,反过来不成立.

例 4　证明:函数 $f(x) = \dfrac{1}{x}$ 在区间 $(0,1]$ 上连续,但非一致连续.

证　由第九节的定理 5 可知,函数 $f(x) = \dfrac{1}{x} \in C(0,1]$.

假定 $f(x) = \dfrac{1}{x}$ 在 $(0,1]$ 上一致连续,则 $\forall \varepsilon > 0$(不妨设 $\varepsilon < 1$),$\exists \delta > 0, \forall x_1, x_2 \in (0,1]$,当 $\mid x_1 - x_2 \mid < \delta$ 时,有 $\mid f(x_1) - f(x_2) \mid < \varepsilon$ 成立.

现在取坐标原点附近的两点

$$x_1 = \frac{1}{n}, \quad x_2 = \frac{1}{n+1},$$

其中 n 为正整数,则 $x_1, x_2 \in (0,1]$.因

$$\mid x_1 - x_2 \mid = \left| \frac{1}{n} - \frac{1}{n+1} \right| = \frac{1}{n(n+1)},$$

故可让 n 取得足够大,使 $\mid x_1 - x_2 \mid < \delta$ 成立.但是,这时有

$$\mid f(x_1) - f(x_2) \mid = \left| \frac{1}{\frac{1}{n}} - \frac{1}{\frac{1}{n+1}} \right| = \mid n - (n+1) \mid = 1 > \varepsilon,$$

矛盾,从而 $f(x) = \dfrac{1}{x}$ 在 $(0,1]$ 上非一致连续.

在一定的条件下,由函数连续可以推得函数一致连续.

定理 5　(一致连续性定理)　如果函数 $f(x)$ 在闭区间 $[a,b]$ 上连续,那么 $f(x)$ 在该区间上一定一致连续.

证明从略.

习　题　1－10

1. 证明:方程 $2^x + \sin x = 2$ 在区间 $\left(0, \dfrac{\pi}{2}\right)$ 内至少有一个根.

2. 证明:方程 $x^3 = \sqrt{x+2}$ 在区间 $(1,2)$ 内至少有一个根.

3. 证明:方程 $x = a \sin x + b (a > 0, b > 0)$ 至少有一个不超过 $a + b$ 的正根.

4. 设函数 $f(x)$ 在区间 $[a,b]$ 上连续,证明:至少存在一点 $\xi \in [a,b]$,使得 $f(\xi) = \dfrac{1}{2}[f(a) + f(b)]$.

5. 设函数 $f(x) = x^3 - x^2 + x$,证明:至少存在一点 ξ,使得 $f(\xi) = -2$.

6. 设函数 $f(x)$ 在区间 $[a,b]$ 上连续,$a < x_1 < x_2 < \cdots < x_n < b (n \geqslant 3)$,证明:在区间 (x_1, x_n) 内至少存在一点 ξ,使得 $f(\xi) = \dfrac{f(x_1) + f(x_2) + \cdots + f(x_n)}{n}$.

7. 设函数 $f(x)$ 在区间 $(-\infty, +\infty)$ 上连续,且 $\lim\limits_{x \to \infty} f(x)$ 存在,证明:$f(x)$ 在 $(-\infty, +\infty)$ 上有界.

总 习 题 一

1. 在下列横线处填入"充分""必要"或"充要"三者中正确的选项：

(1) 数列 $\{x_n\}$ 收敛是 $\{x_n\}$ 有界的_____条件，$\{x_n\}$ 有界是 $\{x_n\}$ 收敛的_____条件；

(2) $\lim\limits_{x \to x_0} f(x)$ 存在是函数 $f(x)$ 在点 x_0 的某个去心邻域内有界的_____条件，$f(x)$ 在点 x_0 的某个去心邻域内有界是 $\lim\limits_{x \to x_0} f(x)$ 存在的_____条件；

(3) 函数 $f(x)$ 在 $|x|$ 大于某个正数时无界是 $\lim\limits_{x \to \infty} f(x) = \infty$ 的_____条件，$\lim\limits_{x \to \infty} f(x) = \infty$ 是 $f(x)$ 在 $|x|$ 大于某个正数时无界的_____条件；

(4) $f(x_0^-)$ 及 $f(x_0^+)$ 都存在是 $\lim\limits_{x \to x_0} f(x)$ 存在的_____条件；

(5) 函数 $f(x)$ 在点 x_0 处有定义是 $f(x)$ 在点 x_0 处连续的_____条件，$f(x)$ 在点 x_0 处连续是 $f(x)$ 在点 x_0 处有极限的_____条件.

2. 求函数 $f(x) \dfrac{x}{2 + \dfrac{1}{x-1}}$ 的定义域.

3. 设函数 $f(x)$ 的定义域是 $[0,1]$，求下列函数的定义域：

(1) $f(\mathrm{e}^{-x})$；　　　　　　　　　　(2) $f(2^x - 1)$；

(3) $f(\arcsin x)$；　　　　　　　　　　(4) $f(\cos x)$.

4. 求函数 $y = \sqrt[3]{1 - x^3}$ 的反函数.

5. 设函数 $f(x) = \begin{cases} x + 1, & x < 0 \\ 1, & x \geqslant 0, \end{cases}$ 求 $f[f(x)]$.

6. 根据无穷大的定义证明：$\lim\limits_{x \to 3} \dfrac{x+6}{x-3} = \infty$.

7. 求下列极限：

(1) $\lim\limits_{x \to \infty} \dfrac{2x^3 - 4x^2 + \sin x + 5}{(x+4)^3}$；　　　　(2) $\lim\limits_{x \to +\infty} \dfrac{\sqrt{x}}{\sqrt{x^2 + 1}} \sin \dfrac{\pi x}{2}$；

(3) $\lim\limits_{x \to 0} (\cos x)^{\frac{1}{\sin^2 x}}$；　　　　　　　(4) $\lim\limits_{x \to 0} \dfrac{(\sqrt{1+x} - 1)\sin x}{1 - \cos x}$；

(5) $\lim\limits_{x \to \infty} \left(\dfrac{x^2}{x^2 - 1} \right)^{3x}$；　　　　　　(6) $\lim\limits_{x \to 1} x^{\frac{2}{1-x}}$；

(7) $\lim\limits_{x \to \infty} \left(\sin \dfrac{1}{x} + \cos \dfrac{1}{x} \right)^x$；　　　(8) $\lim\limits_{n \to \infty} \left(\dfrac{1^2}{n^3} + \dfrac{2^2}{n^3} + \cdots + \dfrac{n^2}{n^3} \right)$.

8. 设函数 $f(x) = \begin{cases} k^3 - \mathrm{e}^{2x}, & x < 0, \\ kx^2 + 7, & x \geqslant 0 \end{cases}$ 在点 $x = 0$ 处连续，则常数 k 应当怎样选取？

9. 已知函数 $f(x) = \begin{cases} x - x^2, & x < 0, \\ \dfrac{1}{x-1}, & x \geqslant 0 \text{ 且 } x \neq 1, \end{cases}$ 求 $f(x)$ 的间断点，并说明间断点的类型.

10. 设 $a_1, a_2, \cdots, a_m$ 为给定的正数，$M = \max\{a_1, a_2, \cdots, a_m\}$，证明：
$$\lim\limits_{n \to \infty} \sqrt[n]{a_1^n + a_2^n + \cdots + a_m^n} = M.$$

11. 证明：在区间 $(0,2)$ 内至少有一点 ξ，使得 $\mathrm{e}^\xi - 2 = \xi$.

12. 如果存在定直线 $L:y=kx+b$，使得当 $x\to\infty$（或 $x\to+\infty$ 或 $x\to-\infty$）时，曲线 $y=f(x)$ 上的动点 $M(x,y)$ 到 L 的距离 $d\to0$，那么称 L 为曲线 $y=f(x)$ 的**渐近线**. 当 L 的斜率 $k=0$ 时，称 L 为**水平渐近线**；当 L 的斜率 $k\neq0$ 时，称 L 为**斜渐近线**.

(1) 证明：直线 $L:y=kx+b$ 为曲线 $y=f(x)$ 的渐近线的充要条件是

$$k=\lim_{\substack{x\to\infty\\(\text{或}x\to+\infty\\\text{或}x\to-\infty)}}\frac{f(x)}{x},\quad b=\lim_{\substack{x\to\infty\\(\text{或}x\to+\infty\\\text{或}x\to-\infty)}}[f(x)-kx].$$

(2) 求曲线 $y=\dfrac{2(x-2)(x+3)}{x-1}$ 的斜渐近线.

第二章

导数与微分

微分学是微积分的主要内容之一,它的基本概念是导数与微分. 本章将从实际例子引出导数与微分的概念,并讨论它们的计算方法.

第一节 导数的概念

一、引例

在第一章中介绍了变量之间的函数关系. 在生产实践和科学研究中,有时还需要研究某一变量相对于另一变量变化的快慢程度. 这正是导数研究的内容. 我们主要从两个实际问题引出导数的定义:一个是直线运动的瞬时速度问题,另一个是曲线的切线问题. 这两个问题都与导数概念的形成有密切的关系.

1. 直线运动的瞬时速度问题

在物理学中,有时需要知道运动物体在某一时刻的瞬时速度. 通常人们所说的速度是指物体在一段时间内运动的平均速度. 例如,一个人从甲地步行到乙地,1 h 内走了 4 km,平均速度就是 4 km/h;又如,一辆汽车 3 h 内行驶了 90 km,平均速度就是 30 km/h. 平均速度虽然在一定程度上反映了物体的运动状态,但是物体并不是时刻都保持一个速度,所以平均速度不能反映物体在什么时刻快一些,什么时刻慢一些,以及快多少和慢多少. 因此,还需要考虑物体在某一时刻的瞬时速度.

那么,如果我们已经知道物体的运动规律,该怎样求瞬时速度呢? 我们首先要知道什么是瞬时速度,然后还要求出计算瞬时速度的方法.

设某个物体朝一个方向做变速直线运动,其位移函数是

$$s = f(t).$$

现在研究该物体在 t_0 时刻的瞬时速度.

在 t_0 时刻之后任取一个时刻 $t_0 + \Delta t$,也就是时间由 t_0 改变到 $t_0 + \Delta t$,Δt 是时间的增量,于是该物体在 Δt 这段时间内的位移为

$$\Delta s = f(t_0 + \Delta t) - f(t_0).$$

因为物体做变速直线运动,所以它的速度随时间而定,此时

$$\frac{\Delta s}{\Delta t} = \frac{f(t_0 + \Delta t) - f(t_0)}{\Delta t}$$

表示该物体在 Δt 这段时间内的平均速度 $\bar{v}$（也称为位移函数对时间的平均变化率），即

$$\bar{v} = \frac{\Delta s}{\Delta t} = \frac{f(t_0 + \Delta t) - f(t_0)}{\Delta t}.$$

当 Δt 变化时，平均速度 $\bar{v}$ 也会随着变化. 当时间间隔 Δt 很小时，由于该物体在这个时间间隔内运动状态还来不及发生大的变化，一般可以把平均速度 $\bar{v}$ 作为它在 t_0 时刻的瞬时速度的近似值. 显然，时间间隔 Δt 越小，近似程度就越高. 于是，令 $\Delta t \to 0$，若平均速度 $\bar{v}$ 的极限

$$\lim_{\Delta t \to 0} \bar{v} = \lim_{\Delta t \to 0} \frac{\Delta s}{\Delta t} = \lim_{\Delta t \to 0} \frac{f(t_0 + \Delta t) - f(t_0)}{\Delta t} \tag{2.1}$$

存在，则将其定义为该物体在 t_0 时刻的瞬时速度 v_0（也称为位移函数对时间在 t_0 处的瞬时变化率）.

2. 曲线的切线问题

什么是曲线的切线？有人曾经将切线定义为与曲线只有一个交点的直线. 但是，这种定义只适用于少数几种曲线，如圆、椭圆等，而对于一般曲线就不一定合适. 例如，对于抛物线 $y = x^2$，两条坐标轴与它都只有一个交点，即坐标原点 O，但是只有 x 轴才是这条抛物线在点 O 处的切线. 那么，切线的定义究竟是什么，又怎样求出呢？法国数学家费马（Fermat）给出了确切的定义和求法，具体如下：

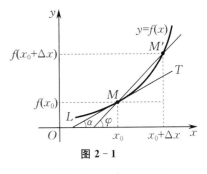

图 2 - 1

设点 M 是曲线 L 上的一点（见图 2-1），在曲线 L 上另取一点 M'，称过点 M 及 M' 的直线为曲线 L 的**割线**. 当点 M' 沿曲线 L 趋向于点 M 时，割线 MM' 也随着变动而趋向于某个极限位置 MT. 称直线 MT 为曲线 L 在点 M 处的**切线**.

如果切线 MT 的斜率存在，只要求出切线 MT 的斜率，就可确定切线 MT. 切线 MT 的斜率怎样计算呢？一般切线 MT 的斜率可以通过求割线 MM' 的斜率的极限得到. 在图 2-1 中，设曲线 L 的方程为 $y = f(x)$，点 M 的坐标为 $(x_0, f(x_0))$，点 M' 的坐标为 $(x_0 + \Delta x, f(x_0 + \Delta x))$，割线 MM' 的倾角为 φ，切线 MT 的倾角为 α，则割线 MM' 的斜率为

$$\tan \varphi = \frac{\Delta y}{\Delta x} = \frac{f(x_0 + \Delta x) - f(x_0)}{\Delta x}.$$

当点 M' 趋向于点 M 时，$\Delta x \to 0$，$\varphi \to \alpha$，此时割线 MM' 的斜率 $\tan \varphi$ 趋向于切线 MT 的斜率 $\tan \alpha$，即曲线 L 在点 M 处的切线斜率为

$$k = \tan \alpha = \lim_{\Delta x \to 0} \tan \varphi = \lim_{\Delta x \to 0} \frac{\Delta y}{\Delta x} = \lim_{\Delta x \to 0} \frac{f(x_0 + \Delta x) - f(x_0)}{\Delta x}.$$

二、导数的定义

以上两个例子，一个是物理问题，另一个是几何问题，它们的实际意义是不同的. 但是，从数量关系来看，它们的实质又是一样的，它们都归结为函数对自变量的变化率问题，即函数的增量与自变量的增量之比，当自变量的增量趋向于 0 时的极限问题. 在许多不同领域中，还有很多不同类型的变化率问题，如电流强度、细杆的线密度、人口增长率以及经济学中的边际成本、边际

利润等.抛开这些量的具体意义,从数量方面来刻画变化率的本质,就得出函数的导数定义.

1. 函数在一点处的导数与导函数

定义 1　　设函数 $y = f(x)$ 在点 x_0 的某个邻域 $U(x_0)$ 内有定义,自变量 x 在点 x_0 处取得增量 Δx(点 $x_0 + \Delta x$ 仍在该邻域内),$y = f(x)$ 相应地有增量 $\Delta y = f(x_0 + \Delta x) - f(x_0)$. 若当 $\Delta x \to 0$ 时,$\dfrac{\Delta y}{\Delta x}$ 的极限存在,即

$$\lim_{\Delta x \to 0} \frac{\Delta y}{\Delta x} = \lim_{\Delta x \to 0} \frac{f(x_0 + \Delta x) - f(x_0)}{\Delta x}$$

存在,则称 $y = f(x)$ 在点 x_0 处**可导**,并称此极限为 $y = f(x)$ 在点 x_0 处的**导数**,记作

$$f'(x_0), \quad y' \Big|_{x = x_0}, \quad \frac{\mathrm{d}y}{\mathrm{d}x} \Big|_{x = x_0} \quad \text{或} \quad \frac{\mathrm{d}f(x)}{\mathrm{d}x} \Big|_{x = x_0},$$

即

$$f'(x_0) = \lim_{\Delta x \to 0} \frac{\Delta y}{\Delta x} = \lim_{\Delta x \to 0} \frac{f(x_0 + \Delta x) - f(x_0)}{\Delta x}. \tag{2.2}$$

导数的定义式(2.2)可以取不同的表达形式,如

$$f'(x_0) = \lim_{h \to 0} \frac{f(x_0 + h) - f(x_0)}{h},$$

其中 h 就是自变量的增量 Δx,只是记号不同而已.式(2.2)还有一个常见的表达形式:

$$f'(x_0) = \lim_{x \to x_0} \frac{f(x) - f(x_0)}{x - x_0}.$$

当函数 $y = f(x)$ 在点 x_0 处可导时,也称 $y = f(x)$ 在点 x_0 处具有导数或导数存在.若极限 (2.2) 不存在,则称 $y = f(x)$ 在点 x_0 处**不可导**.若 $\lim\limits_{\Delta x \to 0} \dfrac{\Delta y}{\Delta x} = \infty$(不可导),为了方便起见,也说 $y = f(x)$ 在点 x_0 处的导数为无穷大.

前面讨论的两个实际问题都是导数问题.若物体做变速直线运动的位移函数为 $s = f(t)$,则物体在 t_0 时刻的瞬时速度 v_0 就是 $s = f(t)$ 在点 t_0 处的导数,即 $v_0 = f'(t_0)$.若曲线 L 的方程为 $y = f(x)$,则曲线 L 在点 $M(x_0, f(x_0))$ 处的切线斜率 k 就是函数 $y = f(x)$ 在点 x_0 处的导数,即 $k = f'(x_0)$.导数是概括了各种具有不同意义的变化率问题而得出的一个一般的、抽象的概念,它反映了函数随自变量的变化而变化的快慢程度.

比值 $\dfrac{\Delta y}{\Delta x} = \dfrac{f(x_0 + \Delta x) - f(x_0)}{\Delta x}$ 是自变量 x 从 x_0 改变到 $x_0 + \Delta x$ 时函数 $f(x)$ 的平均变化速度,是 $f(x)$ 的平均变化率,而导数 $f'(x_0) = \lim\limits_{\Delta x \to 0} \dfrac{\Delta y}{\Delta x} = \lim\limits_{\Delta x \to 0} \dfrac{f(x_0 + \Delta x) - f(x_0)}{\Delta x}$ 是 $f(x)$ 在点 x_0 处的变化速度,是 $f(x)$ 在点 x_0 处的变化率.

如果函数 $y = f(x)$ 在开区间 (a, b) 内的每一点处都可导,那么称 $f(x)$ 在 (a, b) 内可导,记为 $f(x) \in D(a, b)$. 这时,对于 (a, b) 内的每一点 x,都对应一个确定的导数值 $f'(x)$,这就构成一个新函数. 称这个新函数为原来函数 $f(x)$ 的**导函数**,记作

$$f'(x), \quad y', \quad \frac{\mathrm{d}y}{\mathrm{d}x} \quad \text{或} \quad \frac{\mathrm{d}f(x)}{\mathrm{d}x}.$$

根据导数的定义,把式(2.2)中的 x_0 换为 x,就得到 $f(x)$ 在区间 (a,b) 内的导函数为

$$f'(x) = \lim_{\Delta x \to 0} \frac{f(x+\Delta x)-f(x)}{\Delta x}.$$

在求极限的过程中,Δx 是变量,而将 x 看作常量. 显然,$f(x)$ 在点 x_0 处的导数,就是导函数 $f'(x)$ 在点 x_0 处的函数值,即 $f'(x_0) = f'(x)\Big|_{x=x_0}$. 在不发生混淆的情况下,也把导函数简称为导数.

2. 求导数举例

下面根据导数的定义求一些简单函数的导数. 初学者在利用导数的定义求导数时,可以分三步进行:第一步,计算函数的增量 $\Delta y = f(x+\Delta x)-f(x)$;第二步,做比值 $\dfrac{\Delta y}{\Delta x}$;第三步,求极限 $\lim\limits_{\Delta x \to 0} \dfrac{\Delta y}{\Delta x}$. 熟练以后就可以直接计算了.

例 1　求函数 $f(x) = C$(C 为常数) 的导数.

解　$f'(x) = \lim\limits_{\Delta x \to 0} \dfrac{f(x+\Delta x)-f(x)}{\Delta x} = \lim\limits_{\Delta x \to 0} \dfrac{C-C}{\Delta x} = 0,$

即
$$(C)' = 0.$$

例 2　求函数 $f(x) = x^n$(n 为正整数) 的导数.

解　$f'(x) = \lim\limits_{\Delta x \to 0} \dfrac{f(x+\Delta x)-f(x)}{\Delta x} = \lim\limits_{\Delta x \to 0} \dfrac{1}{\Delta x}\big[(x+\Delta x)^n - x^n\big]$

$$= \lim_{\Delta x \to 0} \frac{1}{\Delta x}\Big[x^n + nx^{n-1}\Delta x + \frac{n(n-1)}{2}x^{n-2}(\Delta x)^2 + \cdots + (\Delta x)^n - x^n\Big]$$

$$= \lim_{\Delta x \to 0}\Big[nx^{n-1} + \frac{n(n-1)}{2}x^{n-2}\Delta x + \cdots + (\Delta x)^{n-1}\Big] = nx^{n-1},$$

即
$$(x^n)' = nx^{n-1}.$$

一般地,对于幂函数 $f(x) = x^\mu$(μ 为常数),有

$$(x^\mu)' = \mu x^{\mu-1}.$$

这个公式的证明将在第二节中给出. 利用这个公式,可以很方便地求出幂函数的导数. 例如:

$$(\sqrt{x})' = (x^{\frac{1}{2}})' = \frac{1}{2}x^{\frac{1}{2}-1} = \frac{1}{2}x^{-\frac{1}{2}} = \frac{1}{2\sqrt{x}},$$

$$\Big(\frac{1}{x}\Big)' = (x^{-1})' = -1 \cdot x^{-1-1} = -x^{-2} = -\frac{1}{x^2}.$$

例 3　求函数 $f(x) = a^x$($a > 0$ 且 $a \neq 1$) 的导数.

解　$f'(x) = \lim\limits_{\Delta x \to 0} \dfrac{f(x+\Delta x)-f(x)}{\Delta x} = \lim\limits_{\Delta x \to 0} \dfrac{a^{x+\Delta x}-a^x}{\Delta x}$

$$= a^x \lim_{\Delta x \to 0} \frac{a^{\Delta x}-1}{\Delta x} \quad (\diamondsuit\ t = a^{\Delta x}-1)$$

$$= a^x \lim_{t \to 0} \frac{t}{\log_a(1+t)} = a^x \lim_{t \to 0} \frac{1}{\log_a(1+t)^{\frac{1}{t}}}$$

$$= a^x \frac{1}{\log_a \mathrm{e}} = a^x \ln a,$$

即
$$(a^x)' = a^x \ln a.$$

特别地，当 $a = e$ 时，$\ln e = 1$，于是有
$$(e^x)' = e^x.$$

例 4　　求函数 $f(x) = \log_a x (a > 0 \text{ 且 } a \neq 1)$ 的导数.

解　$f'(x) = \lim\limits_{\Delta x \to 0} \dfrac{f(x + \Delta x) - f(x)}{\Delta x} = \lim\limits_{\Delta x \to 0} \dfrac{\log_a(x + \Delta x) - \log_a x}{\Delta x}$

$\qquad = \lim\limits_{\Delta x \to 0} \dfrac{1}{\Delta x} \log_a \left(1 + \dfrac{\Delta x}{x}\right) = \lim\limits_{\Delta x \to 0} \log_a \left(1 + \dfrac{\Delta x}{x}\right)^{\frac{1}{\Delta x}}$

$\qquad = \lim\limits_{\Delta x \to 0} \log_a \left(1 + \dfrac{\Delta x}{x}\right)^{\frac{x}{\Delta x} \cdot \frac{1}{x}} = \dfrac{1}{x} \log_a e = \dfrac{1}{x \ln a},$

即
$$(\log_a x)' = \dfrac{1}{x \ln a}.$$

特别地，当 $a = e$ 时，有
$$(\ln x)' = \dfrac{1}{x}.$$

例 5　　求函数 $f(x) = \sin x$ 的导数.

解　$f'(x) = \lim\limits_{\Delta x \to 0} \dfrac{f(x + \Delta x) - f(x)}{\Delta x} = \lim\limits_{\Delta x \to 0} \dfrac{\sin(x + \Delta x) - \sin x}{\Delta x}$

$\qquad = \lim\limits_{\Delta x \to 0} \dfrac{2\cos\left(x + \dfrac{\Delta x}{2}\right)\sin\dfrac{\Delta x}{2}}{\Delta x}$

$\qquad = \lim\limits_{\Delta x \to 0} \cos\left(x + \dfrac{\Delta x}{2}\right) \cdot \lim\limits_{\Delta x \to 0} \dfrac{\sin\dfrac{\Delta x}{2}}{\dfrac{\Delta x}{2}} = \cos x,$

即
$$(\sin x)' = \cos x.$$

同理可得
$$(\cos x)' = -\sin x.$$

例 6　　求函数
$$f(x) = \begin{cases} x^2 \sin \dfrac{1}{x}, & x \neq 0, \\ 0, & x = 0 \end{cases}$$

在点 $x = 0$ 处的导数.

解　$f'(0) = \lim\limits_{x \to 0} \dfrac{f(x) - f(0)}{x - 0} = \lim\limits_{x \to 0} \dfrac{x^2 \sin \dfrac{1}{x}}{x} = \lim\limits_{x \to 0} x \sin \dfrac{1}{x} = 0.$

例 7　　证明：函数
$$f(x) = \begin{cases} x \sin \dfrac{1}{x}, & x \neq 0, \\ 0, & x = 0 \end{cases}$$

在点 $x = 0$ 处不可导.

证　由于

$$f'(0) = \lim_{x \to 0} \frac{f(x) - f(0)}{x - 0} = \lim_{x \to 0} \frac{x \sin \dfrac{1}{x}}{x} = \lim_{x \to 0} \sin \frac{1}{x},$$

而当 $x \to 0$ 时,$\sin \dfrac{1}{x}$ 在 -1 与 1 之间无限多次振荡,极限不存在,故函数 $f(x)$ 在点 $x = 0$ 处不可导.

3. 单侧导数

在导数的定义中,自变量的增量 Δx 可以是正的,也可以是负的,如果 Δx 小于 0 且趋向于 0,或者 Δx 大于 0 且趋向于 0,就得到左导数或右导数的定义.

定义 2　如果极限

$$\lim_{\Delta x \to 0^-} \frac{\Delta y}{\Delta x} = \lim_{\Delta x \to 0^-} \frac{f(x_0 + \Delta x) - f(x_0)}{\Delta x}$$

存在,那么称之为函数 $f(x)$ 在点 x_0 处的**左导数**,记作 $f'_-(x_0)$,即

$$f'_-(x_0) = \lim_{\Delta x \to 0^-} \frac{f(x_0 + \Delta x) - f(x_0)}{\Delta x}.$$

如果极限

$$\lim_{\Delta x \to 0^+} \frac{\Delta y}{\Delta x} = \lim_{\Delta x \to 0^+} \frac{f(x_0 + \Delta x) - f(x_0)}{\Delta x}$$

存在,那么称之为函数 $f(x)$ 在点 x_0 处的**右导数**,记作 $f'_+(x_0)$,即

$$f'_+(x_0) = \lim_{\Delta x \to 0^+} \frac{f(x_0 + \Delta x) - f(x_0)}{\Delta x}.$$

左导数和右导数统称为**单侧导数**.因为导数

$$f'(x_0) = \lim_{\Delta x \to 0} \frac{f(x_0 + \Delta x) - f(x_0)}{\Delta x}$$

是一个极限,极限存在的充要条件是左、右极限都存在且相等,所以函数 $f(x)$ 在点 x_0 处可导的充要条件是左、右导数都存在且相等,即 $f'_-(x_0)$,$f'_+(x_0)$ 都存在,且 $f'_-(x_0) = f'_+(x_0)$.

若函数 $f(x)$ 在开区间 (a,b) 内可导,且 $f'_+(a)$ 和 $f'_-(b)$ 都存在,则称 $f(x)$ 在闭区间 $[a,b]$ 上可导,记为 $f(x) \in D[a,b]$.

例 8　函数

$$f(x) = \begin{cases} e^{2x}, & x \leqslant 0, \\ \sin 2x + 1, & x > 0 \end{cases}$$

在点 $x = 0$ 处是否可导?

解　因为

$$f'_-(0) = \lim_{x \to 0^-} \frac{f(x) - f(0)}{x - 0} = \lim_{x \to 0^-} \frac{e^{2x} - 1}{x} = \lim_{x \to 0^-} \frac{2x}{x} = 2,$$

$$f'_+(0) = \lim_{x \to 0^+} \frac{f(x) - f(0)}{x - 0} = \lim_{x \to 0^+} \frac{\sin 2x + 1 - 1}{x} = \lim_{x \to 0^+} \frac{2x}{x} = 2,$$

即 $f'_-(0) = f'_+(0) = 2$,所以 $f(x)$ 在点 $x = 0$ 处可导,且 $f'(0) = 2$.

三、导数的几何意义

由导数的定义和切线斜率的求法可知,函数 $f(x)$ 在点 x_0 处的导数 $f'(x_0)$ 的几何意义是曲

线 $y = f(x)$ 在点 $M(x_0, y_0)(y_0 = f(x_0))$ 处的切线斜率,即
$$\tan \alpha = f'(x_0),$$
其中 α 是切线的倾角(见图 2-2). 于是,曲线 $y = f(x)$ 在点 $M(x_0, y_0)$ 处的切线方程为
$$y - y_0 = f'(x_0)(x - x_0).$$

过切点 $M(x_0, y_0)$ 且与切线垂直的直线,称为曲线 $y = f(x)$ 在点 M 处的**法线**. 若 $f'(x_0) \neq 0$,则该法线的斜率为 $-\dfrac{1}{f'(x_0)}$.

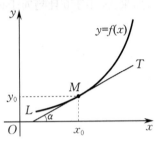

于是,曲线 $y = f(x)$ 在点 M 处的法线方程为
$$y - y_0 = -\frac{1}{f'(x_0)}(x - x_0).$$

图 2-2

如果函数 $f(x)$ 在点 x_0 处连续,且其在点 x_0 处的导数为无穷大,这时曲线 $y = f(x)$ 在点 $M(x_0, y_0)$ 处的切线的倾角为 $\alpha = \dfrac{\pi}{2}$,即切线与 x 轴垂直,那么曲线 $y = f(x)$ 在点 M 处的切线为 $x = x_0$. 例如,对于函数 $f(x) = \sqrt[3]{x}$,有
$$f'(0) = \lim_{x \to 0} \frac{\sqrt[3]{x} - 0}{x - 0} = \lim_{x \to 0} \frac{1}{\sqrt[3]{x^2}} = +\infty,$$
所以曲线 $y = \sqrt[3]{x}$ 在坐标原点处的切线垂直于 x 轴,即切线方程为 $x = 0$.

例 9　求曲线 $y = \dfrac{1}{x}$ 在点 $(1,1)$ 处的切线方程和法线方程.

解　由于 $y' = \left(\dfrac{1}{x}\right)' = -\dfrac{1}{x^2}$,因此点 $(1,1)$ 处的切线斜率为
$$k_切 = y' \Big|_{x=1} = -\frac{1}{x^2} \Big|_{x=1} = -1,$$
于是所求切线方程为
$$y - 1 = -1 \cdot (x - 1), \quad 即 \quad x + y = 2.$$
点 $(1,1)$ 处的法线斜率为
$$k_法 = -\frac{1}{k_切} = 1,$$
于是所求法线方程为
$$y - 1 = 1 \cdot (x - 1), \quad 即 \quad y = x.$$

例 10　曲线 $y = x^{\frac{3}{2}}$ 在哪一点处的切线与直线 $y = 3x - 1$ 平行?

解　设所求点为 (x_0, y_0). 已知直线 $y = 3x - 1$ 的斜率为 $k = 3$,根据两条直线平行的条件,点 (x_0, y_0) 处的切线斜率应等于 3.

又函数 $y = x^{\frac{3}{2}}$ 的导数为 $y' = (x^{\frac{3}{2}})' = \dfrac{3}{2}\sqrt{x}$,故曲线 $y = x^{\frac{3}{2}}$ 在点 (x_0, y_0) 处的切线斜率为

$$y'\Big|_{x=x_0} = \frac{3}{2}\sqrt{x}\Big|_{x=x_0} = \frac{3}{2}\sqrt{x_0} = 3,$$

解得 $x_0 = 4$. 将 $x_0 = 4$ 代入所给曲线方程,得 $y_0 = 4^{\frac{3}{2}} = 8$,于是曲线 $y = x^{\frac{3}{2}}$ 在点$(4,8)$处的切线与直线 $y = 3x - 1$ 平行.

四、函数可导性与连续性的关系

定理 1　**若函数 $y = f(x)$ 在点 x_0 处可导,则 $y = f(x)$ 在点 x_0 处一定连续.**

证　设自变量 x 在点 x_0 处的增量为 Δx,函数 $y = f(x)$ 相应的增量为 Δy. 因为 $y = f(x)$ 在点 x_0 处可导,所以有

$$\lim_{\Delta x \to 0} \frac{\Delta y}{\Delta x} = f'(x_0),$$

可得

$$\lim_{\Delta x \to 0} \Delta y = \lim_{\Delta x \to 0} \left(\frac{\Delta y}{\Delta x} \cdot \Delta x\right) = \lim_{\Delta x \to 0} \frac{\Delta y}{\Delta x} \cdot \lim_{\Delta x \to 0} \Delta x = f'(x_0) \cdot 0 = 0,$$

即 $y = f(x)$ 在点 x_0 处连续.

这个定理的逆命题不成立,即函数 $y = f(x)$ 在点 x_0 处连续时,它在该点处不一定可导. 也就是说,函数在某点处连续是函数在该点处可导的必要条件,但不是充分条件.

例 11　讨论函数 $f(x) = |x| = \begin{cases} x, & x \geqslant 0, \\ -x, & x < 0 \end{cases}$ 在点 $x = 0$ 处的连续性和可导性.

解　因为

$$\lim_{x \to 0^-} |x| = \lim_{x \to 0^-} (-x) = 0, \quad \lim_{x \to 0^+} |x| = \lim_{x \to 0^+} x = 0,$$

所以 $\lim_{x \to 0} |x| = f(0) = 0$,从而 $f(x)$ 在点 $x = 0$ 处连续.

因为

$$f'_-(0) = \lim_{x \to 0^-} \frac{|x| - 0}{x - 0} = \lim_{x \to 0^-} \frac{-x}{x} = -1,$$

$$f'_+(0) = \lim_{x \to 0^+} \frac{|x| - 0}{x - 0} = \lim_{x \to 0^+} \frac{x}{x} = 1,$$

即 $f'_-(0) \neq f'_+(0)$,所以 $f(x)$ 在点 $x = 0$ 处不可导.

顺便指出,若函数 $f(x)$ 在点 x_0 处连续但不可导,$f'(x_0)$ 也不是无穷大,则曲线 $y = f(x)$ 在点$(x_0, f(x_0))$处没有切线. 例如,函数 $f(x) = |x|$ 在点 $x = 0$ 处连续但不可导,$f'(0)$ 也不是无穷大,所以曲线 $y = |x|$ 在坐标原点处没有切线. 又如,函数 $f(x) = \sqrt[3]{x}$ 也是在点 $x = 0$ 处连续但不可导,而由于 $f'(0) = +\infty$,所以曲线 $y = \sqrt[3]{x}$ 在坐标原点处有垂直于 x 轴的切线 $x = 0$.

习　题　2－1

1. 利用导数的定义计算下列函数在指定点处的导数:

（1）$y = 1 - 2x^2$，在点 $x_0 = 1$ 处；　　　　　（2）$y = \tan x$，在点 $x_0 = 0$ 处；

（3）$y = \dfrac{1}{x}$，在点 $x_0 = -1$ 处；　　　　（4）$y = \sqrt{x}$，在点 $x_0 = \dfrac{1}{4}$ 处.

2. 假定 $f'(x_0)$ 存在，根据导数的定义计算下列极限，并指出 A 表示什么：

（1）$\lim\limits_{h \to 0} \dfrac{f(x_0 - h) - f(x_0)}{h} = A$；　　　　（2）$\lim\limits_{\Delta x \to 0} \dfrac{f(x_0) - f(x_0 - \Delta x)}{\Delta x} = A$；

（3）$\lim\limits_{\Delta x \to 0} \dfrac{f(x_0 + \Delta x) - f(x_0 - \Delta x)}{\Delta x} = A$；　　　（4）$\lim\limits_{x \to 0} \dfrac{f(x)}{x} = A$，其中 $f(0) = 0$，且 $f'(0)$ 存在.

3. 求曲线 $y = \ln x$ 在其上横坐标分别为 $2, x_0 (x_0 > 0)$ 的点处的切线方程.

4. 抛物线 $y = x^2$ 在哪一点处的切线平行于直线 $y - 4x + 5 = 0$？在哪一点处的切线垂直于直线 $2x - 6y + 5 = 0$？

5. 已知某个物体的运动规律为 $s = t^3$（s 的单位为 m，t 的单位为 s），求该物体在 $t = 1\,\mathrm{s}$ 时的速度.

6. 求曲线 $y = \cos x$ 在点 $\left(\dfrac{\pi}{3}, \dfrac{1}{2}\right)$ 处的切线方程和法线方程.

7. 求过点 $(0, 0)$ 且与曲线 $y = \mathrm{e}^x$ 相切的直线方程.

8. 讨论函数 $y = \sqrt[3]{x}$ 在点 $x = 0$ 处的连续性与可导性.

9. 设函数

$$f(x) = \begin{cases} x^2, & x \leqslant 1, \\ ax + b, & x > 1, \end{cases}$$

求 a, b 的值，使得 $f(x)$ 在点 $x = 1$ 处连续且可导.

10. 设一盏路灯高 $7\,\mathrm{m}$，某个人高 $1.7\,\mathrm{m}$. 若该人以 $1.2\,\mathrm{m/s}$ 的速度沿着直线离开该路灯的灯柱，求人影长度增长的速率.

第二节　函数的求导法则

在导数的定义中不仅阐明了导数的概念，也给出了利用定义求导数的方法. 但是，如果对每个函数都直接用定义求其导数，将是极为复杂和困难的. 其实，求导数是一种运算（称为求导运算或微分运算），它具有一些特定的运算法则. 本节将介绍求导数的几个基本法则. 借助这些法则和已求得的一些简单函数的导数公式，我们能够比较方便地求出基本初等函数的导数公式，进而可以求出常见的初等函数的导数. 求导运算是高等数学的基本运算之一.

一、函数四则运算的求导法则

定理 1　若函数 $u = u(x)$ 和 $v = v(x)$ 都在点 x 处可导，则函数 $u(x) \pm v(x)$ 在点 x 处也可导，且

$$[u(x) \pm v(x)]' = u'(x) \pm v'(x).$$

证　记 $y = u(x) \pm v(x)$，设其自变量在点 x 处有增量 $\Delta x (\Delta x \neq 0)$，$y$ 相应的增量为 Δy，从而有

$$\begin{aligned} \Delta y &= [u(x + \Delta x) \pm v(x + \Delta x)] - [u(x) \pm v(x)] \\ &= [u(x + \Delta x) - u(x)] \pm [v(x + \Delta x) - v(x)] \\ &= \Delta u \pm \Delta v, \end{aligned}$$

于是

$$\frac{\Delta y}{\Delta x} = \frac{\Delta u}{\Delta x} \pm \frac{\Delta v}{\Delta x}.$$

已知函数 $u(x)$ 和 $v(x)$ 都在点 x 处可导,则

$$\lim_{\Delta x \to 0} \frac{\Delta u}{\Delta x} = u'(x), \quad \lim_{\Delta x \to 0} \frac{\Delta v}{\Delta x} = v'(x),$$

从而

$$\lim_{\Delta x \to 0} \frac{\Delta y}{\Delta x} = \lim_{\Delta x \to 0} \left(\frac{\Delta u}{\Delta x} \pm \frac{\Delta v}{\Delta x} \right) = \lim_{\Delta x \to 0} \frac{\Delta u}{\Delta x} \pm \lim_{\Delta x \to 0} \frac{\Delta v}{\Delta x} = u'(x) \pm v'(x).$$

因此,函数 $u(x) \pm v(x)$ 在点 x 处可导,且

$$[u(x) \pm v(x)]' = u'(x) \pm v'(x).$$

上式可以简单表示为

$$(u \pm v)' = u' \pm v'.$$

这就是函数的和、差的求导法则.

利用数学归纳法可将定理1推广到有限个函数代数和的情形. 若函数 $u_1(x), u_2(x), \cdots,$ $u_n(x)$ 都在点 x 处可导,则函数 $u_1(x) \pm u_2(x) \pm \cdots \pm u_n(x)$ 在点 x 处也可导,且

$$[u_1(x) \pm u_2(x) \pm \cdots \pm u_n(x)]' = u_1'(x) \pm u_2'(x) \pm \cdots \pm u_n'(x),$$

即有限个函数的代数和的导数等于各函数导数的代数和.

例 1　设函数 $y = x^3 + \cos x - \sin \frac{\pi}{2}$,求 y' 及 $y' \big|_{x = \frac{\pi}{2}}$.

解　$y' = \left(x^3 + \cos x - \sin \frac{\pi}{2} \right)' = (x^3)' + (\cos x)' - \left(\sin \frac{\pi}{2} \right)' = 3x^2 - \sin x,$

$y' \big|_{x = \frac{\pi}{2}} = 3 \left(\frac{\pi}{2} \right)^2 - \sin \frac{\pi}{2} = \frac{3}{4} \pi^2 - 1.$

在例1中,由于 $\sin \frac{\pi}{2}$ 为常数,所以 $\left(\sin \frac{\pi}{2} \right)' = 0$. 初学者容易将其当作变量进行求导数而得到错误的答案.

定理 2　若函数 $u = u(x)$ 和 $v = v(x)$ 都在点 x 处可导,则函数 $u(x)v(x)$ 在点 x 处也可导,且

$$[u(x)v(x)]' = u'(x)v(x) + u(x)v'(x).$$

证　记 $y = u(x)v(x)$,设其自变量在点 x 处有增量 $\Delta x (\Delta x \neq 0)$,$y$ 相应的增量为 Δy,从而有

$$\begin{aligned} \Delta y &= u(x + \Delta x)v(x + \Delta x) - u(x)v(x) \\ &= u(x + \Delta x)v(x + \Delta x) - u(x + \Delta x)v(x) + u(x + \Delta x)v(x) - u(x)v(x) \\ &= u(x + \Delta x)[v(x + \Delta x) - v(x)] + v(x)[u(x + \Delta x) - u(x)] \\ &= v(x)\Delta u + u(x + \Delta x)\Delta v, \end{aligned}$$

于是

$$\frac{\Delta y}{\Delta x} = v(x) \frac{\Delta u}{\Delta x} + u(x + \Delta x) \frac{\Delta v}{\Delta x}.$$

已知函数 $u(x)$ 和 $v(x)$ 都在点 x 处可导,则

$$\lim_{\Delta x \to 0} \frac{\Delta u}{\Delta x} = u'(x), \quad \lim_{\Delta x \to 0} \frac{\Delta v}{\Delta x} = v'(x),$$

从而

$$\lim_{\Delta x \to 0} \frac{\Delta y}{\Delta x} = \lim_{\Delta x \to 0} \left[v(x) \frac{\Delta u}{\Delta x} + u(x + \Delta x) \frac{\Delta v}{\Delta x} \right]$$

$$= v(x) \lim_{\Delta x \to 0} \frac{\Delta u}{\Delta x} + \lim_{\Delta x \to 0} u(x + \Delta x) \cdot \lim_{\Delta x \to 0} \frac{\Delta v}{\Delta x}$$

$$= u'(x)v(x) + u(x)v'(x).$$

因此，函数 $u(x)v(x)$ 在点 x 处可导，且

$$\left[u(x)v(x) \right]' = u'(x)v(x) + u(x)v'(x).$$

上式可以简单表示为

$$(uv)' = u'v + uv'.$$

这就是函数的乘积的求导法则.

利用数学归纳法也可将定理 2 推广到有限个函数之积的情形，例如

$$(uvw)' = \left[(uv)w \right]' = (uv)'w + (uv)w' = (u'v + uv')w + (uv)w'$$
$$= u'vw + uv'w + uvw'.$$

特别地，当 $v(x) = C$ 时，由定理 2 可得

$$\left[Cu(x) \right]' = u'(x)C + u(x)(C)' = Cu'(x).$$

也就是说，求常数与函数的乘积的导数时，常数因子可以移到导数符号的外面.

例 2　设函数 $y = \mathrm{e}^x(2\sin x + \cos x)$，求 y'.

解　$y' = (\mathrm{e}^x)'(2\sin x + \cos x) + \mathrm{e}^x(2\sin x + \cos x)'$
$$= \mathrm{e}^x(2\sin x + \cos x) + \mathrm{e}^x(2\cos x - \sin x)$$
$$= \mathrm{e}^x(\sin x + 3\cos x).$$

定理 3　若函数 $u = u(x)$ 和 $v = v(x)$ 都在点 x 处可导，且 $v(x) \neq 0$，则函数 $\dfrac{u(x)}{v(x)}$ 在点 x 处也可导，且

$$\left[\frac{u(x)}{v(x)} \right]' = \frac{u'(x)v(x) - u(x)v'(x)}{\left[v(x) \right]^2}.$$

证　记 $y = \dfrac{u(x)}{v(x)}$，设其自变量在点 x 处有增量 $\Delta x (\Delta x \neq 0)$，$y$ 相应的增量为 Δy，从而有

$$\Delta y = \frac{u(x + \Delta x)}{v(x + \Delta x)} - \frac{u(x)}{v(x)} = \frac{u(x + \Delta x)v(x) - u(x)v(x + \Delta x)}{v(x)v(x + \Delta x)}$$

$$= \frac{u(x + \Delta x)v(x) - u(x)v(x) + u(x)v(x) - u(x)v(x + \Delta x)}{v(x)v(x + \Delta x)}$$

$$= \frac{\left[u(x + \Delta x) - u(x) \right]v(x) - u(x)\left[v(x + \Delta x) - v(x) \right]}{v(x)v(x + \Delta x)}$$

$$= \frac{\Delta u \cdot v(x) - u(x) \cdot \Delta v}{v(x)v(x + \Delta x)},$$

于是

$$\frac{\Delta y}{\Delta x} = \frac{\dfrac{\Delta u}{\Delta x}v(x) - u(x)\dfrac{\Delta v}{\Delta x}}{v(x)v(x + \Delta x)}.$$

已知函数 $u(x)$ 和 $v(x)$ 都在点 x 处可导，则

$$\lim_{\Delta x \to 0} \frac{\Delta u}{\Delta x} = u'(x), \quad \lim_{\Delta x \to 0} \frac{\Delta v}{\Delta x} = v'(x),$$

从而

$$\lim_{\Delta x \to 0} \frac{\Delta y}{\Delta x} = \lim_{\Delta x \to 0} \frac{\dfrac{\Delta u}{\Delta x} v(x) - u(x) \dfrac{\Delta v}{\Delta x}}{v(x) v(x + \Delta x)} = \frac{\lim\limits_{\Delta x \to 0} \dfrac{\Delta u}{\Delta x} \cdot v(x) - u(x) \lim\limits_{\Delta x \to 0} \dfrac{\Delta v}{\Delta x}}{v(x) \lim\limits_{\Delta x \to 0} v(x + \Delta x)}$$

$$= \frac{u'(x) v(x) - u(x) v'(x)}{[v(x)]^2}.$$

因此，函数 $\dfrac{u(x)}{v(x)}$ 在点 x 处可导，且

$$\left[\frac{u(x)}{v(x)} \right]' = \frac{u'(x) v(x) - u(x) v'(x)}{[v(x)]^2}.$$

上式可以简单表示为

$$\left(\frac{u}{v} \right)' = \frac{u'v - uv'}{v^2}.$$

这就是函数的商的求导法则.

特别地，当 $u(x) = 1$ 时，由定理 3 可得

$$\left[\frac{1}{v(x)} \right]' = \frac{(1)' v(x) - 1 \cdot v'(x)}{[v(x)]^2} = -\frac{v'(x)}{[v(x)]^2}.$$

例 3　设函数 $y = \dfrac{x^2 + x - 1}{x^2 + 3}$，求 y'.

解　$y' = \dfrac{(x^2 + x - 1)'(x^2 + 3) - (x^2 + x - 1)(x^2 + 3)'}{(x^2 + 3)^2}$

$$= \frac{(2x + 1)(x^2 + 3) - (x^2 + x - 1) \cdot 2x}{(x^2 + 3)^2}$$

$$= \frac{-x^2 + 8x + 3}{(x^2 + 3)^2}.$$

例 4　求函数 $y = \tan x$ 的导数.

解　$y' = (\tan x)' = \left(\dfrac{\sin x}{\cos x} \right)' = \dfrac{(\sin x)' \cos x - \sin x (\cos x)'}{\cos^2 x}$

$$= \frac{\cos^2 x + \sin^2 x}{\cos^2 x} = \frac{1}{\cos^2 x} = \sec^2 x,$$

即正切函数的导数公式为

$$(\tan x)' = \sec^2 x.$$

类似地，可以得到余切函数的导数公式

$$(\cot x)' = -\csc^2 x.$$

例 5　求函数 $y = \sec x$ 的导数.

解　$y' = (\sec x)' = \left(\dfrac{1}{\cos x} \right)' = -\dfrac{(\cos x)'}{\cos^2 x} = \dfrac{\sin x}{\cos^2 x}$

$$= \frac{\sin x}{\cos x} \cdot \frac{1}{\cos x} = \tan x \sec x,$$

即正割函数的导数公式为

$$(\sec x)' = \tan x \sec x.$$

类似地,可以得到余割函数的导数公式

$$(\csc x)' = -\cot x \csc x.$$

二、反函数的求导法则

我们已经得到了一些基本初等函数的导数公式,但是反三角函数(三角函数的反函数)的导数公式还没有得到.为此,需要讨论反函数的求导法则.

定理 4　设函数 $y = f(x)$ 与 $x = \varphi(y)$ 互为反函数.若函数 $x = \varphi(y)$ 在点 y 的某个邻域 $U(y)$ 内连续且单调,在点 y 处可导且 $\varphi'(y) \neq 0$,则其反函数 $y = f(x)$ 在点 x 处可导,且

$$f'(x) = \frac{1}{\varphi'(y)}.$$

证　由于函数 $x = \varphi(y)$ 在 $U(y)$ 内连续且单调,则其反函数 $y = f(x)$ 在点 x 的某个邻域内也连续且单调.

设 $y = f(x)$ 的自变量在点 x 处的增量为 $\Delta x (\Delta x \neq 0)$,则

$$\Delta x = \varphi(y + \Delta y) - \varphi(y), \quad \Delta y = f(x + \Delta x) - f(x).$$

由 $y = f(x)$ 的单调性知 $\Delta y \neq 0$,于是有

$$\frac{\Delta y}{\Delta x} = \frac{1}{\dfrac{\Delta x}{\Delta y}}.$$

因为 $y = f(x)$ 在点 x 的某个邻域内连续,所以当 $\Delta x \to 0$ 时,$\Delta y \to 0$.再由 $x = \varphi(y)$ 在点 y 处可导且 $\varphi'(y) \neq 0$ 知 $\lim\limits_{\Delta y \to 0} \dfrac{\Delta x}{\Delta y} \neq 0$,于是

$$\lim_{\Delta x \to 0} \frac{\Delta y}{\Delta x} = \lim_{\Delta y \to 0} \frac{1}{\dfrac{\Delta x}{\Delta y}} = \frac{1}{\lim\limits_{\Delta y \to 0} \dfrac{\Delta x}{\Delta y}} = \frac{1}{\varphi'(y)}.$$

因此,$y = f(x)$ 在点 x 处可导,且

$$f'(x) = \frac{1}{\varphi'(y)}.$$

简单地说,反函数的求导法则就是反函数的导数等于直接函数的导数的倒数.

例 6　求函数 $y = \arcsin x$ 的导数.

解　$y = \arcsin x (-1 < x < 1)$ 是函数 $x = \sin y \left(-\dfrac{\pi}{2} < y < \dfrac{\pi}{2}\right)$ 的反函数.因 $x = \sin y$ 在区间 $\left(-\dfrac{\pi}{2}, \dfrac{\pi}{2}\right)$ 内单调、可导,且

$$(\sin y)' = \cos y > 0,$$

故 $y = \arcsin x$ 在区间 $(-1, 1)$ 内可导,且

$$y' = (\arcsin x)' = \frac{1}{(\sin y)'} = \frac{1}{\cos y}.$$

由于在 $\left(-\dfrac{\pi}{2},\dfrac{\pi}{2}\right)$ 内 $\cos y=\sqrt{1-\sin^2 y}=\sqrt{1-x^2}$，因此

$$y'=(\arcsin x)'=\frac{1}{\sqrt{1-x^2}}.$$

这就是反正弦函数的导数公式.

用类似的方法可以得到反余弦函数的导数公式

$$(\arccos x)'=-\frac{1}{\sqrt{1-x^2}}.$$

例 7 求函数 $y=\arctan x$ 的导数.

解 $y=\arctan x(-\infty<x<+\infty)$ 是函数 $x=\tan y\left(-\dfrac{\pi}{2}<y<\dfrac{\pi}{2}\right)$ 的反函数.因 $x=\tan y$ 在区间 $\left(-\dfrac{\pi}{2},\dfrac{\pi}{2}\right)$ 内单调、可导,且

$$(\tan y)'=\sec^2 y>0,$$

故 $y=\arctan x$ 在区间 $(-\infty,+\infty)$ 内可导,且

$$y'=(\arctan x)'=\frac{1}{(\tan y)'}=\frac{1}{\sec^2 y}.$$

由于在 $\left(-\dfrac{\pi}{2},\dfrac{\pi}{2}\right)$ 内 $\sec^2 y=1+\tan^2 y=1+x^2$,因此

$$y'=(\arctan x)'=\frac{1}{1+x^2}.$$

这就是反正切函数的导数公式.

用类似的方法可以得到反余切函数的导数公式

$$(\operatorname{arccot} x)'=-\frac{1}{1+x^2}.$$

例 8 求函数 $y=\log_a x(a>0$ 且 $a\neq 1)$ 的导数.

解 $y=\log_a x(0<x<+\infty)$ 是函数 $x=a^y(-\infty<y<+\infty)$ 的反函数.因 $x=a^y$ 在区间 $(-\infty,+\infty)$ 内单调、可导,且

$$(a^y)'=a^y\ln a\neq 0,$$

故 $y=\log_a x$ 在区间 $(0,+\infty)$ 内可导,且

$$y'=(\log_a x)'=\frac{1}{(a^y)'}=\frac{1}{a^y\ln a}.$$

由于 $a^y=x$,因此得到第一节的例 4 中已求出的对数函数的导数公式

$$y'=(\log_a x)'=\frac{1}{x\ln a}.$$

从反函数的求导法则可以看出,初等函数在其定义域上不一定都可导.

三、复合函数的求导法则

在实际问题中,我们常常遇到的函数是复合函数,如 $\sqrt{1-x^2}$,$\cos^2 x$,$\sin\dfrac{2x}{1+x^2}$ 等.因此,复

合函数的求导法则是求导运算中经常应用的重要法则.

定理 5　　如果函数 $u = \varphi(x)$ 在点 x 处可导，函数 $y = f(u)$ 在点 $u = \varphi(x)$ 处可导，那么复合函数 $y = f[\varphi(x)]$ 在点 x 处也可导，且

$$\frac{\mathrm{d}y}{\mathrm{d}x} = f'(u)\varphi'(x) \quad 或 \quad \frac{\mathrm{d}y}{\mathrm{d}x} = \frac{\mathrm{d}y}{\mathrm{d}u} \cdot \frac{\mathrm{d}u}{\mathrm{d}x}.$$

证　设函数 $u = \varphi(x)$ 的自变量在点 x 处有增量 $\Delta x (\Delta x \neq 0)$，则函数 $u = \varphi(x)$ 有相应的增量 Δu，而对于增量 Δu，函数 $y = f(u)$ 有增量 Δy. 已知函数 $y = f(u)$ 在点 u 处可导，即

$$\lim_{\Delta u \to 0} \frac{\Delta y}{\Delta u} = f'(u)$$

存在，根据函数极限与无穷小的关系，有

$$\frac{\Delta y}{\Delta u} = f'(u) + \alpha \quad (\Delta u \neq 0),$$

其中 $\lim\limits_{\Delta u \to 0} \alpha = 0$. 于是，当 $\Delta u \neq 0$ 时，有

$$\Delta y = f'(u)\Delta u + \alpha \Delta u. \tag{2.3}$$

当 $\Delta u = 0$ 时，$\Delta y = f(u + \Delta u) - f(u) = 0$，故式 (2.3) 仍成立. 为此，规定

$$\alpha = \begin{cases} \alpha, & \Delta u \neq 0, \\ 0, & \Delta u = 0, \end{cases}$$

这样无论 $\Delta u \neq 0$，还是 $\Delta u = 0$，式 (2.3) 均成立. 在式 (2.3) 两边同时除以 Δx，有

$$\frac{\Delta y}{\Delta x} = f'(u) \frac{\Delta u}{\Delta x} + \alpha \frac{\Delta u}{\Delta x},$$

于是

$$\lim_{\Delta x \to 0} \frac{\Delta y}{\Delta x} = f'(u) \lim_{\Delta x \to 0} \frac{\Delta u}{\Delta x} + \lim_{\Delta x \to 0} \alpha \cdot \lim_{\Delta x \to 0} \frac{\Delta u}{\Delta x}.$$

因为函数在一点处可导时它必在该点处连续，所以当 $\Delta x \to 0$ 时，$\Delta u \to 0$，从而

$$\lim_{\Delta x \to 0} \alpha = \lim_{\Delta u \to 0} \alpha = 0.$$

又由函数 $u = \varphi(x)$ 在点 x 处可导有

$$\lim_{\Delta x \to 0} \frac{\Delta u}{\Delta x} = \varphi'(x),$$

于是

$$\lim_{\Delta x \to 0} \frac{\Delta y}{\Delta x} = f'(u)\varphi'(x) + 0 \cdot \varphi'(x) = f'(u)\varphi'(x).$$

因此，复合函数 $y = f[\varphi(x)]$ 在点 x 处可导，且

$$\frac{\mathrm{d}y}{\mathrm{d}x} = f'(u)\varphi'(x).$$

定理 5 给出了复合函数的求导法则：复合函数的导数等于外函数对中间变量的导数乘以中间变量对自变量的导数.

利用数学归纳法，可将定理 5 推广到有限次函数复合的情形：由外向内求导数，即最外层的函数对第一个中间变量的导数乘以第一个中间变量对第二个中间变量的导数，再乘以第二个中间变量对第三个中间变量的导数 …… 最后乘以最后一个中间变量对自变量的导数. 这种求导法则称为**链式法则**. 例如，若函数 $y = f(u), u = \varphi(v), v = \psi(x)$ 都可导，则复合函数 $y =$

$f\{\varphi[\psi(x)]\}$ 也可导,且

$$\{f\{\varphi[\psi(x)]\}\}' = f'(u)\varphi'(v)\psi'(x) \quad 或 \quad \frac{\mathrm{d}y}{\mathrm{d}x} = \frac{\mathrm{d}y}{\mathrm{d}u} \cdot \frac{\mathrm{d}u}{\mathrm{d}v} \cdot \frac{\mathrm{d}v}{\mathrm{d}x}.$$

例 9　设函数 $y = (1-2x)^{100}$,求 $\dfrac{\mathrm{d}y}{\mathrm{d}x}$.

解　利用二项式定理将 $(1-2x)^{100}$ 展开后再求导数,运算会非常繁杂,而利用复合函数的求导法则求导数就会方便很多.函数 $y = (1-2x)^{100}$ 可看作由函数 $y = u^{100}$ 与 $u = 1-2x$ 复合而成,于是

$$\frac{\mathrm{d}y}{\mathrm{d}x} = \frac{\mathrm{d}y}{\mathrm{d}u} \cdot \frac{\mathrm{d}u}{\mathrm{d}x} = 100u^{99} \cdot (-2) = -200(1-2x)^{99}.$$

例 10　设函数 $y = \ln \tan x$,求 $\dfrac{\mathrm{d}y}{\mathrm{d}x}$.

解　函数 $y = \ln \tan x$ 可看作由函数 $y = \ln u$ 与 $u = \tan x$ 复合而成,于是

$$\frac{\mathrm{d}y}{\mathrm{d}x} = \frac{\mathrm{d}y}{\mathrm{d}u} \cdot \frac{\mathrm{d}u}{\mathrm{d}x} = \frac{1}{u}\sec^2 x = \frac{1}{\tan x}\sec^2 x = \csc x \sec x.$$

例 11　求函数 $y = x^{\mu}$(μ 是常数)的导数.

解　当 $x > 0$ 时,对 $y = x^{\mu}$ 两边同时取自然对数,有 $\ln y = \mu\ln x$,即

$$y = \mathrm{e}^{\mu\ln x}.$$

把这个函数看作由函数 $y = \mathrm{e}^u$ 与 $u = \mu\ln x$ 复合而成,于是

$$y' = (x^{\mu})' = (\mathrm{e}^{\mu\ln x})' = (\mathrm{e}^u)'(\mu\ln x)'$$

$$= \mathrm{e}^u \frac{\mu}{x} = \mathrm{e}^{\mu\ln x} \frac{\mu}{x} = x^{\mu} \frac{\mu}{x} = \mu x^{\mu-1},$$

即

$$(x^{\mu})' = \mu x^{\mu-1}.$$

可以证明此求导公式对于 $x \leqslant 0$ 也是成立的.

例 12　求函数 $y = \mathrm{sh}\, x$ 的导数.

解　因为 $y = \mathrm{sh}\, x = \dfrac{\mathrm{e}^x - \mathrm{e}^{-x}}{2}$,其中函数 e^{-x} 由函数 e^u 与 $u = -x$ 复合而成,所以有

$$(\mathrm{e}^{-x})' = \mathrm{e}^u(-x)' = \mathrm{e}^{-x} \cdot (-1) = -\mathrm{e}^{-x}.$$

于是

$$y' = (\mathrm{sh}\, x)' = \left(\frac{\mathrm{e}^x - \mathrm{e}^{-x}}{2}\right)' = \frac{(\mathrm{e}^x)' - (\mathrm{e}^{-x})'}{2} = \frac{\mathrm{e}^x + \mathrm{e}^{-x}}{2} = \mathrm{ch}\, x,$$

即

$$(\mathrm{sh}\, x)' = \mathrm{ch}\, x.$$

同理可得

$$(\mathrm{ch}\, x)' = \mathrm{sh}\, x, \quad (\mathrm{th}\, x)' = \frac{1}{\mathrm{ch}^2 x}.$$

由以上各例可以看出,应用复合函数求导法则的关键是分析所给函数是由哪些函数复合而成的.

例 13　设函数 $y = \sqrt{1-x^2}$,求 y'.

解　函数 $y = \sqrt{1-x^2}$ 可看作由函数 $y = \sqrt{u}$ 与 $u = 1-x^2$ 复合而成,于是

$$y' = (\sqrt{1-x^2})' = (\sqrt{u})'(1-x^2)' = \frac{1}{2}u^{-\frac{1}{2}}(-2x) = \frac{-x}{\sqrt{1-x^2}}.$$

在对复合函数的求导法则比较熟练后，求复合函数的导数时可以不再写出中间变量，以简化求导运算．例如，在例 13 中，将函数 $1-x^2$ 看作一个整体 u（中间变量），对幂函数 $\sqrt{u}$ 求导数，不写出中间变量，于是有

$$y' = \frac{1}{2}(1-x^2)^{-\frac{1}{2}} \cdot (1-x^2)' = \frac{1}{2}(1-x^2)^{-\frac{1}{2}} \cdot (-2x) = \frac{-x}{\sqrt{1-x^2}}.$$

例 14　求函数 $y = e^{3\sin^2 2x}$ 的导数.

解　对于比较复杂的函数，求导数可以一步步求．首先，把 $3\sin^2 2x$ 看作中间变量 u，对 e^u 求导数后乘以 $(3\sin^2 2x)'$，得

$$y' = e^{3\sin^2 2x}(3\sin^2 2x)' = 3e^{3\sin^2 2x}(\sin^2 2x)';$$

其次，把 $\sin 2x$ 看作中间变量 v，对 v^2 求导数后乘以 $(\sin 2x)'$，得

$$y' = 3e^{3\sin^2 2x} \cdot 2\sin 2x(\sin 2x)' = 6e^{3\sin^2 2x}\sin 2x(\sin 2x)';$$

最后，把 $2x$ 看作中间变量 t，对 $\sin t$ 求导数后乘以 $(2x)'$，得

$$y' = 6e^{3\sin^2 2x}\sin 2x\cos 2x(2x)' = 6e^{3\sin^2 2x}\sin 2x\cos 2x \cdot 2$$
$$= 12e^{3\sin^2 2x}\sin 2x\cos 2x = 6e^{3\sin^2 2x}\sin 4x.$$

例 15　设函数 $y = f(\cos^2 x)$ 可导，求 y'.

解　$y' = [f(\cos^2 x)]' = f'(\cos^2 x)(\cos^2 x)' = f'(\cos^2 x) \cdot 2\cos x(\cos x)'$
$$= f'(\cos^2 x) \cdot 2\cos x(-\sin x) = -2\sin x\cos xf'(\cos^2 x)$$
$$= -\sin 2xf'(\cos^2 x).$$

例 16　求函数 $y = \text{arsh}\, x$ 的导数.

解　因为 $\text{arsh}\, x = \ln(x + \sqrt{1+x^2})$，所以

$$y' = [\ln(x + \sqrt{1+x^2})]' = \frac{1}{x + \sqrt{1+x^2}}(x + \sqrt{1+x^2})'$$
$$= \frac{1}{x + \sqrt{1+x^2}}\left[1 + \frac{1}{2\sqrt{1+x^2}}(1+x^2)'\right]$$
$$= \frac{1}{x + \sqrt{1+x^2}}\left(1 + \frac{x}{\sqrt{1+x^2}}\right)$$
$$= \frac{1}{x + \sqrt{1+x^2}} \cdot \frac{x + \sqrt{1+x^2}}{\sqrt{1+x^2}} = \frac{1}{\sqrt{1+x^2}},$$

即

$$(\text{arsh}\, x)' = \frac{1}{\sqrt{1+x^2}}.$$

同理可得

$$(\text{arch}\, x)' = \frac{1}{\sqrt{x^2-1}}, \quad (\text{arth}\, x)' = \frac{1}{1-x^2}.$$

四、基本导数公式与求导法则

初等函数是由基本初等函数（常数函数、幂函数、指数函数、对数函数、三角函数和反三角函

数)经过有限次的四则运算和函数复合所构成的可用一个式子表示的函数. 前面我们已经得到全部基本初等函数的导数公式,并且推出函数四则运算、反函数和复合函数的求导法则,运用这些导数公式和求导法则,就可以比较方便地求出初等函数的导数.

为了方便查阅,我们列出这些导数公式和求导法则.

1. 基本初等函数的导数公式

(1) $(C)' = 0$ （C 为常数）；   (2) $(x^\mu)' = \mu x^{\mu-1}$ （μ 为常数）；

(3) $(a^x)' = a^x \ln a$ （$a > 0$ 且 $a \neq 1$）；

(4) $(\log_a x)' = \dfrac{1}{x \ln a} = \dfrac{1}{x} \log_a \mathrm{e}$ （$a > 0$ 且 $a \neq 1$）；

(5) $(\sin x)' = \cos x$；   (6) $(\cos x)' = -\sin x$；

(7) $(\tan x)' = \sec^2 x = \dfrac{1}{\cos^2 x}$；   (8) $(\cot x)' = -\csc^2 x = -\dfrac{1}{\sin^2 x}$；

(9) $(\sec x)' = \tan x \sec x$；   (10) $(\csc x)' = -\cot x \csc x$；

(11) $(\arcsin x)' = \dfrac{1}{\sqrt{1-x^2}}$；   (12) $(\arccos x)' = -\dfrac{1}{\sqrt{1-x^2}}$；

(13) $(\arctan x)' = \dfrac{1}{1+x^2}$；   (14) $(\operatorname{arccot} x)' = -\dfrac{1}{1+x^2}$.

2. 函数四则运算的求导法则

设函数 $u = u(x)$ 和 $v = v(x)$ 均可导,则

(1) $(u \pm v)' = u' \pm v'$；   (2) $(uv)' = u'v + uv'$；

(3) $\left(\dfrac{u}{v}\right)' = \dfrac{u'v - uv'}{v^2}$ （$v \neq 0$）.

3. 反函数的求导法则

若函数 $x = \varphi(y)$ 在区间 I_y 内单调、可导且 $\varphi'(y) \neq 0$,则其反函数 $y = f(x)$ 在相应的区间 I_x 内也可导,且

$$f'(x) = \frac{1}{\varphi'(y)}.$$

4. 复合函数的求导法则

设函数 $y = f(u)$ 和 $u = \varphi(x)$ 均可导,则复合函数 $y = f[\varphi(x)]$ 也可导,且

$$\frac{\mathrm{d}y}{\mathrm{d}x} = \frac{\mathrm{d}y}{\mathrm{d}u} \cdot \frac{\mathrm{d}u}{\mathrm{d}x} \quad \text{或} \quad \frac{\mathrm{d}y}{\mathrm{d}x} = f'(u)\varphi'(x).$$

例 17 求函数 $y = \ln(\sec x + \tan x)$ 的导数.

解 $y' = \dfrac{1}{\sec x + \tan x}(\sec x + \tan x)' = \dfrac{1}{\sec x + \tan x}(\tan x \sec x + \sec^2 x)$

$= \dfrac{\sec x}{\sec x + \tan x}(\tan x + \sec x) = \sec x.$

例 18 设函数 $y = \arctan \ln(2x - 1)$,求 $\dfrac{\mathrm{d}y}{\mathrm{d}x}$.

解　$\dfrac{\mathrm{d}y}{\mathrm{d}x} = \dfrac{1}{1+\ln^2(2x-1)}\big[\ln(2x-1)\big]' = \dfrac{1}{1+\ln^2(2x-1)} \cdot \dfrac{1}{2x-1}(2x-1)'$

$\qquad = \dfrac{2}{(2x-1)\big[1+\ln^2(2x-1)\big]}.$

例 19　设函数 $y = \dfrac{x^2}{\sqrt{1-x^2}}$，求 y'.

解　$y' = \left(\dfrac{x^2}{\sqrt{1-x^2}}\right)' = \dfrac{\sqrt{1-x^2}\,(x^2)' - x^2\,(\sqrt{1-x^2})'}{(\sqrt{1-x^2})^2},$

其中

$\qquad (\sqrt{1-x^2})' = \dfrac{1}{2}(1-x^2)^{-\frac{1}{2}}(1-x^2)' = \dfrac{1}{2}\cdot\dfrac{-2x}{\sqrt{1-x^2}} = \dfrac{-x}{\sqrt{1-x^2}},$

于是

$\qquad y' = \dfrac{1}{1-x^2}\left(\sqrt{1-x^2}\cdot 2x - x^2\,\dfrac{-x}{\sqrt{1-x^2}}\right)$

$\qquad\quad = \dfrac{x}{1-x^2}\left(2\sqrt{1-x^2} + \dfrac{x^2}{\sqrt{1-x^2}}\right)$

$\qquad\quad = \dfrac{x}{1-x^2}\cdot\dfrac{2(1-x^2)+x^2}{\sqrt{1-x^2}} = \dfrac{x(2-x^2)}{(1-x^2)^{\frac{3}{2}}}.$

习　题　2 - 2

1. 求下列函数的导数：

(1) $y = 2 + 3\sqrt{x}$；

(2) $y = 3x^2 - x + 5$；

(3) $y = 3x^3 - \dfrac{2}{x^2} + 5$；

(4) $y = 5x^4 - 2^x\ln 2 + 3\mathrm{e}^x$；

(5) $y = 3\sec x + \cot x$；

(6) $y = t\sin t + \cos t$；

(7) $y = x\log_2 x + \lg 2$；

(8) $y = \dfrac{1-x^3}{\sqrt{x}}$；

(9) $y = \mathrm{e}^x(\sin x + \cos x) + \ln x$；

(10) $y = \dfrac{1+\sin x}{1+\cos x}$；

(11) $y = x\tan x - 2\sec x$；

(12) $s = t^3\ln t$；

(13) $y = x\sin x \ln x$；

(14) $y = \dfrac{x}{\sin x}$；

(15) $y = \dfrac{10^x - 1}{10^x + 1}$；

(16) $y = (x^2 + x + 1)(x - 1)$；

(17) $y = \dfrac{x^3 + 2x}{\mathrm{e}^x}$；

(18) $y = x^2(2 + \sqrt{x})$.

2. 求下列函数在指定点处的导数:

(1) $y = x^2 - \dfrac{1}{x}$,在点 $x = 1$ 处;

(2) $y = \sqrt{x}\sin x$,在点 $x = \dfrac{\pi}{4}$ 处;

(3) $y = \dfrac{\ln x}{x}$,在点 $x = 2$ 处.

3. 求曲线 $y = \dfrac{1}{1+x^2}$ 上的一点,使得通过该点的切线平行于 x 轴.

4. 在抛物线 $y = x^2 - 2x + 5$ 上取横坐标为 $x_1 = 1$ 和 $x_2 = 3$ 的两点,作过这两点的割线,求该抛物线上平行于这条割线的切线方程.

5. 从地面垂直向上抛出一个物体,经过时间 t(单位:s) 后,该物体的位移(单位:m) 为 $s(t) = 10t - \dfrac{1}{2}gt^2$,其中 g 为重力加速度,求:

(1) 该物体在 $t = 1\,\text{s}$ 时的速度;

(2) 该物体何时达到最高点.

6. 求下列函数的导数:

(1) $y = \arcsin \dfrac{x}{2}$;

(2) $y = \arctan x^2$;

(3) $y = \arccos^2 x$;

(4) $y = \arcsin \dfrac{1-x}{2}$;

(5) $y = \ln(1-2x)$;

(6) $y = e^{-x+x^2}$;

(7) $y = \sqrt{\tan \dfrac{x}{2}}$;

(8) $y = \ln(2+x^2)$;

(9) $y = 2^{\cos x}$;

(10) $y = \dfrac{1}{4}\tan^4 x$.

7. 求下列函数的导数:

(1) $y = \dfrac{1}{2}\ln \dfrac{1-x}{1+x}$;

(2) $y = \tan(e^{-2x}+1)$;

(3) $y = e^{2x}\cos 5x$;

(4) $y = \log_a(x^2+1)$ $(a > 0$ 且 $a \neq 1)$;

(5) $y = \ln\sqrt{x} + \sqrt{\ln x}$;

(6) $y = 3^{\sqrt{\ln x}}$;

(7) $y = \sqrt{\dfrac{1+x}{1-x}}$;

(8) $y = \ln^5 x^2$;

(9) $y = \sec(2\ln x)$;

(10) $y = \dfrac{1}{\sqrt{2-x^2}}$;

(11) $y = \cot \dfrac{2}{x}$;

(12) $y = \left(3 + \dfrac{4}{x^2}\right)^3$.

8. 求下列函数的导数:

(1) $y = e^{\arctan\sqrt{x}}$;

(2) $y = e^{-\sin x} + \cos x$;

(3) $y = \dfrac{1-\ln x}{1+\ln x}$;

(4) $y = \left(x^3 - \dfrac{1}{x^3} + 3\right)^4$;

(5) $y = \ln[\ln(\ln x)]$;

(6) $y = \sec^2 \dfrac{x}{2} + \csc^2 \dfrac{x}{2}$;

(7) $y = \sqrt{1+2\ln^2 x}$;

(8) $y = \dfrac{x}{2}\sqrt{a^2 - x^2}$;

(9) $y = 10^{-\sin 2x}$;

(10) $y = \sin^2(\cos 3x)$.

9. 已知函数 $f(t) = \dfrac{\cos^2 t}{1+\sin^2 t}$,证明:$f\left(\dfrac{\pi}{4}\right) - 3f'\left(\dfrac{\pi}{4}\right) = 3$.

10. 设函数 $f(x)$ 可导,求下列函数的导数:

(1) $y = f(e^x + x^e)$;　　　　　　　　　　　(2) $y = f(\sin^2 x) + f(\cos^2 x)$.

11. 设函数 $f(x), g(x)$ 均可导，且 $f^2(x) + g^2(x) \neq 0$，求函数 $y = \sqrt{f^2(x) + g^2(x)}$ 的导数.

12. 求下列函数的导数：

(1) $y = \ln \arccos \dfrac{1}{x}$;　　　　　　　(2) $y = \ln(x + \sqrt{a^2 + x^2})$ （a 为常数）;

(3) $y = \sqrt{x + \sqrt{x}}$;　　　　　　　　　(4) $y = x^2 \sin 2x$;

(5) $y = \dfrac{\arccos x}{\sqrt{1 - x^2}}$;　　　　　　　　(6) $y = \sqrt{1 - e^{-x^2}}$;

(7) $y = 7e^{-t} \ln 2t$;　　　　　　　　　　(8) $y = \sin e^{x^2}$;

(9) $y = \text{ch } 3x$;　　　　　　　　　　　(10) $y = \text{th } \sqrt{x}$.

13. 已知函数 $f(x) = \ln(1 + 3^{-2x})$，求 $f'(0)$.

14. 设某种物质的质量为 m_0（单位：g），在化学分解中剩下的质量 m（单位：g）与所经过的时间 t（单位：s）的关系为

$$m = m_0 e^{-kt} \quad （k > 0 \text{ 为常数}），$$

求该物质剩下质量的变化率.

15. 设有一根长为 30 cm 的非均匀细棒 AB，M 为其上任一点. 已知 AM 的质量 m（单位：g）与其长度 l（单位：cm）的平方成正比，且 $l = 2$ cm 时，$m = 8$ g，问：该棒上任一点 M 处的密度为多少？

第三节　高 阶 导 数

如果函数 $y = f(x)$ 的导函数 $f'(x)$ 可以再对 x 求导数，就得到一个新函数，这个函数就是函数 $y = f(x)$ 的二阶导数. 具体地有如下定义：

定义 1　函数 $y = f(x)$ 的导函数 $f'(x)$ 在点 x_0 处的导数，称为函数 $y = f(x)$ 在点 x_0 处的**二阶导数**，记作 $f''(x_0), y'' \big|_{x = x_0}, \dfrac{d^2 y}{dx^2} \big|_{x = x_0}$ 或 $\dfrac{d^2 f(x)}{dx^2} \big|_{x = x_0}$，即

$$f''(x_0) = \lim_{\Delta x \to 0} \frac{f'(x_0 + \Delta x) - f'(x_0)}{\Delta x}.$$

设函数 $y = f(x)$ 在区间 I 上可导. 若对于 I 上的任一点 x，$f'(x)$ 在点 x 处都可导，则称 $f'(x)$ 的导函数为函数 $y = f(x)$ 的**二阶导函数**，简称二阶导数，记作 $f''(x), y'', \dfrac{d^2 y}{dx^2}$ 或 $\dfrac{d^2 f(x)}{dx^2}$. 根据定义 1 知 $y'' = (y')'$，即

$$\frac{d^2 y}{dx^2} = \frac{d}{dx} \left(\frac{dy}{dx} \right).$$

函数 $y = f(x)$ 的二阶导函数 $f''(x)$ 在点 x_0 处的导数，称为函数 $y = f(x)$ 在点 x_0 处的**三阶导数**，记作 $f'''(x_0), y''' \big|_{x = x_0}, \dfrac{d^3 y}{dx^3} \big|_{x = x_0}$ 或 $\dfrac{d^3 f(x)}{dx^3} \big|_{x = x_0}$. 若对于区间 I 上的任一点 x，$f''(x)$ 在点 x 处都可导，则称 $f''(x)$ 的导函数为函数 $y = f(x)$ 的**三阶导函数**，简称三阶导数，记作 $f'''(x), y''', \dfrac{d^3 y}{dx^3}$ 或 $\dfrac{d^3 f(x)}{dx^3}$.

一般地，函数 $y = f(x)$ 的 $n-1$ 阶导函数在点 x_0 处的导数，称为函数 $y = f(x)$ 在点 x_0 处的 n **阶导数**，记作 $f^{(n)}(x_0)$，$y^{(n)}\Big|_{x=x_0}$，$\dfrac{\mathrm{d}^n y}{\mathrm{d}x^n}\Big|_{x=x_0}$ 或 $\dfrac{\mathrm{d}^n f(x)}{\mathrm{d}x^n}\Big|_{x=x_0}$，即

$$f^{(n)}(x_0) = \lim_{\Delta x \to 0} \frac{f^{(n-1)}(x_0 + \Delta x) - f^{(n-1)}(x_0)}{\Delta x}.$$

若对于区间 I 上的任一点 x，函数 $y = f(x)$ 的 $n-1$ 阶导函数都在点 x 处可导，则称函数 $y = f(x)$ 的 $n-1$ 阶导函数的导函数为函数 $y = f(x)$ 的 n **阶导函数**，简称 n **阶导数**，记作 $f^{(n)}(x)$，$y^{(n)}$，$\dfrac{\mathrm{d}^n y}{\mathrm{d}x^n}$ 或 $\dfrac{\mathrm{d}^n f(x)}{\mathrm{d}x^n}$.

二阶和二阶以上的导数，统称为**高阶导数**. 相应于高阶导数，把函数 $y = f(x)$ 的导数 $f'(x)$ 称为函数 $y = f(x)$ 的**一阶导数**.

我们知道，若做变速直线运动的物体的位移函数为 $s = s(t)$，则 $s(t)$ 对时间 t 的一阶导数就是物体的速度 $v(t)$，即 $v(t) = s'(t)$. 对于变速直线运动，速度 $v(t)$ 也是时间 t 的函数，而加速度 a 又是速度 v 对时间 t 的变化率，即 $a = v'(t) = (s'(t))' = s''(t)$，因此物体的加速度 a 就是位移函数 s 对时间 t 的二阶导数.

根据高阶导数的定义，求高阶导数就是多次接连地求导数，所以仍可以运用前面学过的求导数方法来求高阶导数.

例 1　设函数 $y = ax + b$（a, b 均为常数），求 y''.

解　$y' = (ax + b)' = a$，　$y'' = (y')' = (a)' = 0$.

例 2　设函数 $y = \arctan x$，求 $y''(0)$，$y'''(0)$.

解　$y' = \dfrac{1}{1 + x^2}$，

$$y'' = \left(\frac{1}{1 + x^2}\right)' = \frac{-(1 + x^2)'}{(1 + x^2)^2} = \frac{-2x}{(1 + x^2)^2},$$

$$y''' = \left[\frac{-2x}{(1 + x^2)^2}\right]' = \frac{(-2x)'(1 + x^2)^2 - (-2x)[(1 + x^2)^2]'}{(1 + x^2)^4} = \frac{2(3x^2 - 1)}{(1 + x^2)^3},$$

于是

$$y''(0) = 0, \quad y'''(0) = -2.$$

例 3　证明：函数 $y = \mathrm{e}^x \sin x$ 满足关系式 $y'' - 2y' + 2y = 0$.

证　因为

$$y' = \mathrm{e}^x \sin x + \mathrm{e}^x \cos x = \mathrm{e}^x (\sin x + \cos x),$$

$$y'' = [\mathrm{e}^x (\sin x + \cos x)]' = \mathrm{e}^x (\sin x + \cos x) + \mathrm{e}^x (\cos x - \sin x) = 2\mathrm{e}^x \cos x,$$

所以

$$y'' - 2y' + 2y = 2\mathrm{e}^x \cos x - 2\mathrm{e}^x (\sin x + \cos x) + 2\mathrm{e}^x \sin x = 0.$$

下面求几个初等函数的 n 阶导数.

例 4　求幂函数 $y = x^\mu$（μ 是常数）的 n 阶导数.

解　$y' = (x^\mu)' = \mu x^{\mu-1}$，

$$y'' = (x^\mu)'' = (\mu x^{\mu-1})' = \mu(\mu - 1)x^{\mu-2},$$

$$y''' = (x^\mu)''' = \left[\mu(\mu-1)x^{\mu-2}\right]' = \mu(\mu-1)(\mu-2)x^{\mu-3},$$

……

运用数学归纳法，可得

$$y^{(n)} = (x^\mu)^{(n)} = \mu(\mu-1)(\mu-2)\cdots(\mu-n+1)x^{\mu-n}.$$

特别地，当 $\mu = n(n$ 为正整数) 时，有

$$(x^n)^{(n)} = n(n-1)(n-2)\cdot \cdots \cdot 2 \cdot 1 = n!,$$

而

$$(x^n)^{(n+1)} = 0.$$

例 5　　求指数函数 $y = \mathrm{e}^x$ 的 n 阶导数.

解　$y' = \mathrm{e}^x, y'' = \mathrm{e}^x, y''' = \mathrm{e}^x, \cdots.$

运用数学归纳法，可得

$$y^{(n)} = (\mathrm{e}^x)^{(n)} = \mathrm{e}^x.$$

例 6　　求对数函数 $y = \ln(1+x)$ 的 n 阶导数.

解　$y' = \dfrac{1}{1+x},$

$y'' = -(1+x)^{-2} = (-1) \cdot 1!(1+x)^{-2},$

$y''' = 2(1+x)^{-3} = (-1)^2 \cdot 2!(1+x)^{-3},$

……

运用数学归纳法，可得

$$y^{(n)} = (-1)^{n-1}(n-1)!(1+x)^{-n}.$$

规定 $0! = 1$，则上述公式当 $n = 1$ 时也成立.

例 7　　求正弦函数 $y = \sin x$ 的 n 阶导数.

解　$y' = \cos x = \sin\left(x + \dfrac{\pi}{2}\right),$

$$y'' = \cos\left(x + \frac{\pi}{2}\right) = \sin\left(x + \frac{\pi}{2} + \frac{\pi}{2}\right) = \sin\left(x + 2 \cdot \frac{\pi}{2}\right),$$

$$y''' = \cos\left(x + 2 \cdot \frac{\pi}{2}\right) = \sin\left(x + 3 \cdot \frac{\pi}{2}\right),$$

……

运用数学归纳法，可得

$$y^{(n)} = \sin\left(x + n \cdot \frac{\pi}{2}\right).$$

类似地，有

$$(\cos x)^{(n)} = \cos\left(x + n \cdot \frac{\pi}{2}\right).$$

若函数 $u = u(x)$ 和 $v = v(x)$ 在点 x 处具有 n 阶导数，则有以下运算规律：

(1) $(u \pm v)^{(n)} = u^{(n)} \pm v^{(n)}$;

(2) $(uv)^{(n)} = u^{(n)}v^{(0)} + nu^{(n-1)}v' + \dfrac{n(n-1)}{2!}u^{(n-2)}v'' + \cdots$

$$+ \frac{n(n-1)\cdots(n-k+1)}{k!}u^{(n-k)}v^{(k)} + \cdots + u^{(0)}v^{(n)}$$

$$= \sum_{k=0}^{n} C_n^k u^{(n-k)} v^{(k)},$$

其中 $u^{(0)} = u, v^{(0)} = v, C_n^k$ 为组合数,即

$$C_n^k = \frac{n!}{k!(n-k)!}.$$

这个公式称为**莱布尼茨**(Leibniz)**公式**.

将莱布尼茨公式与二项式公式

$$(u+v)^n = u^n v^0 + n u^{n-1} v^1 + \frac{n(n-1)}{2!} u^{n-2} v^2 + \cdots$$

$$+ \frac{n(n-1)\cdots(n-k+1)}{k!} u^{n-k} v^k + \cdots + u^0 v^n \quad (u^0 = v^0 = 1)$$

做比较,可以看出它们在形式上有相似之处:只要把二项式公式中的 k 次幂换成 k 阶导数,再把左端的 $u+v$ 换为 uv,就成为莱布尼茨公式.这样对比便于记忆.

上述两个运算规律都可以运用数学归纳法加以证明.

例 8 　设函数 $y = \mathrm{e}^{2x} + x^5$,求 $y^{(100)}$.

解　$y^{(100)} = (\mathrm{e}^{2x} + x^5)^{(100)} = (\mathrm{e}^{2x})^{(100)} + (x^5)^{(100)} = (\mathrm{e}^{2x})^{(100)} + 0 = 2(\mathrm{e}^{2x})^{(99)}$

　　　　$= 2^2 (\mathrm{e}^{2x})^{(98)} = \cdots = 2^{100} \mathrm{e}^{2x}.$

例 9 　设函数 $y = x^2 \sin x$,求 $y^{(80)}$.

解　设 $u = \sin x, v = x^2$,则

$$u^{(k)} = \sin\left(x + k \cdot \frac{\pi}{2}\right) \quad (k = 0, 1, 2, \cdots, 80),$$

$$v' = 2x, \quad v'' = 2, \quad v^{(k)} = 0 \quad (k = 3, 4, \cdots, 80).$$

由莱布尼茨公式得

$$y^{(80)} = (x^2 \sin x)^{(80)}$$

$$= x^2 \sin\left(x + \frac{80\pi}{2}\right) + 80 \cdot 2x \sin\left(x + \frac{79\pi}{2}\right) + \frac{80 \cdot 79}{2!} \cdot 2 \sin\left(x + \frac{78\pi}{2}\right)$$

$$= x^2 \sin x + 160x(-\cos x) + 6\,320(-\sin x)$$

$$= x^2 \sin x - 160x \cos x - 6\,320 \sin x.$$

习　题　2-3

1. 求下列函数的二阶导数:

(1) $y = 3x^2 + \ln x$;

(2) $y = \mathrm{e}^{2x} - \sin x$;

(3) $y = \cot x$;

(4) $y = (1 + x^2)\arctan x$;

(5) $y = \arccos x$;

(6) $y = \mathrm{e}^{-2x^2}$;

(7) $y = \sqrt{1 - x^2}$;

(8) $y = \dfrac{\mathrm{e}^x}{x}$;

(9) $y = \ln(2 - x^2)$;　　　　　　　　　　(10) $y = x^3 \cos 2x$;

(11) $y = \dfrac{1}{1 + x^3}$;　　　　　　　　　　(12) $y = e^x \cos x$;

(13) $y = 5^{3x}$;　　　　　　　　　　　　(14) $y = \dfrac{2x^3 + \sqrt{x} + 4}{x}$.

2. 设函数 $y = 3x^3 + x^2 + x + 1$，求 y'，y''，y''' 和 $y^{(4)}$.

3. 设函数 $y = e^{-x}$，求 y''，y''' 和 $y^{(n)}$.

4. 设函数 $f(x) = (x + 5)^6$，求 $f''(2)$.

5. 设 $f''(x)$ 存在，求下列函数的二阶导数：

(1) $y = f(x^2 + 1)$;　　　　　　　　　　(2) $y = \ln f(x)$.

6. 设函数 $y = C_1 \sin x + C_2 \cos x$，其中 C_1，C_2 为常数，证明：该函数满足关系式 $y'' + y = 0$.

7. 一个质点以规律 $s(t) = \dfrac{1}{2}(e^t - e^{-t})$ 做直线运动，其中 $s(t)$ 是该质点在 t 时刻的位移，证明：该质点的加速度 $a(t)$ 等于 $s(t)$.

8. 求下列函数的 n 阶导数：

(1) $y = 2^x$;　　　　　　　　　　　　(2) $y = xe^x$;

(3) $y = x \ln x$;　　　　　　　　　　　(4) $y = \sin^2 x$.

9. 求下列函数指定阶的导数：

(1) $y = \sin 2x \cos 3x$，求 $y^{(40)}$;　　　　　(2) $y = x^2 \sin 2x$，求 $y^{(50)}$;

(3) $y = x^2 e^{2x}$，求 $y^{(20)}$.

第四节　隐函数及由参数方程所确定的函数的导数　相关变化率

一、隐函数的导数

函数 $y = f(x)$ 表示两个变量 y 和 x 之间的对应关系，这种对应关系可以用各种不同的方式表达. 前面我们遇到的函数，如 $y = \sqrt{1 - x^2}$，$y = x^2 \sin x$ 等，它们的表达方式的特点是：等号左端是因变量，等号右端是含有自变量的式子，当自变量在定义域上取定任一值时，由这个式子能够确定对应的函数值. 用这种方式表达的函数，称为**显函数**. 然而，有些函数的表达方式却不是这样的，它们的两个变量 y 和 x 之间的对应关系是由一个方程 $F(x, y) = 0$（$F(x, y)$ 为含有变量 y 和 x 的一个式子）来确定的. 例如，方程 $x + y^3 - 1 = 0$ 在区间 $(-\infty, +\infty)$ 上表示一个函数，当变量 x 在区间 $(-\infty, +\infty)$ 上取值时，变量 y 都有确定的值与之对应. 称这样的函数为**隐函数**.

定义 1　若在方程 $F(x, y) = 0$ 中，当变量 x 取某个区间上的任一值时，相应的变量 y 总有满足该方程的唯一确定的值存在，那么称该方程在这个区间上确定了一个隐函数 $y = f(x)$.

例如，方程 $x + y^3 - 1 = 0$ 在区间 $(-\infty, +\infty)$ 上确定了一个隐函数. 事实上，当变量 x 在区间 $(-\infty, +\infty)$ 上取任一值时，变量 y 都有唯一确定的值与之对应.

根据隐函数的定义可知，由方程 $F(x, y) = 0$ 所确定的隐函数 $y = f(x)$ 一定是方程 $F(x, y) = 0$ 的解，即 $F[x, f(x)] \equiv 0$.

有时隐函数可以化为显函数.把一个隐函数化为显函数,称为**隐函数的显化**.例如,可以从方程 $x+y^3-1=0$ 中解出 $y=\sqrt[3]{1-x}$,这样就把隐函数化成显函数.又如,对于方程 $x^2+y^2=1$,如果限定 $y>0$,那么该方程在区间 $(-1,1)$ 内也确定了一个隐函数.这时从方程 $x^2+y^2=1$ 可以解出 $y=\sqrt{1-x^2}$.但是,有些隐函数不容易显化,或者不能显化.例如,方程 $y^5+2y-x-3x^7=0$ 在满足一定条件的某个区间上确定了一个隐函数 $y=f(x)$,但是这个隐函数就很难显化.

对于方程 $F(x,y)=0$ 可以确定隐函数 $y=f(x)$ 的条件,将在下册中进行介绍.我们假设本节所讨论的隐函数都是存在且可导的.在实际问题中,经常需要计算隐函数的导数.因此,我们希望找到一种方法,不需要通过隐函数的显化,就可以直接由方程求出它所确定的隐函数的导数.下面通过例子来具体说明.

例 1 求由方程 $y^5+2y-x-3x^7=0$ 所确定的隐函数 $y=f(x)$ 在点 $x=0$ 处的导数 $\dfrac{\mathrm{d}y}{\mathrm{d}x}\Big|_{x=0}$.

解 由方程 $F(x,y)=0$ 所确定的隐函数 $y=f(x)$,在其有定义的区间上一定满足 $F[x,f(x)]\equiv0$,于是有

$$[f(x)]^5+2f(x)-x-3x^7\equiv0.$$

可见,此恒等式的两边同时求导数并应用复合函数的求导法则,即可求出隐函数 $y=f(x)$ 的导数.由此受到启发,可以直接在所给的方程两边同时对 x 求导数,注意到 y 是 x 的函数,有

$$5y^4\frac{\mathrm{d}y}{\mathrm{d}x}+2\frac{\mathrm{d}y}{\mathrm{d}x}-1-21x^6=0,$$

于是

$$\frac{\mathrm{d}y}{\mathrm{d}x}=\frac{1+21x^6}{2+5y^4}.$$

当 $x=0$ 时,由所给的方程解得 $y=0$.将 $x=0,y=0$ 代入上式右端,得

$$\frac{\mathrm{d}y}{\mathrm{d}x}\Big|_{x=0}=\frac{1}{2}.$$

例 2 设方程 $x+y^3-1=0$ 确定隐函数 $y=f(x)$,求 y'.

解 该方程两边同时对 x 求导数,注意到 y 是 x 的函数,有

$$1+3y^2y'=0,$$

于是

$$y'=-\frac{1}{3y^2}.$$

下面我们先解出 y,再用求导数的方法验证结果是否正确.由方程 $x+y^3-1=0$ 可解得 $y=\sqrt[3]{1-x}$,则

$$y'=-\frac{1}{3}(1-x)^{-\frac{2}{3}}=-\frac{1}{3\sqrt[3]{(1-x)^2}}=-\frac{1}{3y^2}.$$

这个结果与前面求出的结果相同.

例 3　求由方程 $e^y = xy$ 所确定的隐函数的导数 $\dfrac{\mathrm{d}y}{\mathrm{d}x}$.

解　该方程两边同时对 x 求导数，注意到 y 是 x 的函数，有

$$e^y \frac{\mathrm{d}y}{\mathrm{d}x} = y + x \frac{\mathrm{d}y}{\mathrm{d}x},$$

于是

$$\frac{\mathrm{d}y}{\mathrm{d}x} = \frac{y}{e^y - x} = \frac{y}{xy - x} = \frac{y}{x(y-1)}.$$

例 4　求由方程 $x - y + \dfrac{1}{2}\sin y = 0$ 所确定的隐函数的二阶导数 $\dfrac{\mathrm{d}^2 y}{\mathrm{d}x^2}$.

解　该方程两边同时对 x 求导数，得

$$1 - \frac{\mathrm{d}y}{\mathrm{d}x} + \frac{1}{2}\cos y \frac{\mathrm{d}y}{\mathrm{d}x} = 0, \tag{2.4}$$

于是

$$\frac{\mathrm{d}y}{\mathrm{d}x} = \frac{2}{2 - \cos y}.$$

根据高阶导数的定义，上式两边再同时对 x 求导数，得

$$\frac{\mathrm{d}^2 y}{\mathrm{d}x^2} = \frac{\mathrm{d}}{\mathrm{d}x}\left(\frac{2}{2 - \cos y}\right) = \frac{-2\sin y \dfrac{\mathrm{d}y}{\mathrm{d}x}}{(2 - \cos y)^2} = \frac{-2\sin y \dfrac{2}{2 - \cos y}}{(2 - \cos y)^2} = \frac{-4\sin y}{(2 - \cos y)^3}.$$

上式右端分式中的 y 是由方程 $x - y + \dfrac{1}{2}\sin y = 0$ 所确定的隐函数.

求由方程 $F(x, y) = 0$ 所确定的隐函数 $y = f(x)$ 的 n 阶导数，可以先解出 $y^{(n-1)}$，再由 $y^{(n-1)}$ 对 x 求导数得到 $y^{(n)}$.

根据前面的说明，由于隐函数 $y = f(x)$ 代入方程 $F(x, y) = 0$ 后得到一个恒等式，恒等式的两边为同一个函数，因此两边的导数相等，从而它们的二阶导数也相等. 所以，还有另外一种方法可以求出隐函数的高阶导数. 下面我们通过例 4 来加以说明.

前面已经由式(2.4)求得隐函数 $y = f(x)$ 的一阶导数 $\dfrac{\mathrm{d}y}{\mathrm{d}x}$，下面接着在式(2.4)两边同时对 x 求导数$\left(\text{注意 } y \text{ 和 } \dfrac{\mathrm{d}y}{\mathrm{d}x} \text{ 都是 } x \text{ 的函数}\right)$，得

$$-\frac{\mathrm{d}^2 y}{\mathrm{d}x^2} - \frac{1}{2}\sin y \left(\frac{\mathrm{d}y}{\mathrm{d}x}\right)^2 + \frac{1}{2}\cos y \frac{\mathrm{d}^2 y}{\mathrm{d}x^2} = 0,$$

于是

$$\frac{\mathrm{d}^2 y}{\mathrm{d}x^2} = \frac{\dfrac{1}{2}\sin y \left(\dfrac{\mathrm{d}y}{\mathrm{d}x}\right)^2}{\dfrac{1}{2}\cos y - 1}.$$

将 $\dfrac{\mathrm{d}y}{\mathrm{d}x} = \dfrac{2}{2 - \cos y}$ 代入上式，得

$$\frac{\mathrm{d}^2 y}{\mathrm{d}x^2} = \frac{\dfrac{1}{2}\sin y \left(\dfrac{2}{2 - \cos y}\right)^2}{\dfrac{1}{2}\cos y - 1} = \frac{-4\sin y}{(2 - \cos y)^3}.$$

这种求隐函数高阶导数的方法,就是在原方程两边逐次同时对自变量 x 求导数.

例 5 求椭圆 $\dfrac{x^2}{16} + \dfrac{y^2}{9} = 1$ 在点 $\left(2, \dfrac{3}{2}\sqrt{3}\right)$ 处的切线方程.

解 由导数的几何意义知,点 $\left(2, \dfrac{3}{2}\sqrt{3}\right)$ 处的切线斜率为

$$k = y' \Big|_{x=2}.$$

椭圆方程的两边同时对 x 求导数,得

$$\frac{x}{8} + \frac{2}{9}y\frac{\mathrm{d}y}{\mathrm{d}x} = 0,$$

于是

$$\frac{\mathrm{d}y}{\mathrm{d}x} = -\frac{9x}{16y}.$$

将 $x = 2, y = \dfrac{3}{2}\sqrt{3}$ 代入上式,得

$$\frac{\mathrm{d}y}{\mathrm{d}x}\Big|_{x=2} = -\frac{\sqrt{3}}{4}.$$

故所求的切线方程为

$$y - \frac{3}{2}\sqrt{3} = -\frac{\sqrt{3}}{4}(x - 2), \quad \text{即} \quad \sqrt{3}x + 4y - 8\sqrt{3} = 0.$$

例 6 证明:抛物线 $\sqrt{x} + \sqrt{y} = \sqrt{a}\,(0 < x < a)$ 上任意点处的切线在两条坐标轴上截距的和等于 a.

证 在该抛物线上任取一点 (x_0, y_0),则

$$\sqrt{x_0} + \sqrt{y_0} = \sqrt{a}.$$

方程 $\sqrt{x} + \sqrt{y} = \sqrt{a}$ 两边同时对 x 求导数,得

$$\frac{1}{2\sqrt{x}} + \frac{1}{2\sqrt{y}}y' = 0,$$

解得

$$y' = -\sqrt{\frac{y}{x}}.$$

于是,该抛物线在点 (x_0, y_0) 处的切线斜率为

$$k = -\sqrt{\frac{y_0}{x_0}},$$

从而该抛物线在点 (x_0, y_0) 处的切线方程为

$$y - y_0 = -\sqrt{\frac{y_0}{x_0}}(x - x_0).$$

分别令 $y = 0, x = 0$,得到上述切线在 x 轴和 y 轴上的截距为 $x_0 + \sqrt{x_0 y_0}$ 和 $y_0 + \sqrt{x_0 y_0}$,则两截距之和为

$$\left(x_0 + \sqrt{x_0 y_0}\right) + \left(y_0 + \sqrt{x_0 y_0}\right) = x_0 + y_0 + 2\sqrt{x_0 y_0} = \left(\sqrt{x_0} + \sqrt{y_0}\right)^2 = \left(\sqrt{a}\right)^2 = a.$$

对于某些显函数,直接求它们的导数比较烦琐,而将其化为隐函数后,利用隐函数的求导方

法来求其导数会比较简单.将显函数化为隐函数,常用的方法是在函数式两边同时取对数,这时相应的求导方法称为**对数求导法**.

例 7　　设函数 $y = x^x$,求 $\dfrac{\mathrm{d}y}{\mathrm{d}x}$.

解　　$y = x^x$ 是一个幂指函数.要求这个函数的导数,可先在 $y = x^x$ 的两边同时取对数,得

$$\ln y = x\ln x.$$

上式两边同时对 x 求导数,注意到 y 是 x 的函数,得

$$\frac{1}{y} \cdot \frac{\mathrm{d}y}{\mathrm{d}x} = \ln x + 1,$$

即

$$\frac{\mathrm{d}y}{\mathrm{d}x} = y(\ln x + 1) = x^x(\ln x + 1).$$

在上例中,函数式两边取对数时应得到 $\ln|y| = \ln|x^x|$,但可以证明最后的结果是一致的.所以,为了简便,运用对数求导法时通常将绝对值符号略去.

对于一般形式的幂指函数

$$y = u^v = [u(x)]^{v(x)},$$

如果 $u = u(x)$,$v = v(x)$ 均可导,可以先在 $y = u^v$ 的两边同时取对数,得 $\ln y = v\ln u$,然后在等式的两边同时对 x 求导数,得

$$\frac{y'}{y} = v'\ln u + \frac{vu'}{u},$$

即

$$y' = y\left(v'\ln u + \frac{vu'}{u}\right) = u^v\left(v'\ln u + \frac{vu'}{u}\right).$$

也可以把幂指函数 $y = u^v$ 表示为

$$y = \mathrm{e}^{v\ln u},$$

这时可以直接求导数,得

$$y' = \mathrm{e}^{v\ln u}\left(v'\ln u + \frac{vu'}{u}\right) = u^v\left(v'\ln u + \frac{vu'}{u}\right).$$

例 8　　求函数 $y = a^x(a > 0$ 且 $a \neq 1)$ 的导数.

解　　该函数式两边同时取对数,得

$$\ln y = x\ln a.$$

上式两边同时对 x 求导数,得

$$\frac{1}{y}y' = \ln a,$$

于是

$$y' = y\ln a = a^x\ln a.$$

例 9　　设函数 $y = \tan^x x$,求 y'.

解　　该函数式两边同时取对数,得

$$\ln y = x\ln \tan x = x(\ln \sin x - \ln \cos x).$$

上式两边同时对 x 求导数,得

$$\frac{1}{y}y' = [x(\ln \sin x - \ln \cos x)]' = \ln \sin x - \ln \cos x + x\left(\frac{\cos x}{\sin x} + \frac{\sin x}{\cos x}\right),$$

于是

$$y' = y(\ln\tan x + x\cot x + x\tan x),$$

即

$$y' = \tan^x x(\ln\tan x + x\cot x + x\tan x).$$

对于由多次乘法、除法、乘方、开方运算得到的函数,也常用对数求导法求其导数.

例 10　求函数 $y = \sqrt[3]{\dfrac{(x+1)^2}{(x-1)(x+2)}}$ 的导数.

解　直接利用复合函数的求导法则来求这个函数的导数会比较麻烦,可以考虑用对数求导法.该函数式两边同时取对数,得

$$\ln y = \frac{1}{3}\big[2\ln(x+1) - \ln(x-1) - \ln(x+2)\big].$$

上式两边同时对 x 求导数,得

$$\frac{1}{y}y' = \frac{1}{3}\left(\frac{2}{x+1} - \frac{1}{x-1} - \frac{1}{x+2}\right),$$

于是

$$y' = \frac{1}{3}y\left(\frac{2}{x+1} - \frac{1}{x-1} - \frac{1}{x+2}\right)$$
$$= \frac{1}{3}\sqrt[3]{\frac{(x+1)^2}{(x-1)(x+2)}}\left(\frac{2}{x+1} - \frac{1}{x-1} - \frac{1}{x+2}\right).$$

例 11　设函数 $y = \sqrt{\dfrac{(x-1)(x-2)}{(x-3)(x-4)}}$,求 y'.

解　该函数式两边同时取对数,得

$$\ln y = \frac{1}{2}\big[\ln(x-1) + \ln(x-2) - \ln(x-3) - \ln(x-4)\big].$$

上式两边同时对 x 求导数,得

$$\frac{1}{y}y' = \frac{1}{2}\left(\frac{1}{x-1} + \frac{1}{x-2} - \frac{1}{x-3} - \frac{1}{x-4}\right),$$

于是

$$y' = \frac{1}{2}y\left(\frac{1}{x-1} + \frac{1}{x-2} - \frac{1}{x-3} - \frac{1}{x-4}\right)$$
$$= \frac{1}{2}\sqrt{\frac{(x-1)(x-2)}{(x-3)(x-4)}}\left(\frac{1}{x-1} + \frac{1}{x-2} - \frac{1}{x-3} - \frac{1}{x-4}\right).$$

二、由参数方程所确定的函数的导数

在平面解析几何中,我们学习过曲线的参数方程,如参数方程

$$\begin{cases} x = r\cos\theta, \\ y = r\sin\theta \end{cases} (0 \leqslant \theta \leqslant 2\pi), \tag{2.5}$$

它表示圆心在坐标原点、半径为 r 的圆,其中 x, y 分别为圆上点的横坐标和纵坐标.在上式中,x, y 都是 θ 的函数,当 θ 确定一个值时,就得到圆上的一点 (x, y).把对应于同一个 θ 值的 y 与 x 的值看作对应的,这样就可以得到 y 与 x 之间的一个函数关系.若从参数方程中消去参数 θ,可得

$$y = \sqrt{r^2 - x^2}\ (0 \leqslant \theta \leqslant \pi) \quad \text{或} \quad y = -\sqrt{r^2 - x^2}\ (\pi \leqslant \theta \leqslant 2\pi),$$

这是直接联系变量 y 与 x 的式子，也是由参数方程(2.5)所确定的函数 $y = y(x)$ 的显式表达式.

一般地，若参数方程

$$\begin{cases} x = \varphi(t), \\ y = \psi(t) \end{cases} \tag{2.6}$$

确定 y 与 x 之间的函数关系，则称此函数关系所表示的函数为**由参数方程**(2.6)**所确定的函数**.

参数方程有着广泛的应用，如研究物体的运动轨迹时，常常会遇到参数方程. 在实际问题中，常常需要求出由参数方程所确定的函数的导数. 如果能从参数方程(2.6)中消去参数 t，得到 y 与 x 之间的函数关系式，那么就可以用前面介绍的方法求得导数. 但是，有时从参数方程(2.6)中消去参数 t 会很困难，因此我们希望找到一种方法，可以直接由参数方程(2.6)求出它所确定的函数的导数.

在参数方程(2.6)中，如果函数 $x = \varphi(t)$ 具有单调、连续的反函数 $t = \varphi^{-1}(x)$，并且这个反函数能与函数 $y = \psi(t)$ 构成复合函数，那么由参数方程(2.6)所确定的函数可以看成由函数 $y = \psi(t)$ 与 $t = \varphi^{-1}(x)$ 构成的复合函数 $y = \psi[\varphi^{-1}(x)]$. 要求这个复合函数的导数，需要再假定函数 $x = \varphi(t)$ 和 $y = \psi(t)$ 都可导，并且 $\varphi'(t) \neq 0$. 于是，根据复合函数与反函数的求导法则，就有

$$\frac{\mathrm{d}y}{\mathrm{d}x} = \frac{\mathrm{d}y}{\mathrm{d}t} \cdot \frac{\mathrm{d}t}{\mathrm{d}x} = \frac{\mathrm{d}y}{\mathrm{d}t} \cdot \frac{1}{\frac{\mathrm{d}x}{\mathrm{d}t}} = \frac{\psi'(t)}{\varphi'(t)},$$

即

$$\frac{\mathrm{d}y}{\mathrm{d}x} = \frac{\psi'(t)}{\varphi'(t)}, \tag{2.7}$$

亦即

$$\frac{\mathrm{d}y}{\mathrm{d}x} = \frac{\dfrac{\mathrm{d}y}{\mathrm{d}t}}{\dfrac{\mathrm{d}x}{\mathrm{d}t}}. \tag{2.8}$$

式(2.7)或式(2.8)就是由参数方程(2.6)所确定的函数 $y = f(x)$ 的导数公式. 需要注意的是，这里的导数是通过参数 t 表达出来的，这是和显函数的导数表达式不一样的地方. 当参数 $t = t_0$ 给出时，就可以得到 $y = f(x)$ 在对应点 $x_0 = \varphi(t_0)$ 处的导数，即

$$\left. \frac{\mathrm{d}y}{\mathrm{d}x} \right|_{x=\varphi(t_0)} = \left. \frac{\psi'(t)}{\varphi'(t)} \right|_{t=t_0} = \frac{\psi'(t_0)}{\varphi'(t_0)}.$$

若函数 $x = \varphi(t)$ 和 $y = \psi(t)$ 都具有二阶导数，则从式(2.7)可以得到函数 $y = f(x)$ 的二阶导数公式

$$\frac{\mathrm{d}^2 y}{\mathrm{d}x^2} = \frac{\mathrm{d}}{\mathrm{d}x}\left(\frac{\mathrm{d}y}{\mathrm{d}x} \right) = \frac{\mathrm{d}}{\mathrm{d}t}\left[\frac{\psi'(t)}{\varphi'(t)} \right] \cdot \frac{\mathrm{d}t}{\mathrm{d}x}$$

$$= \frac{\psi''(t)\varphi'(t) - \psi'(t)\varphi''(t)}{\varphi'^2(t)} \cdot \frac{1}{\varphi'(t)},$$

即

$$\frac{\mathrm{d}^2 y}{\mathrm{d}x^2} = \frac{\psi''(t)\varphi'(t) - \psi'(t)\varphi''(t)}{\varphi'^3(t)}.$$

例 12　斜向上抛出一个物体,已知该物体的运动轨迹的参数方程为

$$\begin{cases} x = v_1 t, \\ y = v_2 t - \dfrac{1}{2} g t^2, \end{cases}$$

其中 v_1, v_2 分别是该物体初速度的水平分量和垂直分量,g 是重力加速度,t 是运动时间,x 与 y 分别是运动中该物体在垂直平面上位置的横坐标和纵坐标.

求该物体在 t 时刻的速度的大小与方向(见图 $2-3$).

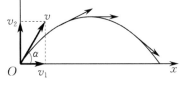

　　解　先求该物体在 t 时刻速度的大小. 速度的水平分量为

$$\frac{\mathrm{d}x}{\mathrm{d}t} = v_1,$$

垂直分量为

$$\frac{\mathrm{d}y}{\mathrm{d}t} = v_2 - g t,$$

图 $2-3$

于是该物体在 t 时刻速度的大小为

$$v = \sqrt{\left(\frac{\mathrm{d}x}{\mathrm{d}t}\right)^2 + \left(\frac{\mathrm{d}y}{\mathrm{d}t}\right)^2} = \sqrt{v_1^2 + (v_2 - g t)^2}.$$

　　再求该物体在 t 时刻速度的方向,也就是运动轨迹的切线方向. 设 α 是 t 时刻对应的运动轨迹切线的倾角,则

$$\tan \alpha = \frac{\mathrm{d}y}{\mathrm{d}x} = \frac{\dfrac{\mathrm{d}y}{\mathrm{d}t}}{\dfrac{\mathrm{d}x}{\mathrm{d}t}} = \frac{v_2 - g t}{v_1}.$$

特别地,当该物体刚抛出时($t = 0$),有

$$\tan \alpha \Big|_{t=0} = \frac{\mathrm{d}y}{\mathrm{d}x} \Big|_{t=0} = \frac{v_2 - g t}{v_1} \Big|_{t=0} = \frac{v_2}{v_1}.$$

当 $t = \dfrac{v_2}{g}$ 时,有

$$\tan \alpha \Big|_{t=\frac{v_2}{g}} = \frac{\mathrm{d}y}{\mathrm{d}x} \Big|_{t=\frac{v_2}{g}} = \frac{v_2 - g t}{v_1} \Big|_{t=\frac{v_2}{g}} = 0,$$

这时该物体速度的方向是水平的,即该物体到达最高点.

例 13　求椭圆 $\dfrac{x^2}{a^2} + \dfrac{y^2}{b^2} = 1$ 上一点 $\left(\dfrac{a}{\sqrt{2}}, \dfrac{b}{\sqrt{2}}\right)$ 处的切线斜率 k.

　　解　**方法 1**　因为点 $\left(\dfrac{a}{\sqrt{2}}, \dfrac{b}{\sqrt{2}}\right)$ 在上半椭圆上,所以从该椭圆方程中解出其上半椭圆的方程

$$y = \frac{b}{a} \sqrt{a^2 - x^2}.$$

于是

$$\frac{\mathrm{d}y}{\mathrm{d}x} = \frac{-bx}{a\sqrt{a^2 - x^2}},$$

从而该椭圆在点 $\left(\dfrac{a}{\sqrt{2}}, \dfrac{b}{\sqrt{2}}\right)$ 处的切线斜率为

$$k = \frac{\mathrm{d}y}{\mathrm{d}x}\bigg|_{x=\frac{a}{\sqrt{2}}} = -\frac{b}{a}.$$

方法 2　由隐函数的求导方法，该椭圆方程两边同时对 x 求导数，注意到 y 是 x 的函数，得

$$\frac{2x}{a^2} + \frac{2y}{b^2}\cdot\frac{\mathrm{d}y}{\mathrm{d}x} = 0,\qquad 即\qquad \frac{\mathrm{d}y}{\mathrm{d}x} = -\frac{b^2 x}{a^2 y},$$

于是该椭圆在点 $\left(\dfrac{a}{\sqrt{2}},\dfrac{b}{\sqrt{2}}\right)$ 处的切线斜率为

$$k = \frac{\mathrm{d}y}{\mathrm{d}x}\bigg|_{\substack{x=\frac{a}{\sqrt{2}}\\ y=\frac{b}{\sqrt{2}}}} = -\frac{b}{a}.$$

方法 3　该椭圆的参数方程为

$$\begin{cases} x = a\cos t, \\ y = b\sin t \end{cases} \quad (0 \leqslant t \leqslant 2\pi),$$

点 $\left(\dfrac{a}{\sqrt{2}},\dfrac{b}{\sqrt{2}}\right)$ 对应于参数值 $t = \dfrac{\pi}{4}$. 根据由参数方程所确定的函数的求导方法，有

$$\frac{\mathrm{d}y}{\mathrm{d}x} = \frac{(b\sin t)'}{(a\cos t)'} = \frac{b\cos t}{-a\sin t} = -\frac{b}{a}\cot t,$$

于是该椭圆在点 $\left(\dfrac{a}{\sqrt{2}},\dfrac{b}{\sqrt{2}}\right)$ 处的切线斜率为

$$k = \frac{\mathrm{d}y}{\mathrm{d}x}\bigg|_{t=\frac{\pi}{4}} = -\frac{b}{a}.$$

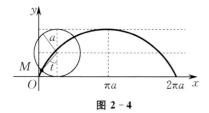

图 2－4

例 14　一个半径为 a 的圆在定直线上滚动时，圆周上任一定点 M 的轨迹称为**摆线**（见图 2－4）. 计算由摆线的参数方程

$$\begin{cases} x = a(t - \sin t), \\ y = a(1 - \cos t) \end{cases}$$

所确定的函数的二阶导数 $\dfrac{\mathrm{d}^2 y}{\mathrm{d}x^2}$.

解　$\dfrac{\mathrm{d}y}{\mathrm{d}x} = \dfrac{\dfrac{\mathrm{d}y}{\mathrm{d}t}}{\dfrac{\mathrm{d}x}{\mathrm{d}t}} = \dfrac{a\sin t}{a(1-\cos t)} = \dfrac{\sin t}{1-\cos t} = \dfrac{2\sin\dfrac{t}{2}\cos\dfrac{t}{2}}{2\sin^2\dfrac{t}{2}}$

$\qquad = \cot\dfrac{t}{2}\quad (t \neq 2k\pi, k\ 为整数),$

$\dfrac{\mathrm{d}^2 y}{\mathrm{d}x^2} = \dfrac{\mathrm{d}}{\mathrm{d}t}\left(\dfrac{\mathrm{d}y}{\mathrm{d}x}\right)\cdot\dfrac{1}{\dfrac{\mathrm{d}x}{\mathrm{d}t}} = \dfrac{\mathrm{d}}{\mathrm{d}t}\left(\cot\dfrac{t}{2}\right)\cdot\dfrac{1}{\dfrac{\mathrm{d}x}{\mathrm{d}t}} = -\dfrac{1}{2\sin^2\dfrac{t}{2}}\cdot\dfrac{1}{a(1-\cos t)}$

$\qquad = -\dfrac{1}{a(1-\cos t)^2}\quad (t \neq 2k\pi, k\ 为整数).$

三、相关变化率

设 $x = x(t)$ 和 $y = y(t)$ 都是可导函数，并且它们之间存在某种关系，从而它们的变化率 $\dfrac{\mathrm{d}x}{\mathrm{d}t}$

与 $\dfrac{\mathrm{d}y}{\mathrm{d}t}$ 之间也存在一定的关系. 这种相互依赖的变化率称为**相关变化率**. 相关变化率问题就是研究两个相关变化率之间的关系, 以便从其中一个变化率求出另一个变化率.

例 15　一把梯子长 10 m, 上端靠墙, 下端着地. 若该梯子沿墙壁下滑, 且当梯子下端距离墙角 6 m 时, 沿着地面以 2 m/s 的速度远离墙角, 问:此时梯子上端下降的速度是多少?

解　建立直角坐标系如图 2-5 所示. 设在 t 时刻, 梯子上端的坐标为 $(0,y)$, 梯子下端的坐标为 $(x,0)$. 显然, x 和 y 都是时间 t 的函数. 因为该梯子长 10 m, 所以有

$$x^2 + y^2 = 10^2.$$

上式两边同时对 t 求导数, 就得到变化率 $\dfrac{\mathrm{d}x}{\mathrm{d}t}$ 与 $\dfrac{\mathrm{d}y}{\mathrm{d}t}$ 的关系式

$$2x\frac{\mathrm{d}x}{\mathrm{d}t} + 2y\frac{\mathrm{d}y}{\mathrm{d}t} = 0,$$

即

$$\frac{\mathrm{d}y}{\mathrm{d}t} = -\frac{x}{y} \cdot \frac{\mathrm{d}x}{\mathrm{d}t}.$$

当 $x = 6$ m 时, $y = 8$ m, $\dfrac{\mathrm{d}x}{\mathrm{d}t} = 2$ m/s, 代入上式得

$$\frac{\mathrm{d}y}{\mathrm{d}t} = -1.5 \text{ m/s},$$

图 2-5

即此时梯子上端下降的速度是 1.5 m/s, 负号表示 y 是随着时间 t 的增加而减少的.

例 16　一架直升机在 500 m 高空, 以 50 m/s 的速度自西向东飞越观察者的头顶. 设观察者的视线与地面的夹角为 θ, 求当 $\theta = \dfrac{\pi}{3}$ 时, θ 对 t 的变化率.

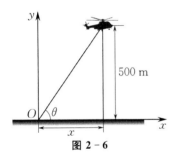

图 2-6

解　建立直角坐标系如图 2-6 所示. 设在 t 时刻, 以直升机飞过观察者头顶时算起的距离为 x. 显然, x 和 θ 都是 t 的函数. 由题设易知 x 和 θ 的函数关系式为

$$\tan\theta = \frac{500}{x}, \quad \text{即} \quad x = 500\cot\theta.$$

上式两边同时对 t 求导数, 得

$$\frac{\mathrm{d}x}{\mathrm{d}t} = -500\csc^2\theta\,\frac{\mathrm{d}\theta}{\mathrm{d}t},$$

于是

$$\frac{\mathrm{d}\theta}{\mathrm{d}t} = -\frac{1}{500}\sin^2\theta\,\frac{\mathrm{d}x}{\mathrm{d}t}.$$

当 $\theta = \dfrac{\pi}{3}$ 时, 该直升机的速度为 $\dfrac{\mathrm{d}x}{\mathrm{d}t} = 50$ m/s, $\sin\theta = \dfrac{\sqrt{3}}{2}$, 代入上式得 θ 对 t 的变化率

$$\left.\frac{\mathrm{d}\theta}{\mathrm{d}t}\right|_{\theta=\frac{\pi}{3}} = -0.075 \text{ rad/s},$$

负号表示 θ 是随着时间 t 的增加而减少的.

习 题　2 - 4

1. 求由下列方程所确定的隐函数的导数 $\dfrac{\mathrm{d}y}{\mathrm{d}x}$：

(1) $y^2 = 2x$；

(2) $y = \cos(x + y)$；

(3) $y = x + \ln y$；

(4) $x^2 + y^2 - xy = 1$；

(5) $x^y = y^x$；

(6) $x = y + \arctan y$.

2. 证明：双曲线 $xy = a^2$ 上任一点处的切线与两条坐标轴构成的三角形的面积都等于 $2a^2$.

3. 求曲线 $x^{\frac{2}{3}} + y^{\frac{2}{3}} = a^{\frac{2}{3}}$ 在点 $\left(\dfrac{\sqrt{2}}{4}a, \dfrac{\sqrt{2}}{4}a\right)$ 处的切线方程与法线方程.

4. 求由下列方程所确定的隐函数的二阶导数 $\dfrac{\mathrm{d}^2 y}{\mathrm{d}x^2}$：

(1) $x^2 + y^2 = R^2$（R 为常数）；

(2) $y = 1 + xe^y$；

(3) $y = \sin(x + y)$；

(4) $\arctan\dfrac{y}{x} = \ln\sqrt{x^2 + y^2}$.

5. 利用对数求导法求下列函数的导数 $\dfrac{\mathrm{d}y}{\mathrm{d}x}$：

(1) $y = \left(\dfrac{x}{1+x}\right)^x$；

(2) $y = (2x)^{1-x}$；

(3) $y = x\sqrt{\dfrac{1-x}{1+x}}$；

(4) $y = \dfrac{x\sqrt{x+1}}{(x+2)^2}$.

6. 求由下列参数方程所确定的函数的导数 $\dfrac{\mathrm{d}y}{\mathrm{d}x}$：

(1) $\begin{cases} x = 2e^t, \\ y = e^{-t}; \end{cases}$

(2) $\begin{cases} x = t(1 - \sin t), \\ y = t\cos t; \end{cases}$

(3) $\begin{cases} x = \dfrac{1}{1+t}, \\ y = \dfrac{t}{1+t}; \end{cases}$

(4) $\begin{cases} x = e^t\sin t, \\ y = e^t\cos t. \end{cases}$

7. 证明：圆 $x^2 + y^2 = R^2$ 的渐开线

$$\begin{cases} x = R(\cos t + t\sin t), \\ y = R(\sin t - t\cos t) \end{cases}$$

的法线是该圆的切线.

8. 求由参数方程

$$\begin{cases} x = 1 - t^2, \\ y = t - t^3 \end{cases}$$

所确定的函数在 $t = \dfrac{\sqrt{2}}{2}$ 对应的点处的导数.

9. 求由下列参数方程所确定的函数的各指定阶导数：

(1) $\begin{cases} x = 3t + 4, \\ y = \dfrac{3}{2}t^2 + 4t, \end{cases} \dfrac{\mathrm{d}^2 y}{\mathrm{d}x^2}, \dfrac{\mathrm{d}^3 y}{\mathrm{d}x^3}$；

(2) $\begin{cases} x = a\cos^3 t, \\ y = a\sin^3 t, \end{cases} \dfrac{\mathrm{d}y}{\mathrm{d}x}, \dfrac{\mathrm{d}^2 y}{\mathrm{d}x^2}$；

(3) $\begin{cases} x = 2\cos t, \\ y = 2\sin t, \end{cases} \dfrac{\mathrm{d}^2 y}{\mathrm{d}x^2}, \dfrac{\mathrm{d}^3 y}{\mathrm{d}x^3}$；

(4) $\begin{cases} x = f'(t), \\ y = tf'(t) - f(t) \end{cases}$ ($f''(t)$ 存在且不为 0)，$\dfrac{dy}{dx}, \dfrac{d^2y}{dx^2}$.

10. 设一个雪球正在融化，它的体积以 $1\ \mathrm{cm}^3/\min$ 的速率减小，求雪球直径为 $10\ \mathrm{cm}$ 时雪球直径减小的速率.

11. 一个深 $18\ \mathrm{cm}$、顶部直径为 $12\ \mathrm{cm}$ 的正圆锥形漏斗内盛满了水，其下接一个直径为 $10\ \mathrm{cm}$ 的圆柱形水桶，水由漏斗下端的小孔直接流进水桶. 问：当该漏斗中水深为 $12\ \mathrm{cm}$ 且其水面下降速度为 $1\ \mathrm{cm}/\min$ 时，其下接水桶的水面上升速度是多少？

第五节　函数的微分

我们知道，导数 $f'(x)$ 表示函数 $f(x)$ 在点 x 处的变化率，它描述了函数 $f(x)$ 在点 x 处变化的快慢程度. 但是，有时我们还需要知道当函数自变量在某一点处取得一个微小的增量时，函数取得的相应增量的大小. 这就需要引入函数的微分概念.

一、微分的定义

下面我们先来分析一个具体问题：设有边长为 x 的正方形，记其面积为 A，则 A 是 x 的函数：$A = x^2$. 若给边长 x 一个增量 Δx，则函数 A 相应地有增量 ΔA，即

$$\Delta A = (x + \Delta x)^2 - x^2 = 2x\Delta x + (\Delta x)^2.$$

从上式中可以看出 ΔA 分成两部分：第一部分 $2x\Delta x$，它是 Δx 的线性函数，也就是如图 2-7 所示的带有浅色阴影的两个矩形面积之和；第二部分 $(\Delta x)^2$，它是比 Δx 高阶的无穷小，即 $(\Delta x)^2 = o(\Delta x)$ $(\Delta x \to 0)$，也就是图 2-7 中带有深色阴影的小正方形面积. 可见，当给边长 x 一个微小的增量 Δx 时，由此引起的面积的增量 ΔA 可以近似地用第一部分 $2x\Delta x$ 来代替，它们仅相差一个以 Δx 为边长的正方形面积. 例如，当 $x = 1, \Delta x = 0.01$ 时，有 $2x\Delta x = 0.02$，而 $(\Delta x)^2 = 0.0001$，它是一个比 Δx 高阶的无穷小. 可见，当 $|\Delta x|$ 越来越小时，ΔA 与 $2x\Delta x$ 相差也越来越小. 因此，如果要求 ΔA 的近似值，$2x\Delta x$ 是 ΔA 的一个很好的近似.

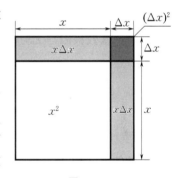

图 2-7

一般地，如果函数 $y = f(x)$ 满足一定的条件，那么当自变量 x 有增量 Δx 时，该函数的增量 Δy 可表示为

$$\Delta y = A\Delta x + o(\Delta x),$$

其中 A 是不依赖于 Δx 的常数，$A\Delta x$ 是 Δx 的线性函数，而且 Δy 与 $A\Delta x$ 之差 $\Delta y - A\Delta x = o(\Delta x)$ 是比 Δx 高阶的无穷小. 于是，当 $A \ne 0$ 且 $|\Delta x|$ 很小时，我们就可以用 $A\Delta x$ 来近似代替 Δy. 由此引入微分的概念.

定义 1　　设函数 $y = f(x)$ 在点 x_0 的某个邻域内有定义，自变量 x 在点 x_0 处取得增量 Δx（点 $x_0 + \Delta x$ 也在该邻域内）. 若函数的增量 $\Delta y = f(x_0 + \Delta x) - f(x_0)$ 可表示为

$$\Delta y = A\Delta x + o(\Delta x),$$

其中 A 是与 x_0 有关但不依赖于 Δx 的常数，$o(\Delta x)$ 是比 Δx 高阶的无穷小，则称函数 $y = f(x)$ 在点

x_0 处是**可微**的,并称 $A\Delta x$ 为函数 $y = f(x)$ 在点 x_0 处相应于自变量增量 Δx 的**微分**,记作 $\mathrm{d}y$,即

$$\mathrm{d}y = A\Delta x.$$

接下来的问题是:函数可微的条件是什么? 常数 A 是什么样的? 为此,我们给出下面的定理.

定理 1　　函数 $y = f(x)$ **在点** x_0 **处可微的充要条件是** $y = f(x)$ **在点** x_0 **处可导,且这时**

$$A = f'(x_0).$$

证　必要性　设函数 $y = f(x)$ 在点 x_0 处可微,在点 x_0 取增量 $\Delta x \neq 0$,则由可微的定义有

$$\Delta y = A\Delta x + o(\Delta x),$$

其中 A 是与 x_0 有关但不依赖于 Δx 的常数.上式两边同时除以 Δx,得

$$\frac{\Delta y}{\Delta x} = A + \frac{o(\Delta x)}{\Delta x}.$$

于是,当 $\Delta x \to 0$ 时,由上式得

$$\lim_{\Delta x \to 0} \frac{\Delta y}{\Delta x} = A + \lim_{\Delta x \to 0} \frac{o(\Delta x)}{\Delta x} = A,$$

即

$$f'(x_0) = A.$$

因此,$y = f(x)$ 在点 x_0 处一定可导,且 $A = f'(x_0)$.

充分性　设函数 $y = f(x)$ 在点 x_0 处可导,即

$$\lim_{\Delta x \to 0} \frac{\Delta y}{\Delta x} = f'(x_0)$$

存在.根据函数极限与无穷小的关系,有

$$\frac{\Delta y}{\Delta x} = f'(x_0) + \alpha,$$

其中 α 是当 $\Delta x \to 0$ 时的无穷小,于是

$$\Delta y = f'(x_0)\Delta x + \alpha\Delta x = f'(x_0)\Delta x + o(\Delta x).$$

因为 $f'(x_0)$ 是与 x_0 有关但与 Δx 无关的常数,$\alpha\Delta x = o(\Delta x)$ 是比 Δx 高阶的无穷小,所以 $y = f(x)$ 在点 x_0 处可微.

由定理 1 可知,函数 $y = f(x)$ 在点 x_0 处可微时它必在点 x_0 处可导,同时 $y = f(x)$ 在点 x_0 处可导时它必在点 x_0 处可微,即可导与可微是一致的,并且 $y = f(x)$ 在点 x_0 处的微分就是 $y = f(x)$ 在点 x_0 处的导数 $f'(x_0)$ 与自变量增量 Δx 的乘积,即

$$\mathrm{d}y = f'(x_0)\Delta x.$$

于是,我们有

$$\Delta y = \mathrm{d}y + o(\Delta x) = f'(x_0)\Delta x + o(\Delta x).$$

当 $f'(x_0) \neq 0$ 时,有

$$\lim_{\Delta x \to 0} \frac{\Delta y - \mathrm{d}y}{\Delta y} = \lim_{\Delta x \to 0} \frac{\Delta y - f'(x_0)\Delta x}{\Delta y} = \lim_{\Delta x \to 0} \left[1 - \frac{f'(x_0)}{\dfrac{\Delta y}{\Delta x}} \right] = 0.$$

上式表明,在 $f'(x_0) \neq 0$ 的条件下,当 $\Delta x \to 0$ 时,$\Delta y - \mathrm{d}y$ 是比 Δy 高阶的无穷小,即 $\mathrm{d}y$ 是 Δy 的**主部**.又因为 $\mathrm{d}y = f'(x_0)\Delta x$ 是 Δx 的线性函数,所以当 $f'(x_0) \neq 0$ 时,称微分 $\mathrm{d}y$ 是函数增量 Δy 的**线性主部**.于是,当 $|\Delta x|$ 很小时,有

$$\Delta y \approx \mathrm{d}y.$$

如果函数 $y = f(x)$ 在区间 I 上每一点处都可微,那么称 $y = f(x)$ 是该区间上的**可微函数**. 这时称函数 $y = f(x)$ 在区间 I 上任一点 x 处的微分为该函数的**微分**,记作 $\mathrm{d}y$ 或 $\mathrm{d}f(x)$,即

$$\mathrm{d}y = f'(x)\Delta x.$$

如果将自变量 x 当作本身的函数 $y = x$,那么有

$$\mathrm{d}x = (x)'\Delta x = \Delta x,$$

即自变量 x 的微分 $\mathrm{d}x$ 就是自变量 x 的增量 Δx. 于是,当 x 是自变量时,可以用 $\mathrm{d}x$ 代替 Δx,从而函数 $y = f(x)$ 的微分又可写为

$$\mathrm{d}y = f'(x)\mathrm{d}x,$$

即函数的微分 $\mathrm{d}y$ 就等于函数的导数 $f'(x)$ 与自变量的微分 $\mathrm{d}x$ 的乘积. 由上式可得

$$\frac{\mathrm{d}y}{\mathrm{d}x} = f'(x).$$

以前用 $\dfrac{\mathrm{d}y}{\mathrm{d}x}$ 表示导数,那时我们是把 $\dfrac{\mathrm{d}y}{\mathrm{d}x}$ 看作导数的整体记号来用的. 现在引入微分概念之后,我们知道 $\dfrac{\mathrm{d}y}{\mathrm{d}x}$ 表示的是函数的微分 $\mathrm{d}y$ 与自变量的微分 $\mathrm{d}x$ 之商,因此导数也称为**微商**.

从上面的讨论可以知道,对于函数 $y = f(x)$,有导数 $f'(x)$ 就有微分 $\mathrm{d}y$,同时有微分就有导数,并且 $\mathrm{d}y = f'(x)\mathrm{d}x$,即求微分实质上就是求导数. 由于求微分的问题可以归结为求导数的问题,所以求导数与求微分的方法统称为**微分法**.

二、微分的几何意义

前面我们已经讨论了函数 $y = f(x)$ 的增量 Δy、微分 $\mathrm{d}y$ 与导数 $f'(x)$ 之间的关系,现在再从图形上直观地理解它们之间的关系.

如图 2-8 所示,在直角坐标系中,函数 $y = f(x)$ 的图形是一条曲线. 对于某一固定的值 x_0,曲线 $y = f(x)$ 上就有一个确定的点 $M(x_0, y_0)(y_0 = f(x_0))$,当自变量 x 取一个微小增量 Δx 时,就得到该曲线上的另一个点 $N(x_0 + \Delta x, y_0 + \Delta y)$,于是有

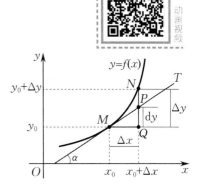

$$MQ = \Delta x, \quad QN = \Delta y.$$

过点 M 作该曲线的切线 MT,设其倾角为 α,则此切线的斜率为

$$\tan \alpha = f'(x_0),$$

从而

$$QP = MQ\tan \alpha = f'(x_0)\Delta x, \quad 即 \quad \mathrm{d}y = QP,$$

图 2-8

其中 QP 是切线 MT 在点 M 处的纵坐标相应于 Δx 的增量. 由此可见,对于可微函数 $y = f(x)$,当 Δy 是曲线 $y = f(x)$ 上点 M 的纵坐标相应于 Δx 的增量时,微分 $\mathrm{d}y = f'(x_0)\Delta x$ 在几何上就表示曲线 $y = f(x)$ 在点 M 处的切线纵坐标相应于 Δx 的增量. 当 $|\Delta x|$ 很小时,$|\Delta y - \mathrm{d}y|$ 比 $|\Delta x|$ 小很多,因此在点 M 的附近,我们可以用切线段来近似代替曲线段.

三、基本初等函数的微分公式与微分运算法则

由函数 $y = f(x)$ 的微分表达式 $\mathrm{d}y = f'(x)\mathrm{d}x$ 可知，要计算函数的微分 $\mathrm{d}y$，只要求出函数的导数 $f'(x)$，再与自变量的微分 $\mathrm{d}x$ 相乘即可．因此，与基本初等函数的导数公式和求导法则对应，可得基本初等函数的微分公式和微分法则．

1. 基本初等函数的微分公式

（1）$y = C, \mathrm{d}y = 0$（C 为常数）；

（2）$y = x^{\mu}, \mathrm{d}y = \mu x^{\mu-1}\mathrm{d}x$（$\mu$ 为常数）；

（3）$y = a^x, \mathrm{d}y = a^x \ln a\mathrm{d}x$（$a > 0$ 且 $a \neq 1$）；

（4）$y = \log_a x, \mathrm{d}y = \dfrac{1}{x\ln a}\mathrm{d}x = \dfrac{1}{x}\log_a e\mathrm{d}x$（$a > 0$ 且 $a \neq 1$）；

（5）$y = \sin x, \mathrm{d}y = \cos x\mathrm{d}x$；

（6）$y = \cos x, \mathrm{d}y = -\sin x\mathrm{d}x$；

（7）$y = \tan x, \mathrm{d}y = \sec^2 x\mathrm{d}x = \dfrac{1}{\cos^2 x}\mathrm{d}x$；

（8）$y = \cot x, \mathrm{d}y = -\csc^2 x\mathrm{d}x = -\dfrac{1}{\sin^2 x}\mathrm{d}x$；

（9）$y = \sec x, \mathrm{d}y = \tan x \sec x\mathrm{d}x$；

（10）$y = \csc x, \mathrm{d}y = -\cot x \csc x\mathrm{d}x$；

（11）$y = \arcsin x, \mathrm{d}y = \dfrac{1}{\sqrt{1-x^2}}\mathrm{d}x$；

（12）$y = \arccos x, \mathrm{d}y = -\dfrac{1}{\sqrt{1-x^2}}\mathrm{d}x$；

（13）$y = \arctan x, \mathrm{d}y = \dfrac{1}{1+x^2}\mathrm{d}x$；

（14）$y = \operatorname{arccot} x, \mathrm{d}y = -\dfrac{1}{1+x^2}\mathrm{d}x$．

2. 函数四则运算的微分法则

设函数 $u = u(x)$ 和 $v = v(x)$ 均可微，则

（1）$\mathrm{d}(u \pm v) = \mathrm{d}u \pm \mathrm{d}v$；　　　　　　　　（2）$\mathrm{d}(uv) = v\mathrm{d}u + u\mathrm{d}v$；

（3）$\mathrm{d}\left(\dfrac{u}{v}\right) = \dfrac{v\mathrm{d}u - u\mathrm{d}v}{v^2}$　（$v \neq 0$）．

3. 复合函数的微分法则

设函数 $y = f(u)$ 和 $u = \varphi(x)$ 均可微，则复合函数 $y = f[\varphi(x)]$ 也可微，且

$$\mathrm{d}y = \frac{\mathrm{d}y}{\mathrm{d}x}\mathrm{d}x = \frac{\mathrm{d}y}{\mathrm{d}u} \cdot \frac{\mathrm{d}u}{\mathrm{d}x}\mathrm{d}x,$$

即

$$\mathrm{d}y = f'(u)\varphi'(x)\mathrm{d}x.$$

4. 微分形式的不变性

设函数 $y = f(u)$ 可微.

(1) 当 u 是自变量时,函数的微分为

$$\mathrm{d}y = f'(u)\mathrm{d}u;$$

(2) 当 u 不是自变量,而是函数 $u = \varphi(x)$,且 $u = \varphi(x)$ 可微时,y 为 x 的复合函数. 根据复合函数的微分法则,有

$$\mathrm{d}y = f'(u)\varphi'(x)\mathrm{d}x.$$

由于 $\varphi'(x)\mathrm{d}x = \mathrm{d}u$,因此上式也可以写为

$$\mathrm{d}y = f'(u)\mathrm{d}u.$$

由此可见,无论 u 是自变量,还是另一个变量的可微函数(中间变量),对于函数 $y = f(u)$,微分 $\mathrm{d}y = f'(u)\mathrm{d}u$ 的形式保持不变. 这一性质称为**微分形式的不变性**.

例 1 求函数 $y = \mathrm{e}^x$ 在点 $x = 0$ 和 $x = 1$ 处的微分.

解 函数 $y = \mathrm{e}^x$ 在点 $x = 0$ 处的微分为

$$\mathrm{d}y\Big|_{x=0} = (\mathrm{e}^x)'\Big|_{x=0}\Delta x = \Delta x,$$

在点 $x = 1$ 处的微分为

$$\mathrm{d}y\Big|_{x=1} = (\mathrm{e}^x)'\Big|_{x=1}\Delta x = \mathrm{e}\Delta x.$$

例 2 求函数 $y = x^2$ 当 x 由 1 变到 1.01 时的微分.

解 函数 $y = x^2$ 的微分为

$$\mathrm{d}y = (x^2)'\Delta x = 2x\Delta x.$$

由所给的条件知 $x = 1, \Delta x = 1.01 - 1 = 0.01$,于是

$$\mathrm{d}y\Big|_{x=1} = 2 \times 1 \times 0.01 = 0.02.$$

例 3 设函数 $y = 3\mathrm{e}^x - \tan x$,求 $\mathrm{d}y$.

解 $\mathrm{d}y = \mathrm{d}(3\mathrm{e}^x - \tan x) = \mathrm{d}(3\mathrm{e}^x) - \mathrm{d}(\tan x)$

$\qquad = 3\mathrm{d}(\mathrm{e}^x) - \sec^2 x \mathrm{d}x = 3\mathrm{e}^x\mathrm{d}x - \sec^2 x\mathrm{d}x$

$\qquad = (3\mathrm{e}^x - \sec^2 x)\mathrm{d}x.$

例 4 求函数 $y = \sin(2x+1)$ 的微分.

解 把 $2x+1$ 看作中间变量,令 $u = 2x+1$,则

$$\mathrm{d}y = \mathrm{d}(\sin u) = \cos u\mathrm{d}u = \cos(2x+1)\mathrm{d}(2x+1)$$
$$= \cos(2x+1) \cdot 2\mathrm{d}x = 2\cos(2x+1)\mathrm{d}x.$$

在求复合函数的微分时,可以不写出中间变量,利用微分形式的不变性来求. 例如,对于例 4 中的函数,有

$$\mathrm{d}y = \mathrm{d}[\sin(2x+1)] = \cos(2x+1)\mathrm{d}(2x+1)$$
$$= \cos(2x+1) \cdot 2\mathrm{d}x = 2\cos(2x+1)\mathrm{d}x.$$

例 5 求函数 $y = \mathrm{e}^{-2x}\cos 3x$ 的微分.

解 $dy = d(e^{-2x}\cos 3x) = \cos 3x d(e^{-2x}) + e^{-2x}d(\cos 3x)$

$\qquad = \cos 3x \cdot e^{-2x}d(-2x) + e^{-2x}(-\sin 3x)d(3x)$

$\qquad = -2\cos 3x \cdot e^{-2x}dx + e^{-2x}(-\sin 3x) \cdot 3dx$

$\qquad = -e^{-2x}(2\cos 3x + 3\sin 3x)dx.$

例 6   设函数 $y = \dfrac{1-x^2}{1+x^2}$，求 dy.

解 $dy = d\left(\dfrac{1-x^2}{1+x^2}\right) = \dfrac{(1+x^2)d(1-x^2) - (1-x^2)d(1+x^2)}{(1+x^2)^2}$

$\qquad = \dfrac{-2x(1+x^2)dx - 2x(1-x^2)dx}{(1+x^2)^2} = \dfrac{-4x}{(1+x^2)^2}dx.$

例 7   在下列等式左端的括号内填入适当的函数，使得等式成立：

(1) $d($ $) = xdx$;   (2) $d($ $) = e^{-2x}dx$.

解   (1) 因为 $d(x^2) = 2xdx$，所以

$$xdx = \frac{1}{2}d(x^2) = d\left(\frac{1}{2}x^2\right).$$

又因为常数的微分为 0，即 $d(C) = 0$，所以

$$d\left(\frac{x^2}{2} + C\right) = xdx \quad (C \text{ 为任意常数}).$$

(2) 因为 $d(e^{-2x}) = -2e^{-2x}dx$，所以

$$e^{-2x}dx = -\frac{1}{2}d(e^{-2x}) = d\left(-\frac{1}{2}e^{-2x}\right).$$

于是

$$d\left(-\frac{1}{2}e^{-2x} + C\right) = e^{-2x}dx \quad (C \text{ 为任意常数}).$$

四、微分在近似计算中的应用

在实际问题中，常常会遇到一些比较复杂的计算公式. 如果直接用这些公式进行计算，会很困难，故需要做近似计算. 一般对近似计算，总是要求用比较简便的计算方法得到具有一定精度的计算结果，而利用微分来做近似计算往往能满足这些要求.

1. 函数的近似计算

设函数 $y = f(x)$ 在点 x_0 处可导，且 $f'(x_0) \neq 0$. 当 $|\Delta x|$ 很小（记作 $|\Delta x| \ll 1$）时，有

$$\Delta y \approx dy = f'(x_0)\Delta x.$$

这个近似公式也可写为

$$\Delta y = f(x_0 + \Delta x) - f(x_0) \approx f'(x_0)\Delta x \tag{2.9}$$

或

$$f(x_0 + \Delta x) \approx f(x_0) + f'(x_0)\Delta x. \tag{2.10}$$

在式(2.10) 中，令 $x = x_0 + \Delta x$，即 $\Delta x = x - x_0$，则式(2.10) 又可写成

$$f(x) \approx f(x_0) + f'(x_0)(x - x_0). \tag{2.11}$$

如果 $f'(x_0)$ 容易计算，那么可以利用式(2.9) 来计算 Δy 的近似值；如果 $f(x_0)$ 和 $f'(x_0)$ 都

容易计算，那么可以利用式(2.10)来计算 $f(x_0 + \Delta x)$ 的近似值，或者利用式(2.11)来计算 $f(x)$ 的近似值. 这种近似计算的实质就是用 x 的线性函数 $f(x_0) + f'(x_0)(x - x_0)$ 来近似表示函数 $f(x)$. 只要 x 与 x_0 充分接近，这种近似表示就可以达到一定的精度. 从导数的几何意义上看，这就是在点 $(x_0, f(x_0))$ 附近用曲线 $y = f(x)$ 的切线 $y = f(x_0) + f'(x_0)(x - x_0)$ 来近似代替曲线 $y = f(x)$.

例 8　有一批半径为 $1\,\mathrm{cm}$ 的小球，为了提高球面的光洁度，需要在小球的表面镀上一层铜，厚度为 $0.01\,\mathrm{cm}$，估计每个小球需要多少铜（铜的密度为 $8.9\,\mathrm{g/cm^3}$）.

解　设球体的体积为 V，半径为 r. 根据题意知道，先求出镀层的体积，然后乘以密度，就可得到每个小球需要的铜的质量.

镀层的体积等于两个同心球体的体积之差，即球体的体积 $V = \dfrac{4}{3}\pi r^3$ 在 r_0 处当 r 取得增量 Δr 时的增量 ΔV，其中 $r_0 = 1\,\mathrm{cm}, \Delta r = 0.01\,\mathrm{cm}$. 球体的体积 V 在 r_0 处对 r 的导数为

$$V'(r_0) = \left(\frac{4}{3}\pi r^3\right)'\bigg|_{r = r_0} = 4\pi r_0^2.$$

根据式(2.9)，得

$$\Delta V \approx \mathrm{d}V = V'(r_0)\Delta r = 4\pi r_0^2 \Delta r.$$

将 $r_0 = 1\,\mathrm{cm}, \Delta r = 0.01\,\mathrm{cm}$ 代入上式，得

$$\Delta V \approx 4 \times 3.14 \times 1^2 \times 0.01\,\mathrm{cm^3} \approx 0.13\,\mathrm{cm^3}.$$

故镀每个小球需用的铜约为

$$0.13 \times 8.9\,\mathrm{g} \approx 1.16\,\mathrm{g}.$$

例 9　利用微分近似计算 $\sqrt{4.2}$ 的值.

解　要想利用微分来做 $\sqrt{4.2}$ 的近似计算，首先需要选函数 $f(x)$. 把 $\sqrt{4.2}$ 看作函数 $f(x) = \sqrt{x}$ 在点 $x = 4.2$ 处的函数值，选取 $x_0 = 4$，因为它与 4.2 比较接近，而且 $f(x_0)$ 和 $f'(x_0)$ 都容易计算，这样可以利用式(2.11)来进行近似计算.

设函数 $f(x) = \sqrt{x}, f'(x) = \dfrac{1}{2\sqrt{x}}$. 取 $x_0 = 4, x = 4.2$，则

$$f(x_0) = 2, \quad f'(x_0) = \frac{1}{4}, \quad x - x_0 = 0.2.$$

代入式(2.11)，得

$$\sqrt{4.2} \approx 2 + \frac{1}{4}(4.2 - 4) = 2.05.$$

例 10　利用微分近似计算 $\cos 30°12'$ 的值.

解　设函数 $f(x) = \cos x$，则 $f'(x) = -\sin x$. 取 $x_0 = 30° = \dfrac{\pi}{6}, x = 30°12' = \dfrac{\pi}{6} + \dfrac{\pi}{900}$，则

$$f(x_0) = \frac{\sqrt{3}}{2}, \quad f'(x_0) = -\sin\frac{\pi}{6} = -\frac{1}{2}, \quad x - x_0 = \frac{\pi}{900}.$$

代入式(2.11)，得

$$\cos 30°12' \approx \frac{\sqrt{3}}{2} - \frac{1}{2} \times \frac{\pi}{900} \approx 0.864\ 3.$$

在式(2.11)中，若取 $x_0 = 0$，可得

$$f(x) \approx f(0) + f'(0)x \quad (|x| \ll 1). \tag{2.12}$$

由式(2.12)不难得到下列几个常用的近似公式（假设 $|x| \ll 1$）：

(1) $\sqrt[n]{1+x} \approx 1 + \frac{1}{n}x$；　　　　　　(2) $\ln(1+x) \approx x$；

(3) $e^x \approx 1 + x$；　　　　　　　　　　(4) $\sin x \approx x$；

(5) $\tan x \approx x$.

下面来证明近似公式

$$\sqrt[n]{1+x} \approx 1 + \frac{1}{n}x.$$

证　设函数 $f(x) = \sqrt[n]{1+x}$，则 $f'(x) = \frac{1}{n}(1+x)^{\frac{1}{n}-1}$，从而

$$f(0) = 1, \quad f'(0) = \frac{1}{n}.$$

代入式(2.12)，得

$$\sqrt[n]{1+x} \approx 1 + \frac{1}{n}x.$$

其他几个近似公式可用类似的方法来证明.

例 11　计算 $\sqrt[3]{1.02}$ 的近似值.

解　把 $\sqrt[3]{1.02}$ 看成函数 $f(x) = \sqrt[3]{1+x}$ 在点 $x = 0.02$ 处的函数值. 因为 $x = 0.02$ 很小，所以可利用近似公式(1)，即

$$\sqrt[3]{1+x} \approx 1 + \frac{1}{3}x.$$

把 $x = 0.02$ 代入上式，得

$$\sqrt[3]{1.02} \approx 1 + \frac{1}{3} \times 0.02 \approx 1.006\ 7.$$

例 12　计算 $\sqrt{26}$ 的近似值.

解　如果直接用近似公式(1)，即 $\sqrt{1+x} \approx 1 + \frac{1}{2}x$ 来计算 $\sqrt{26}$ 的近似值，那么会出现 $x = 25$. 而 $x = 25$ 是一个比较大的数，这样不符合应用近似公式(1)所要求的条件，因此不能直接用近似公式(1).

把 $\sqrt{26}$ 改写为 $\sqrt{26} = \sqrt{25+1} = 5\sqrt{1+\frac{1}{25}} = 5\sqrt{1+0.04}$，这时可把 $\sqrt{1+0.04}$ 看成函数 $f(x) = \sqrt{1+x}$ 在点 $x = 0.04$ 处的函数值，而 $x = 0.04$ 是一个很小的数，符合近似公式(1)的条件. 于是，将 $x = 0.04$ 代入近似公式(1)，得

$$\sqrt{1+0.04} \approx 1 + \frac{1}{2} \times 0.04 = 1.02,$$

从而

$$\sqrt{26} = 5\sqrt{1+0.04} \approx 5 \times 1.02 = 5.10.$$

2. 误差估计

在生产实践中,常常需要测量各种数据.由于测量仪器的精度、测量的条件及测量的方法等各种因素的影响,所测得的数据往往是近似值.要知道数据的精度,就需要估计它的近似程度,即估计它与准确值的差,这就是**误差估计**.而根据带有误差的数据计算所得的结果也会带有误差,这种误差称为**间接测量误差**.例如,要测量一个球体的体积,一般需要先测量球体的直径,然后由球体的体积公式计算出它的体积.测量得到的球体直径往往带有误差,所以由球体体积公式计算的体积相应地也带有误差,这个误差就是间接测量误差.

为了讨论怎样利用微分来估计间接测量误差,先介绍绝对误差和相对误差的概念.

如果某个量的精确值为 A,它的近似值为 a,则称 $|A-a|$ 为这个近似值的**绝对误差**.

绝对误差表示一个量的精确值与其近似值之间的差值,它反映了某种近似程度.但是,有时仅知道绝对误差还不够.例如,一根轴的设计要求长度为 120 mm,加工后测量得 120.03 mm,则绝对误差为 $|120-120.03|$ mm $= 0.03$ mm;又如,一个螺钉的设计要求长度为 12 mm,加工后测量得 12.03 mm,则绝对误差为 $|12-12.03|$ mm $= 0.03$ mm.它们的绝对误差都是 0.03 mm,但是对于 120 mm 相差 0.03 mm 显然比对于 12 mm 相差 0.03 mm 精度高,所以轴的精度比螺钉的精度高.可见,一个量的近似值的精度不但和它的绝对误差有关,还和这个量本身的大小有关.于是,将绝对误差 $|A-a|$ 与近似值的绝对值 $|a|$ 之比 $\dfrac{|A-a|}{|a|}$ 称为这个近似值的**相对误差**.

在实际工作中,一个量的精确值往往是无法知道的,所以绝对误差和相对误差也无法求得.但是,根据测量仪器的精度等因素,有时可以确定数值 δ_A,使得 $|A-a| \leqslant \delta_A$,即确定绝对误差在某一范围内.我们称 δ_A 为 A 的**绝对误差限**(或**最大绝对误差**),而称 $\dfrac{\delta_A}{|a|}$ 为 A 的**相对误差限**(或**最大相对误差**).

下面考虑利用微分来估计间接误差.设 x 是可以直接测量的量,y 是不能直接测量的量,但 x 与 y 之间有函数关系 $y = f(x)$.为了得到 y 的值,可以先测量 x 的值,然后用公式 $y = f(x)$ 计算 y 的值.这时的间接误差可以这样来估计:假设测量 x 的绝对误差限为 δ_x,即

$$|\Delta x| \leqslant \delta_x,$$

则当 $f'(x) \neq 0$ 时,y 的绝对误差为

$$|\Delta y| \approx |\mathrm{d}y| = |f'(x)||\Delta x| \leqslant |f'(x)|\delta_x,$$

即 y 的绝对误差限为

$$\delta_y \approx |f'(x)|\delta_x,$$

y 的相对误差限为

$$\frac{\delta_y}{|y|} \approx \left|\frac{y'}{y}\right|\delta_x = \left|\frac{f'(x)}{f(x)}\right|\delta_x.$$

以后也常常把绝对误差限和相对误差限分别简称为绝对误差和相对误差.

例 13 某工厂生产扇形板，要求半径为 $r = 200\,\text{mm}$，中心角 α 为 $55°$．产品检验时一般用测量弦长 l 的办法来间接测量中心角．若测量弦长 l 时的绝对误差为 $\delta_l = 0.1\,\text{mm}$，问：由此引起的中心角 α 的绝对误差 δ_α 是多少？

解 因为 $\dfrac{l}{2} = r\sin\dfrac{\alpha}{2}$，所以

$$\alpha = 2\arcsin\frac{l}{2r}.$$

将 $r = 200\,\text{mm}$ 代入上式，得

$$\alpha = 2\arcsin\frac{l}{400},$$

于是中心角 α 的绝对误差为

$$\delta_\alpha \approx |\alpha'_l|\delta_l = \frac{2}{\sqrt{1 - \left(\dfrac{l}{400}\right)^2}} \cdot \frac{1}{400} \cdot \delta_l = \frac{2\delta_l}{\sqrt{400^2 - l^2}}.$$

当 $\alpha = 55°$ 时，$l = 2r\sin\dfrac{\alpha}{2} = 400\sin 27.5°\,\text{mm} \approx 184.7\,\text{mm}$．将 $l = 184.7\,\text{mm}$，$\delta_l = 0.1\,\text{mm}$ 代入上式，得

$$\delta_\alpha = \frac{2}{\sqrt{400^2 - 184.7^2}} \cdot 0.1\,\text{rad} \approx 0.000\,56\,\text{rad} \approx 1'56''.$$

习 题 2-5

1. 设函数 $y = x^2 - 3x + 5$，求当 $x = 1$，$\Delta x = 0.01$ 时的增量 Δy 和微分 $\mathrm{d}y$．

2. 已知函数 $y = f(x)$ 在点 x 处取得增量 $\Delta x = 0.2$，对应的函数增量 Δy 的线性主部为 0.8，求该函数在点 x 处的导数．

3. 一个立方体每条棱的长度都增加 $1\,\text{cm}$，此时其体积 V 的微分为 $\mathrm{d}V = 12\,\text{cm}^3$，问：该立方体原来的棱长为多少？

4. 求下列函数的微分：

(1) $y = x^2 - \sqrt{x}$；

(2) $y = x^2 \mathrm{e}^{2x}$；

(3) $y = \dfrac{\cos x}{1 - x^2}$；

(4) $y = \arcsin\sqrt{x}$；

(5) $y = x\ln x$；

(6) $y = \tan^2(1 - x)$；

(7) $y = \dfrac{x}{\sqrt{x^2 + 1}}$；

(8) $y = x + \ln\sqrt{1 - x^3}$；

(9) $y = 5^{\ln\tan x}$；

(10) $y = (\mathrm{e}^x + \mathrm{e}^{-x})^2$．

5. 把适当的函数填入下列括号内，使得等式成立：

(1) $\mathrm{d}(\quad) = 3\mathrm{d}x$；

(2) $\mathrm{d}(\quad) = 6x\mathrm{d}x$；

(3) $\mathrm{d}(\quad) = \dfrac{1}{2 + x}\mathrm{d}x$；

(4) $\mathrm{d}(\quad) = \csc^2 2x\mathrm{d}x$；

(5) d(　　) = $e^{3x}dx$;

(6) d(　　) = $\sin t dt$;

(7) d(　　) = $x^{\frac{3}{2}}dx$;

(8) d(　　) = $\dfrac{3}{1+x^2}dx$.

6. 某种扩音器的插头为圆柱形,其长度为 $l = 4$ cm,截面半径为 $r = 0.15$ cm. 为了提高这种扩音器的导电性能,需在其插头的侧面镀上一层厚度为 0.001 cm 的纯铜. 问:每个这种插头大约需要多少纯铜(铜的密度为 8.9 g/cm^3)?

7. 设有一个平面圆环,它的内半径为 10 cm,宽为 0.1 cm,利用微分计算这个圆环面积的近似值.

8. 求下列各数的近似值:

(1) $\tan 136°$;

(2) $e^{0.05}$;

(3) $\ln 1.002$;

(4) $\arctan 1.02$;

(5) $\sqrt[5]{0.95}$;

(6) $\sqrt[6]{65}$.

9. 证明:当 $|x| \ll 1$ 时,下列近似公式成立:

(1) $e^x \approx 1 + x$;

(2) $\sin x \approx x$;

(3) $\ln(1+x) \approx x$;

(4) $\tan x \approx x$.

10. 圆的面积公式为 $A = \pi r^2$,若要求圆面积的相对误差不能大于 $1‰$,问:这时测量圆的直径 d 的相对误差不能超过多少?

11. 已知正方形的边长为 (2.4 ± 0.05)m,求正方形面积的近似值,并估计其相对误差.

12. 经过多次测量一根圆钢的直径,得其直径的平均值为 $d = 50$ mm,绝对误差不超过 0.05 mm. 计算这根圆钢的截面积,并估计其绝对误差与相对误差.

总 习 题 二

1. 单项选择题:

(1) 设函数 $y = f(x)$ 在点 $x = 0$ 处可导,且 $f(0) = 0$,则 $\lim\limits_{x \to 0} \dfrac{x^2 f(x) - 2f(x^3)}{x^3} = ($　　$)$;

A. $-2f'(0)$　　　　B. $-f'(0)$　　　　C. $f'(0)$　　　　D. 0

(2) 设函数 $f(x) = \begin{cases} \dfrac{1 - e^{-x^2}}{x}, & x \neq 0, \\ 0, & x = 0, \end{cases}$ 则 $f'(0) = ($　　$)$;

A. 0　　　　B. $-\dfrac{1}{2}$　　　　C. 1　　　　D. -1

(3) 设曲线 $y = x^3 + ax$ 与曲线 $y = bx^2 + c$ 在点 $(-1, 0)$ 处相切,则$($　　$)$;

A. $a = b = -1, c = 1$　　　　　　　B. $a = -1, b = 1, c = -2$

C. $a = 1, b = -1, c = 2$　　　　　　D. $a = b = 1, c = -1$

(4) 下列函数中导数等于 $\dfrac{1}{2}\sin 2x$ 的是$($　　$)$;

A. $\dfrac{1}{2}\sin^2 x$　　　B. $\dfrac{1}{4}\cos 2x$　　　C. $-\dfrac{1}{4}\cos^2 x$　　　D. $\dfrac{1}{2}\cos 2x$

(5) 设方程 $x = y^y$ 确定 y 是 x 的函数,则 $dy = ($　　$)$.

A. $\dfrac{1}{x\ln y}dx$　　B. $\dfrac{1}{x(\ln y + 1)}dx$　　C. $\dfrac{1}{\ln y + 1}dx$　　D. $\dfrac{1}{x^2(\ln y + 1)}dx$

2. 讨论函数

$$f(x) = \begin{cases} x\sin\dfrac{1}{x}, & x \neq 0, \\ 0, & x = 0 \end{cases}$$

在点 $x = 0$ 处的连续性与可导性.

3. 求下列函数的导数：

(1) $y = \sin x \sin 2x \sin 3x$;

(2) $y = \dfrac{1}{\sqrt{3}}\arctan\dfrac{\sqrt{3}\,x}{1-x^2}$;

(3) $y = (2+3x^2)\sqrt{1+5x^2}$;

(4) $y = \ln\arctan\dfrac{1}{1+x}$.

4. 设函数 $f(x)$ 可导，求函数 $y = f(\mathrm{e}^x)\mathrm{e}^{f(x)}$ 的导数.

5. 求下列函数的二阶导数：

(1) $y = \dfrac{\ln x}{x}$;

(2) $y = \sin x^3$;

(3) $y = x\mathrm{e}^{x^2}$;

(4) $y = \dfrac{x^3}{1+x}$.

6. 设函数 $y = y(x)$ 由方程 $\sqrt[2]{y} = \sqrt[3]{x}$ $(x > 0, y > 0)$ 所确定，求 $\dfrac{\mathrm{d}^2 y}{\mathrm{d}x^2}$.

7. 求由方程 $\mathrm{e}^x + x = \mathrm{e}^y + y$ 所确定的隐函数的二阶导数 $\dfrac{\mathrm{d}^2 y}{\mathrm{d}x^2}$.

8. 求由参数方程

$$\begin{cases} x = t - \ln(1+t^2), \\ y = \arctan t \end{cases}$$

所确定的函数的二阶导数 $\dfrac{\mathrm{d}^2 y}{\mathrm{d}x^2}$.

9. 求下列函数的微分：

(1) $y = \mathrm{e}^{-x}\cos x$;

(2) $y = \ln\tan\left(\dfrac{\pi}{4} + \dfrac{x}{2}\right)$;

(3) $y = \dfrac{\cos 2x}{\sin x - \cos x}$;

(4) $y = \ln\dfrac{1+x}{1-x}$.

10. 甲船以 6 km/h 的速度向东行驶，乙船以 8 km/h 的速度向南行驶. 在中午 12:00，乙船位于甲船以北 16 km 处，问：在下午 1:00，两船相离的速度是多少？

11. 设有一个球体，其半径以 0.02 m/s 的速率增加，求当该球体的半径为 2 m 时，其体积和表面积增加的速率各为多少？

12. 计算 $\sin 29°$ 的近似值.

13. 证明：曲线 $x^{\frac{2}{3}} + y^{\frac{2}{3}} = a^{\frac{2}{3}}$ $(a > 0)$ 上任一点处的切线在两条坐标轴之间的线段是定长.

14. 设函数 $f(x)$ 在区间 $(-\infty, +\infty)$ 上有定义，对于任意 $x, y \in (-\infty, +\infty)$，有

$$f(x+y) = f(x)f(y),$$

且 $f'(0) = 1$，证明：当 $x \in (-\infty, +\infty)$ 时，$f'(x) = f(x)$.

15. 设函数 $f(x)$ 在点 $x = 0$ 处可导，且 $f(0) = 0$，$f'(0) \neq 0$，又函数 $F(x)$ 在点 $x = 0$ 处可导，证明：复合函数 $F[f(x)]$ 在点 $x = 0$ 处也可导.

课程思政案例

第三章

微分中值定理与导数的应用

导数是研究函数性态的重要工具,但只由导数概念并不能充分体现其工具作用,这需要建立在微分学的一类基本定理的基础之上.这类定理是导数应用的理论基础,主要包括罗尔(Rolle)中值定理、拉格朗日(Lagrange)中值定理和柯西中值定理,它们统称为微分中值定理.

第一节　微分中值定理

我们先介绍费马引理,用其证明罗尔中值定理,然后推出拉格朗日中值定理和柯西中值定理.

一、费马引理

定义 1　设函数 $f(x)$ 在点 x_0 的某个邻域 $U(x_0)$ 内有定义.若对于去心邻域 $\mathring{U}(x_0)$ 内任一点 x,都有
$$f(x) < f(x_0) \quad (或 f(x) > f(x_0)),$$
则称 $f(x_0)$ 是函数 $f(x)$ 的一个**极大值**(或**极小值**).

函数的极大值和极小值统称为函数的**极值**,使函数取得极值的点称为函数的**极值点**.

函数的极值是在函数定义域上某个邻域内讨论的,是一个局部性概念,而函数的最值是在定义域内讨论的,是一个整体性概念.若函数 $f(x)$ 在一个区间内部某一点 x_0 处取得最大值(或最小值),则点 x_0 必定是 $f(x)$ 的极大值点(或极小值点).如图 3-1 所示,点 x_1, x_4, x_6 为函数 $f(x)$ 的极小值点,点 x_2, x_5 为函数 $f(x)$ 的极大值点.

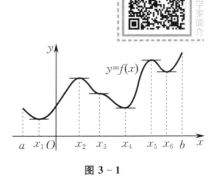
数学家简介

图 3-1

费马引理　设函数 $f(x)$ 在点 x_0 的某个邻域 $U(x_0)$ 内有定义,且在点 x_0 处可导.若 $f(x)$ 在点 x_0 处取得极值,则 $f'(x_0) = 0$.

证　不妨设点 x_0 是函数 $f(x)$ 的极大值点,则存在 $\delta > 0$,使得对于去心邻域 $\mathring{U}(x_0, \delta)$ 内任一点 x,都有
$$f(x) < f(x_0).$$
当 $x_0 - \delta < x < x_0$ 时,$x - x_0 < 0, f(x) - f(x_0) < 0$,因而

$$\frac{f(x) - f(x_0)}{x - x_0} > 0.$$

由极限的保号性，有

$$f'_-(x_0) = \lim_{x \to x_0^-} \frac{f(x) - f(x_0)}{x - x_0} \geqslant 0.$$

同理可得

$$f'_+(x_0) = \lim_{x \to x_0^+} \frac{f(x) - f(x_0)}{x - x_0} \leqslant 0.$$

又已知 $f(x)$ 在点 x_0 处可导，故

$$f'(x_0) = f'_-(x_0) = f'_+(x_0) = 0.$$

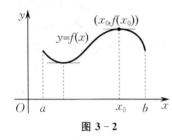

图 3 - 2

费马引理的几何解释是：若曲线 $y = f(x)$ 上一点 $(x_0, f(x_0))$ 处存在不垂直于 x 轴的切线，且点 x_0 是函数 $f(x)$ 的极值点，则曲线 $y = f(x)$ 在点 $(x_0, f(x_0))$ 处的切线平行于 x 轴，如图3 - 2 所示.

若 $f'(x_0) = 0$，则称点 x_0 为函数 $f(x)$ 的**驻点**.

由费马引理可知，函数的极值点要么是不可导点，要么是驻点. 注意，费马引理的逆命题不一定成立.

二、罗尔中值定理

罗尔中值定理　　若函数 $f(x)$ 满足下列条件：

（1）在闭区间 $[a, b]$ 上连续；

（2）在开区间 (a, b) 内可导；

（3）$f(a) = f(b)$，

则在 (a, b) 内至少存在一点 ξ，使得 $f'(\xi) = 0$.

证　由条件（1）可知，函数 $f(x)$ 在闭区间 $[a, b]$ 上取得最大值 M 与最小值 m. 下面分两种情形讨论：

（1）若 $m = M$，则 $f(x)$ 在 $[a, b]$ 上是常数函数. 于是，$\forall x \in (a, b)$，有 $f'(x) = 0$，即 (a, b) 内任一点取作 ξ，都可以使得 $f'(\xi) = 0$.

（2）若 $m < M$，则由条件（3）可知 $f(x)$ 的最大值 M 和最小值 m 不可能同时在区间端点处取到. 也就是说，M 和 m 中至少有一个是在开区间 (a, b) 内某一点 ξ 处取到的. 于是，ξ 是 $f(x)$ 的一个极值点，由费马引理可知 $f'(\xi) = 0$.

罗尔中值定理的几何意义是：在连接高度相等的两点的一条连续曲线上，若每一点处都有不垂直于 x 轴的切线，那么至少有一点处的切线是水平的，如图 3 - 3 所示.

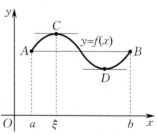

图 3 - 3

三、拉格朗日中值定理

拉格朗日中值定理　　若函数 $f(x)$ 满足下列条件：

（1）在闭区间 $[a, b]$ 上连续；

（2）在开区间 (a,b) 内可导，

则在 (a,b) 内至少存在一点 ξ，使得

$$f(b) - f(a) = f'(\xi)(b-a). \tag{3.1}$$

先来看此定理的几何意义. 式(3.1)可改写为

$$\frac{f(b) - f(a)}{b - a} = f'(\xi).$$

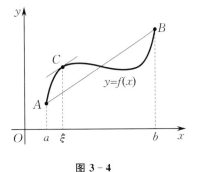

如图 3-4 所示，$\dfrac{f(b) - f(a)}{b - a}$ 为弦 AB 的斜率，而 $f'(\xi)$ 为曲线 $y = f(x)$ 在点 C 处的切线斜率. 这说明，若曲线 $y = f(x)$ 除端点 A, B 外，处处都存在不垂直于 x 轴的切线，则这条曲线上至少有一点处的切线平行于弦 AB.

容易看出，当 $f(a) = f(b)$ 时，拉格朗日中值定理就成为罗尔中值定理. 我们自然想到利用罗尔中值定理来证明拉格朗日中值定理. 因此，我们需要构造一个函数 $\varphi(x)$（称为**辅助函数**），使 $\varphi(x)$ 除与 $f(x)$ 有相应的关系以外，还满足罗尔中值定理的第三个条件.

图 3-4

为此，我们先写出弦 AB 的直线方程

$$y = f(a) + \frac{f(b) - f(a)}{b - a}(x - a).$$

因为曲线 $y = f(x)$ 与弦 AB 在点 $x = a$ 和 $x = b$ 处有相同的高度，所以若取辅助函数为

$$\varphi(x) = f(x) - \left[f(a) + \frac{f(b) - f(a)}{b - a}(x - a) \right],$$

显然有 $\varphi(a) = \varphi(b) = 0$. 这正是罗尔中值定理所需的第三个条件.

证 引入辅助函数

$$\varphi(x) = f(x) - \left[f(a) + \frac{f(b) - f(a)}{b - a}(x - a) \right].$$

容易验证 $\varphi(x)$ 在 $[a,b]$ 上满足罗尔中值定理的三个条件，从而由罗尔中值定理可知，在 (a,b) 内至少存在一点 ξ，使得

$$\varphi'(\xi) = f'(\xi) - \frac{f(b) - f(a)}{b - a} = 0,$$

即

$$f(b) - f(a) = f'(\xi)(b - a).$$

显然，式(3.1)对于 $b < a$ 也成立. 称式(3.1)为**拉格朗日中值公式**.

在上述定理中，设 x 和 $x + \Delta x (\Delta x > 0$ 或 $\Delta x < 0)$ 为 $[a,b]$ 上不同的两点，则 $f(x)$ 在以这两点为端点的闭区间上的拉格朗日中值公式为

$$f(x + \Delta x) - f(x) = f'(x + \theta \Delta x)\Delta x \quad (0 < \theta < 1). \tag{3.2}$$

我们知道，函数的微分 $\mathrm{d}y = f'(x)\Delta x$ 是函数的增量 $\Delta y = f(x + \Delta x) - f(x)$ 的近似表达式. 一般来说，以 $\mathrm{d}y$ 近似代替 Δy 时所产生的误差只有当 $\Delta x \to 0$ 时才趋向于 0，而式(3.2)却给出了自变量取得有限增量 $\Delta x (|\Delta x|$ 不一定很小) 时，函数增量 Δy 的准确表达式. 因此，拉格朗日中值定理也称为**有限增量定理**，它在微分学中占有重要地位；式(3.2)称为**有限增量公式**，它精确表达了函数在一个区间上的增量与函数在该区间内某点处的导数之间的关系. 在某些问题中，当自变量取得有限增量而需要求函数增量的表达式时，就可以利用有限增量公式(3.2).

作为拉格朗日中值定理的应用，下面给出两个简单而重要的推论.

推论 1　　若对于任意 $x \in (a,b)$，都有 $f'(x) = 0$，则函数 $f(x)$ 在 (a,b) 内恒为一个常数.

证　设 x_1, x_2 是 (a,b) 内任意两点. 由拉格朗日中值定理，有
$$f(x_2) - f(x_1) = f'(\xi)(x_2 - x_1) \quad (\xi \text{介于} x_1 \text{与} x_2 \text{之间}).$$
由已知条件有 $f'(\xi) = 0$，于是
$$f(x_2) = f(x_1).$$
又由 x_1 与 x_2 的任意性，这说明 $f(x)$ 在 (a,b) 内任意两个点处的函数值都相等. 因此，$f(x)$ 在 (a,b) 内恒为一个常数.

推论 2　　若对于任意 $x \in (a,b)$，均有 $f'(x) = g'(x)$，则在 (a,b) 内，函数 $f(x)$ 和 $g(x)$ 仅相差一个常数，即 $f(x) = g(x) + C$（C 为常数）.

证　只要令 $h(x) = f(x) - g(x)$，然后对 $h(x)$ 应用推论 1 即得结论成立.

推论 2 在积分学中起到重要作用.

例 1　　证明：$\arcsin x + \arccos x = \dfrac{\pi}{2}$ $(-1 < x < 1)$.

证　$\forall x \in (-1,1)$，有
$$(\arcsin x + \arccos x)' = \frac{1}{\sqrt{1-x^2}} - \frac{1}{\sqrt{1-x^2}} = 0.$$
于是由推论 1 知 $\arcsin x + \arccos x = C$（$C$ 为常数）. 为了确定常数 C，令 $x = 0$，有
$$C = \arcsin 0 + \arccos 0 = \frac{\pi}{2},$$
即
$$\arcsin x + \arccos x = \frac{\pi}{2} \quad (-1 < x < 1).$$

例 2　　证明：当 $0 < a < b$ 时，有不等式
$$\frac{b-a}{1+b^2} < \arctan b - \arctan a < \frac{b-a}{1+a^2}.$$

证　由于函数 $f(x) = \arctan x$ 在闭区间 $[a,b]$ 上满足拉格朗日中值定理的条件，因此有
$$\arctan b - \arctan a = (\arctan x)' \Big|_{x=\xi} (b-a) = \frac{b-a}{1+\xi^2} \quad (a < \xi < b).$$
又当 $0 < a < \xi < b$ 时，$\dfrac{b-a}{1+b^2} < \dfrac{b-a}{1+\xi^2} < \dfrac{b-a}{1+a^2}$，所以
$$\frac{b-a}{1+b^2} < \arctan b - \arctan a < \frac{b-a}{1+a^2}.$$

四、柯西中值定理

设一条曲线由参数方程
$$\begin{cases} X = F(x), \\ Y = f(x) \end{cases} \quad (a \leqslant x \leqslant b)$$
表示（见图 3-5），其中 x 为参数，那么该曲线上点 (X,Y) 处的切线斜率为
$$\frac{\mathrm{d}Y}{\mathrm{d}X} = \frac{f'(x)}{F'(x)}.$$
而弦 AB 的斜率为

$$\frac{f(b)-f(a)}{F(b)-F(a)}.$$

假定点 C 对应于参数 $x=\xi$，则该曲线上点 C 处的切线平行于弦 AB 可表示为

$$\frac{f(b)-f(a)}{F(b)-F(a)}=\frac{f'(\xi)}{F'(\xi)}.$$

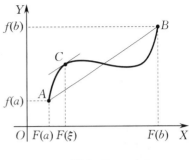

图 3-5

这是函数在参数方程形式下的拉格朗日中值定理的表达式. 通过对这个特殊问题的思考，可以得到下面的柯西中值定理.

柯西中值定理　若函数 $f(x)$，$F(x)$ 满足下列条件：

（1）在闭区间 $[a,b]$ 上连续；

（2）在开区间 (a,b) 内可导，且 $\forall x\in(a,b)$，有 $F'(x)\neq 0$，

则在 (a,b) 内至少存在一点 ξ，使得

$$\frac{f(b)-f(a)}{F(b)-F(a)}=\frac{f'(\xi)}{F'(\xi)}.$$

证明从略.

当 $F(x)=x$ 时，柯西中值定理就变成拉格朗日中值定理，即拉格朗日中值定理是柯西中值定理的特殊情形.

由于罗尔中值定理、拉格朗日中值定理和柯西中值定理中出现的 ξ 都是开区间 (a,b) 内的某一点，因此我们把这三个定理都称为微分中值定理. 这三者中拉格朗日中值定理是最重要、应用最广泛的一个，所以有时也把微分中值定理专指拉格朗日中值定理.

微分中值定理揭示了函数与导数之间的关系，是应用导数的局部性研究函数的整体性的重要数学工具.

习　题　3-1

1. 证明：函数 $f(x)=\dfrac{1}{1+x^2}$ 在区间 $[-1,1]$ 上满足罗尔中值定理的条件，并求出定理结论中的数 ξ.

2. 不求函数 $f(x)=(x-1)(x-2)(x-3)(x-4)$ 的导数，说明方程 $f'(x)=0$ 有几个实根，并指出它们所在的区间.

3. 证明：函数 $f(x)=\ln x$ 在区间 $[-1,e]$ 上满足拉格朗日中值定理的条件，并求出定理结论中的数 ξ.

4. 证明：

（1）$|\arctan x-\arctan y|\leqslant|x-y|$；

（2）当 $x>0$ 时，$\dfrac{x}{1+x}<\ln(1+x)<x$；

（3）当 $a>b>0$ 时，$nb^{n-1}(a-b)<a^n-b^n<na^{n-1}(a-b)\ (n>1)$；

（4）当 $x>1$ 时，$e^x>ex$.

5. 证明：方程 $x^5+x-1=0$ 只有一个正根.

第二节　洛必达法则

设在自变量 x 的某个变化过程中，两个函数 $f(x)$，$g(x)$ 都趋向于 0 或 ∞，这时在同一自变量变化过程中，极限 $\lim \dfrac{f(x)}{g(x)}$ 可能存在，也可能不存在. 前面我们已经知道，这种极限是 $\dfrac{0}{0}$ 型或 $\dfrac{\infty}{\infty}$ 型未定式. 下面介绍求各种类型未定式极限的一种简便而有效的方法 —— 洛必达（L'Hospital）法则. 该法则的理论依据是柯西中值定理.

一、$\dfrac{0}{0}$ 型未定式

1. $x \to x_0$ 时的情形

定理 1　若函数 $f(x)$，$g(x)$ 满足下列条件：

（1）当 $x \to x_0$ 时，$f(x)$，$g(x)$ 都趋向于 0；

（2）在点 x_0 的某个去心邻域内，$f(x)$，$g(x)$ 均可导，且 $g'(x) \neq 0$；

（3）$\lim\limits_{x \to x_0} \dfrac{f'(x)}{g'(x)}$ 存在（或为 ∞），

则

$$\lim_{x \to x_0} \frac{f(x)}{g(x)} = \lim_{x \to x_0} \frac{f'(x)}{g'(x)}.$$

证　由条件(1)，若 $f(x)$，$g(x)$ 在点 x_0 处连续，则必有 $f(x_0) = g(x_0) = 0$. 若 $f(x)$，$g(x)$ 在点 x_0 处不连续，那么补充定义 $f(x_0) = g(x_0) = 0$，由条件(2)，使得它们在点 x_0 的某个邻域内连续且可导. 在该邻域内任取异于 x_0 的一点 x，$f(x)$，$g(x)$ 在以 x 和 x_0 为端点的闭区间上满足柯西中值定理的条件，于是有

$$\frac{f(x)}{g(x)} = \frac{f(x) - f(x_0)}{g(x) - g(x_0)} = \frac{f'(\xi)}{g'(\xi)} \quad (\xi \text{ 介于 } x \text{ 与 } x_0 \text{ 之间}).$$

上式两端同时取 $x \to x_0$ 时的极限，再由条件(3)，可得

$$\lim_{x \to x_0} \frac{f(x)}{g(x)} = \lim_{x \to x_0} \frac{f'(\xi)}{g'(\xi)} = \lim_{x \to x_0} \frac{f'(x)}{g'(x)}.$$

定理 1 中给出的这种通过求分子、分母的导数来求未定式极限的方法，称为**洛必达法则**.

若 $\lim\limits_{x \to x_0} \dfrac{f'(x)}{g'(x)}$ 仍是 $\dfrac{0}{0}$ 型未定式，且 $f'(x)$，$g'(x)$ 仍满足定理 1 的条件，则可继续使用洛必达法则，即有

$$\lim_{x \to x_0} \frac{f(x)}{g(x)} = \lim_{x \to x_0} \frac{f'(x)}{g'(x)} = \lim_{x \to x_0} \frac{f''(x)}{g''(x)}.$$

所以，只要满足条件，可以多次使用洛必达法则.

例 1 求 $\lim\limits_{x \to 0} \dfrac{(1+x)^{\alpha}-1}{x}$（$\alpha$ 为常数）.

解 $\lim\limits_{x \to 0} \dfrac{(1+x)^{\alpha}-1}{x} = \lim\limits_{x \to 0} \dfrac{\alpha(1+x)^{\alpha-1}}{1} = \alpha.$

例 2 求 $\lim\limits_{x \to -1} \dfrac{\ln(2+x)}{(x+1)^2}$.

解 $\lim\limits_{x \to -1} \dfrac{\ln(2+x)}{(x+1)^2} = \lim\limits_{x \to -1} \dfrac{\dfrac{1}{2+x}}{2(x+1)} = \lim\limits_{x \to -1} \dfrac{1}{2(x+1)(x+2)} = \infty.$

例 3 求 $\lim\limits_{x \to 1} \dfrac{x^3-3x+2}{x^3-x^2-x+1}$.

解 $\lim\limits_{x \to 1} \dfrac{x^3-3x+2}{x^3-x^2-x+1} = \lim\limits_{x \to 1} \dfrac{3x^2-3}{3x^2-2x-1} = \lim\limits_{x \to 1} \dfrac{6x}{6x-2} = \dfrac{3}{2}.$

上式中 $\lim\limits_{x \to 1} \dfrac{6x}{6x-2}$ 已经不是未定式,不能对它继续使用洛必达法则,否则会导致错误结果. 以后使用洛必达法则时应注意这一点.

2. $x \to \infty$ 时的情形

定理 2 若函数 $f(x), g(x)$ 满足下列条件:

(1) 当 $x \to \infty$ 时,$f(x), g(x)$ 都趋向于 0;

(2) 当 $|x| > X$ 时,$f(x), g(x)$ 均可导,且 $g'(x) \neq 0$;

(3) $\lim\limits_{x \to \infty} \dfrac{f'(x)}{g'(x)}$ 存在(或为 ∞),

则

$$\lim_{x \to \infty} \frac{f(x)}{g(x)} = \lim_{x \to \infty} \frac{f'(x)}{g'(x)}.$$

证 令 $x = \dfrac{1}{t}$,则当 $x \to \infty$ 时,$t \to 0$. 于是,由定理 1 可得

$$\lim_{x \to \infty} \frac{f(x)}{g(x)} = \lim_{t \to 0} \frac{f\left(\dfrac{1}{t}\right)}{g\left(\dfrac{1}{t}\right)} = \lim_{t \to 0} \frac{\left[f\left(\dfrac{1}{t}\right)\right]'}{\left[g\left(\dfrac{1}{t}\right)\right]'} = \lim_{t \to 0} \frac{f'\left(\dfrac{1}{t}\right)\left(-\dfrac{1}{t^2}\right)}{g'\left(\dfrac{1}{t}\right)\left(-\dfrac{1}{t^2}\right)}$$

$$= \lim_{t \to 0} \frac{f'\left(\dfrac{1}{t}\right)}{g'\left(\dfrac{1}{t}\right)} = \lim_{x \to \infty} \frac{f'(x)}{g'(x)}.$$

例 4 求 $\lim\limits_{x \to +\infty} \dfrac{\dfrac{\pi}{2} - \arctan x}{\dfrac{1}{x}}$.

解 $\lim\limits_{x \to +\infty} \dfrac{\dfrac{\pi}{2} - \arctan x}{\dfrac{1}{x}} = \lim\limits_{x \to +\infty} \dfrac{-\dfrac{1}{1+x^2}}{-\dfrac{1}{x^2}} = \lim\limits_{x \to +\infty} \dfrac{x^2}{1+x^2} = 1.$

例 5 求 $\lim\limits_{x\to\infty}\dfrac{\sin\dfrac{2}{x}}{\sin\dfrac{3}{x}}$.

解 $\lim\limits_{x\to\infty}\dfrac{\sin\dfrac{2}{x}}{\sin\dfrac{3}{x}}=\lim\limits_{x\to\infty}\dfrac{-\dfrac{2}{x^2}\cos\dfrac{2}{x}}{-\dfrac{3}{x^2}\cos\dfrac{3}{x}}=\lim\limits_{x\to\infty}\dfrac{2\cos\dfrac{2}{x}}{3\cos\dfrac{3}{x}}=\dfrac{2}{3}.$

二、$\dfrac{\infty}{\infty}$ 型未定式

对于 $\dfrac{\infty}{\infty}$ 型未定式，只给出相应的定理，证明从略.

1. $x\to x_0$ 时的情形

定理 3 若函数 $f(x),g(x)$ 满足下列条件：

(1) 当 $x\to x_0$ 时，$f(x),g(x)$ 都趋向于 ∞；

(2) 在点 x_0 的某个去心邻域内，$f(x),g(x)$ 均可导，且 $g'(x)\neq0$；

(3) $\lim\limits_{x\to x_0}\dfrac{f'(x)}{g'(x)}$ 存在（或为 ∞），

则

$$\lim_{x\to x_0}\frac{f(x)}{g(x)}=\lim_{x\to x_0}\frac{f'(x)}{g'(x)}.$$

例 6 求 $\lim\limits_{x\to0^+}\dfrac{\dfrac{1}{x}}{\ln x}$.

解 $\lim\limits_{x\to0^+}\dfrac{\dfrac{1}{x}}{\ln x}=\lim\limits_{x\to0^+}\dfrac{-\dfrac{1}{x^2}}{\dfrac{1}{x}}=\lim\limits_{x\to0^+}\left(-\dfrac{1}{x}\right)=-\infty.$

例 7 求 $\lim\limits_{x\to1}\dfrac{\cot(x-1)}{\dfrac{1}{x-1}}$.

解 $\lim\limits_{x\to1}\dfrac{\cot(x-1)}{\dfrac{1}{x-1}}=\lim\limits_{x\to1}\dfrac{-\csc^2(x-1)}{-\dfrac{1}{(x-1)^2}}=\lim\limits_{x\to1}\left[\dfrac{x-1}{\sin(x-1)}\right]^2=1.$

2. $x\to\infty$ 时的情形

定理 4 若函数 $f(x),g(x)$ 满足下列条件：

(1) 当 $x\to\infty$ 时，$f(x),g(x)$ 都趋向于 ∞；

(2) 当 $|x|>X$ 时，$f(x),g(x)$ 均可导，且 $g'(x)\neq0$；

(3) $\lim\limits_{x\to\infty}\dfrac{f'(x)}{g'(x)}$ 存在（或为 ∞），

则

$$\lim_{x \to \infty} \frac{f(x)}{g(x)} = \lim_{x \to \infty} \frac{f'(x)}{g'(x)}.$$

例 8　　求 $\lim\limits_{x \to +\infty} \dfrac{\ln x}{x^{\mu}}$ $(\mu > 0)$.

解　　$\lim\limits_{x \to +\infty} \dfrac{\ln x}{x^{\mu}} = \lim\limits_{x \to +\infty} \dfrac{\dfrac{1}{x}}{\mu x^{\mu-1}} = \lim\limits_{x \to +\infty} \dfrac{1}{\mu x^{\mu}} = 0.$

例 9　　求 $\lim\limits_{x \to +\infty} \dfrac{x^{\mu}}{a^{x}}$ $(a > 1, \mu > 0)$.

解　　当 $0 < \mu \leqslant 1$ 时，$\lim\limits_{x \to +\infty} \dfrac{x^{\mu}}{a^{x}} = \lim\limits_{x \to +\infty} \dfrac{\mu x^{\mu-1}}{a^{x} \ln a} = 0.$

当 $\mu > 1$ 时，存在自然数 n，使得 $n-1 < \mu \leqslant n$，逐次应用洛必达法则，直到第 n 次，有

$$\lim_{x \to +\infty} \frac{x^{\mu}}{a^{x}} = \lim_{x \to +\infty} \frac{\mu x^{\mu-1}}{a^{x} \ln a} = \cdots = \lim_{x \to +\infty} \frac{\mu(\mu-1)\cdots(\mu-n+1)x^{\mu-n}}{a^{x}(\ln a)^{n}} = 0.$$

例 8 和例 9 说明，$\forall \mu > 0, a > 1$，当 $x \to +\infty$ 时，对数函数 $\ln x$、幂函数 x^{μ} 和指数函数 a^{x} 都趋向于 $+\infty$. 这三个函数相比较，指数函数增长最快，幂函数次之，对数函数增长最慢.

当 $\lim\limits_{\substack{x \to x_0 \\ (x \to \infty)}} \dfrac{f'(x)}{g'(x)}$ 不存在时，不能断定 $\lim\limits_{\substack{x \to x_0 \\ (x \to \infty)}} \dfrac{f(x)}{g(x)}$ 也不存在，仅能说明此时不能使用洛必达法则.

例 10　　求 $\lim\limits_{x \to \infty} \dfrac{x + \sin x}{x - \sin x}$.

解　　因 $\lim\limits_{x \to \infty} \dfrac{(x + \sin x)'}{(x - \sin x)'} = \lim\limits_{x \to \infty} \dfrac{1 + \cos x}{1 - \cos x}$ 不存在，故不能使用洛必达法则. 但

$$\lim_{x \to \infty} \frac{x + \sin x}{x - \sin x} = \lim_{x \to \infty} \frac{1 + \dfrac{\sin x}{x}}{1 - \dfrac{\sin x}{x}} = 1.$$

例 11　　求 $\lim\limits_{x \to +\infty} \dfrac{e^{x} - e^{-x}}{e^{x} + e^{-x}}$.

解　　$\lim\limits_{x \to +\infty} \dfrac{e^{x} - e^{-x}}{e^{x} + e^{-x}} = \lim\limits_{x \to +\infty} \dfrac{(e^{x} - e^{-x})'}{(e^{x} + e^{-x})'} = \lim\limits_{x \to +\infty} \dfrac{e^{x} + e^{-x}}{e^{x} - e^{-x}} = \lim\limits_{x \to +\infty} \dfrac{(e^{x} + e^{-x})'}{(e^{x} - e^{-x})'} = \lim\limits_{x \to +\infty} \dfrac{e^{x} - e^{-x}}{e^{x} + e^{-x}}.$

可见，使用两次洛必达法则后又回到原式. 但是，这时有

$$\lim_{x \to +\infty} \frac{e^{x} - e^{-x}}{e^{x} + e^{-x}} = \lim_{x \to +\infty} \frac{e^{x}(1 - e^{-2x})}{e^{x}(1 + e^{-2x})} = \lim_{x \to +\infty} \frac{1 - e^{-2x}}{1 + e^{-2x}} = 1.$$

三、其他类型未定式

除了 $\dfrac{0}{0}$ 型、$\dfrac{\infty}{\infty}$ 型未定式，还有 $0 \cdot \infty, \infty - \infty, 0^{0}, \infty^{0}, 1^{\infty}$ 五种类型未定式，求这些未定式极限时，可以把它们化为 $\dfrac{0}{0}$ 型或 $\dfrac{\infty}{\infty}$ 型未定式来解决.

以 $x \to x_0$ 时的情形为例，我们分别来讨论.

1. $0 \cdot \infty$ 型未定式

设 $\lim\limits_{x \to x_0} f(x) = 0, \lim\limits_{x \to x_0} g(x) = \infty$，则称 $\lim\limits_{x \to x_0} f(x)g(x)$ 为 $0 \cdot \infty$ **型未定式**. 这时，利用变换

$$f(x)g(x) = \frac{f(x)}{\dfrac{1}{g(x)}} \quad \text{或} \quad f(x)g(x) = \frac{g(x)}{\dfrac{1}{f(x)}},$$

可以将它化为 $\dfrac{0}{0}$ 型或 $\dfrac{\infty}{\infty}$ 型未定式.

例 12　求 $\lim\limits_{x\to 0} x\cot 2x$.

解　$\lim\limits_{x\to 0} x\cot 2x = \lim\limits_{x\to 0} \dfrac{x}{\tan 2x} = \lim\limits_{x\to 0} \dfrac{1}{2\sec^2 2x} = \dfrac{1}{2}$.

2. $\infty - \infty$ 型未定式

设 $\lim\limits_{x\to x_0} f(x) = \infty$，$\lim\limits_{x\to x_0} g(x) = \infty$，则称 $\lim\limits_{x\to x_0}[f(x)-g(x)]$ 为 $\infty-\infty$ **型未定式**. 这时，利用变换

$$f(x)-g(x) = \frac{\dfrac{1}{g(x)} - \dfrac{1}{f(x)}}{\dfrac{1}{f(x)} \cdot \dfrac{1}{g(x)}},$$

可以将它化为 $\dfrac{0}{0}$ 型未定式.

例 13　求 $\lim\limits_{x\to 1}\left(\dfrac{1}{\ln x} - \dfrac{1}{x-1}\right)$.

解　$\lim\limits_{x\to 1}\left(\dfrac{1}{\ln x} - \dfrac{1}{x-1}\right) = \lim\limits_{x\to 1}\dfrac{x-1-\ln x}{(x-1)\ln x} = \lim\limits_{x\to 1}\dfrac{1-\dfrac{1}{x}}{\ln x + \dfrac{x-1}{x}} = \lim\limits_{x\to 1}\dfrac{x-1}{x\ln x + x - 1}$

$$= \lim\limits_{x\to 1}\dfrac{1}{\ln x + 1 + 1} = \dfrac{1}{2}.$$

3. $0^0, \infty^0, 1^\infty$ 型未定式

设 $\lim\limits_{x\to x_0} f(x) = 0$，$\lim\limits_{x\to x_0} g(x) = 0$，则称 $\lim\limits_{x\to x_0} f(x)^{g(x)}$ 为 0^0 **型未定式**. 这时，若 $f(x) > 0$，利用变换

$$f(x)^{g(x)} = e^{g(x)\ln f(x)},$$

再根据复合函数的极限运算法则，可以将它化为 $0 \cdot \infty$ 型未定式来处理：

$$\lim\limits_{x\to x_0} f(x)^{g(x)} = e^{\lim\limits_{x\to x_0}[g(x)\ln f(x)]}.$$

类似地，还有 ∞^0 型或 1^∞ 型未定式. 对于这两种类型的未定式，可用上述同样的方法进行处理.

例 14　求 $\lim\limits_{x\to 0^+} x^x$.

解　因 $\lim\limits_{x\to 0^+} x^x = e^{\lim\limits_{x\to 0^+} x\ln x}$，而

$$\lim\limits_{x\to 0^+} x\ln x = \lim\limits_{x\to 0^+}\dfrac{\ln x}{\dfrac{1}{x}} = \lim\limits_{x\to 0^+}\dfrac{\dfrac{1}{x}}{-\dfrac{1}{x^2}} = \lim\limits_{x\to 0^+}(-x) = 0,$$

故
$$\lim_{x\to 0^+} x^x = e^0 = 1.$$

例 15 求 $\lim\limits_{x\to+\infty} x^{\frac{1}{x}}$.

解 因 $\lim\limits_{x\to+\infty} x^{\frac{1}{x}} = e^{\lim\limits_{x\to+\infty}\frac{\ln x}{x}}$，而

$$\lim_{x\to+\infty}\frac{\ln x}{x} = \lim_{x\to+\infty}\frac{\frac{1}{x}}{1} = 0,$$

故
$$\lim_{x\to+\infty} x^{\frac{1}{x}} = e^0 = 1.$$

例 16 求 $\lim\limits_{x\to 1} x^{\frac{1}{1-x}}$.

解 因 $\lim\limits_{x\to 1} x^{\frac{1}{1-x}} = e^{\lim\limits_{x\to 1}\frac{\ln x}{1-x}}$，而

$$\lim_{x\to 1}\frac{\ln x}{1-x} = \lim_{x\to 1}\frac{\frac{1}{x}}{-1} = -1,$$

故
$$\lim_{x\to 1} x^{\frac{1}{1-x}} = e^{-1} = \frac{1}{e}.$$

习 题 3 - 2

1. 求下列极限:

(1) $\lim\limits_{x\to 0}\dfrac{e^x-1}{x^3-x}$;

(2) $\lim\limits_{x\to 0}\dfrac{x\cos x-\sin x}{x^3}$;

(3) $\lim\limits_{x\to\pi}\dfrac{\sin 3x}{\tan 5x}$;

(4) $\lim\limits_{x\to 0}\dfrac{e^x-1}{xe^x+e^x-1}$;

(5) $\lim\limits_{x\to 0}\dfrac{x}{\ln\cos x}$;

(6) $\lim\limits_{x\to 0}\dfrac{\cos\alpha x-\cos\beta x}{x^2}$;

(7) $\lim\limits_{x\to\frac{\pi}{4}}\dfrac{\sec^2 x-2\tan x}{1+\cos 4x}$;

(8) $\lim\limits_{x\to\frac{\pi}{2}}\dfrac{\tan x}{\tan 5x}$;

(9) $\lim\limits_{x\to+\infty}\dfrac{e^x}{x^5}$;

(10) $\lim\limits_{x\to+\infty}\dfrac{\ln x}{\sqrt[3]{x}}$;

(11) $\lim\limits_{x\to 1}\left(\dfrac{1}{\ln x}-\dfrac{x}{\ln x}\right)$;

(12) $\lim\limits_{x\to 0}(1-\cos x)\cot x$;

(13) $\lim\limits_{x\to 0}\left(\cot x-\dfrac{1}{x}\right)$;

(14) $\lim\limits_{x\to 1}(1-x)\tan\dfrac{\pi}{2}x$;

(15) $\lim\limits_{x\to 0} x^{\sin x}$.

2. 证明:极限 $\lim\limits_{x\to\infty}\dfrac{x+\sin x}{x}$ 存在,但不能使用洛必达法则求出.

第三节　泰 勒 公 式

对于一些比较复杂的函数，为了便于研究，往往希望用一些简单的函数来近似表示. 由于当函数为多项式时，只要对自变量进行有限次加、减、乘算术运算，便能求出它的函数值，因此我们经常用多项式来近似表示函数.

在微分的应用中已经知道，当 $|x| \ll 1$ 时，有如下近似等式：

$$e^x \approx 1 + x, \quad \ln(1+x) \approx x, \quad \sin x \approx x.$$

这些都是用一次多项式来近似表示函数的例子. 显然，在点 $x = 0$ 处，这些一次多项式及其导数的值分别等于被近似表示的函数及其导数的值.

但是，这种近似表示式还存在着不足之处：首先，精度不高，所产生的误差仅是比 x 高阶的无穷小；其次，在做近似计算时，不能具体估算出误差大小. 因此，在精度要求较高且需要估计误差的时候，就必须用高次多项式来近似表示函数，同时给出误差公式. 于是，提出如下的问题：

设函数 $f(x)$ 在含有点 x_0 的某个开区间内具有 $n+1$ 阶导数，试找出一个关于 $x-x_0$ 的 n 次多项式

$$p_n(x) = a_0 + a_1(x - x_0) + a_2(x - x_0)^2 + \cdots + a_n(x - x_0)^n \tag{3.3}$$

来近似表示 $f(x)$，要求当 $x \to x_0$ 时，$p_n(x)$ 与 $f(x)$ 之差是比 $(x-x_0)^n$ 高阶的无穷小，并给出误差 $|f(x) - p_n(x)|$ 的具体表达式.

下面我们来讨论这个问题. 假设多项式 $p_n(x)$ 与函数 $f(x)$ 在点 x_0 处的函数值及各阶导数值分别对应相等，即

$$p_n(x_0) = f(x_0), \quad p'_n(x_0) = f'(x_0), \quad p''_n(x_0) = f''(x_0), \quad \cdots, \quad p_n^{(n)}(x_0) = f^{(n)}(x_0).$$

我们根据这些等式来确定多项式 $p_n(x)$ 的系数 $a_0, a_1, a_2, \cdots, a_n$. 为此，对多项式 $p_n(x)$ 求各阶导数，然后分别代入上面的等式，得

$$a_0 = f(x_0), \quad a_1 = f'(x_0), \quad a_2 = \frac{1}{2!} f''(x_0), \quad \cdots, \quad a_n = \frac{1}{n!} f^{(n)}(x_0).$$

把求得的系数 $a_0, a_1, a_2, \cdots, a_n$ 代入式（3.3），有

$$p_n(x) = f(x_0) + f'(x_0)(x - x_0) + \frac{f''(x_0)}{2!}(x - x_0)^2 + \cdots + \frac{f^{(n)}(x_0)}{n!}(x - x_0)^n. \tag{3.4}$$

下面的定理表明，多项式（3.4）的确是所要找的 n 次多项式.

泰勒（Taylor）中值定理　如果函数 $f(x)$ 在含有点 x_0 的开区间 (a,b) 内具有 $n+1$ 阶导数，那么对于任一 $x \in (a,b)$，有

$$f(x) = f(x_0) + f'(x_0)(x - x_0) + \frac{1}{2!} f''(x_0)(x - x_0)^2 + \cdots + \frac{1}{n!} f^{(n)}(x_0)(x - x_0)^n + R_n(x), \tag{3.5}$$

其中

$$R_n(x) = \frac{f^{(n+1)}(\xi)}{(n+1)!}(x - x_0)^{n+1}, \tag{3.6}$$

这里 ξ 是 x_0 与 x 之间的某个值.

证　记 $R_n(x) = f(x) - p_n(x)$，只需证明

$$R_n(x) = \frac{f^{(n+1)}(\xi)}{(n+1)!}(x - x_0)^{n+1} \quad (\xi \text{ 在 } x_0 \text{ 与 } x \text{ 之间}).$$

由假设可知 $R_n(x)$ 在开区间 (a,b) 内具有 $n+1$ 阶导数，且

$$R_n(x_0) = R'_n(x_0) = R''_n(x_0) = \cdots = R_n^{(n)}(x_0) = 0.$$

对函数 $R_n(x), (x - x_0)^{n+1}$ 在以 x_0 和 x 为端点的闭区间上应用柯西中值定理，得

$$\frac{R_n(x)}{(x - x_0)^{n+1}} = \frac{R_n(x) - R_n(x_0)}{(x - x_0)^{n+1} - 0} = \frac{R'_n(\xi_1)}{(n+1)(\xi_1 - x_0)^n},$$

其中 ξ_1 是 x_0 与 x 之间的某个值. 再对函数 $R'_n(x), (n+1)(x - x_0)^n$ 在以 x_0 和 ξ_1 为端点的闭区间上应用柯西中值定理，得

$$\frac{R'_n(\xi_1)}{(n+1)(\xi_1 - x_0)^n} = \frac{R'_n(\xi_1) - R'_n(x_0)}{(n+1)(\xi_1 - x_0)^n - 0} = \frac{R''_n(\xi_2)}{(n+1)n(\xi_2 - x_0)^{n-1}},$$

其中 ξ_2 是 x_0 与 ξ_1 之间的某个值. 照此方法继续下去，经过 $n+1$ 次后，得

$$\frac{R_n(x)}{(x - x_0)^{n+1}} = \frac{R_n^{(n+1)}(\xi)}{(n+1)!},$$

其中 ξ 是 x_0 与 ξ_n 之间的某个值，因而也在 x_0 与 x 之间. 注意到 $R_n^{(n+1)}(x) = f^{(n+1)}(x)$，由上式可得

$$R_n(x) = \frac{f^{(n+1)}(\xi)}{(n+1)!}(x - x_0)^{n+1} \quad (\xi \text{ 在 } x_0 \text{ 与 } x \text{ 之间}).$$

称多项式 (3.4) 为函数 $f(x)$ 按 $x - x_0$ 的幂展开的 **n 次泰勒多项式**，而称公式 (3.5) 为 $f(x)$ 按 $x - x_0$ 的幂展开的带有拉格朗日型余项的 **n 阶泰勒公式**，其中由式 (3.6) 给出的 $R_n(x)$ 称为**拉格朗日型余项**.

当 $n = 0$ 时，泰勒公式 (3.5) 变成拉格朗日中值公式

$$f(x) = f(x_0) + f'(\xi)(x - x_0) \quad (\xi \text{ 在 } x_0 \text{ 与 } x \text{ 之间}).$$

因此，泰勒中值定理是拉格朗日中值定理的推广.

由泰勒中值定理可知，以多项式 $p_n(x)$ 近似表示函数 $f(x)$ 时，其误差为 $|R_n(x)|$. 如果对于某个固定的 n，当 $x \in (a,b)$ 时，有 $|f^{(n+1)}|(x) \leqslant M (M > 0)$，那么有误差估计式

$$|R_n(x)| = \left| \frac{f^{(n+1)}(\xi)}{(n+1)!}(x - x_0)^{n+1} \right| \leqslant \frac{M}{(n+1)!}|x - x_0|^{n+1} \tag{3.7}$$

及

$$\lim_{x \to x_0} \frac{R_n(x)}{(x - x_0)^n} = 0.$$

由此可见，当 $x \to x_0$ 时，误差 $|R_n(x)|$ 是比 $(x - x_0)^n$ 高阶的无穷小，即

$$R_n(x) = o[(x - x_0)^n]. \tag{3.8}$$

这样，我们提出的问题得到圆满解决.

在不需要余项的精确表达式时，n 阶泰勒公式也可写成

$$f(x) = f(x_0) + f'(x_0)(x - x_0) + \frac{1}{2!}f''(x_0)(x - x_0)^2 + \cdots + \frac{1}{n!}f^{(n)}(x_0)(x - x_0)^n + o[(x - x_0)^n].$$

$$\tag{3.9}$$

称由式 (3.8) 给出的 $R_n(x)$ 为**佩亚诺 (Peano) 型余项**，并称公式 (3.9) 为函数 $f(x)$ 按 $x - x_0$ 的幂展开的带有佩亚诺型余项的 n 阶泰勒公式.

在泰勒公式(3.5)中,若取 $x_0 = 0$,则 ξ 在 0 与 x 之间. 因此,可以令 $\xi = \theta x (0 < \theta < 1)$,从而泰勒公式变成较简单的形式,即所谓带有拉格朗日型余项的**麦克劳林**(Maclaurin)**公式**

$$f(x) = f(0) + f'(0)x + \frac{1}{2!}f''(0)x^2 + \cdots + \frac{1}{n!}f^{(n)}(0)x^n + \frac{f^{(n+1)}(\theta x)}{(n+1)!}x^{n+1} \quad (0 < \theta < 1).$$

(3.10)

在泰勒公式(3.9)中,若取 $x_0 = 0$,则有带有佩亚诺型余项的麦克劳林公式

$$f(x) = f(0) + f'(0)x + \frac{1}{2!}f''(0)x^2 + \cdots + \frac{1}{n!}f^{(n)}(0)x^n + o(x^n).$$

(3.11)

由式(3.10)或式(3.11)可得近似公式

$$f(x) \approx f(0) + f'(0)x + \frac{1}{2!}f''(0)x^2 + \cdots + \frac{1}{n!}f^{(n)}(0)x^n,$$

这时误差估计式(3.7)相应地变成

$$|R_n(x)| \leqslant \frac{M}{(n+1)!}|x|^{n+1}.$$

(3.12)

例 1　写出函数 $f(x) = e^x$ 的带有拉格朗日型余项的 n 阶麦克劳林公式.

解　因为 $f'(x) = f''(x) = \cdots = f^{(n)}(x) = e^x$,所以

$$f(0) = f'(0) = f''(0) = \cdots = f^{(n)}(0) = 1.$$

把这些值代入麦克劳林公式(3.10),并注意到 $f^{(n+1)}(\theta x) = e^{\theta x}$,便得

$$e^x = 1 + x + \frac{x^2}{2!} + \cdots + \frac{x^n}{n!} + \frac{e^{\theta x}}{(n+1)!}x^{n+1} \quad (0 < \theta < 1).$$

由例 1 中 e^x 的 n 阶麦克劳林公式可知,若把 e^x 用它的 n 次泰勒多项式近似表示为

$$e^x \approx 1 + x + \frac{x^2}{2!} + \cdots + \frac{x^n}{n!},$$

这时所产生的误差为

$$|R_n(x)| = \left| \frac{e^{\theta x}}{(n+1)!}x^{n+1} \right| < \frac{e^{|x|}}{(n+1)!}|x|^{n+1} \quad (0 < \theta < 1).$$

若取 $x = 1$,则得无理数 e 的近似表达式

$$e \approx 1 + 1 + \frac{1}{2!} + \cdots + \frac{1}{n!},$$

其误差为

$$|R_n| < \frac{e}{(n+1)!} < \frac{3}{(n+1)!}.$$

当 $n = 10$ 时,可计算出 $e \approx 2.718\,282$,其误差不超过 10^{-6}.

例 2　写出函数 $f(x) = \sin x$ 的带有拉格朗日型余项的 n 阶麦克劳林公式.

解　因为

$$f'(x) = \cos x, \quad f''(x) = -\sin x, \quad f'''(x) = -\cos x, \quad \cdots, \quad f^{(n)}(x) = \sin\left(x + \frac{n\pi}{2}\right),$$

所以

$$f(0) = 0, \quad f'(0) = 1, \quad f''(0) = 0, \quad f'''(0) = -1, \quad f^{(4)}(0) = 0, \quad \cdots.$$

它们顺序循环地取四个数 $0,1,0,-1$,于是由麦克劳林公式(3.10)得(令 $n = 2m$)

$$\sin x = x - \frac{x^3}{3!} + \frac{x^5}{5!} - \cdots + (-1)^{m-1} \frac{x^{2m-1}}{(2m-1)!} + R_{2m}(x),$$

其中

$$R_{2m}(x) = \frac{\sin\left[\theta x + (2m+1)\dfrac{\pi}{2}\right]}{(2m+1)!} x^{2m+1} = (-1)^m \frac{\cos\theta x}{(2m+1)!} x^{2m+1} \quad (0 < \theta < 1).$$

在例 2 中,若取 $m = 1$,则得近似表达式

$$\sin x \approx x,$$

这时误差为

$$|R_2| = \left| -\frac{\cos\theta x}{3!} x^3 \right| \leqslant \frac{|x|^3}{6} \quad (0 < \theta < 1).$$

如果 m 分别取 2 和 3,那么可得 $\sin x$ 的三次和五次泰勒多项式

$$\sin x \approx x - \frac{x^3}{3!} \quad \text{和} \quad \sin x \approx x - \frac{x^3}{3!} + \frac{x^5}{5!},$$

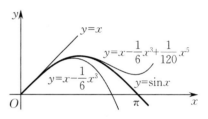

其误差的绝对值分别不超过 $\dfrac{1}{5!}|x|^5$ 和 $\dfrac{1}{7!}|x|^7$. 如图 3 - 6 所示,可将上述 $\sin x$ 的三个泰勒多项式及 $\sin x$ 的图形都画在同一坐标平面上,以便于比较.

图 3 - 6

类似地,还可以得到下列带有拉格朗日型余项的麦克劳林公式:

$$\cos x = 1 - \frac{x^2}{2!} + \frac{x^4}{4!} - \cdots + (-1)^m \frac{x^{2m}}{(2m)!} + R_{2m+1}(x),$$

其中 $R_{2m+1}(x) = \dfrac{\cos\left[\theta x + (m+1)\pi\right]}{(2m+2)!} x^{2m+2} = (-1)^{m+1} \dfrac{\cos\theta x}{(2m+2)!} x^{2m+2} \quad (0 < \theta < 1);$

$$\ln(1+x) = x - \frac{x^2}{2} + \frac{x^3}{3} - \cdots + (-1)^{n-1} \frac{x^n}{n} + R_n(x),$$

其中

$$R_n(x) = \frac{(-1)^n}{(n+1)(1+\theta x)^{n+1}} x^{n+1} \quad (0 < \theta < 1);$$

$$(1+x)^\alpha = 1 + \alpha x + \frac{\alpha(\alpha-1)}{2!} x^2 + \cdots + \frac{\alpha(\alpha-1)\cdots(\alpha-n+1)}{n!} x^n + R_n(x),$$

其中

$$R_n(x) = \frac{\alpha(\alpha-1)\cdots(\alpha-n)}{(n+1)!}(1+\theta x)^{\alpha-n-1} x^{n+1} \quad (0 < \theta < 1).$$

由以上带有拉格朗日型余项的麦克劳林公式,易得相应的带有佩亚诺型余项的麦克劳林公式,请读者自行写出.

例 3　利用带有佩亚诺型余项的麦克劳林公式,求极限 $\lim\limits_{x \to 0} \dfrac{\sin x - x\cos x}{\sin^3 x}$.

解　注意到分式的分母 $\sin^3 x \sim x^3 (x \to 0)$,我们只需将分子中的 $\sin x$ 和 $x\cos x$ 分别用带有佩亚诺型余项的三阶麦克劳林公式表示:

$$\sin x = x - \frac{x^3}{3!} + o(x^3), \quad x\cos x = x - \frac{x^3}{2!} + o(x^3).$$

于是
$$\sin x - x\cos x = x - \frac{x^3}{3!} + o(x^3) - x + \frac{x^3}{2!} - o(x^3) = \frac{1}{3}x^3 + o(x^3),$$

其中两个比 x^3 高阶的无穷小 $o(x^3)$ 的代数和仍记作 $o(x^3)$，从而

$$\lim_{x \to 0} \frac{\sin x - x\cos x}{\sin^3 x} = \lim_{x \to 0} \frac{\frac{1}{3}x^3 + o(x^3)}{x^3} = \frac{1}{3}.$$

习 题 3-3

1. 按 $x-4$ 的幂展开函数 $f(x) = x^4 - 5x^3 + x^2 - 3x + 4$.

2. 利用麦克劳林公式，按 x 的幂展开函数 $f(x) = (x^2 - 3x + 1)^3$.

3. 求函数 $f(x) = \sqrt{x}$ 按 $x-4$ 的幂展开的带有拉格朗日型余项的三阶泰勒公式.

4. 求函数 $f(x) = \ln x$ 按 $x-2$ 的幂展开的带有佩亚诺型余项的 n 阶泰勒公式.

5. 求函数 $f(x) = \frac{1}{x}$ 按 $x+1$ 的幂展开的带有拉格朗日型余项的 n 阶泰勒公式.

6. 求函数 $f(x) = \tan x$ 的带有佩亚诺型余项的三阶麦克劳林公式.

7. 求函数 $f(x) = xe^x$ 的带有佩亚诺型余项的 n 阶麦克劳林公式.

8. 证明：当 $0 \leqslant x \leqslant \frac{1}{2}$ 时，按公式 $e^x \approx 1 + x + \frac{1}{2}x^2 + \frac{1}{6}x^3$ 计算的近似值，所产生的误差小于 0.01，并求 $\sqrt{e}$ 的近似值，使得误差小于 0.01.

9. 利用三阶泰勒公式求下列各数的近似值，并估计误差：

(1) $\sqrt[3]{30}$；　　　　　　　　　　　　(2) $\sin 18°$.

10. 利用泰勒公式求下列极限：

(1) $\lim\limits_{x \to +\infty} \left(\sqrt[3]{x^3 + 3x^2} - \sqrt[4]{x^4 - 2x^3} \right)$；　　　(2) $\lim\limits_{x \to 0} \dfrac{\cos x - e^{-\frac{x^2}{2}}}{x^2[x + \ln(1-x)]}$.

第四节　函数单调性的判别法

在第一章中已经介绍了函数在区间上单调的概念，下面我们利用导数来对函数的单调性进行研究.

如果函数 $f(x)$ 在闭区间 $[a,b]$ 上单调增加（或单调减少），那么它的图形一般是一条沿 x 轴正向逐渐升高（或降低）的曲线. 如图 3-7 所示，曲线 $y = f(x)$ 上各点处的切线斜率是非负的（或非正的），即 $f'(x) \geqslant 0$（或 $f'(x) \leqslant 0$）. 由此可见，函数的单调性与导数的符号有着密切的关系. 那么，能否用函数导数的符号来判定函数的单调性呢？答案是肯定的.

定理1　设函数 $y = f(x)$ 在闭区间 $[a,b]$ 上连续，在开区间 (a,b) 内可导.

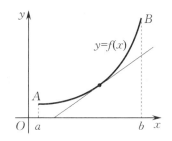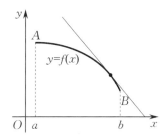

（a）函数的图形升高时切线斜率非负　　（b）函数的图形降低时切线斜率非正

图 3 - 7

（1）若在(a,b)内$f'(x) > 0$，那么$y = f(x)$在$[a,b]$上单调增加；

（2）若在(a,b)内$f'(x) < 0$，那么$y = f(x)$在$[a,b]$上单调减少.

证　在$[a,b]$上任取相异的两点x_1, x_2，不妨设$x_1 < x_2$. 由题设可知，$y = f(x)$在闭区间$[x_1, x_2] \subseteq [a,b]$上满足拉格朗日中值定理的条件，于是得到

$$f(x_2) - f(x_1) = f'(\xi)(x_2 - x_1) \quad (x_1 < \xi < x_2).$$

若在(a,b)内$f'(x) > 0$，则$f'(\xi) > 0$，即$f(x_1) < f(x_2)$. 故$y = f(x)$在$[a,b]$上单调增加.

若在(a,b)内$f'(x) < 0$，则$f'(\xi) < 0$，即$f(x_1) > f(x_2)$. 故$y = f(x)$在$[a,b]$上单调减少.

把定理 1 中的闭区间换成其他各种区间（包括无限区间）时，结论也是成立的. 当函数$f(x)$在区间I上单调增加（或单调减少）时，称I为$f(x)$的**单调增加区间**（或**单调减少区间**）.

例 1　讨论函数$f(x) = \sin x - x$在闭区间$[0, 2\pi]$上的单调性.

解　因该函数在闭区间$[0, 2\pi]$上连续，在开区间$(0, 2\pi)$内可导，且$f'(x) = \cos x - 1 < 0$，故由定理 1 知该函数在$[0, 2\pi]$上单调减少.

例 2　讨论函数$y = e^x - x - 1$的单调性.

解　先求导数：$y' = e^x - 1$. 当$x < 0$时，$y' < 0$，故$y = e^x - x - 1$在区间$(-\infty, 0]$上单调减少；当$x > 0$时，$y' > 0$，故$y = e^x - x - 1$在区间$[0, +\infty)$上单调增加.

注意到，例 2 中点$x = 0$是$y = e^x - x - 1$的单调减少区间$(-\infty, 0]$与单调增加区间$[0, +\infty)$的分界点，而在该点处$y' = 0$.

从例 2 可以看出，有些函数在其定义域上不是单调的，但是当我们用导数等于 0 的点来划分其定义域以后，就可以使得它们在各个区间上单调. 这个结论对于在定义域上具有连续导数的函数都成立. 如果函数在某些点处不可导，那么划分函数定义域的点还应包括这些导数不存在的点. 综合上述两种情形，对于在定义域上连续，除去有限个点外导数存在的函数$f(x)$，讨论其单调性可以按以下步骤进行：

（1）确定$f(x)$的定义域；

（2）求出$f(x)$的导数$f'(x)$；

（3）求出$f'(x)$的零点（方程$f'(x) = 0$的根）及使$f'(x)$不存在的点（称为**不可导点**）；

（4）用$f'(x)$的零点及$f'(x)$不存在的点将$f(x)$的定义域分成若干个部分区间；

（5）判别$f'(x)$在每个部分区间上的正负号，从而确定$f(x)$在各部分区间上的单调性.

例 3　讨论函数$f(x) = 2x^3 - 9x^2 + 12x - 3$的单调性.

解　$f(x)$的定义域为$(-\infty, +\infty)$，导数为

$$f'(x) = 6x^2 - 18x + 12 = 6(x-1)(x-2).$$

解方程 $f'(x) = 0$，得 $x_1 = 1, x_2 = 2$．$f'(x)$ 的这两个零点将区间 $(-\infty, +\infty)$ 分成三个区间 $(-\infty, 1), (1, 2)$ 及 $(2, +\infty)$．

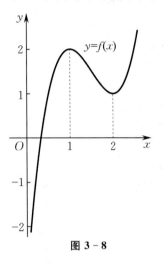

图 3 - 8

在区间 $(-\infty, 1)$ 内，$f'(x) > 0$，故 $f(x)$ 在 $(-\infty, 1]$ 上单调增加；在区间 $(1, 2)$ 内，$f'(x) < 0$，故 $f(x)$ 在 $[1, 2]$ 上单调减少；在区间 $(2, +\infty)$ 内，$f'(x) > 0$，故 $f(x)$ 在 $[2, +\infty)$ 上单调增加．$f(x)$ 的图形如图 3 - 8 所示．

例 4　讨论函数 $y = \sqrt[3]{x^2}$ 的单调性．

解　$y = \sqrt[3]{x^2}$ 的定义域为 $(-\infty, +\infty)$，导数为 $y' = \dfrac{2}{3\sqrt[3]{x}}$．

当 $x = 0$ 时，$y = \sqrt[3]{x^2}$ 的导数不存在．在定义域 $(-\infty, +\infty)$ 上，$y' = \dfrac{2}{3\sqrt[3]{x}}$ 无零点．不可导点 $x = 0$ 将 $(-\infty, +\infty)$ 分成两个区间 $(-\infty, 0)$ 和 $(0, +\infty)$．在区间 $(-\infty, 0)$ 内，$y' < 0$，故 $y = \sqrt[3]{x^2}$ 在 $(-\infty, 0]$ 上单调减少；在区间 $(0, +\infty)$ 内，$y' > 0$，故 $y = \sqrt[3]{x^2}$

在 $[0, +\infty)$ 上单调增加．$y = \sqrt[3]{x^2}$ 的图形如图 3 - 9 所示．

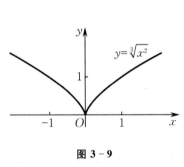

图 3 - 9

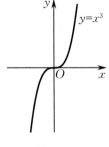

图 3 - 10

例 5　讨论函数 $y = x^3$ 的单调性．

解　$y = x^3$ 的定义域为 $(-\infty, +\infty)$，导数为 $y' = 3x^2$．$y' = 3x^2$ 的零点只有 $x = 0$，没有不可导点．显然，除在点 $x = 0$ 处有 $y' = 0$ 以外，在其余各点处均有 $y' > 0$，因此 $y = x^3$ 在 $(-\infty, 0]$ 及 $[0, +\infty)$ 上都单调增加，从而在整个定义域 $(-\infty, +\infty)$ 上是单调增加的．$y = x^3$ 的图形如图 3 - 10 所示，在点 $x = 0$ 处有一条水平切线．

一般地，若 $f'(x)$ 在某个区间上的个别点处为 0，在其余各点处均为正的（或负的），那么函数 $f(x)$ 在该区间上仍旧是单调增加（或单调减少）的．

函数不等式就是函数之间的大小关系，因此我们可以利用函数的单调性证明一些函数不等式．

例 6　证明：当 $x > 0$ 时，$\dfrac{x}{1+x} < \ln(1+x) < x$．

证　分别证明左端不等式和右端不等式．

对于左端不等式，设函数 $f(x) = \ln(1+x) - \dfrac{x}{1+x}$，则

$$f'(x) = \frac{x}{(1+x)^2}.$$

当 $x > 0$ 时,有 $f'(x) > 0$,从而 $f(x)$ 在区间 $[0, +\infty)$ 上单调增加. 又 $f(0) = 0$,于是当 $x > 0$ 时,有

$$f(x) = \ln(1 + x) - \frac{x}{1 + x} > f(0) = 0,$$

即当 $x > 0$ 时,有 $\dfrac{x}{1 + x} < \ln(1 + x)$.

对于右端不等式,设函数 $g(x) = x - \ln(1 + x)$,则

$$g'(x) = \frac{x}{1 + x}.$$

当 $x > 0$ 时,$g'(x) > 0$,从而 $g(x)$ 在区间 $[0, +\infty)$ 上单调增加. 又 $g(0) = 0$,于是当 $x > 0$ 时,有

$$g(x) = x - \ln(1 + x) > g(0) = 0,$$

即当 $x > 0$ 时,有 $\ln(1 + x) < x$.

综上所述,当 $x > 0$ 时,有不等式

$$\frac{x}{1 + x} < \ln(1 + x) < x.$$

习　题　3−4

1. 讨论函数 $f(x) = \tan x - x \left(-\dfrac{\pi}{2} < x < \dfrac{\pi}{2} \right)$ 的单调性.

2. 讨论函数 $f(x) = \ln(x + \sqrt{1 + x^2}) - x$ 的单调性.

3. 确定下列函数的单调区间:

(1) $y = x e^x$;　　　　　　　　　　　(2) $y = \dfrac{1}{3}(x^3 - 3x)$;

(3) $y = \dfrac{4}{x^2 - 4x + 3}$;　　　　　　(4) $y = (x - 1)(x + 1)^3$.

4. 证明下列不等式:

(1) 当 $x > 0$ 时,$1 + \dfrac{1}{2} x > \sqrt{1 + x}$;

(2) 当 $x \neq 0$ 时,$e^x > 1 + x$.

5. 证明:方程 $\sin x = x$ 只有一个实根.

第五节　函数的极值及其求法

在第一节中,我们给出了函数极值的概念,那么怎样求函数的极值或极值点呢? 从费马引理可以看到,若函数 $f(x)$ 在点 x_0 处可导,且点 x_0 是 $f(x)$ 的极值点,则 $f'(x_0) = 0$,即可导函数 $f(x)$ 在点 x_0 处取得极值的必要条件是点 x_0 是 $f(x)$ 的驻点.

可导函数的极值点必定是它的驻点,这就给出了寻找可导函数极值点的范围,即对可导函

数来说,它的极值点必在其驻点集合之中.但反过来,函数的驻点却不一定都是极值点.例如,函数 $f(x)=x^3$ 的导数为 $f'(x)=3x^2$,可见 $f(x)$ 只有唯一的驻点 $x=0$,但点 $x=0$ 不是 $f(x)$ 的极值点.

对于一个连续函数,它的极值点还可能是不可导点.例如,对于函数 $f(x)=|x|$,$f'(0)$ 不存在,但点 $x=0$ 是它的极小值点.

总之,函数的驻点或不可导点都可能是极值点,函数只有在这些点处才可能取得极值.而这些点是不是极值点,如果是极值点,那么它们是极大值点,还是极小值点,需要进一步讨论.而由函数单调性的判别法可知,这时只需考虑函数在驻点或不可导点左、右两侧邻近导数的符号,问题就可以解决了,从而得到下面的定理.

定理 1（第一判别法）　设函数 $f(x)$ 在点 x_0 的 δ 邻域 $U(x_0,\delta)$ 内连续,且在去心邻域 $\mathring{U}(x_0,\delta)$ 内可导.

(1) 若在区间 $(x_0-\delta,x_0)$ 内 $f'(x)>0$,在区间 $(x_0,x_0+\delta)$ 内 $f'(x)<0$,则 $f(x)$ 在点 x_0 处取得极大值;

(2) 若在区间 $(x_0-\delta,x_0)$ 内 $f'(x)<0$,在区间 $(x_0,x_0+\delta)$ 内 $f'(x)>0$,则 $f(x)$ 在点 x_0 处取得极小值;

(3) 若在区间 $(x_0-\delta,x_0)$ 和 $(x_0,x_0+\delta)$ 内 $f'(x)$ 保持相同的符号,则 $f(x)$ 在点 x_0 处不取极值.

证　(1) 根据函数单调性的判别法,$f(x)$ 在 $(x_0-\delta,x_0)$ 内单调增加,在 $(x_0,x_0+\delta)$ 内单调减少,又知 $f(x)$ 在点 x_0 处连续,所以 $f(x)$ 在点 x_0 处取得极大值.

(2) 证明类似于(1).

(3) 在此条件下,$f(x)$ 在 $(x_0-\delta,x_0)$ 和 $(x_0,x_0+\delta)$ 内同是单调增加或单调减少的,因此 $f(x_0)$ 不是极值.

综上所述,求函数 $f(x)$ 的极值的一般步骤如下:

(1) 确定 $f(x)$ 的定义域;

(2) 求出导数 $f'(x)$;

(3) 求出 $f(x)$ 的全部驻点及不可导点;

(4) 考察每个驻点及不可导点左、右两侧邻近导数的符号,根据定理 1 判别该点是否为极值点,是极大值点,还是极小值点.

例 1　求函数 $f(x)=x^3-6x^2+9x-3$ 的极值.

解　$f(x)$ 的定义域为 $(-\infty,+\infty)$,导数为
$$f'(x)=3x^2-12x+9=3(x-1)(x-3).$$
令 $f'(x)=0$,求出驻点 $x_1=1,x_2=3$.当 $x<1$ 时,$f'(x)>0$;当 $1<x<3$ 时,$f'(x)<0$;当 $x>3$ 时,$f'(x)>0$.由定理 1 知,$f(1)=1$ 是 $f(x)$ 的极大值,$f(3)=-3$ 是 $f(x)$ 的极小值.

例 2　求函数 $f(x)=3-(x-1)^{\frac{2}{3}}$ 的极值.

解　$f(x)$ 的定义域为 $(-\infty,+\infty)$.当 $x\neq 1$ 时,$f'(x)=-\dfrac{2}{3\sqrt[3]{x-1}}$;当 $x=1$ 时,$f'(x)$ 不

存在. 在区间 $(-\infty, 1)$ 内, $f'(x) > 0$; 在区间 $(1, +\infty)$ 内, $f'(x) < 0$. 由定理 1 知, $f(x)$ 在点 $x = 1$ 处取得极大值 $f(1) = 3$.

如果函数 $f(x)$ 在驻点处的二阶导数存在且不为 0, 那么通常也可以利用下面的定理判定 $f(x)$ 在驻点处取得极大值还是极小值.

定理 2 (**第二判别法**) 设函数 $f(x)$ 在点 x_0 处具有二阶导数, 且
$$f'(x_0) = 0, \quad f''(x_0) \neq 0.$$

(1) 若 $f''(x_0) < 0$, 则 $f(x)$ 在点 x_0 处取得极大值;

(2) 若 $f''(x_0) > 0$, 则 $f(x)$ 在点 x_0 处取得极小值.

证 (1) 因为
$$f''(x_0) = \lim_{x \to x_0} \frac{f'(x) - f'(x_0)}{x - x_0} = \lim_{x \to x_0} \frac{f'(x)}{x - x_0} < 0,$$

所以由函数极限的局部保号性, 必存在点 x_0 的某个邻域, 使得当 x 在该邻域内且 $x \neq x_0$ 时, 有
$$\frac{f'(x)}{x - x_0} < 0.$$

于是, 在该邻域内, 当 $x < x_0$ 时, $f'(x) > 0$; 当 $x > x_0$, $f'(x) < 0$. 由定理 1 知, $f(x)$ 在点 x_0 处取得极大值.

(2) 类似可以证明情形 (2).

定理 2 说明, 当 $f(x)$ 在驻点 x_0 处的二阶导数 $f''(x_0) \neq 0$ 时, 该驻点必定是 $f(x)$ 的极值点. 当 $f''(x_0) = 0$ 时, 点 x_0 不一定是 $f(x)$ 的极值点. 例如, 对于函数 $f(x) = x^4$ 与 $g(x) = x^3$, 有 $f'(0) = 0, g'(0) = 0, f''(0) = 0, g''(0) = 0$, 但 $x = 0$ 是 $f(x)$ 的极值点, 却不是 $g(x)$ 的极值点.

例 3 求函数 $f(x) = (x^2 - 1)^3 + 1$ 的极值.

解 $f(x)$ 的导数为
$$f'(x) = 6x(x^2 - 1)^2.$$

令 $f'(x) = 0$, 求得驻点 $x_1 = -1, x_2 = 0, x_3 = 1$. 又
$$f''(x) = 6(x^2 - 1)(5x^2 - 1).$$

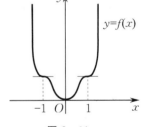

图 3-11

因 $f''(0) = 6 > 0$, 故由定理 2 知, $f(x)$ 在点 $x = 0$ 处取得极小值 $f(0) = 0$. 但 $f''(-1) = f''(1) = 0$, 用定理 2 无法判别. 考察导数 $f'(x)$ 在驻点 $x_1 = -1$ 及 $x_3 = 1$ 左、右两侧邻近的符号, 结合定理 1, 可知 $f(x)$ 在点 $x = -1$ 及 $x = 1$ 处没有极值, 其图形如图 3-11 所示.

习 题 3-5

1. 求下列函数的极值:

(1) $y = x^2 + 2x - 1$;

(2) $y = x - e^x$;

(3) $y = (x^2 - 1)^3 + 2$;

(4) $y = x^4 - 2x^3$;

(5) $y = x^3(x - 5)^2$;

(6) $y = (x - 1)x^{\frac{2}{3}}$.

2. 判断函数 $f(x) = 8x^3 - 12x^2 + 6x + 1$ 是否有极值.

3. 试问：a 为何值时，函数 $f(x) = a\sin x + \dfrac{1}{3}\sin 3x$ 在点 $x = \dfrac{\pi}{3}$ 处取得极值？它是极大值，还是极小值？并求此极值.

第六节　函数的最大值与最小值

在实际问题中，经常需要解决在一定条件下，如何使得"用料最省""产值最高""耗费最少"等问题. 这类问题在数学上有时可归结为求某个函数的最大值或最小值问题.

已知闭区间 $[a,b]$ 上的连续函数 $f(x)$ 一定存在最大值和最小值，下面我们讨论求 $f(x)$ 在这个区间上的最大值和最小值的方法.

设函数 $f(x)$ 在闭区间 $[a,b]$ 上连续，在 (a,b) 内除至多有限个不可导点以外，其余各点处均可导，且至多有有限个驻点. 这时，$f(x)$ 在 $[a,b]$ 上的最大值和最小值只可能是它在极值点或端点处的函数值. 因此，求 $f(x)$ 在 $[a,b]$ 上的最大值和最小值可用下面的方法：

(1) 在 (a,b) 内求出 $f(x)$ 的驻点及不可导点 $x_1, x_2, \cdots, x_n$，并计算这些点处的函数值 $f(x_1), f(x_2), \cdots, f(x_n)$；

(2) 计算 $f(x)$ 在 $[a,b]$ 的两端点处的函数值 $f(a), f(b)$；

(3) 比较函数值 $f(x_1), f(x_2), \cdots, f(x_n), f(a), f(b)$ 的大小，其中最大的就是 $f(x)$ 在 $[a,b]$ 上的最大值，最小的就是 $f(x)$ 在 $[a,b]$ 上的最小值.

例 1　求函数 $f(x) = 2x^3 + 3x^2 - 12x + 14$ 在闭区间 $[-3,4]$ 上的最大值与最小值.

解　$f(x)$ 的导数为

$$f'(x) = 6x^2 + 6x - 12 = 6(x+2)(x-1).$$

令 $f'(x) = 0$，得 $x_1 = -2, x_2 = 1$. 由于

$$f(-2) = 34, \quad f(1) = 7, \quad f(-3) = 23, \quad f(4) = 142,$$

比较可得 $f(x)$ 在 $[-3,4]$ 上的最大值为 $f(4) = 142$，最小值为 $f(1) = 7$.

例 2　求函数 $f(x) = \sqrt[3]{x^2} + 1$ 在闭区间 $[-1,2]$ 上的最小值.

解　$f(x)$ 的导数为 $f'(x) = \dfrac{2}{3\sqrt[3]{x}}(x \neq 0)$. 当 $x = 0$ 时，$f'(x)$ 不存在. 由于

$$f(0) = 1, \quad f(-1) = 2, \quad f(2) = \sqrt[3]{4} + 1,$$

比较可得 $f(x)$ 在 $[-1,2]$ 上的最小值为 $f(0) = 1$.

从例 2 可以看出，如果连续函数 $f(x)$ 在一个区间（有限或无限，开或闭）内只有一个极值点 x_0，那么当点 x_0 是极大值点（或极小值点）时，$f(x_0)$ 就是 $f(x)$ 在该区间上的最大值（或最小值）.

例 3　设有一块长为 8 cm、宽为 5 cm 的矩形铁板，在其每个角上剪去同样大小的正方形. 问：剪去的正方形的边长多大，才能使剩下的铁板折起来做成开口盒子的容积最大？

解　如图 3-12 所示，设剪去的正方形的边长为 x（单位：cm），于是做成开口盒子的容积（单位：cm³）为

$$V(x) = x(5-2x)(8-2x) \quad \left(0 \leqslant x \leqslant \frac{5}{2}\right).$$

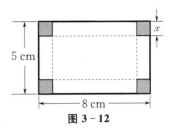

图 3-12

又有
$$V'(x) = (5-2x)(8-2x) - 2x(8-2x) - 2x(5-2x)$$
$$= 4(x-1)(3x-10).$$

令 $V'(x) = 0$，得 $x_1 = 1, x_2 = \dfrac{10}{3}$，其中 $x_2 = \dfrac{10}{3}$ 不在区间 $\left[0, \dfrac{5}{2}\right]$ 上，

应舍去. 于是，只有一个驻点 $x_1 = 1$. 比较 $V(0) = 0, V(1) = 18, V\left(\dfrac{5}{2}\right) = 0$，得 $V(1) = 18$ 最大. 于是，剪去的正方形的边长为 1 cm 时，做成开口盒子的容积最大，最大容积为 18 cm³.

对于实际问题，往往根据问题的性质就可断定从实际问题抽象出来的可导函数 $f(x)$ 在定义区间上有最值. 这时，如果 $f(x)$ 在定义区间内只有一个驻点 x_0，那么不必讨论 $f(x_0)$ 是否为极值，就可以断定 $f(x_0)$ 为所求的最值.

例 4　把一根直径为 d 的圆木锯成截面为矩形的梁，如图 3-13 所示. 问：矩形截面的高 h 和宽 b 如何选取，才能使梁的抗弯截面模量最大？

解　由力学知识知，矩形梁的抗弯截面模量为
$$W = \frac{1}{6}bh^2.$$

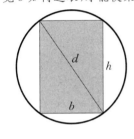

图 3-13

由图 3-13 看出，h 和 b 有关系
$$h^2 = d^2 - b^2,$$
因此
$$W = \frac{1}{6}(d^2 b - b^3).$$

这样，原问题就转化为求函数 $W(b)$ 的最大值. 为此，令
$$W'(b) = \frac{1}{6}(d^2 - 3b^2) = 0,$$

解得 $b = \dfrac{\sqrt{3}}{3}d$.

由于在实际中梁的最大抗弯截面模量一定是存在的，而且在 $(0, d)$ 内部取得，而 $W'(b) = 0$ 在 $(0, d)$ 内只有一个根 $b = \dfrac{\sqrt{3}}{3}d$，因此当 $b = \dfrac{\sqrt{3}}{3}d$ 时，W 取得最大值. 这时
$$h^2 = d^2 - b^2 = d^2 - \frac{1}{3}d^2 = \frac{2}{3}d^2, \quad 即 \quad h = \frac{\sqrt{6}}{3}d.$$

于是，选取高 h 和宽 b 满足 $h : b = \sqrt{2} : 1$ 时，梁的抗弯截面模量最大.

习　题　3-6

1. 求下列函数在指定区间上的最大值和最小值：

(1) $f(x) = x^4 - 2x^2 + 5, x \in [-2, 2]$;　　　(2) $f(x) = x + 2\sqrt{x}, x \in [0, 4]$;

(3) $f(x) = \dfrac{x}{1+x^2}, x \in [-2, 3]$;　　　(4) $f(x) = x^{\frac{2}{3}} - (x^2-1)^{\frac{1}{3}}, x \in (0, 2)$.

2. 某个车间要靠着墙壁盖一间长方形小屋. 若现有存砖只够砌长度为 20 m 的墙, 问: 应围成怎样的长方形, 才能使这间小屋的面积最大?

3. 若要制造一个容积为 $50\ \text{cm}^3$ 的圆柱形锅炉, 问: 锅炉的高和底半径取多大时, 用料最省?

4. 设半径为 R 的一个半圆内接一个梯形, 其中梯形的一条底边是半圆的直径, 求梯形面积的最大值.

5. 证明: 面积为一定值的矩形中正方形的周长最短.

第七节　曲线的凹凸性与拐点

在前几节中, 我们研究了函数的单调性与极值. 这对于讨论函数的性态与描绘函数的图形有很大作用. 但是, 仅仅知道这些还不能比较准确地了解函数的性态及描绘函数的图形, 因此我们还需要研究曲线的凹凸性与拐点.

一、曲线的凹凸性

对于同在某个区间上单调增加 (或单调减少) 的函数, 它们单调增加 (或单调减少) 的方式也可能不同. 例如, 函数 $y = x^2$ 与 $y = \sqrt{x}$ 在区间 $[0, +\infty)$ 上虽然都是单调增加的, 但它们单调增加的方式却不同. 事实上, 从它们的图形可以看到, 曲线 $y = x^2$ 是向上凹的, 而曲线 $y = \sqrt{x}$ 是向上凸的, 如图 3-14 所示.

我们从几何上看到, 有的曲线, 连接其上任意两点的弦总位于这两点间弧段的上方 [见图 3-15(a)]; 而有的曲线, 连接其上任意两点的弦总位于这两点间弧段的下方 [见图 3-15(b)]. 这种性质就是曲线的凹凸性. 下面给出曲线凹凸性的定义.

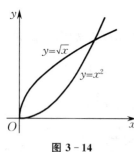

图 3-14

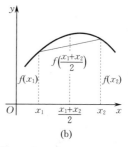

图 3-15

定义 1　设函数 $f(x)$ 在区间 (a, b) 内连续. 如果对于 (a, b) 内任意两点 x_1, x_2, 恒有

$$f\left(\frac{x_1 + x_2}{2}\right) < \frac{f(x_1) + f(x_2)}{2},$$

那么称 $f(x)$ 在 (a, b) 内的图形是**向上凹的**, 简称凹的. 如果对于 (a, b) 内任意两点 x_1, x_2, 恒有

$$f\left(\frac{x_1 + x_2}{2}\right) > \frac{f(x_1) + f(x_2)}{2},$$

那么称 $f(x)$ 在 (a,b) 内的图形是**向上凸的**,简称**凸的**.

称向上凹的曲线为**凹弧**,并称其所在的区间为**凹区间**;称向上凸的曲线为**凸弧**,并称其所在的区间为**凸区间**.

一般来说,利用定义判定曲线的凹凸性很麻烦.如果函数 $f(x)$ 在区间 (a,b) 内具有二阶导数,那么 $f(x)$ 的图形在 (a,b) 内的凹凸性可以利用二阶导数的符号来判定.

定理 1　设函数 $f(x)$ 在闭区间 $[a,b]$ 上连续,在开区间 (a,b) 内具有二阶导数.

(1) 若在 (a,b) 内 $f''(x)>0$,则 $f(x)$ 在 $[a,b]$ 上的图形是凹的;

(2) 若在 (a,b) 内 $f''(x)<0$,则 $f(x)$ 在 $[a,b]$ 上的图形是凸的.

证　在情形(1)中,设 x_1,x_2 为 (a,b) 内任意两点,且 $x_1<x_2$,记 $x_0=\dfrac{x_1+x_2}{2}$, $h=x_0-x_1$ $=x_2-x_0$,则 $x_1=x_0-h$, $x_2=x_0+h$.于是,由拉格朗日中值公式得

$$f(x_0+h)-f(x_0)=f'(x_0+\theta_1 h)h \quad (0<\theta_1<1),$$
$$f(x_0)-f(x_0-h)=f'(x_0-\theta_2 h)h \quad (0<\theta_2<1).$$

两式相减,得

$$f(x_0+h)+f(x_0-h)-2f(x_0)=[f'(x_0+\theta_1 h)-f'(x_0-\theta_2 h)]h.$$

对 $f'(x)$ 在闭区间 $[x_0-\theta_2 h, x_0+\theta_1 h]$ 上利用拉格朗日中值公式,得

$$[f'(x_0+\theta_1 h)-f'(x_0-\theta_2 h)]h=f''(\xi)(\theta_1+\theta_2)h^2 \quad (x_0-\theta_2 h<\xi<x_0+\theta_1 h).$$

按情形(1)的假设, $f''(\xi)>0$,故有

$$f(x_0+h)+f(x_0-h)-2f(x_0)>0,$$

即

$$\frac{f(x_0+h)+f(x_0-h)}{2}>f(x_0),$$

亦即

$$\frac{f(x_1)+f(x_2)}{2}>f\left(\frac{x_1+x_2}{2}\right).$$

因此, $f(x)$ 在 $[a,b]$ 上的图形是凹的.

类似地可证明情形(2).

例 1　判定曲线 $y=\ln x$ 的凹凸性.

解　函数 $\ln x$ 的定义域为 $(0,+\infty)$.因为 $y'=\dfrac{1}{x}$, $y''=-\dfrac{1}{x^2}$,从而 $\forall x\in(0,+\infty)$,有 $y''<0$,所以曲线 $y=\ln x$ 在区间 $(0,+\infty)$ 上是凸的.

例 2　判定曲线 $f(x)=x^4$ 的凹凸性.

解　函数 $f(x)$ 的定义域为 $(-\infty,+\infty)$.因为 $f'(x)=4x^3$, $f''(x)=12x^2$,从而在定义域内除点 $x=0$ 以外,都有 $f''(x)>0$,所以曲线 $f(x)=x^4$ 在区间 $(-\infty,+\infty)$ 上是凹的.

例 3　判定曲线 $f(x)=x^3+x$ 的凹凸性.

解　函数 $f(x)$ 的定义域为 $(-\infty,+\infty)$. $f'(x)=3x^2+1$, $f''(x)=6x$.可见,在 $(-\infty,0)$ 上, $f''(x)<0$;在 $(0,+\infty)$ 上, $f''(x)>0$.所以,曲线 $f(x)=x^3+x$ 在区间 $(-\infty,0]$ 上是凸的,而在 $[0,+\infty)$ 上是凹的.

二、曲线的拐点

定义 2　连续曲线上凹弧与凸弧的分界点,称为曲线的**拐点**.

由上面的定义可以知道，如果连续函数 $f(x)$ 在点 x_0 处的二阶导数 $f''(x_0)$ 不存在或 $f''(x_0) = 0$，那么当 $f''(x)$ 在点 x_0 左、右两侧邻近异号时，可以断定点 $(x_0, f(x_0))$ 是曲线 $y = f(x)$ 的一个拐点；当 $f''(x)$ 在点 x_0 左、右两侧邻近同号时，可以断定点 $(x_0, f(x_0))$ 不是曲线 $y = f(x)$ 的拐点.例如，在例 2 和例 3 中，点 $(0,0)$ 是曲线 $y = x^3 + x$ 的拐点，而不是曲线 $y = x^4$ 的拐点.

例 4　　求曲线 $y = 2 + (x-4)^{\frac{1}{3}}$ 的凹凸区间和拐点.

解　$y' = \dfrac{1}{3}(x-4)^{-\frac{2}{3}}, y'' = -\dfrac{2}{9}(x-4)^{-\frac{5}{3}}$.令 $y'' = 0$，解得 $x = 4$.在区间 $(-\infty, 4)$ 内，$y''(x) > 0$，所以 $(-\infty, 4]$ 是该曲线的凹区间；在区间 $(4, +\infty)$ 内，$y''(x) < 0$，所以 $[4, +\infty)$ 是该曲线的凸区间.因此，点 $(4,2)$ 是该曲线的拐点.

例 5　　求曲线 $y = 3x^4 - 4x^3 + 1$ 的凹凸区间和拐点.

解　$y' = 12x^3 - 12x^2, y'' = 36x^2 - 24x = 36x\left(x - \dfrac{2}{3}\right)$.令 $y'' = 0$，解得 $x_1 = 0, x_2 = \dfrac{2}{3}$.在区间 $(-\infty, 0), \left(\dfrac{2}{3}, +\infty\right)$ 内，$y''(x) > 0$，所以 $(-\infty, 0], \left[\dfrac{2}{3}, +\infty\right)$ 是该曲线的凹区间；在区间 $\left(0, \dfrac{2}{3}\right)$ 内，$y''(x) < 0$，所以 $\left[0, \dfrac{2}{3}\right]$ 是该曲线的凸区间.因此，点 $(0,1)$ 和 $\left(\dfrac{2}{3}, \dfrac{11}{27}\right)$ 都是该曲线的拐点.

习　题　3-7

1. 判定下列曲线的凹凸性：

(1) $y = e^x$；

(2) $y = 4x + x^2$.

2. 求下列曲线的凹凸区间和拐点：

(1) $y = x^3 - x^2 - x + 1$；

(2) $y = \dfrac{36x}{(x+3)^2} + 1$；

(3) $y = e^{-\frac{1}{2}x^2}$；

(4) $y = \ln(x^2 - 1)$.

3. 问：a 与 b 为何值时，点 $(1,3)$ 为曲线 $y = ax^3 + bx^2$ 的拐点？

第八节　函数图形的描绘

一、曲线的渐近线

如果 $\lim\limits_{x \to \infty} f(x) = b$（$b$ 为常数），那么称直线 $y = b$ 为曲线 $y = f(x)$ 的一条**水平渐近线**.

类似地，还有 $x \to -\infty$ 或 $x \to +\infty$ 时水平渐近线的概念.

如果 $\lim\limits_{x \to x_0} f(x) = \infty(\infty$ 可为 $+\infty$ 或 $-\infty)$,那么称直线 $x = x_0$ 为曲线 $y = f(x)$ 的一条**垂直渐近线**.

类似地,还有 $x \to x_0^+$ 或 $x \to x_0^-$ 时垂直渐近线的概念.

如果曲线 $y = f(x)$ 在 $x \to \infty$ 时无限接近于一条固定直线 $y = kx + b(k \neq 0)$,那么称直线 $y = kx + b$ 为曲线 $y = f(x)$ 的**斜渐近线**.这时有

$$k = \lim_{x \to \infty} \frac{f(x)}{x}, \quad b = \lim_{x \to \infty} [f(x) - kx].$$

可以类似给出 $x \to -\infty$ 或 $x \to +\infty$ 时斜渐近线的概念.

例 1　求曲线 $y = \dfrac{1}{x-1}$ 的渐近线.

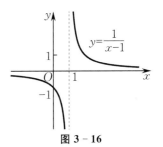

图 3 - 16

解　因为 $\lim\limits_{x \to \infty} \dfrac{1}{x-1} = 0$,所以直线 $y = 0$,即 x 轴是这条曲线的一条水平渐近线.因为 $\lim\limits_{x \to 1} \dfrac{1}{x-1} = \infty$,所以直线 $x = 1$ 为这条曲线的一条垂直渐近线.这条曲线如图 3 - 16 所示.

二、函数图形的描绘

借助于一阶导数的符号,可以确定函数的图形在哪个区间上是上升的,在哪个区间上是下降的,在什么地方有极值点;借助于二阶导数的符号,可以确定函数的图形在哪个区间上是凹的,在哪个区间上是凸的,在什么地方有拐点.知道了函数图形的升降性、凹凸性以及极值点和拐点后,也就可以把函数的图形描绘得比较准确.

利用导数描绘函数 $f(x)$ 的图形的一般步骤如下:

(1) 确定 $f(x)$ 的定义域及 $f(x)$ 所具有的某些特性(如奇偶性、周期性等),并求出 $f(x)$ 的一阶导数 $f'(x)$ 和二阶导数 $f''(x)$.

(2) 求出一阶导数 $f'(x)$ 和二阶导数 $f''(x)$ 在 $f(x)$ 的定义域上的全部零点,并求出 $f(x)$ 的间断点及 $f'(x)$ 和 $f''(x)$ 不存在的点,再用这些点把 $f(x)$ 的定义域划分成部分区间.

(3) 确定在各部分区间内 $f'(x)$ 和 $f''(x)$ 的符号,并由此确定 $f(x)$ 的图形的升降性、凹凸性、极值点和拐点.

(4) 确定 $f(x)$ 的图形的渐近线以及其他变化趋势.

(5) 计算出 $f'(x)$ 和 $f''(x)$ 的零点以及不存在的点所对应的函数值,定出 $f(x)$ 的图形上相应的点.为了把 $f(x)$ 的图形描绘得更准确,有时还需要补充一些特殊点,然后结合前几步中得到的结果,画出 $f(x)$ 的图形.

例 2　描绘函数 $y = f(x) = x^3 - x^2 - x + 1$ 的图形.

解　$f(x)$ 的定义域为 $(-\infty, +\infty)$,而

$$f'(x) = 3x^2 - 2x - 1 = (3x + 1)(x - 1),$$
$$f''(x) = 6x - 2 = 2(3x - 1).$$

令 $f'(x) = 0$,得 $x_1 = -\dfrac{1}{3}, x_2 = 1$;令 $f''(x) = 0$,得 $x_3 = \dfrac{1}{3}$.这三个点把 $f(x)$ 的定义域划分为四个部分区间 $\left(-\infty, -\dfrac{1}{3}\right), \left(-\dfrac{1}{3}, \dfrac{1}{3}\right), \left(\dfrac{1}{3}, 1\right), (1, +\infty)$.

在 $\left(-\infty,-\dfrac{1}{3}\right)$ 内，$f'(x)>0$，$f''(x)<0$，所以曲线 $y=f(x)$ 在 $\left(-\infty,-\dfrac{1}{3}\right]$ 上是上升且凸的．

在 $\left(-\dfrac{1}{3},\dfrac{1}{3}\right)$ 内，$f'(x)<0$，$f''(x)<0$，所以曲线 $y=f(x)$ 在 $\left[-\dfrac{1}{3},\dfrac{1}{3}\right]$ 上是下降且凸的．

类似地，可以确定曲线 $y=f(x)$ 在 $\left[\dfrac{1}{3},1\right]$ 上是下降且凹的，在 $[1,+\infty)$ 上是上升且凹的．

为了明确起见，我们把所得结论列成表 3-1．

表 3-1

x	$\left(-\infty,-\dfrac{1}{3}\right)$	$-\dfrac{1}{3}$	$\left(-\dfrac{1}{3},\dfrac{1}{3}\right)$	$\dfrac{1}{3}$	$\left(\dfrac{1}{3},1\right)$	1	$(1,+\infty)$
$f'(x)$	$+$	0	$-$	$-$	$-$	0	$+$
$f''(x)$	$-$	$-$	$-$	0	$+$	$+$	$+$
$f(x)$	↗	极大值点	↘	拐点	↘	极小值点	↗

表 3-1 中记号"↗"表示曲线是上升且凸的，"↘"表示曲线是下降且凸的，"↘"表示曲线是下降且凹的，"↗"表示曲线是上升且凹的．

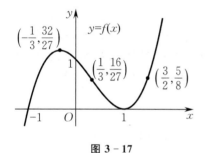

图 3-17

计算出 $f(x)$ 在点 $x=-\dfrac{1}{3},\dfrac{1}{3},1$ 处的函数值，从而得到 $f(x)$ 的图形上的三个点

$$\left(-\dfrac{1}{3},\dfrac{32}{27}\right),\quad\left(\dfrac{1}{3},\dfrac{16}{27}\right),\quad(1,0).$$

再补充一些点，如点 $(-1,0)$，$(0,1)$ 和 $\left(\dfrac{3}{2},\dfrac{5}{8}\right)$．又知当 $x\to\pm\infty$ 时，$y\to\pm\infty$．

综上所述，可描绘出 $f(x)$ 的图形，如图 3-17 所示．

例 3 　描绘函数 $y=f(x)=\dfrac{1}{\sqrt{2\pi}}\mathrm{e}^{-\frac{x^2}{2}}$ 的图形．

解　$f(x)$ 的定义域为 $(-\infty,+\infty)$．因为 $f(-x)=\dfrac{1}{\sqrt{2\pi}}\mathrm{e}^{-\frac{(-x)^2}{2}}=f(x)$，所以 $f(x)$ 是偶函数，其图形关于 y 轴对称．下面我们可以只讨论 $f(x)$ 在区间 $[0,+\infty)$ 上的图形．

由于 $\lim\limits_{x\to+\infty}f(x)=0$，因此 $f(x)$ 的图形有一条水平渐近线 $y=0$．

我们有

$$f'(x)=\dfrac{1}{\sqrt{2\pi}}\mathrm{e}^{-\frac{x^2}{2}}(-x)=-\dfrac{1}{\sqrt{2\pi}}x\mathrm{e}^{-\frac{x^2}{2}},$$

$$f''(x)=-\dfrac{1}{\sqrt{2\pi}}\left[\mathrm{e}^{-\frac{x^2}{2}}+x\mathrm{e}^{-\frac{x^2}{2}}(-x)\right]=\dfrac{1}{\sqrt{2\pi}}\mathrm{e}^{-\frac{x^2}{2}}(x^2-1).$$

在 $[0,+\infty)$ 上，方程 $f'(x)=0$ 的根为 $x=0$，方程 $f''(x)=0$ 的根为 $x=1$．点 $x=1$ 把 $[0,+\infty)$ 分成两个部分区间 $(0,1)$ 和 $(1,+\infty)$．

在区间 $(0,1)$ 内，$f'(x)<0$，$f''(x)<0$，所以曲线 $y=f(x)$ 在 $[0,1]$ 上是下降且凸的．结合 $f'(0)=0$ 及 $f(x)$ 的图形关于 y 轴对称可知，在点 $x=0$ 处 $f(x)$ 取得极大值．在区间 $(1,+\infty)$

内,$f'(x) < 0,f''(x) > 0$,所以曲线 $y = f(x)$ 在 $[1,+\infty)$ 上是下降且凹的.

将上面的结果列成表 3 - 2.

表 3 - 2

x	0	$(0,1)$	1	$(1,+\infty)$
$f'(x)$	0	$-$	$-$	$-$
$f''(x)$	$-$	$-$	0	$+$
$f(x)$	极大值点	↘	拐点	↘

求出极值点 $M_1\left(0,\dfrac{1}{\sqrt{2\pi}}\right)$ 及拐点 $M_2\left(1,\dfrac{1}{\sqrt{2\pi e}}\right)$,再补充点 $M_3\left(2,\dfrac{1}{\sqrt{2\pi e^2}}\right)$.

综合上述,可描绘出 $f(x)$ 的图形,如图 3 - 18 所示.

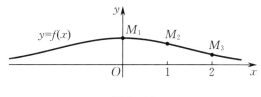

图 3 - 18

例 3 中的函数 $f(x) = \dfrac{1}{\sqrt{2\pi}}e^{-\frac{x^2}{2}}$ 在概率论中是一个重要的函数,它是正态分布的概率密度函数.

习 题 3 - 8

描绘下列函数的图形:

(1) $y = x^3(1-x)$;

(2) $y = \dfrac{4(x+1)}{x^2} - 2$;

(3) $y = \dfrac{x^2}{x+1}$.

第九节　弧微分　曲率

在前面我们讨论了曲线的凹凸性.显然,具有同一凹凸性的曲线在弯曲程度上也会不同. 曲线在各点的弯曲程度,也是表现曲线性态的一种要素.因此,我们有必要进一步研究曲线的弯曲程度 —— 曲率.

一、弧微分

作为曲率的预备知识,我们先介绍弧微分的概念及弧微分公式.

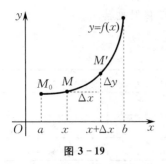

图 3 - 19

设函数 $f(x)$ 在闭区间 $[a,b]$ 上连续,在开区间 (a,b) 内具有连续的导数,取曲线 $y=f(x)$ 的端点 $M_0(a,f(a))$ 作为度量弧长(曲线弧的长度)的基点. 如图 $3-19$ 所示,在曲线 $y=f(x)$ 上任取一点 $M(x,y)$,显然曲线弧 $\overset{\frown}{M_0M}$ 的弧长 s 是 x 的函数 $s=s(x)$. 通常称弧长的微分 $\mathrm{d}s$ 为**弧微分**. 下面推导弧微分的计算公式.

如图 $3-19$ 所示,设 $x,x+\Delta x$ 是 (a,b) 内两个邻近的点,它们在曲线 $y=f(x)$ 上对应的点分别是 M,M'. 对应于增量 Δx,弧长的增量是 $\Delta s=\left|\overset{\frown}{MM'}\right|$,$y$ 的增量是 Δy,于是

$$\left(\frac{\Delta s}{\Delta x}\right)^2=\left(\frac{\left|\overset{\frown}{MM'}\right|}{\Delta x}\right)^2=\left(\frac{\left|\overset{\frown}{MM'}\right|}{\left|MM'\right|}\right)^2\frac{\left|MM'\right|^2}{(\Delta x)^2}=\left(\frac{\left|\overset{\frown}{MM'}\right|}{\left|MM'\right|}\right)^2\frac{(\Delta x)^2+(\Delta y)^2}{(\Delta x)^2}$$

$$=\left(\frac{\left|\overset{\frown}{MM'}\right|}{\left|MM'\right|}\right)^2\left[1+\left(\frac{\Delta y}{\Delta x}\right)^2\right],$$

从而

$$\frac{\Delta s}{\Delta x}=\sqrt{\left(\frac{\left|\overset{\frown}{MM'}\right|}{\left|MM'\right|}\right)^2\left[1+\left(\frac{\Delta y}{\Delta x}\right)^2\right]}.$$

当 $\Delta x\to 0$ 时,有 $M'\to M$,这时 $\lim\limits_{M'\to M}\dfrac{\left|\overset{\frown}{MM'}\right|}{\left|MM'\right|}=1$. 又 $\lim\limits_{\Delta x\to 0}\dfrac{\Delta y}{\Delta x}=y'$,所以

$$\frac{\mathrm{d}s}{\mathrm{d}x}=\lim\limits_{\Delta x\to 0}\frac{\Delta s}{\Delta x}=\sqrt{1+y'^2}.$$

于是得弧微分

$$\mathrm{d}s=\sqrt{1+y'^2}\,\mathrm{d}x.$$

常常称这个计算弧微分的公式为**弧微分公式**.

二、曲率

在工程技术中,我们常常需要考虑曲线的弯曲程度. 我们可以直观地认识到,直线是不弯曲的,半径较小的圆弧比半径较大的圆弧弯曲得厉害些. 我们如何用数量来描述曲线的弯曲程度呢? 曲率就是曲线弯曲程度的数量表示.

我们先引入光滑曲线的概念,再分析曲线的弯曲程度与曲线的什么性态有关,从而可以得到描述曲线弯曲程度的数量表示.

若一条曲线上每一点处都具有切线,且切线随切点移动而连续转动,则称该曲线为**光滑曲线**. 当 $f'(x)$ 在区间 $[a,b]$ 上连续时,函数 $f(x)$ 在 $[a,b]$ 上的图形就是光滑曲线.

如图 $3-20$ 所示,设有光滑曲线弧 $\overset{\frown}{M_1M_3}$,且曲线弧 $\overset{\frown}{M_1M_2}$ 与 $\overset{\frown}{M_2M_3}$ 的弧长相等. 我们看到,曲线弧 $\overset{\frown}{M_1M_2}$ 比较平直,当动点沿这段弧从点 M_1 移动到点 M_2 时,切线转过的角度(简称**转角**)φ_1 不大;而曲线弧 $\overset{\frown}{M_2M_3}$ 弯曲得比较厉害,当动点沿这段弧从点 M_2 移动到点 M_3 时,切线的转角 φ_2 就比较大. 由此可见,曲线弧的弯曲程度与转角的大小有关.

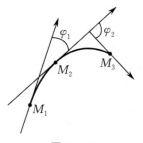

图 3 - 20

但是,转角的大小还不能完全反映曲线的弯曲程度.从图 3-21 中我们可以看到,两段曲线弧 $\widehat{M_1M_2}$ 及 $\widehat{N_1N_2}$,尽管它们的转角 φ 相同,但是弯曲程度并不相同,显然短曲线弧 $\widehat{N_1N_2}$ 比长曲线弧 $\widehat{M_1M_2}$ 弯曲得厉害些.由此可见,曲线弧的弯曲程度还与曲线弧的长度有关.

由上面的分析,我们引入曲率的概念如下:

设有光滑曲线 C.如图 3-22 所示,以曲线 C 的端点 M_0 作为度量弧长 s 的基点,设曲线 C 上的点 M 对应于弧长 s,在点 M 处的切线倾角为 α,曲线 C 上另外一点 M' 对应于弧长 $s+\Delta s$,在点 M' 处的切线倾角为 $\alpha+\Delta\alpha$,那么曲线弧 $\widehat{MM'}$ 的弧长为 $|\Delta s|$,且当动点从点 M 移动到点 M' 时,切线的转角为 $|\Delta\alpha|$.

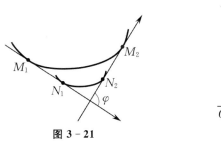

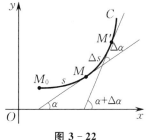

图 3-21　　　　　　　　　　　　　图 3-22

我们用比值 $\left|\dfrac{\Delta\alpha}{\Delta s}\right|$,即单位弧长上切线转角的大小来表示曲线弧 $\widehat{MM'}$ 的平均弯曲程度,把这个比值叫作曲线弧 $\widehat{MM'}$ 的**平均曲率**,并记为 $\overline{K}$,即

$$\overline{K}=\left|\frac{\Delta\alpha}{\Delta s}\right|.$$

类似于从平均速度引入瞬时速度的方法,令 $\Delta s\to0\,(M'\to M)$,上述平均曲率的极限就定义为曲线 C 在点 M 处的**曲率**,记为 K,即

$$K=\lim_{\Delta s\to0}\left|\frac{\Delta\alpha}{\Delta s}\right|.$$

在 $\lim\limits_{\Delta s\to0}\dfrac{\Delta\alpha}{\Delta s}=\dfrac{\mathrm{d}\alpha}{\mathrm{d}s}$ 存在的条件下,K 也可以表示为

$$K=\left|\frac{\mathrm{d}\alpha}{\mathrm{d}s}\right|.$$

例 1　求直线上各点处的曲率.

解　由于直线上各点处的切线与直线本身重合,当点沿直线移动时,切线的转角 $\Delta\alpha=0$,所以 $\dfrac{\Delta\alpha}{\Delta s}=0$,从而 $K=\lim\limits_{\Delta s\to0}\left|\dfrac{\Delta\alpha}{\Delta s}\right|=0$,即直线上各点处的曲率都等于 0.这与我们直观认识到的直线不弯曲一致.

例 2　求半径为 R 的圆周上任一点处的曲率.

解　如图 3-23 所示,圆周在点 M,M' 处切线所夹的角 $\Delta\alpha$ 等于圆心角 MDM'.而 $\angle MDM'=\dfrac{\Delta s}{R}$,于是

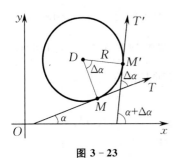

图 3 - 23

$$\frac{\Delta\alpha}{\Delta s} = \frac{\dfrac{\Delta s}{R}}{\Delta s} = \frac{1}{R},$$

从而所求的曲率为

$$K = \lim_{\Delta s \to 0}\left|\frac{\Delta\alpha}{\Delta s}\right| = \frac{1}{R}.$$

点 M 是圆周上任意取定的一点，上述结果说明圆周上各点处的曲率是同一个常数 $\dfrac{1}{R}$，即圆周的弯曲是均匀的，且半径越小，曲率越大，即圆周弯曲得越厉害.

三、曲率的计算公式

下面我们根据曲率的定义导出在一般情况下便于实际计算的曲率公式.

设曲线 C 的方程为 $y = f(x)$，且 $f(x)$ 具有二阶导数（这时 $f'(x)$ 连续，从而曲线 C 是光滑的）. 由 $\tan\alpha = y'$，两边同时对 x 求导数，得

$$\sec^2\alpha \frac{\mathrm{d}\alpha}{\mathrm{d}x} = y'', \quad 即 \quad \frac{\mathrm{d}\alpha}{\mathrm{d}x} = \frac{y''}{1 + \tan^2\alpha} = \frac{y''}{1 + y'^2}.$$

而弧微分为

$$\mathrm{d}s = \sqrt{1 + y'^2}\,\mathrm{d}x,$$

所以

$$K = \left|\frac{\mathrm{d}\alpha}{\mathrm{d}s}\right| = \frac{|y''|}{(1 + y'^2)^{\frac{3}{2}}}. \tag{3.13}$$

若曲线 C 由参数方程 $\begin{cases} x = \varphi(t), \\ y = \psi(t) \end{cases}$ 给出，则可利用由参数方程所确定的函数的求导方法，求出 y'_x 及 y''_x，并代入式(3.13)，得

$$K = \frac{|\varphi'(t)\psi''(t) - \varphi''(t)\psi'(t)|}{[\varphi'^2(t) + \psi'^2(t)]^{\frac{3}{2}}}.$$

例 3　求抛物线 $y = x^2$ 上任一点处的曲率.

解　$y' = 2x, y'' = 2$. 由曲率公式得 $y = x^2$ 在其上任一点处的曲率为

$$K = \frac{|y''|}{(1 + y'^2)^{\frac{3}{2}}} = \frac{2}{(1 + 4x^2)^{\frac{3}{2}}}.$$

由此可以看出，$y = x^2$ 在坐标原点处的曲率最大.

在有些实际问题中，$|y'|$ 与 1 相比是很小的数（工程技术中把这种关系记为 $|y'| \ll 1$），可以忽略不计. 这时，由于 $1 + y'^2 \approx 1$，从而有曲率的近似计算公式

$$K = \frac{|y''|}{(1 + y'^2)^{\frac{3}{2}}} \approx |y''|.$$

这就是说，当 $|y'| \ll 1$ 时，曲率 K 近似等于 $|y''|$. 经过这样的简化之后，对一些复杂的计算和研究就方便了.

四、曲率圆与曲率半径

设曲线 $C:y=f(x)$ 在点 $M(x,y)$ 处的曲率为 $K(K\neq0)$. 在点 M 处曲线 C 的法线上曲线 C 凹向的一侧取一点 D,使得 $|DM|=\dfrac{1}{K}=\rho$. 以 D 为圆心,$\rho=\dfrac{1}{K}$ 为半径作圆,如图 3－24 所示.我们把这个圆叫作曲线 C 在点 M 处的**曲率圆**,把曲率圆的圆心 D 叫作曲线 C 在点 M 处的**曲率中心**,把曲率圆的半径 ρ 叫作曲线 C 在点 M 处的**曲率半径**.

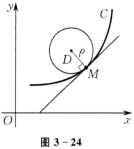

图 3－24

按上述定义可知,曲率圆与曲线 C 在点 M 处有相同的切线和曲率,且在点 M 邻近有相同的凹凸性.因此,在实际问题中,常常用曲率圆在点 M 邻近的一段圆弧来近似代替曲线弧,以使问题简化.

曲线 C 在点 M 处的曲率 $K(K\neq0)$ 与曲线 C 在点 M 处的曲率半径 ρ 有如下关系:

$$\rho=\frac{1}{K}.$$

这就是说,曲线上一点处的曲率半径与曲线在该点处的曲率互为倒数.由此可见,当曲线上一点处的曲率半径比较大时,曲线在该点处的曲率就比较小,即曲线在该点附近比较平直;当曲率半径比较小时,曲率就比较大,即曲线在该点附近弯曲得比较厉害.

习　题　3－9

1. 求下列曲线的弧微分:

(1) $y=\cos x$;　　　　　　　　　　(2) $y^2=2px$;

(3) $x^2+y^2=a^2$;　　　　　　　　(4) $\begin{cases}x=a\cos^3 t,\\ y=a\sin^3 t\end{cases}(a>0)$.

2. 计算抛物线 $y=4x+x^2$ 在其顶点处的曲率.

3. 求下列曲线在指定点处的曲率:

(1) $y=x^4-4x^3-18x^2$,在点 $(0,0)$ 处;　　(2) $xy=4$,在点 $(2,2)$ 处;

(3) $x^2+xy+y^2=3$,在点 $(1,1)$ 处;

(4) $\begin{cases}x=a(t-\sin t),\\ y=a(a-\cos t)\end{cases}(a>0)$,在 $t=\dfrac{\pi}{2}$ 对应的点处.

4. 计算正弦曲线 $y=\sin x$ 上点 $\left(\dfrac{\pi}{2},1\right)$ 处的曲率和曲率半径.

总 习 题 三

1. 单项选择题:

(1) 下列函数中在给定区间上满足罗尔中值定理的是(　　　);

A. $f(x) = |x|$，在$[-1,1]$上　　　　　　　B. $f(x) = x^3$，在$[-1,1]$上

C. $f(x) = \dfrac{1}{\sqrt[3]{(x-1)^2}}$，在$[0,2]$上　　　D. $f(x) = x^2 - 2x + 1$，在$[0,2]$上

(2) 下列求极限问题中不能使用洛必达法则的是（　　　）；

A. $\lim\limits_{x \to \infty} \dfrac{x - \sin x}{x + \sin x}$　　　　　　　　B. $\lim\limits_{x \to 0} \dfrac{\sin 2x}{x}$

C. $\lim\limits_{x \to 1} \dfrac{\ln x}{x - 1}$　　　　　　　　　　D. $\lim\limits_{x \to 0} \dfrac{x(\mathrm{e}^x - 1)}{\cos x - 1}$

(3) 函数 $y = x + \mathrm{e}^{-x}$ 在区间$(0, +\infty)$上（　　　）；

A. 单调减少　　　　B. 单调增加　　　　C. 有最小值　　　　D. 有最大值

(4) 若函数 $y = f(x)$ 在点 x_0 处取得极大值，则（　　　）；

A. $f'(x_0) = 0$　　　　　　　　　　B. $f''(x_0) < 0$

C. $f'(x_0) = 0$ 且 $f''(x_0) < 0$　　　　D. $f'(x_0) = 0$ 或 $f'(x_0)$ 不存在

(5) 曲线 $x^2 + y^2 = 2$ 在点$(1,1)$处的曲率是（　　　）；

A. 2　　　　　　　B. 12　　　　　　　C. $\sqrt{2}$　　　　　　　D. $\dfrac{1}{\sqrt{2}}$

(6) 函数 $y = c(x^2 + 1)^2 (c > 0)$ 的极小值是（　　　）.

A. c　　　　　　　B. 0　　　　　　　C. $4c$　　　　　　　D. 无法确定

2. 填空题：

(1) 函数 $y = x - \ln x (x > 0)$ 单调减少的区间是_____；

(2) 曲线 $y = x^{\frac{5}{3}}$ 的拐点是_____；

(3) 函数 $y = \ln(1 - x^2)$ 单调增加的区间是_____，单调减少的区间是_____.

3. 求下列极限：

(1) $\lim\limits_{x \to 0^+} \dfrac{\ln x}{\cot x}$；　　　　　　(2) $\lim\limits_{x \to 0} \dfrac{x^3}{\mathrm{e}^{2x} - 1}$；

(3) $\lim\limits_{x \to \frac{\pi}{2}} \dfrac{\tan x}{\tan 3x}$；　　　　　　(4) $\lim\limits_{x \to 0} \dfrac{x^2 \sin \dfrac{1}{3x}}{\sin x}$；

(5) $\lim\limits_{x \to 0} \left(\dfrac{2}{x^2 - 1} - \dfrac{1}{x - 1} \right)$；　　(6) $\lim\limits_{x \to \infty} \left(1 - \dfrac{4}{x} \right)$.

4. 确定函数 $f(x) = x^2(x - 1)^3$ 的单调区间，并求该函数的极值.

5. 求函数 $y = \mathrm{e}^{2x - x^2}$ 的极值和单调区间，以及它的图形的凹凸区间、拐点和渐近线，并作出函数的图形.

6. 将边长为 a 的一块正方形铁皮的四角各截去一个大小相同的小正方形，然后将四边折起做成一个无盖的方盒. 问：截掉的小正方形边长为多大时，所得方盒的容积最大？

7. 证明：当 $x > 0$ 时，$\ln(x + \sqrt{1 + x^2}) > \dfrac{x}{\sqrt{1 + x^2}}$.

8. 证明：若函数 $f(x)$ 在区间$(-\infty, +\infty)$上满足关系式 $f'(x) = f(x)$，且 $f(0) = 1$，则 $f(x) = \mathrm{e}^x$.

第四章

不定积分

前面已经介绍了由已知函数求其导数的问题,本章我们要考虑其反问题:由已知导数求其原函数,即求一个未知函数,使其导数恰好是已知函数.这种由导数求其原函数的问题实际上就是求不定积分的问题.本章将介绍不定积分的概念及其计算方法.

第一节 不定积分的概念与性质

一、原函数的概念

从微分学中我们已经知道,若已知一条曲线的方程 $y = f(x)$,则可求出该曲线上任一点 (x, y) 处的切线斜率,为 $k = f'(x)$.例如,曲线 $y = x^2$ 上点 (x, y) 处的切线斜率为 $k = 2x$.现在要解决其反问题:已知一条曲线上任一点处的切线斜率,求该曲线的方程.为此,我们引入原函数的概念.

定义1 设 $f(x)$ 是定义在区间 I 上的函数.若存在函数 $F(x)$,使得对于任意 $x \in I$,均有
$$F'(x) = f(x) \quad \text{或} \quad \mathrm{d}F(x) = f(x)\mathrm{d}x,$$
则称 $F(x)$ 为 $f(x)$ 的一个**原函数**.

例如,因为 $(\sin x)' = \cos x$,所以 $\sin x$ 是函数 $\cos x$ 的一个原函数;因为 $(x^2)' = 2x$,所以 x^2 是函数 $2x$ 的一个原函数;因为 $(x^2 + 1)' = 2x$,所以 $x^2 + 1$ 也是函数 $2x$ 的一个原函数.

由上述后两个例子可见,一个函数的原函数不是唯一的.事实上,若 $F(x)$ 为函数 $f(x)$ 的一个原函数,则
$$[F(x) + C]' = f(x) \quad (C \text{ 为任意常数}),$$
从而 $F(x) + C$ 也是 $f(x)$ 的原函数,即一个函数的原函数有无穷多个.

另外,任意两个原函数之间相差一个常数.事实上,若 $F(x)$ 和 $G(x)$ 都是函数 $f(x)$ 的原函数,则
$$[F(x) - G(x)]' = F'(x) - G'(x) = f(x) - f(x) = 0,$$
即 $F(x) - G(x) = C_0 (C_0$ 为常数).

综上所述,若 $F(x)$ 为函数 $f(x)$ 的一个原函数,则 $f(x)$ 的全体原函数为 $F(x) + C (C$ 为任意常数).

对于原函数的存在性,有下面的定理.

定理 1　　闭区间 I 上的连续函数一定有原函数.

定理 1 的证明参见第五章第二节.

二、不定积分的概念

定义 2　　在区间 I 上，若函数 $f(x)$ 存在原函数，则将 $f(x)$ 的全体原函数记作

$$\int f(x)\mathrm{d}x,$$

并称之为 $f(x)$ 在区间 I 上的**不定积分**，其中 $\int$ 称为**积分号**，$f(x)$ 称为**被积函数**，$f(x)\mathrm{d}x$ 称为**被积表达式**，x 称为**积分变量**.

由定义 2 知，若 $F(x)$ 为函数 $f(x)$ 的一个原函数，则

$$\int f(x)\mathrm{d}x = F(x) + C \quad （C \text{ 为任意常数}）.$$

也就是说，求函数 $f(x)$ 的不定积分就是求 $f(x)$ 的全体原函数. 所以，$\int f(x)\mathrm{d}x$ 中的积分号 $\int$ 表示对函数 $f(x)$ 求原函数，从而求不定积分的运算（称为积分运算）实质上就是求导数或微分的运算（统称为微分运算）的逆运算.

例 1　　求 $\int x^2 \mathrm{d}x$.

解　　因为 $\left(\dfrac{x^3}{3}\right)' = x^2$，所以 $\dfrac{x^3}{3}$ 是函数 x^2 的一个原函数. 因此

$$\int x^2 \mathrm{d}x = \frac{x^3}{3} + C.$$

例 2　　求 $\int \dfrac{\mathrm{d}x}{x}$.

解　　当 $x > 0$ 时，因为 $(\ln x)' = \dfrac{1}{x}$，所以在区间 $(0, +\infty)$ 上，$\ln x$ 是函数 $\dfrac{1}{x}$ 的一个原函数. 因此，在 $(0, +\infty)$ 上有

$$\int \frac{\mathrm{d}x}{x} = \ln x + C.$$

当 $x < 0$ 时，因为 $[\ln(-x)]' = \dfrac{1}{-x}(-x)' = \dfrac{1}{x}$，所以在区间 $(-\infty, 0)$ 上，$\ln(-x)$ 是函数 $\dfrac{1}{x}$ 的一个原函数. 因此，在 $(-\infty, 0)$ 上有

$$\int \frac{\mathrm{d}x}{x} = \ln(-x) + C.$$

综上所述，有

$$\int \frac{\mathrm{d}x}{x} = \ln|x| + C.$$

例 3　　求 $\int \dfrac{\mathrm{d}x}{1 + x^2}$.

解　因为 $(\arctan x)' = \dfrac{1}{1+x^2}$，所以 $\arctan x$ 是函数 $\dfrac{1}{1+x^2}$ 的一个原函数. 因此

$$\int \frac{\mathrm{d}x}{1+x^2} = \arctan x + C.$$

三、不定积分的几何意义

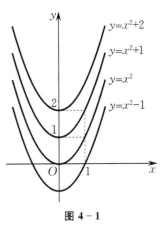

图 4 - 1

定义 3　设 $F(x)$ 为函数 $f(x)$ 的一个原函数，称 $F(x)$ 的图形为 $f(x)$ 的一条**积分曲线**.

不定积分的几何意义是：不定积分 $\displaystyle\int f(x)\mathrm{d}x$ 表示一族积分曲线 $y = F(x) + C$，它们可由一条积分曲线沿 y 轴上、下平移得到. 例如，$\displaystyle\int 2x\mathrm{d}x = x^2 + C$ 表示的积分曲线族如图 $4-1$ 所示.

例 4　已知曲线 $y = f(x)$ 上任一点 (x,y) 处的切线斜率为 $2x$，且该曲线通过点 $(1,2)$，求该曲线的方程.

解　根据题意知

$$f'(x) = 2x,$$

即 $f(x)$ 是函数 $2x$ 的一个原函数，而 $\displaystyle\int 2x\mathrm{d}x = x^2 + C$，于是

$$f(x) = x^2 + C_0,$$

其中 C_0 为待定常数. 又知该曲线通过点 $(1,2)$，所以

$$2 = 1^2 + C_0,$$

解得 $C_0 = 1$. 于是，所求的曲线方程为

$$y = x^2 + 1.$$

四、基本积分表

根据不定积分的定义，由基本初等函数的导数或微分公式，即可得到求不定积分的基本公式（称为**基本积分公式**）. 这里我们把这些基本积分公式列成一个表，这个表通常叫作**基本积分表**. 请读者务必熟记这些基本积分公式，因为许多求不定积分的问题最终将归结为这些基本积分公式的运用.

(1) $\displaystyle\int k\mathrm{d}x = kx + C$（$k$ 为常数）；

(2) $\displaystyle\int x^\mu \mathrm{d}x = \frac{x^{\mu+1}}{\mu+1} + C$（$\mu \neq -1$）；

(3) $\displaystyle\int \frac{\mathrm{d}x}{x} = \ln|x| + C$；

(4) $\displaystyle\int a^x \mathrm{d}x = \frac{a^x}{\ln a} + C$（$a > 0$ 且 $a \neq 1$）；

(5) $\displaystyle\int \mathrm{e}^x \mathrm{d}x = \mathrm{e}^x + C$；

(6) $\int \sin x \mathrm{d}x = -\cos x + C$;

(7) $\int \cos x \mathrm{d}x = \sin x + C$;

(8) $\int \dfrac{\mathrm{d}x}{\cos^2 x} = \int \sec^2 x \mathrm{d}x = \tan x + C$;

(9) $\int \dfrac{\mathrm{d}x}{\sin^2 x} = \int \csc^2 x \mathrm{d}x = -\cot x + C$;

(10) $\int \sec x \tan x \mathrm{d}x = \sec x + C$;

(11) $\int \csc x \cot x \mathrm{d}x = -\csc x + C$;

(12) $\int \dfrac{\mathrm{d}x}{\sqrt{1-x^2}} = \arcsin x + C$;

(13) $\int \dfrac{\mathrm{d}x}{1+x^2} = \arctan x + C$.

下面举几个应用关于幂函数的基本积分公式(2)的例子.

例 5　求 $\int \dfrac{\mathrm{d}x}{x^3}$.

解　$\int \dfrac{\mathrm{d}x}{x^3} = \int x^{-3} \mathrm{d}x = \dfrac{x^{-3+1}}{-3+1} + C = -\dfrac{1}{2x^2} + C$.

例 6　求 $\int x^2 \sqrt{x}\, \mathrm{d}x$.

解　$\int x^2 \sqrt{x}\, \mathrm{d}x = \int x^{\frac{5}{2}} \mathrm{d}x = \dfrac{x^{\frac{5}{2}+1}}{\frac{5}{2}+1} + C = \dfrac{2}{7} x^{\frac{7}{2}} + C = \dfrac{2}{7} x^3 \sqrt{x} + C$.

例 7　求 $\int \dfrac{\mathrm{d}x}{x^3 \sqrt[3]{x}}$.

解　$\int \dfrac{\mathrm{d}x}{x^3 \sqrt[3]{x}} = \int x^{-\frac{10}{3}} \mathrm{d}x = \dfrac{x^{-\frac{10}{3}+1}}{-\frac{10}{3}+1} + C = -\dfrac{3}{7} x^{-\frac{7}{3}} + C = -\dfrac{3}{7 x^2 \sqrt[3]{x}} + C$.

上面三个例子表明,有时被积函数用分式或根式表示,但实际上是幂函数.遇到此情形时,应先把它化为 x^{μ} 的形式,然后应用关于幂函数的基本积分公式(2)来求不定积分.

五、不定积分的性质

若 $F(x)$ 为函数 $f(x)$ 的一个原函数,则

$$F'(x) = f(x) \quad \text{或} \quad \mathrm{d}F(x) = f(x)\mathrm{d}x.$$

而由不定积分的定义知

$$\int f(x)\mathrm{d}x = F(x) + C,$$

即 $\int f(x)\mathrm{d}x$ 是函数 $f(x)$ 的原函数,故有如下性质:

性质 1 $\dfrac{\mathrm{d}}{\mathrm{d}x}\left[\displaystyle\int f(x)\mathrm{d}x\right] = f(x)$ 或 $\mathrm{d}\left[\displaystyle\int f(x)\mathrm{d}x\right] = f(x)\mathrm{d}x$.

又由于 $F(x)$ 是 $F'(x)$ 的原函数,故有如下性质:

性质 2 $\displaystyle\int F'(x)\mathrm{d}x = F(x) + C$ 或 $\displaystyle\int \mathrm{d}F(x) = F(x) + C$.

由上面两个性质可见,微分运算与积分运算是互逆的,即这两个运算连在一起时,或者抵消,或者抵消后相差一个常数.

设函数 $f(x),g(x)$ 的原函数均存在,利用微分运算的法则和不定积分的定义,可得下列运算性质:

性质 3 两个函数代数和的不定积分等于它们各自不定积分的代数和,即

$$\int [f(x) \pm g(x)]\mathrm{d}x = \int f(x)\mathrm{d}x \pm \int g(x)\mathrm{d}x.$$

证 $\left[\displaystyle\int f(x)\mathrm{d}x \pm \int g(x)\mathrm{d}x\right]' = \left[\displaystyle\int f(x)\mathrm{d}x\right]' \pm \left[\displaystyle\int g(x)\mathrm{d}x\right]' = f(x) \pm g(x).$

关于性质 3,有以下几点说明:

(1) 此性质可推广到有限多个函数代数和的情形;

(2) 在分项求不定积分后,每个不定积分都有任意常数,而任意常数之和仍为任意常数,故整体写一个任意常数即可;

(3) 检验求不定积分的结果是否正确,只要对结果求导数,看它的导数是否等于被积函数即可.

性质 4 求不定积分时,非零常数因子可提到积分号外面,即

$$\int kf(x)\mathrm{d}x = k\int f(x)\mathrm{d}x \quad (k \neq 0).$$

证 $\left[k\displaystyle\int f(x)\mathrm{d}x\right]' = k\left[\displaystyle\int f(x)\mathrm{d}x\right]' = kf(x) \quad (k \neq 0).$

利用基本积分表和不定积分的性质,可以求出一些简单函数的不定积分.

例 8 求 $\displaystyle\int (3x^2 - 4\sqrt{x} + 5)\mathrm{d}x$.

解 $\displaystyle\int (3x^2 - 4\sqrt{x} + 5)\mathrm{d}x = \int 3x^2\mathrm{d}x - \int 4\sqrt{x}\mathrm{d}x + \int 5\mathrm{d}x = 3\int x^2\mathrm{d}x - 4\int \sqrt{x}\mathrm{d}x + 5\int \mathrm{d}x$

$= 3\dfrac{x^{2+1}}{2+1} - 4\dfrac{x^{\frac{1}{2}+1}}{\frac{1}{2}+1} + 5x + C = x^3 - \dfrac{8}{3}x^{\frac{3}{2}} + 5x + C.$

例 9 求 $\displaystyle\int 3^x \mathrm{e}^x \mathrm{d}x$.

解 因 $3^x\mathrm{e}^x = (3\mathrm{e})^x$,故把 $3\mathrm{e}$ 看作 a,利用基本积分公式(4),得

$$\int 3^x\mathrm{e}^x\mathrm{d}x = \int (3\mathrm{e})^x\mathrm{d}x = \dfrac{(3\mathrm{e})^x}{\ln(3\mathrm{e})} + C = \dfrac{3^x\mathrm{e}^x}{1 + \ln 3} + C.$$

例 10 求 $\displaystyle\int (a^2 - x^2)^2\mathrm{d}x$.

解 $\displaystyle\int (a^2 - x^2)^2\mathrm{d}x = \int (a^4 - 2a^2x^2 + x^4)\mathrm{d}x = \int a^4\mathrm{d}x - \int 2a^2x^2\mathrm{d}x + \int x^4\mathrm{d}x$

$$= a^4 x - 2a^2 \frac{x^{2+1}}{2+1} + \frac{x^{4+1}}{4+1} + C$$

$$= a^4 x - \frac{2}{3} a^2 x^3 + \frac{1}{5} x^5 + C.$$

例 11 求 $\int \frac{\mathrm{d}x}{x^2(1+x^2)}$.

解 基本积分表中没有这种类型的不定积分，可以先把该不定积分的被积函数变形，并利用不定积分的性质，将该不定积分化为若干个基本积分表中所列类型的不定积分，再逐项求不定积分：

$$\int \frac{\mathrm{d}x}{x^2(1+x^2)} = \int \frac{x^2+1-x^2}{x^2(1+x^2)} \mathrm{d}x = \int \left(\frac{1}{x^2} - \frac{1}{1+x^2} \right) \mathrm{d}x$$

$$= \frac{x^{-2+1}}{-2+1} - \arctan x + C = -\frac{1}{x} - \arctan x + C.$$

例 12 求 $\int \frac{x^4}{1+x^2} \mathrm{d}x$.

解 基本积分表中没有这种类型的不定积分，同上题一样，可以先将该不定积分化为若干个基本积分表中所列类型的不定积分，再逐项求不定积分：

$$\int \frac{x^4}{1+x^2} \mathrm{d}x = \int \frac{x^4-1+1}{1+x^2} \mathrm{d}x = \int \frac{(x^2+1)(x^2-1)+1}{1+x^2} \mathrm{d}x$$

$$= \int \left(x^2 - 1 + \frac{1}{1+x^2} \right) \mathrm{d}x = \int x^2 \mathrm{d}x - \int \mathrm{d}x + \int \frac{\mathrm{d}x}{1+x^2}$$

$$= \frac{x^3}{3} - x + \arctan x + C.$$

例 13 求 $\int 2\tan^2 x \mathrm{d}x$.

解 基本积分表中没有这种类型的不定积分，先利用三角恒等式将该不定积分的被积函数变形，再求不定积分：

$$\int 2\tan^2 x \mathrm{d}x = \int 2(\sec^2 x - 1) \mathrm{d}x = \int 2\sec^2 x \mathrm{d}x - \int 2\mathrm{d}x = 2\tan x - 2x + C.$$

例 14 求 $\int \sin^2 \frac{x}{2} \mathrm{d}x$.

解 基本积分表中没有这种类型的不定积分，同上题一样，先将该不定积分的被积函数变形，再求不定积分：

$$\int \sin^2 \frac{x}{2} \mathrm{d}x = \int \frac{1}{2}(1-\cos x) \mathrm{d}x = \frac{1}{2} \left(\int \mathrm{d}x - \int \cos x \mathrm{d}x \right) = \frac{1}{2}(x - \sin x) + C.$$

例 15 求 $\int \left(\frac{1}{\sin^2 x \cos^2 x} + \frac{1}{x} \right) \mathrm{d}x$.

解 $\int \left(\frac{1}{\sin^2 x \cos^2 x} + \frac{1}{x} \right) \mathrm{d}x = \int \left(\frac{\sin^2 x + \cos^2 x}{\sin^2 x \cos^2 x} + \frac{1}{x} \right) \mathrm{d}x$

$$= \int \left(\frac{1}{\cos^2 x} + \frac{1}{\sin^2 x} + \frac{1}{x} \right) \mathrm{d}x$$

$$= \tan x - \cot x + \ln|x| + C.$$

习　题　4 – 1

1. 求下列不定积分：

(1) $\displaystyle\int \frac{\mathrm{d}x}{x^2\sqrt{x}}$;

(2) $\displaystyle\int \left(\sqrt[3]{x} - \frac{1}{\sqrt{x}}\right)\mathrm{d}x$;

(3) $\displaystyle\int (2^x + x^2)\mathrm{d}x$;

(4) $\displaystyle\int \sqrt{x}\,(x - 3)\mathrm{d}x$;

(5) $\displaystyle\int \frac{3x^4 + 3x^2 + 1}{x^2 + 1}\mathrm{d}x$;

(6) $\displaystyle\int \frac{x^2}{1 + x^2}\mathrm{d}x$;

(7) $\displaystyle\int \left(\frac{x}{2} - \frac{1}{x} + \frac{3}{x^3} - \frac{4}{x^4}\right)\mathrm{d}x$;

(8) $\displaystyle\int \left(\frac{3}{1 + x^2} - \frac{2}{\sqrt{1 - x^2}}\right)\mathrm{d}x$;

(9) $\displaystyle\int \sqrt{x\sqrt{x\sqrt{x}}}\,\mathrm{d}x$;

(10) $\displaystyle\int \frac{\mathrm{e}^{2t} - 1}{\mathrm{e}^t - 1}\mathrm{d}t$;

(11) $\displaystyle\int \frac{2\cdot 3^x - 5\cdot 2^x}{3^x}\mathrm{d}x$;

(12) $\displaystyle\int \mathrm{e}^x\left(1 - \frac{\mathrm{e}^{-x}}{\sqrt{x}}\right)\mathrm{d}x$;

(13) $\displaystyle\int \cos^2 \frac{x}{2}\mathrm{d}x$;

(14) $\displaystyle\int \frac{\mathrm{d}x}{1 + \cos 2x}$;

(15) $\displaystyle\int \frac{\cos 2x}{\cos x - \sin x}\mathrm{d}x$;

(16) $\displaystyle\int \sec x(\sec x - \tan x)\mathrm{d}x$.

2. 设一条曲线通过点 $(\mathrm{e}^2,3)$，且其上任一点处的切线斜率等于该点横坐标的倒数，求该曲线的方程.

3. 设一个质点做直线运动，在 t 时刻的速度为 $v = 6t - 2$. 当 $t = 0$ 时，位移 $s = 0$. 求该质点的运动方程（求 s 与 t 的关系）.

第二节　不定积分的换元积分法

利用基本积分表和不定积分的性质，所能求出的不定积分是非常有限的. 本节介绍的不定积分的换元积分法，是将复合函数的求导法则反过来用于求不定积分，通过适当的变量代换（换元），把所求的不定积分化为可利用基本积分表的形式.

一、第一类换元积分法（凑微分法）

定理 1 （第一类换元积分法）　设函数 $g(u)$ 的原函数为 $G(u)$，函数 $u = \varphi(x)$ 可导，则

$$\int g[\varphi(x)]\varphi'(x)\mathrm{d}x = \int g(u)\mathrm{d}u = G(u) + C = G[\varphi(x)] + C,$$

其中第一个等号表示换元 $\varphi(x) = u$，最后一个等号表示回代 $u = \varphi(x)$.

由定理 1 可知，当不定积分 $\displaystyle\int f(x)\mathrm{d}x$ 的被积函数 $f(x)$ 可分解为

$$f(x) = g[\varphi(x)]\varphi'(x)$$

时，做变量代换 $u = \varphi(x)$，并注意到 $\varphi'(x)\mathrm{d}x = \mathrm{d}\varphi(x)$，可将关于变量 x 的不定积分 $\displaystyle\int f(x)\mathrm{d}x$ 转

化为关于变量 u 的不定积分 $\int g(u)\mathrm{d}u$：

$$\int f(x)\mathrm{d}x = \int g[\varphi(x)]\varphi'(x)\mathrm{d}x = \int g(u)\mathrm{d}u.$$

如果 $\int g(u)\mathrm{d}u$ 可以求出，那么求不定积分 $\int f(x)\mathrm{d}x$ 的问题就解决了．通常也将第一类换元积分法称为**凑微分法**.

例 1 求 $\int 3\cos 3x\mathrm{d}x$.

解 被积函数 $3\cos 3x$ 中，$\cos 3x$ 是一个由 $\cos u$ 与 $u=3x$ 构成的复合函数，常数因子 3 恰好是中间变量 u 的导数．因此，做变量代换 $u=3x$，便有

$$\int 3\cos 3x\mathrm{d}x = \int \cos 3x \cdot 3\mathrm{d}x = \int \cos 3x \cdot (3x)'\mathrm{d}x = \int \cos u\mathrm{d}u = \sin u + C.$$

再以 $u=3x$ 做回代，即得

$$\int 3\cos 3x\mathrm{d}x = \sin 3x + C.$$

例 2 求 $\int \dfrac{\mathrm{d}x}{3x+2}$.

解 被积函数 $\dfrac{1}{3x+2}$ 由 $\dfrac{1}{u}$ 与 $u=3x+2$ 复合而成．这里缺少 $\dfrac{\mathrm{d}u}{\mathrm{d}x}=3$ 这样一个因子，但由于 $\dfrac{\mathrm{d}u}{\mathrm{d}x}$ 是个常数，故可改变系数"凑出"这个因子：

$$\frac{1}{3x+2} = \frac{1}{3} \cdot \frac{1}{3x+2} \cdot 3 = \frac{1}{3} \cdot \frac{1}{3x+2} \cdot (3x+2)'.$$

于是，令 $u=3x+2$，便有

$$\int \frac{\mathrm{d}x}{3x+2} = \int \frac{1}{3} \cdot \frac{1}{3x+2} \cdot (3x+2)'\mathrm{d}x = \frac{1}{3}\int \frac{1}{u}\mathrm{d}u$$

$$= \frac{1}{3}\ln|u| + C = \frac{1}{3}\ln|3x+2| + C.$$

例 3 求 $\int \dfrac{\mathrm{e}^{2\sqrt{x}}}{\sqrt{x}}\mathrm{d}x$.

解 设 $u=2\sqrt{x}$，则 $\mathrm{d}u = \dfrac{1}{\sqrt{x}}\mathrm{d}x$. 于是

$$\int \frac{\mathrm{e}^{2\sqrt{x}}}{\sqrt{x}}\mathrm{d}x = \int \mathrm{e}^u\mathrm{d}u = \mathrm{e}^u + C = \mathrm{e}^{2\sqrt{x}} + C.$$

例 4 求 $\int \dfrac{\mathrm{d}x}{x(1+2\ln x)}$.

解 设 $u=1+2\ln x$，则 $\mathrm{d}u = \dfrac{2}{x}\mathrm{d}x$，即 $\dfrac{\mathrm{d}u}{2} = \dfrac{\mathrm{d}x}{x}$. 于是

$$\int \frac{\mathrm{d}x}{x(1+2\ln x)} = \frac{1}{2}\int \frac{\mathrm{d}u}{u} = \frac{1}{2}\ln|u| + C = \frac{1}{2}\ln|1+2\ln x| + C.$$

对变量代换比较熟练后，可省去书写中间变量的换元和回代过程．

例 5　　求 $\displaystyle\int \frac{\mathrm{d}x}{x^2 + a^2}$ $(a \neq 0)$.

解　$\displaystyle\int \frac{\mathrm{d}x}{x^2 + a^2} = \int \frac{1}{a^2} \cdot \frac{1}{1 + \left(\dfrac{x}{a}\right)^2} \mathrm{d}x = \frac{1}{a} \int \frac{\mathrm{d}\left(\dfrac{x}{a}\right)}{1 + \left(\dfrac{x}{a}\right)^2} = \frac{1}{a} \arctan \frac{x}{a} + C.$

在上例中,我们实际上用到了变量代换 $u = \dfrac{x}{a}$,并在求出不定积分 $\dfrac{1}{a}\displaystyle\int \frac{\mathrm{d}u}{1 + u^2}$ 之后,回代了原积分变量 x,只是没有把具体过程写出来而已.

例 6　　求 $\displaystyle\int \frac{\mathrm{d}x}{x^2 - a^2}$ $(a \neq 0)$.

解　因 $\dfrac{1}{x^2 - a^2} = \dfrac{1}{2a}\left(\dfrac{1}{x-a} - \dfrac{1}{x+a}\right)$,故

$$\int \frac{\mathrm{d}x}{x^2 - a^2} = \frac{1}{2a}\int\left(\frac{1}{x-a} - \frac{1}{x+a}\right)\mathrm{d}x = \frac{1}{2a}\left(\int \frac{\mathrm{d}x}{x-a} - \int \frac{\mathrm{d}x}{x+a}\right)$$

$$= \frac{1}{2a}\left[\int \frac{\mathrm{d}(x-a)}{x-a} - \int \frac{\mathrm{d}(x+a)}{x+a}\right] = \frac{1}{2a}(\ln|x-a| - \ln|x+a|) + C$$

$$= \frac{1}{2a}\ln\left|\frac{x-a}{x+a}\right| + C.$$

例 7　　求 $\displaystyle\int \frac{\mathrm{d}x}{\sqrt{a^2 - x^2}}$ $(a > 0)$.

解　$\displaystyle\int \frac{\mathrm{d}x}{\sqrt{a^2 - x^2}} = \int \frac{1}{a} \cdot \frac{\mathrm{d}x}{\sqrt{1 - \left(\dfrac{x}{a}\right)^2}} = \int \frac{\mathrm{d}\left(\dfrac{x}{a}\right)}{\sqrt{1 - \left(\dfrac{x}{a}\right)^2}} = \arcsin \frac{x}{a} + C.$

例 8　　求 $\displaystyle\int \frac{\mathrm{d}x}{(\arcsin x)^2 \sqrt{1 - x^2}}$.

解　$\displaystyle\int \frac{\mathrm{d}x}{(\arcsin x)^2 \sqrt{1 - x^2}} = \int (\arcsin x)^{-2}\mathrm{d}(\arcsin x) = \frac{(\arcsin x)^{-2+1}}{-2+1} + C$

$$= -\frac{1}{\arcsin x} + C.$$

下面再举一些求不定积分的例子,它们的被积函数中都含有三角函数. 在求这些不定积分的过程中,往往要用到一些三角恒等式.

例 9　　求 $\displaystyle\int \tan x\mathrm{d}x$.

解　$\displaystyle\int \tan x\mathrm{d}x = \int \frac{\sin x}{\cos x}\mathrm{d}x = -\int \frac{\mathrm{d}(\cos x)}{\cos x} = -\ln|\cos x| + C.$

类似地,可得

$$\int \cot x\mathrm{d}x = \ln|\sin x| + C.$$

例 10　　求 $\displaystyle\int \csc x\mathrm{d}x$.

解 $\displaystyle\int \csc x\mathrm{d}x = \int \frac{\mathrm{d}x}{\sin x} = \int \frac{\mathrm{d}x}{2\sin\dfrac{x}{2}\cos\dfrac{x}{2}} = \int \frac{\mathrm{d}x}{2\tan\dfrac{x}{2}\cos^2\dfrac{x}{2}}$

$$= \int \frac{\mathrm{d}\left(\tan\dfrac{x}{2}\right)}{\tan\dfrac{x}{2}} = \ln\left|\tan\dfrac{x}{2}\right| + C.$$

因为

$$\tan\frac{x}{2} = \frac{\sin\dfrac{x}{2}}{\cos\dfrac{x}{2}} = \frac{2\sin^2\dfrac{x}{2}}{\sin x} = \frac{1-\cos x}{\sin x} = \csc x - \cot x,$$

所以又有

$$\int \csc x\mathrm{d}x = \ln|\csc x - \cot x| + C.$$

例 11 求 $\displaystyle\int \sec x\mathrm{d}x$.

解 $\displaystyle\int \sec x\mathrm{d}x = \int \sec x\,\frac{\sec x + \tan x}{\sec x + \tan x}\mathrm{d}x = \int \frac{\mathrm{d}(\sec x + \tan x)}{\sec x + \tan x}$

$$= \ln|\sec x + \tan x| + C.$$

例 12 求 $\displaystyle\int \cos^3 x\mathrm{d}x$.

解 $\displaystyle\int \cos^3 x\mathrm{d}x = \int \cos^2 x\cdot\cos x\mathrm{d}x = \int(1-\sin^2 x)\mathrm{d}(\sin x) = \sin x - \frac{1}{3}\sin^3 x + C.$

例 13 求 $\displaystyle\int \sin^3 x\cos^2 x\mathrm{d}x$.

解 $\displaystyle\int \sin^3 x\cos^2 x\mathrm{d}x = \int \sin^2 x\cos^2 x\cdot\sin x\mathrm{d}x = -\int(1-\cos^2 x)\cos^2 x\mathrm{d}(\cos x)$

$$= \int(\cos^4 x - \cos^2 x)\mathrm{d}(\cos x) = \frac{1}{5}\cos^5 x - \frac{1}{3}\cos^3 x + C.$$

例 14 求 $\displaystyle\int \cos^4 x\mathrm{d}x$.

解 因

$$\cos^4 x = (\cos^2 x)^2 = \left(\frac{1+\cos 2x}{2}\right)^2 = \frac{1}{4}(1 + 2\cos 2x + \cos^2 2x)$$

$$= \frac{1}{4}\left(1 + 2\cos 2x + \frac{1+\cos 4x}{2}\right) = \frac{1}{4}\left(\frac{3}{2} + 2\cos 2x + \frac{1}{2}\cos 4x\right),$$

故

$$\int \cos^4 x\mathrm{d}x = \frac{1}{4}\int\left(\frac{3}{2} + 2\cos 2x + \frac{1}{2}\cos 4x\right)\mathrm{d}x$$

$$= \frac{1}{4}\left[\frac{3}{2}x + \int\cos 2x\mathrm{d}(2x) + \frac{1}{2}\cdot\frac{1}{4}\int\cos 4x\mathrm{d}(4x)\right]$$

$$= \frac{3}{8}x + \frac{1}{4}\sin 2x + \frac{1}{32}\sin 4x + C.$$

例 15 求 $\int \sec^4 x \mathrm{d}x$.

解 $\int \sec^4 x \mathrm{d}x = \int \sec^2 x \cdot \sec^2 x \mathrm{d}x = \int (\tan^2 x + 1) \mathrm{d}(\tan x) = \frac{1}{3}\tan^3 x + \tan x + C.$

例 16 求 $\int \cos 3x \cos 2x \mathrm{d}x$.

解 因

$$\cos 3x \cos 2x = \frac{1}{2}(\cos x + \cos 5x),$$

故

$$\int \cos 3x \cos 2x \mathrm{d}x = \frac{1}{2}\left[\int \cos x \mathrm{d}x + \frac{1}{5}\int \cos 5x \mathrm{d}(5x)\right]$$

$$= \frac{1}{2}\sin x + \frac{1}{10}\sin 5x + C.$$

上述各例用的都是第一类换元积分法，即利用形如 $u = \varphi(x)$ 的变量代换来求不定积分 $\int f(x)\mathrm{d}x$. 下面介绍利用另一种形式的变量代换 $x = \varphi(t)$ 来求不定积分 $\int f(x)\mathrm{d}x$ 的方法，即所谓的第二类换元积分法.

二、第二类换元积分法

定理 2（第二类换元积分法） 设 $x = \varphi(t)$ 是单调可导函数，且 $\varphi'(t) \neq 0$，又 $f[\varphi(t)]\varphi'(t)$ 具有原函数 $F(t)$，则

$$\int f(x)\mathrm{d}x = \int f[\varphi(t)]\varphi'(t)\mathrm{d}t = F(t) + C = F[\varphi^{-1}(x)] + C,$$

其中 $\varphi^{-1}(x)$ 是 $x = \varphi(t)$ 的反函数.

证 因为 $F(t)$ 是 $f[\varphi(t)]\varphi'(t)$ 的原函数，所以若令函数 $G(x) = F[\varphi^{-1}(x)]$，则

$$G'(x) = \frac{\mathrm{d}F}{\mathrm{d}t} \cdot \frac{\mathrm{d}t}{\mathrm{d}x} = f[\varphi(t)]\varphi'(t) \cdot \frac{1}{\varphi'(t)} = f[\varphi(t)] = f(x),$$

即 $G(x)$ 是 $f(x)$ 的一个原函数，从而得证.

由定理 2 可知，如果不定积分 $\int f(x)\mathrm{d}x$ 用前面的方法不易求出，但做适当的变量代换 $x = \varphi(t)$ 后，所得到的关于新积分变量 t 的不定积分

$$\int f[\varphi(t)]\varphi'(t)\mathrm{d}t$$

比较容易求出，那么就可解决求不定积分 $\int f(x)\mathrm{d}x$ 的问题. 所以说，第二类换元积分法就是利用变量代换 $x = \varphi(t)$ 来求不定积分 $\int f(x)\mathrm{d}x$.

由定理 2 可见，第二类换元积分法的换元和回代过程与第一类换元积分法的换元和回代过程正好相反.

例 17 求 $\int \sqrt{a^2 - x^2}\,\mathrm{d}x \ (a > 0)$.

解　求这个不定积分的困难在于有根式 $\sqrt{a^2-x^2}$，但我们可以利用三角恒等式

$$\sin^2 x + \cos^2 x = 1$$

来去掉根式.

令 $x = \varphi(t) = a\sin t, t \in \left(-\dfrac{\pi}{2}, \dfrac{\pi}{2}\right)$，则 $\varphi(t)$ 单调、可导，且 $\varphi'(t) = a\cos t \neq 0$，从而

$$\mathrm{d}x = a\cos t\mathrm{d}t, \quad \sqrt{a^2-x^2} = a\cos t.$$

故

$$\int \sqrt{a^2-x^2}\,\mathrm{d}x = \int a\cos t \cdot a\cos t\mathrm{d}t = a^2 \int \cos^2 t\mathrm{d}t = a^2 \int \frac{1+\cos 2t}{2}\mathrm{d}t$$

$$= a^2\left(\frac{t}{2} + \frac{1}{4}\sin 2t\right) + C = a^2\left(\frac{t}{2} + \frac{1}{2}\sin t\cos t\right) + C.$$

由于 $x = a\sin t, t \in \left(-\dfrac{\pi}{2}, \dfrac{\pi}{2}\right)$，所以

$$t = \arcsin \frac{x}{a}, \quad \cos t = \sqrt{1-\sin^2 t} = \sqrt{1-\left(\frac{x}{a}\right)^2} = \frac{\sqrt{a^2-x^2}}{a}.$$

于是

$$\int \sqrt{a^2-x^2}\,\mathrm{d}x = \frac{a^2}{2}\arcsin \frac{x}{a} + \frac{1}{2}x\sqrt{a^2-x^2} + C.$$

例 18　求 $\displaystyle\int \frac{\mathrm{d}x}{\sqrt{a^2+x^2}}$ $(a > 0)$.

解　令 $x = \varphi(t) = a\tan t, t \in \left(-\dfrac{\pi}{2}, \dfrac{\pi}{2}\right)$，则 $\varphi(t)$ 单调、可导，且 $\varphi'(t) = a\sec^2 t \neq 0$，从而

$$\mathrm{d}x = a\sec^2 t\mathrm{d}t, \quad \sqrt{a^2+x^2} = a\sec t.$$

故

$$\int \frac{\mathrm{d}x}{\sqrt{a^2+x^2}} = \int \frac{a\sec^2 t}{a\sec t}\mathrm{d}t = \int \sec t\mathrm{d}t = \ln|\sec t + \tan t| + C.$$

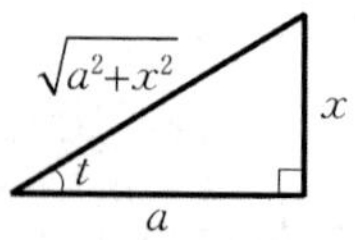

为了把 $\sec t$ 和 $\tan t$ 换成 x 的函数，可以根据 $\tan t = \dfrac{x}{a}$ 作辅助直角三角形（见图 4-2）. 这时

$$\sec t = \frac{\sqrt{a^2+x^2}}{a}.$$

图 4-2

因此

$$\int \frac{\mathrm{d}x}{\sqrt{a^2+x^2}} = \ln\left(\frac{\sqrt{a^2+x^2}}{a} + \frac{x}{a}\right) + C_1 = \ln(\sqrt{a^2+x^2} + x) - \ln a + C_1$$

$$= \ln(\sqrt{a^2+x^2} + x) + C,$$

其中 C_1 为任意常数，$C = C_1 - \ln a$.

例 19　求 $\displaystyle\int \frac{\mathrm{d}x}{\sqrt{x^2-a^2}}$ $(a > 0)$.

解　注意到被积函数的定义域为 $(a, +\infty)$ 和 $(-\infty, -a)$ 两个区间，分别在这两个区间

上求不定积分.

当 $x \in (a, +\infty)$ 时,令 $x = \varphi(t) = a\sec t, t \in \left(0, \dfrac{\pi}{2}\right)$,则 $\varphi(t)$ 单调、可导,且 $\varphi'(t) =$ $a\sec t \tan t \neq 0$,从而

$$\mathrm{d}x = a\sec t \tan t \mathrm{d}t, \quad \sqrt{x^2 - a^2} = a\tan t.$$

故

$$\int \frac{\mathrm{d}x}{\sqrt{x^2 - a^2}} = \int \frac{a\sec t \tan t}{a\tan t}\mathrm{d}t = \int \sec t \mathrm{d}t = \ln|\sec t + \tan t| + C.$$

为了把 $\sec t$ 和 $\tan t$ 换成 x 的函数,根据 $\sec t = \dfrac{x}{a}$ 作辅助直角三角形(见图 4-3),得

$$\tan t = \frac{\sqrt{x^2 - a^2}}{a}.$$

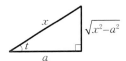

因此

$$\int \frac{\mathrm{d}x}{\sqrt{x^2 - a^2}} = \ln\left(\frac{x}{a} + \frac{\sqrt{x^2 - a^2}}{a}\right) + C_1 = \ln(x + \sqrt{x^2 - a^2}) - \ln a + C_1$$

图 4-3

$$= \ln(x + \sqrt{x^2 - a^2}) + C,$$

其中 C_1 为任意常数,$C = C_1 - \ln a$.

当 $x \in (-\infty, -a)$ 时,令 $x = -u$,则 $u > a$. 由上述结果有

$$\int \frac{\mathrm{d}x}{\sqrt{x^2 - a^2}} = -\int \frac{\mathrm{d}u}{\sqrt{u^2 - a^2}} = -\ln(u + \sqrt{u^2 - a^2}) + C_1$$

$$= -\ln(-x + \sqrt{x^2 - a^2}) + C_1 = \ln \frac{-x - \sqrt{x^2 - a^2}}{a^2} + C_1$$

$$= \ln(-x - \sqrt{x^2 - a^2}) + C,$$

其中 C_1 为任意常数,$C = C_1 - \ln a$.

综上所述,得

$$\int \frac{\mathrm{d}x}{\sqrt{x^2 - a^2}} = \ln|x + \sqrt{x^2 - a^2}| + C.$$

可以用以下方法将根式有理化:当被积函数含有 $\sqrt{a^2 - x^2}$ 时,可利用 $x = a\sin t$ 化去根式,如例 17;当被积函数含有 $\sqrt{a^2 + x^2}$ 时,可利用 $x = a\tan t$ 化去根式,如例 18;当被积函数含有 $\sqrt{x^2 - a^2}$ 时,可利用 $x = a\sec t$ 化去根式,如例 19.

在本节的例题中,有几个不定积分是经常遇到的,故它们的结果通常也被当作公式使用. 这样可在基本积分表中增加以下几个公式:

(14) $\displaystyle\int \tan x \mathrm{d}x = -\ln|\cos x| + C$;

(15) $\displaystyle\int \cot x \mathrm{d}x = \ln|\sin x| + C$;

(16) $\displaystyle\int \sec x \mathrm{d}x = \ln|\sec x + \tan x| + C$;

(17) $\displaystyle\int \csc x \mathrm{d}x = \ln|\csc x - \cot x| + C$；

(18) $\displaystyle\int \frac{\mathrm{d}x}{x^2 + a^2} = \frac{1}{a}\arctan\frac{x}{a} + C \quad (a > 0)$；

(19) $\displaystyle\int \frac{\mathrm{d}x}{x^2 - a^2} = \frac{1}{2a}\ln\left|\frac{x-a}{x+a}\right| + C \quad (a \neq 0)$；

(20) $\displaystyle\int \frac{\mathrm{d}x}{\sqrt{a^2 - x^2}} = \arcsin\frac{x}{a} + C \quad (a > 0)$；

(21) $\displaystyle\int \frac{\mathrm{d}x}{\sqrt{x^2 \pm a^2}} = \ln|x + \sqrt{x^2 \pm a^2}| + C$。

例 20　求 $\displaystyle\int \frac{\mathrm{d}x}{x^2 + 2x + 4}$.

解　$\displaystyle\int \frac{\mathrm{d}x}{x^2 + 2x + 4} = \int \frac{\mathrm{d}(x+1)}{(x+1)^2 + (\sqrt{3})^2} \xlongequal{\text{基本积分公式(18)}} \frac{1}{\sqrt{3}}\arctan\frac{x+1}{\sqrt{3}} + C$.

例 21　求 $\displaystyle\int \frac{\mathrm{d}x}{\sqrt{4x^2 + 9}}$.

解　$\displaystyle\int \frac{\mathrm{d}x}{\sqrt{4x^2 + 9}} = \frac{1}{2}\int \frac{\mathrm{d}(2x)}{\sqrt{(2x)^2 + 3^2}} \xlongequal{\text{基本积分公式(21)}} \frac{1}{2}\ln(2x + \sqrt{4x^2 + 9}) + C$.

习　题　4−2

1. 在下列等式的横线处填上适当的系数，使得等式成立：

(1) $\mathrm{d}x = \underline{\hspace{2cm}} \mathrm{d}(7x + 3)$；

(2) $x\mathrm{d}x = \underline{\hspace{2cm}} \mathrm{d}(1 - x^2)$；

(3) $x^3 \mathrm{d}x = \underline{\hspace{2cm}} \mathrm{d}(3x^4 - 2)$；

(4) $\mathrm{e}^{2x}\mathrm{d}x = \underline{\hspace{2cm}} \mathrm{d}(\mathrm{e}^{2x})$；

(5) $\dfrac{\mathrm{d}x}{x} = \underline{\hspace{2cm}} \mathrm{d}(1 - 5\ln|x|)$；

(6) $\dfrac{\mathrm{d}t}{\sqrt{t}} = \underline{\hspace{2cm}} \mathrm{d}(\sqrt{t})$；

(7) $\dfrac{\mathrm{d}x}{\cos^2 2x} = \underline{\hspace{2cm}} \mathrm{d}(\tan 2x)$；

(8) $\dfrac{\mathrm{d}x}{1 + 9x^2} = \underline{\hspace{2cm}} \mathrm{d}(\arctan 3x)$；

(9) $\dfrac{\mathrm{d}x}{\sqrt{1 - x^2}} = \underline{\hspace{2cm}} \mathrm{d}(1 - \arcsin x)$；

(10) $\dfrac{x}{\sqrt{1 - x^2}}\mathrm{d}x = \underline{\hspace{2cm}} \mathrm{d}(\sqrt{1 - x^2})$.

2. 求下列不定积分：

(1) $\displaystyle\int \mathrm{e}^{3t}\mathrm{d}t$；

(2) $\displaystyle\int (3 - 5x)^3 \mathrm{d}x$；

(3) $\displaystyle\int \frac{\mathrm{d}x}{3 - 2x}$；

(4) $\displaystyle\int \frac{\mathrm{d}x}{\sqrt[3]{5 - 3x}}$；

(5) $\displaystyle\int (\sin ax - \mathrm{e}^{\frac{x}{b}})\mathrm{d}x$（$b$ 为常数）；

(6) $\displaystyle\int \frac{\cos\sqrt{t}}{\sqrt{t}}\mathrm{d}t$；

(7) $\displaystyle\int \tan^{10}x \sec^2 x\mathrm{d}x$；

(8) $\displaystyle\int \frac{\mathrm{d}x}{x\ln x\ln(\ln x)}$；

$(9) \int \tan \sqrt{1+x^2} \cdot \dfrac{x}{\sqrt{1+x^2}} dx;$

$(10) \int \dfrac{dx}{\sin x \cos x};$

$(11) \int \dfrac{dx}{e^x + e^{-x}};$

$(12) \int x \cos x^2 dx;$

$(13) \int \dfrac{x}{\sqrt{2-3x^2}} dx;$

$(14) \int \cos^2 \omega t \sin \omega t \, dt \; (\omega \text{ 为常数});$

$(15) \int \dfrac{3x^3}{1-x^4} dx;$

$(16) \int \dfrac{\sin x}{\cos^3 x} dx;$

$(17) \int \dfrac{x^9}{\sqrt{2-x^{20}}} dx;$

$(18) \int \dfrac{1-x}{\sqrt{9-4x^2}} dx;$

$(19) \int \sin 2x \cos 3x \, dx;$

$(20) \int \tan^3 x \sec x \, dx;$

$(21) \int \dfrac{10^{\arccos x}}{\sqrt{1-x^2}} dx;$

$(22) \int \dfrac{\arctan \sqrt{x}}{\sqrt{x}(1+x)} dx;$

$(23) \int \dfrac{\ln(\tan x)}{\cos x \sin x} dx;$

$(24) \int \dfrac{dx}{1-e^x};$

$(25) \int \dfrac{dx}{x \sqrt{x^2-1}};$

$(26) \int \dfrac{dx}{\sqrt{(x^2+1)^3}};$

$(27) \int \dfrac{\sqrt{x^2-9}}{x} dx;$

$(28) \int \dfrac{dx}{1+\sqrt{2x}};$

$(29) \int \dfrac{dx}{1+\sqrt{1-x^2}};$

$(30) \int \dfrac{dx}{x+\sqrt{1-x^2}}.$

3. 求一个函数 $f(x)$,使其满足 $f'(x) = \dfrac{1}{\sqrt{x+1}}$,且 $f(0) = 1$.

第三节　不定积分的分部积分法

　　虽然前面所介绍的不定积分的换元积分法可以解决许多求不定积分的问题,但有些不定积分,如 $\int x e^x dx, \int x \cos x \, dx$ 等,利用换元积分法就无法求出.本节我们要介绍另一种求不定积分的基本方法 —— **分部积分法**.

　　设函数 $u = u(x)$ 和 $v = v(x)$ 均具有连续导数,则 $d(uv) = v du + u dv$,移项得到
$$u dv = d(uv) - v du,$$
从而
$$\int u dv = uv - \int v du \tag{4.1}$$
或
$$\int u v' dx = uv - \int u' v dx. \tag{4.2}$$
称式(4.1)或式(4.2)为**分部积分公式**.

　　利用分部积分公式求不定积分的关键在于将所给不定积分 $\int f(x) dx$ 化为 $\int u dv$ 的形式,使得计算更容易,也就是恰当地选取 u 和 dv,使得

（1）v 容易求出；

（2）$\int v\mathrm{d}u$ 比 $\int u\mathrm{d}v$ 容易求出.

例 1　求 $\int x\sin x\mathrm{d}x$.

解　设 $u = x, \mathrm{d}v = \sin x\mathrm{d}x = \mathrm{d}(-\cos x)$，则 $v = -\cos x$，且 $\mathrm{d}u = \mathrm{d}x$. 于是

$$\int x\sin x\mathrm{d}x = x(-\cos x) - \int (-\cos x)\mathrm{d}x = -x\cos x + \int \cos x\mathrm{d}x$$

$$= -x\cos x + \sin x + C.$$

有些不定积分需要连续多次使用分部积分公式.

例 2　求 $\int x^2\mathrm{e}^x\mathrm{d}x$.

解　设 $u = x^2, \mathrm{d}v = \mathrm{e}^x\mathrm{d}x = \mathrm{d}(\mathrm{e}^x)$，则 $v = \mathrm{e}^x$，且 $\mathrm{d}u = 2x\mathrm{d}x$. 于是

$$\int x^2\mathrm{e}^x\mathrm{d}x = x^2\mathrm{e}^x - 2\int x\mathrm{e}^x\mathrm{d}x.$$

可见，与原不定积分相比较，上式右边第二项幂函数的幂次降低一次.

对于不定积分 $\int x\mathrm{e}^x\mathrm{d}x$，设 $u = x, \mathrm{d}v = \mathrm{e}^x\mathrm{d}x = \mathrm{d}(\mathrm{e}^x)$，则 $v = \mathrm{e}^x$，且 $\mathrm{d}u = \mathrm{d}x$. 于是

$$\int x\mathrm{e}^x\mathrm{d}x = x\mathrm{e}^x - \int \mathrm{e}^x\mathrm{d}x = x\mathrm{e}^x - \mathrm{e}^x + C_1,$$

其中 C_1 为任意常数. 因此

$$\int x^2\mathrm{e}^x\mathrm{d}x = x^2\mathrm{e}^x - 2(x\mathrm{e}^x - \mathrm{e}^x + C_1) = \mathrm{e}^x(x^2 - 2x + 2) + C \quad (C = -2C_1).$$

若被积函数是幂函数与指数函数或正（余）弦函数的乘积，则可设幂函数为 u，而将积分表达式其余部分设为 $\mathrm{d}v$，使得应用分部积分公式后幂函数的幂次降低一次.

例 3　求 $\int \ln x\mathrm{d}x$.

解　设 $u = \ln x, \mathrm{d}v = \mathrm{d}x$，则 $v = x$，且 $\mathrm{d}u = \dfrac{1}{x}\mathrm{d}x$. 于是

$$\int \ln x\mathrm{d}x = x\ln x - \int x \cdot \frac{1}{x}\mathrm{d}x = x\ln x - \int \mathrm{d}x = x\ln x - x + C.$$

例 4　求 $\int x\arctan x\mathrm{d}x$.

解　设 $u = \arctan x, \mathrm{d}v = x\mathrm{d}x = \mathrm{d}\left(\dfrac{1}{2}x^2\right)$，则 $v = \dfrac{1}{2}x^2$，且 $\mathrm{d}u = \dfrac{1}{1+x^2}\mathrm{d}x$. 于是

$$\int x\arctan x\mathrm{d}x = \frac{1}{2}x^2\arctan x - \frac{1}{2}\int \frac{x^2}{1+x^2}\mathrm{d}x = \frac{1}{2}x^2\arctan x - \frac{1}{2}\int \left(1 - \frac{1}{1+x^2}\right)\mathrm{d}x$$

$$= \frac{1}{2}x^2\arctan x - \frac{1}{2}x + \frac{1}{2}\arctan x + C.$$

若被积函数是幂函数与对数函数或反三角函数的乘积，则可设对数函数或反三角函数为 u，而将积分表达式其余部分设为 $\mathrm{d}v$.

例 5　求 $\int \mathrm{e}^x\sin x\mathrm{d}x$.

解　设 $u = \sin x, \mathrm{d}v = \mathrm{e}^x \mathrm{d}x = \mathrm{d}(\mathrm{e}^x)$，则 $v = \mathrm{e}^x$，且 $\mathrm{d}u = \cos x \mathrm{d}x$. 于是

$$\int \mathrm{e}^x \sin x \mathrm{d}x = \mathrm{e}^x \sin x - \int \mathrm{e}^x \cos x \mathrm{d}x \quad (\text{出现相同类型的不定积分，再使用一次分部积分公式})$$

$$= \mathrm{e}^x \sin x - \left[\mathrm{e}^x \cos x - \int (-\mathrm{e}^x \sin x) \mathrm{d}x \right]$$

$$= \mathrm{e}^x \sin x - \mathrm{e}^x \cos x - \int \mathrm{e}^x \sin x \mathrm{d}x,$$

解得

$$\int \mathrm{e}^x \sin x \mathrm{d}x = \frac{\mathrm{e}^x}{2} (\sin x - \cos x) + C,$$

其中右端已不包含积分项，所以必须加上任意常数 C.

若被积函数是指数函数与正（余）弦函数的乘积，则 $u, \mathrm{d}v$ 可任意选取，但当计算过程中需使用两次分部积分公式时，必须选用同类型的 u，以便产生与所求不定积分相同的不定积分，从而解出所求不定积分.

在分部积分公式运用比较熟练后，就不必再写出哪一部分选作 u，哪一部分选作 $\mathrm{d}v$. 下面再举一些例子.

例 6　求 $\int \sin(\ln x) \mathrm{d}x$.

解　我们有

$$\int \sin(\ln x) \mathrm{d}x = x \sin(\ln x) - \int x \mathrm{d}[\sin(\ln x)] = x \sin(\ln x) - \int x \cos(\ln x) \frac{1}{x} \mathrm{d}x$$

$$= x \sin(\ln x) - \left\{ x \cos(\ln x) - \int x \mathrm{d}[\cos(\ln x)] \right\}$$

$$= x \sin(\ln x) - x \cos(\ln x) - \int \sin(\ln x) \mathrm{d}x,$$

解得

$$\int \sin(\ln x) \mathrm{d}x = \frac{x}{2} [\sin(\ln x) - \cos(\ln x)] + C.$$

例 7　求 $\int \ln(1 + \sqrt{x}) \mathrm{d}x$.

解　设 $t = \sqrt{x}$，则 $x = t^2$. 于是

$$\int \ln(1 + \sqrt{x}) \mathrm{d}x = \int \ln(1 + t) \mathrm{d}(t^2) = t^2 \ln(1 + t) - \int t^2 \mathrm{d}[\ln(1 + t)]$$

$$= t^2 \ln(1 + t) - \int \frac{t^2}{1 + t} \mathrm{d}t = t^2 \ln(1 + t) - \int \left(t - 1 + \frac{1}{1 + t} \right) \mathrm{d}t$$

$$= t^2 \ln(1 + t) - \frac{t^2}{2} + t - \ln|1 + t| + C$$

$$= (x - 1) \ln(1 + \sqrt{x}) - \frac{x}{2} + \sqrt{x} + C.$$

例 8　求 $I_n = \int \frac{\mathrm{d}x}{(x^2 + a^2)^n}$，其中 $a > 0, n$ 为正整数.

解　当 $n = 1$ 时，有

$$I_1 = \int \frac{\mathrm{d}x}{x^2 + a^2} = \frac{1}{a}\arctan \frac{x}{a} + C.$$

当 $n > 1$ 时，利用分部积分公式，得

$$I_{n-1} = \int \frac{\mathrm{d}x}{(x^2 + a^2)^{n-1}} = \frac{x}{(x^2 + a^2)^{n-1}} + 2(n-1)\int \frac{x^2}{(x^2 + a^2)^n}\mathrm{d}x$$

$$= \frac{x}{(x^2 + a^2)^{n-1}} + 2(n-1)\int \left[\frac{1}{(x^2 + a^2)^{n-1}} - \frac{a^2}{(x^2 + a^2)^n}\right]\mathrm{d}x,$$

即

$$I_{n-1} = \frac{x}{(x^2 + a^2)^{n-1}} + 2(n-1)(I_{n-1} - a^2 I_n),$$

于是

$$I_n = \frac{1}{2a^2(n-1)}\left[\frac{x}{(x^2 + a^2)^{n-1}} + (2n-3)I_{n-1}\right].$$

以此作为递推公式，由 I_1 开始可计算出 $I_n(n > 1)$.

例 9　已知函数 $f(x)$ 的一个原函数为 e^{-x^2}，求 $\int xf'(x)\mathrm{d}x$.

解　利用分部积分公式，得

$$\int xf'(x)\mathrm{d}x = \int x\mathrm{d}[f(x)] = xf(x) - \int f(x)\mathrm{d}x.$$

根据题意，得

$$\int f(x)\mathrm{d}x = \mathrm{e}^{-x^2} + C.$$

上式两边同时对 x 求导数，得

$$f(x) = -2x\mathrm{e}^{-x^2},$$

所以

$$\int xf'(x)\mathrm{d}x = -2x^2\mathrm{e}^{-x^2} - \mathrm{e}^{-x^2} + C.$$

习　题　4－3

1. 求下列不定积分：

(1) $\int \arcsin x\mathrm{d}x$；

(2) $\int \ln(x^2 + 1)\mathrm{d}x$；

(3) $\int \arctan x\mathrm{d}x$；

(4) $\int \mathrm{e}^{-2x}\sin \frac{x}{2}\mathrm{d}x$；

(5) $\int x^2 \arctan x\mathrm{d}x$；

(6) $\int x\cos \frac{x}{2}\mathrm{d}x$；

(7) $\int x\tan^2 x\mathrm{d}x$；

(8) $\int \ln^2 x\mathrm{d}x$；

(9) $\int x\ln(x-1)\mathrm{d}x$；

(10) $\int \frac{\ln^2 x}{x^2}\mathrm{d}x$；

(11) $\int \cos(\ln x) \mathrm{d}x$;

(12) $\int \dfrac{\ln x}{x^2} \mathrm{d}x$;

(13) $\int x^n \ln x \mathrm{d}x \ (n \neq -1)$;

(14) $\int x^2 \mathrm{e}^{-x} \mathrm{d}x$;

(15) $\int x \sin x \cos x \mathrm{d}x$;

(16) $\int \dfrac{\ln(\ln x)}{x} \mathrm{d}x$;

(17) $\int x^2 \cos^2 \dfrac{x}{2} \mathrm{d}x$;

(18) $\int (x^2 - 1) \sin 2x \mathrm{d}x$;

(19) $\int \arcsin^2 x \mathrm{d}x$;

(20) $\int \mathrm{e}^{\sqrt{x}} \mathrm{d}x$;

(21) $\int \dfrac{\ln(1+x)}{\sqrt{x}} \mathrm{d}x$;

(22) $\int \mathrm{e}^x \sin^2 x \mathrm{d}x$.

2. 已知 $\dfrac{\sin x}{x}$ 是函数 $f(x)$ 的一个原函数, 求 $\int x f'(x) \mathrm{d}x$.

3. 已知函数 $f(x) = \dfrac{\mathrm{e}^x}{x}$, 求 $\int x f''(x) \mathrm{d}x$.

第四节 特殊类型函数的不定积分

前面介绍了求不定积分的换元积分法和分部积分法, 下面利用这两种方法来求一些比较简单的特殊类型函数的不定积分.

一、有理函数的不定积分

有理函数是指有理式所表示的函数, 它包括有理整式和有理分式两类, 其中有理整式就是多项式, 它的一般形式为

$$P(x) = a_0 x^n + a_1 x^{n-1} + \cdots + a_{n-1} x + a_n,$$

而有理分式的一般形式为

$$\frac{P(x)}{Q(x)} = \frac{a_0 x^n + a_1 x^{n-1} + \cdots + a_{n-1} x + a_n}{b_0 x^m + b_1 x^{m-1} + \cdots + b_{m-1} x + b_m},$$

这里 m, n 都是非负整数, $a_0, a_1, \cdots, a_n$ 及 $b_0, b_1, \cdots, b_m$ 都是常数, 并且 $a_0 \neq 0, b_0 \neq 0$.

有理分式 $\dfrac{P(x)}{Q(x)}$ 当 $n < m$ 时称为**真分式**, 当 $n \geqslant m$ 时称为**假分式**.

利用多项式的除法, 总可以把任意一个假分式化为一个有理整式和一个真分式之和, 例如

$$\frac{x^2 + 1}{x + 1} = x - 1 + \frac{2}{x + 1}.$$

求有理整式的不定积分很简单, 以下我们只讨论如何求真分式的不定积分.

1. 最简分式的不定积分

下列四类真分式称为**最简分式**, 其中 n 为大于或等于 2 的正整数, A, M, N, a, p, q 均为常数, 且 $p^2 - 4q < 0$:

(1) $\dfrac{A}{x - a}$;   (2) $\dfrac{A}{(x - a)^n}$;   (3) $\dfrac{Mx + N}{x^2 + px + q}$;   (4) $\dfrac{Mx + N}{(x^2 + px + q)^n}$.

下面我们先来讨论这四类最简分式的不定积分.

前面两类最简分式的不定积分可以由基本积分公式直接求出. 对于第三类最简分式，将其分母配方，得

$$x^2 + px + q = \left(x + \frac{p}{2}\right)^2 + q - \frac{p^2}{4}.$$

设 $x + \dfrac{p}{2} = t$，并记 $x^2 + px + q = t^2 + a^2$，$Mx + N = Mt + b$，其中

$$a^2 = q - \frac{p^2}{4}, \quad b = N - \frac{Mp}{2},$$

于是

$$\int \frac{Mx + N}{x^2 + px + q} \mathrm{d}x = \int \frac{Mt}{t^2 + a^2} \mathrm{d}t + \int \frac{b}{t^2 + a^2} \mathrm{d}t$$

$$= \frac{M}{2} \ln(x^2 + px + q) + \frac{b}{a} \arctan \frac{x + \dfrac{p}{2}}{a} + C.$$

对于第四类最简分式，则有

$$\int \frac{Mx + N}{(x^2 + px + q)^n} \mathrm{d}x = \int \frac{Mt}{(t^2 + a^2)^n} \mathrm{d}t + \int \frac{b}{(t^2 + a^2)^n} \mathrm{d}t$$

$$= \frac{M}{2(1-n)(t^2 + a^2)^{n-1}} + \int \frac{b}{(t^2 + a^2)^n} \mathrm{d}t.$$

上式最后一个不定积分的求法在第三节的例 8 中已经给出.

综上所述，最简分式的不定积分都能求出，且结果都是初等函数. 根据代数学的有关定理可知，任何真分式都可以分解为上述四类最简分式的和，因此有理函数的原函数都是初等函数.

2. 有理分式化为最简分式的和

求有理函数不定积分的难点在于将真分式化为最简分式的和. 下面我们来讨论这个问题.

对于给定的真分式 $\dfrac{P(x)}{Q(x)}$，要把它表示成最简分式的和，首先要把分母 $Q(x)$ 在实数范围内分解为一次因式与二次质因式的乘积，再根据这些因式的结构，利用待定系数法确定所有系数.

设多项式 $Q(x)$ 在实数范围内能分解为如下一次因式与二次质因式乘积的形式：

$$Q(x) = b_0 (x-a)^\alpha \cdots (x-b)^\beta (x^2 + px + q)^\lambda \cdots (x^2 + rx + s)^\mu,$$

其中 $\alpha, \cdots, \beta, \lambda, \cdots, \mu$ 都是正整数，且 $p^2 - 4q < 0, \cdots, r^2 - 4s < 0$，则真分式 $\dfrac{P(x)}{Q(x)}$ 可以分解为如下最简分式之和：

$$\frac{P(x)}{Q(x)} = \frac{A_\alpha}{(x-a)^\alpha} + \frac{A_{\alpha-1}}{(x-a)^{\alpha-1}} + \cdots + \frac{A_1}{x-a} + \cdots + \frac{B_\beta}{(x-b)^\beta} + \frac{B_{\beta-1}}{(x-b)^{\beta-1}} + \cdots + \frac{B_1}{x-b}$$

$$+ \frac{M_\lambda x + N_\lambda}{(x^2 + px + q)^\lambda} + \frac{M_{\lambda-1} x + N_{\lambda-1}}{(x^2 + px + q)^{\lambda-1}} + \cdots + \frac{M_1 x + N_1}{x^2 + px + q} + \cdots$$

$$+ \frac{R_\mu x + S_\mu}{(x^2 + rx + s)^\mu} + \frac{R_{\mu-1} x + S_{\mu-1}}{(x^2 + rx + s)^{\mu-1}} + \cdots + \frac{R_1 x + S_1}{x^2 + rx + s},$$

其中 $A_i (i = 1, 2, \cdots, \alpha), \cdots, B_j (j = 1, 2, \cdots, \beta), M_l, N_l (l = 1, 2, \cdots, \lambda), \cdots, R_h, S_h (h = 1, 2, \cdots, \mu)$ 都是待定常数.

在上述真分式的分解式中,应注意到以下两点:

(1) 若分母 $Q(x)$ 中含有因式 $(x-a)^k$,则分解式中有下列 k 个最简分式的和:

$$\frac{A_k}{(x-a)^k} + \frac{A_{k-1}}{(x-a)^{k-1}} + \cdots + \frac{A_1}{x-a},$$

其中 $A_1, A_2, \cdots, A_k$ 都是待定系数. 特别地,若 $k=1$,分解式中有 $\dfrac{A_1}{x-a}$ 这一项.

(2) 若分母 $Q(x)$ 中含有因式 $(x^2+px+q)^k (p^2-4q<0)$,则分解式中有下列 k 个最简分式的和:

$$\frac{M_k x + N_k}{(x^2+px+q)^k} + \frac{M_{k-1} x + N_{k-1}}{(x^2+px+q)^{k-1}} + \cdots + \frac{M_1 x + N_1}{x^2+px+q},$$

其中 $M_i, N_i (i=1,2,\cdots,k)$ 都是待定系数. 特别地,若 $k=1$,分解式中有 $\dfrac{M_1 x + N_1}{x^2+px+q}$ 这一项.

例1 求 $\displaystyle\int \frac{6x^2-10x+2}{x^3-3x^2+2x} \mathrm{d}x$.

解 因为 $x^3-3x^2+2x = x(x-1)(x-2)$,所以设

$$\frac{6x^2-10x+2}{x^3-3x^2+2x} = \frac{A_1}{x} + \frac{A_2}{x-1} + \frac{A_3}{x-2},$$

其中 A_1, A_2, A_3 为待定系数. 上式两边消去分母,得

$$6x^2-10x+2 = A_1(x-1)(x-2) + A_2 x(x-2) + A_3 x(x-1).$$

比较上式两边同次幂的系数,有

$$A_1 + A_2 + A_3 = 6, \quad -3A_1 - 2A_2 - A_3 = -10, \quad 2A_1 = 2,$$

解得 $A_1=1, A_2=2, A_3=3$,于是

$$\frac{6x^2-10x+2}{x^3-3x^2+2x} = \frac{1}{x} + \frac{2}{x-1} + \frac{3}{x-2}.$$

因此

$$\int \frac{6x^2-10x+2}{x^3-3x^2+2x} \mathrm{d}x = \int \left(\frac{1}{x} + \frac{2}{x-1} + \frac{3}{x-2} \right) \mathrm{d}x$$

$$= \ln|x| + 2\ln|x-1| + 3\ln|x-2| + C.$$

例2 求 $\displaystyle\int \frac{x^3+1}{x(x-1)^3} \mathrm{d}x$.

解 该不定积分的被积函数可拆成如下形式:

$$\frac{x^3+1}{x(x-1)^3} = \frac{B}{x} + \frac{A_3}{(x-1)^3} + \frac{A_2}{(x-1)^2} + \frac{A_1}{x-1},$$

其中 A_1, A_2, A_3, B 为待定系数. 上式两边消去分母,得

$$x^3+1 = B(x-1)^3 + A_3 x + A_2 x(x-1) + A_1 x(x-1)^2.$$

比较上式两边同次幂的系数,有

$$B + A_1 = 1, \quad -3B + A_2 - 2A_1 = 0,$$

$$3B + A_3 - A_2 + A_1 = 0, \quad -B = 1,$$

解得 $B=-1, A_1=2, A_2=1, A_3=2$,于是

$$\frac{x^3+1}{x(x-1)^3} = -\frac{1}{x} + \frac{2}{(x-1)^3} + \frac{1}{(x-1)^2} + \frac{2}{x-1}.$$

因此

$$\int \frac{x^3+1}{x(x-1)^3}dx = \int\left[-\frac{1}{x} + \frac{2}{(x-1)^3} + \frac{1}{(x-1)^2} + \frac{2}{x-1}\right]dx$$

$$= -\ln|x| - \frac{1}{(x-1)^2} - \frac{1}{x-1} + 2\ln|x-1| + C$$

$$= \ln\frac{(x-1)^2}{|x|} - \frac{1}{(x-1)^2} - \frac{1}{x-1} + C.$$

例 3 求 $\int \dfrac{dx}{(1+2x)(1+x^2)}$.

解 该不定积分的被积函数可拆成如下形式：

$$\frac{1}{(1+2x)(1+x^2)} = \frac{A}{1+2x} + \frac{Bx+C}{1+x^2},$$

其中 A,B,C 为待定系数. 上式两边消去分母,得

$$1 = A(1+x^2) + (Bx+C)(1+2x).$$

比较上式两边同次幂的系数,有

$$A+2B = 0, \quad B+2C = 0, \quad A+C = 1,$$

解得 $A = \dfrac{4}{5}, B = -\dfrac{2}{5}, C = \dfrac{1}{5}$,于是

$$\frac{1}{(1+2x)(1+x^2)} = \frac{\dfrac{4}{5}}{1+2x} + \frac{-\dfrac{2}{5}x + \dfrac{1}{5}}{1+x^2}.$$

因此

$$\int \frac{dx}{(1+2x)(1+x^2)} = \int\left(\frac{\dfrac{4}{5}}{1+2x} + \frac{-\dfrac{2}{5}x + \dfrac{1}{5}}{1+x^2}\right)dx$$

$$= \frac{2}{5}\ln|1+2x| - \frac{1}{5}\ln(1+x^2) + \frac{1}{5}\arctan x + C.$$

二、可化为有理函数的不定积分

1. 三角有理函数的不定积分

我们将由 $\sin x, \cos x$ 和常数经过有限次四则运算构成的函数称为**三角有理函数**,记作 $R(\sin x, \cos x)$.

求三角函数的不定积分时具体做法比较灵活,方法很多. 这里,我们主要介绍求三角有理函数的不定积分的方法,其基本思想是：利用换元积分法,通过适当的变量代换,将三角有理函数的不定积分化为有理函数的不定积分.

由三角函数理论知道,$\sin x$ 和 $\cos x$ 都可以用 $\tan\dfrac{x}{2}$ 的有理式来表示,即

$$\sin x = 2\sin \frac{x}{2}\cos \frac{x}{2} = \frac{2\tan \frac{x}{2}}{\sec^2 \frac{x}{2}} = \frac{2\tan \frac{x}{2}}{1 + \tan^2 \frac{x}{2}},$$

$$\cos x = \cos^2 \frac{x}{2} - \sin^2 \frac{x}{2} = \frac{1 - \tan^2 \frac{x}{2}}{\sec^2 \frac{x}{2}} = \frac{1 - \tan^2 \frac{x}{2}}{1 + \tan^2 \frac{x}{2}}.$$

因此,如果设 $u = \tan \dfrac{x}{2}, x \in (-\pi, \pi)$,那么 $x = 2\arctan u$,从而

$$\sin x = \frac{2u}{1 + u^2}, \quad \cos x = \frac{1 - u^2}{1 + u^2}, \quad \mathrm{d}x = \frac{2}{1 + u^2}\mathrm{d}u.$$

由此可见,通过变换 $u = \tan \dfrac{x}{2}, x \in (-\pi, \pi)$,三角有理函数的不定积分可以化为有理函数的不定积分,即

$$\int R(\sin x, \cos x)\mathrm{d}x = \int R\left(\frac{2u}{1 + u^2}, \frac{1 - u^2}{1 + u^2}\right)\frac{2}{1 + u^2}\mathrm{d}u.$$

这个公式称为**万能变换公式**.

例 4　求 $\displaystyle\int \frac{1 + \sin x}{\sin x(1 + \cos x)}\mathrm{d}x$.

解　设 $u = \tan \dfrac{x}{2}$,则由万能变换公式有

$$\int \frac{1 + \sin x}{\sin x(1 + \cos x)}\mathrm{d}x = \int \frac{1 + \dfrac{2u}{1 + u^2}}{\dfrac{2u}{1 + u^2}\left(1 + \dfrac{1 - u^2}{1 + u^2}\right)} \cdot \frac{2}{1 + u^2}\mathrm{d}u = \frac{1}{2}\int \left(u + 2 + \frac{1}{u}\right)\mathrm{d}u$$

$$= \frac{1}{2}\left(\frac{u^2}{2} + 2u + \ln|u|\right) + C$$

$$= \frac{1}{4}\tan^2 \frac{x}{2} + \tan \frac{x}{2} + \frac{1}{2}\ln\left|\tan \frac{x}{2}\right| + C.$$

例 5　求 $\displaystyle\int \frac{\mathrm{d}x}{\sin^4 x}$.

解　设 $u = \tan \dfrac{x}{2}$,则由万能变换公式有

$$\int \frac{\mathrm{d}x}{\sin^4 x} = \int \frac{1}{\left(\dfrac{2u}{1 + u^2}\right)^4} \cdot \frac{2}{1 + u^2}\mathrm{d}u$$

$$= \int \frac{1 + 3u^2 + 3u^4 + u^6}{8u^4}\mathrm{d}u = \frac{1}{8}\left(-\frac{1}{3u^3} - \frac{3}{u} + 3u + \frac{u^3}{3}\right) + C$$

$$= -\frac{1}{24\tan^3 \dfrac{x}{2}} - \frac{3}{8\tan \dfrac{x}{2}} + \frac{3}{8}\tan \frac{x}{2} + \frac{1}{24}\tan^3 \frac{x}{2} + C.$$

在求三角有理函数的不定积分时,万能变换公式不一定是最佳方法,可以先考虑其他方法,最后才考虑使用万能变换公式.

2. 简单无理函数的不定积分

求简单无理函数的不定积分，其基本思想是：利用适当的变量代换将被积函数有理化，使不定积分转换为有理函数的不定积分. 下面我们通过例子来说明.

例 6　求 $\displaystyle\int \frac{\mathrm{d}x}{2 + \sqrt[4]{x+2}}$.

解　为了消去根号，设 $\sqrt[4]{x+2} = u$，则 $x = u^4 - 2$，$\mathrm{d}x = 4u^3\,\mathrm{d}u$. 于是

$$\int \frac{\mathrm{d}x}{2 + \sqrt[4]{x+2}} = \int \frac{4u^3}{2+u}\,\mathrm{d}u = 4\int \frac{u^3 + 2^3 - 2^3}{u+2}\,\mathrm{d}u$$

$$= 4\int \left[(u^2 - 2u + 4) - \frac{8}{u+2} \right]\mathrm{d}u$$

$$= 4\left(\frac{u^3}{3} - u^2 + 4u - 8\ln|u+2| \right) + C$$

$$= \frac{4}{3}\sqrt[4]{(x+2)^3} - 4\sqrt{x+2} + 16\sqrt[4]{x+2} - 32\ln(\sqrt[4]{x+2} + 2) + C.$$

例 7　求 $\displaystyle\int \frac{\mathrm{d}x}{(4 + \sqrt[3]{x})\sqrt{x}}$.

解　为了同时消去根式 $\sqrt{x}$ 和 $\sqrt[3]{x}$，设 $\sqrt[6]{x} = u$，则 $x = u^6$，$\mathrm{d}x = 6u^5\,\mathrm{d}u$. 于是

$$\int \frac{\mathrm{d}x}{(4 + \sqrt[3]{x})\sqrt{x}} = \int \frac{6u^5}{(4+u^2)u^3}\,\mathrm{d}u = \int \frac{6u^2}{4+u^2}\,\mathrm{d}u$$

$$= 6\int \left(1 - \frac{4}{4+u^2}\right)\mathrm{d}u = 6u - 12\arctan\frac{u}{2} + C$$

$$= 6\sqrt[6]{x} - 12\arctan\frac{\sqrt[6]{x}}{2} + C.$$

例 8　求 $\displaystyle\int \frac{1}{x}\sqrt{\frac{x+1}{x-1}}\,\mathrm{d}x$.

解　设 $\sqrt{\dfrac{x+1}{x-1}} = t$，则 $x = \dfrac{t^2+1}{t^2-1}$，$\mathrm{d}x = \dfrac{-4t}{(t^2-1)^2}\,\mathrm{d}t$. 于是

$$\int \frac{1}{x}\sqrt{\frac{x+1}{x-1}}\,\mathrm{d}x = -4\int \frac{t^2}{(t^2-1)(t^2+1)}\,\mathrm{d}t = \int \left(\frac{1}{t+1} - \frac{1}{t-1} - \frac{2}{t^2+1} \right)\mathrm{d}t$$

$$= \ln|t+1| - \ln|t-1| - 2\arctan t + C$$

$$= \ln\left(\sqrt{\frac{x+1}{x-1}} + 1\right) - \ln\left|\sqrt{\frac{x+1}{x-1}} - 1\right| - 2\arctan\sqrt{\frac{x+1}{x-1}} + C.$$

以上例子表明，如果被积函数含有简单根式 $\sqrt[n]{ax+b}$ 或 $\sqrt[n]{\dfrac{ax+b}{cx+d}}$，可以令这个简单根式为 u，即可将原不定积分化为有理函数的不定积分.

本章我们介绍了不定积分的概念及其求法. 必须指出的是：初等函数在它的定义区间上的不定积分一定存在，但不定积分存在与不定积分能用初等函数表示不是同一个问题. 事实上，很多初等函数的不定积分是存在的，但它们的不定积分却无法用初等函数表示出来，如

$$\int \frac{\sin x}{x} \mathrm{d}x, \quad \int \mathrm{e}^{-x^2} \mathrm{d}x, \quad \int \frac{\mathrm{d}x}{\sqrt{1+x^3}}.$$

同时,我们还应了解求函数的不定积分与求函数的导数的区别.求一个函数的导数总可以遵循一定的法则和方法,而求一个函数的不定积分却无统一的规律可循,需要具体问题具体分析,灵活应用各类积分方法和技巧.

实际应用中常常利用积分表(见附录)中的公式来求不定积分.求不定积分时可根据被积函数的类型从积分表中查到相应的公式,或者经过少量的运算和变量代换将被积函数化成积分表中已有被积函数的形式.

例如,求 $\int \frac{\mathrm{d}x}{x(x+4)}$. 被积函数含有 $ax+b$,在积分表中查到公式

$$\int \frac{\mathrm{d}x}{x(ax+b)} = -\frac{1}{b}\ln\left|\frac{ax+b}{x}\right| + C.$$

将 $a=1, b=4$ 代入,得

$$\int \frac{\mathrm{d}x}{x(x+4)} = -\frac{1}{4}\ln\left|\frac{x+4}{x}\right| + C.$$

又如,求 $\int \frac{\mathrm{d}x}{x\sqrt{4x^2+16}}$. 在积分表中不能直接查出相应的公式,需先进行变量代换.设 $2x=u$,则 $\sqrt{4x^2+16} = \sqrt{u^2+4^2}$,从而

$$\int \frac{\mathrm{d}x}{x\sqrt{4x^2+16}} = \int \frac{\frac{1}{2}\mathrm{d}u}{\frac{u}{2}\sqrt{u^2+4^2}} = \int \frac{\mathrm{d}u}{u\sqrt{u^2+4^2}}.$$

在积分表中查到公式

$$\int \frac{\mathrm{d}x}{x\sqrt{x^2+a^2}} = \frac{1}{a}\ln\frac{\sqrt{x^2+a^2}-a}{|x|} + C.$$

将 $a=4$ 代入,得

$$\int \frac{\mathrm{d}x}{x\sqrt{4x^2+16}} = \frac{1}{4}\ln\frac{\sqrt{4x^2+16}-4}{2|x|} + C.$$

习　题　4－4

求下列不定积分:

(1) $\int \frac{2x+3}{x^2+3x-10}\mathrm{d}x$;

(2) $\int \frac{x^3}{x+3}\mathrm{d}x$;

(3) $\int \frac{3}{x^3+1}\mathrm{d}x$;

(4) $\int \frac{x^5+x^4-8}{x^3-x}\mathrm{d}x$;

(5) $\int \frac{x}{(x+1)(x+2)(x+3)}\mathrm{d}x$;

(6) $\int \frac{x^2+1}{(x+1)^2(x-1)}\mathrm{d}x$;

$(7) \int \dfrac{\mathrm{d}x}{x(x^2+1)}$;

$(8) \int \dfrac{\mathrm{d}x}{(x^2+1)(x^2+x)}$;

$(9) \int \dfrac{\mathrm{d}x}{3+\sin^2 x}$;

$(10) \int \dfrac{\mathrm{d}x}{3+\cos x}$;

$(11) \int \dfrac{\mathrm{d}x}{1+\sin x+\cos x}$;

$(12) \int \dfrac{\mathrm{d}x}{1+\sqrt[3]{x+1}}$;

$(13) \int \dfrac{\sqrt{x^3}+1}{\sqrt{x}+1}\mathrm{d}x$;

$(14) \int \dfrac{\mathrm{d}x}{\sqrt{x}+\sqrt[4]{x}}$;

$(15) \int \dfrac{\sqrt{x+1}-1}{\sqrt{x+1}+1}\mathrm{d}x$;

$(16) \int \dfrac{1}{x}\sqrt{\dfrac{1-x}{1+x}}\,\mathrm{d}x$.

总 习 题 四

求下列不定积分（其中 a,b 为常数）：

$(1) \int \dfrac{1+\cos x}{x+\sin x}\mathrm{d}x$;

$(2) \int \tan^4 x\,\mathrm{d}x$;

$(3) \int \dfrac{\mathrm{d}x}{\sqrt{1+\mathrm{e}^x}}$;

$(4) \int \mathrm{e}^{ax}\cos bx\,\mathrm{d}x$;

$(5) \int \dfrac{2^x 3^x}{9^x-4^x}\mathrm{d}x$;

$(6) \int \dfrac{x^2}{a^6-x^6}\mathrm{d}x\ (a>0)$;

$(7) \int \dfrac{\mathrm{d}x}{\sqrt{x(1+x)}}$;

$(8) \int \dfrac{\mathrm{d}x}{x(2+x^{10})}$;

$(9) \int \dfrac{7\cos x-3\sin x}{5\cos x+2\sin x}\mathrm{d}x$;

$(10) \int \sin x\sin 2x\sin 3x\,\mathrm{d}x$;

$(11) \int \dfrac{\mathrm{d}x}{x\sqrt{1+x^4}}$;

$(12) \int \dfrac{x+1}{x^2\sqrt{x^2-1}}\mathrm{d}x$;

$(13) \int \dfrac{x+2}{x^2\sqrt{1-x^2}}\mathrm{d}x$;

$(14) \int \dfrac{\mathrm{d}x}{(1+x^2)\sqrt{1-x^2}}$;

$(15) \int \dfrac{\mathrm{d}x}{x\sqrt{4-x^2}}$;

$(16) \int \ln(x+\sqrt{1+x^2})\,\mathrm{d}x$;

$(17) \int \ln(x^2+2)\,\mathrm{d}x$;

$(18) \int x\tan x\sec^4 x\,\mathrm{d}x$;

$(19) \int \dfrac{x^2}{1+x^2}\arctan x\,\mathrm{d}x$;

$(20) \int \dfrac{\ln(1+x^2)}{x^3}\mathrm{d}x$;

$(21) \int \dfrac{x}{1+\cos x}\mathrm{d}x$;

$(22) \int \dfrac{x^{11}}{x^8+3x^4+2}\mathrm{d}x$;

$(23) \int \arctan \sqrt{x}\,\mathrm{d}x$;

$(24) \int \sqrt{1-x^2}\arcsin x\,\mathrm{d}x$;

$(25) \int \dfrac{\mathrm{d}x}{(2+\cos x)\sin x}$;

$(26) \int \dfrac{x}{(x^2+1)(x^2+4)}\mathrm{d}x$;

$(27) \int \dfrac{\mathrm{d}x}{(x^2+1)(x^2+x+1)}$;

$(28) \int \dfrac{\sqrt[3]{x}}{x(\sqrt{x}+\sqrt[3]{x})}\mathrm{d}x$.

课程思政案例

第五章

定积分及其应用

本章将介绍积分学中的定积分,首先通过几何学和物理学中一些量的计算问题引出定积分的定义,其次讨论它的性质和计算方法,最后给出应用定积分解决实际问题的一般方法.

第一节 定积分的概念与性质

一、定积分问题举例

1. 曲边梯形的面积

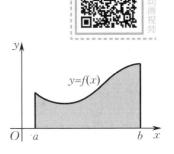
动画视频

设函数 $f(x)$ 在区间 $[a,b]$ 上连续,且 $f(x) \geqslant 0$.由直线 $x = a, x = b, y = 0$ 及曲线 $y = f(x)$ 所围成的图形(见图 5-1),称为**曲边梯形**.

下面来计算上述曲边梯形的面积 A.若 $f(x) = C(C$ 为常数),则该曲边梯形为矩形,可用矩形的面积公式求得其面积.然而,当 $f(x)$ 不是常数函数时,该曲边梯形的曲边 $y = f(x)$ 的高度在区间 $[a,b]$ 上是连续变化的,这时不能直接使用矩形的面积公式.但是,可以看到当区间长度很小时,$f(x)$ 的变化也很小,近似于不变.于是,为了求得该曲边梯形的面积,把区间 $[a,b]$ 划分成为许多个小区间,过每个小区间的端点作垂直于 x 轴的垂线,将该曲边梯形相应分成许多个小曲边梯形.对于每个小曲边梯形,$f(x)$ 的变化很小,可近似看作常数.用小区间上某一点处 $f(x)$ 的值作为整个小区间上 $f(x)$ 的近似值,这时小曲边梯形的面积可近似为相应小矩形的面积.将所有这些近似值求和就得到所求曲边梯形面积 A 的近似值.最后,通过区间 $[a,b]$ 无限细分的极限过程,求曲边梯形面积近似值的极限,就得到所求曲边梯形面积 A 的精确值.具体可以分为以下四个步骤:

图 5-1

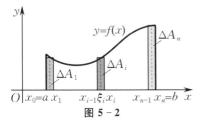
图 5-2

(1)分割.如图 5-2 所示,在区间 $[a,b]$ 内任意插入 $n-1$ 个分点:
$$a = x_0 < x_1 < x_2 < \cdots < x_{n-1} < x_n = b,$$
把 $[a,b]$ 分成 n 个小区间
$$[x_0,x_1], \quad [x_1,x_2], \quad \cdots, \quad [x_{n-1},x_n],$$
它们的长度依次为

$$\Delta x_1 = x_1 - x_0, \quad \Delta x_2 = x_2 - x_1, \quad \cdots, \quad \Delta x_n = x_n - x_{n-1}.$$

（2）近似代替．过每个分点作垂直于 x 轴的直线段，把该曲边梯形分成 n 个小曲边梯形．在第 $i(i=1,2,\cdots,n)$ 个小区间 $[x_{i-1},x_i]$ 上任取一点 ξ_i，以底为 $[x_{i-1},x_i]$，高为 $f(\xi_i)$ 的小矩形面积近似代替第 i 个小曲边梯形的面积 ΔA_i，即 $\Delta A_i \approx f(\xi_i)\Delta x_i$．

（3）求和．把得到的 n 个小矩形面积之和作为所求曲边梯形面积 A 的近似值，即

$$A \approx f(\xi_1)\Delta x_1 + f(\xi_2)\Delta x_2 + \cdots + f(\xi_n)\Delta x_n = \sum_{i=1}^{n} f(\xi_i)\Delta x_i.$$

（4）取极限．当区间 $[a,b]$ 划分得越来越细，即每个小区间的长度都趋向于 0 时，便得所求曲边梯形的面积

$$A = \lim_{\lambda \to 0} \sum_{i=1}^{n} f(\xi_i)\Delta x_i,$$

其中 λ 为小区间长度的最大值，即 $\lambda = \max\{\Delta x_1, \Delta x_2, \cdots, \Delta x_n\}$．

2. 变速直线运动的位移

设某个物体朝一个方向做变速直线运动，其速度 $v=v(t)$ 是时间区间 $[T_1,T_2]$ 上的连续函数，试计算该物体在 $[T_1,T_2]$ 这段时间内的位移 s．

由于该物体的速度 $v(t)$ 随时间 t 的变化而变化，因此位移 s 不能直接用匀速直线运动的位移公式来计算．然而，$v(t)$ 是连续变化的，在很短的一段时间内，速度 $v(t)$ 的变化很小，近似于匀速．因此，如果把时间区间变小，在小时间区间内，以匀速运动代替变速运动，那么就可计算出相应部分位移的近似值；再求和，得到整个位移的近似值；最后，通过对时间区间无限细分的极限过程，所有部分位移的近似值之和的极限就是所求变速直线运动位移 s 的精确值．具体计算步骤如下：

（1）分割．在时间区间 $[T_1,T_2]$ 内任意插入 $n-1$ 个分点：

$$T_1 = t_0 < t_1 < t_2 < \cdots < t_{n-1} < t_n = T_2,$$

把 $[T_1,T_2]$ 分成 n 个小区间

$$[t_0,t_1], \quad [t_1,t_2], \quad \cdots, \quad [t_{n-1},t_n],$$

它们的长度依次为

$$\Delta t_1 = t_1 - t_0, \quad \Delta t_2 = t_2 - t_1, \quad \cdots, \quad \Delta t_n = t_n - t_{n-1}.$$

（2）近似代替．在第 $i(i=1,2,\cdots,n)$ 个小区间 $[t_{i-1},t_i]$ 上任取一点 τ_i，以 $t=\tau_i$ 时的速度 $v(\tau_i)$ 来近似代替 $[t_{i-1},t_i]$ 上各时刻的速度，得到相应部分位移 Δs_i 的近似值，即

$$\Delta s_i \approx v(\tau_i)\Delta t_i.$$

（3）求和．（2）中得到的 n 段部分位移的近似值之和就是所求变速直线运动位移 s 的近似值，即

$$s \approx v(\tau_1)\Delta t_1 + v(\tau_2)\Delta t_2 + \cdots + v(\tau_n)\Delta t_n = \sum_{i=1}^{n} v(\tau_i)\Delta t_i.$$

（4）取极限．记 $\lambda = \max\{\Delta t_1, \Delta t_2, \cdots, \Delta t_n\}$，当 $\lambda \to 0$ 时，取上述和式的极限，即得所求变速直线运动的位移

$$s = \lim_{\lambda \to 0} \sum_{i=1}^{n} v(\tau_i)\Delta t_i.$$

以上两个例子，尽管它们的实际意义完全不同，但它们解决问题的思想方法和步骤却完全

一致,且最终都归结为求一个具有相同数学结构和式的极限. 不仅如此,在几何学和物理学等众多科学领域中还有大量问题,都可用同样的思想方法和步骤来解决,且最终都归结为具有相同数学结构和式的极限. 因此,抛开这些具体问题的实际意义,抓住它们在处理问题上的共同本质与特性加以概括,便得到定积分的定义.

二、定积分的概念

1. 定积分的定义

定义 1　设函数 $f(x)$ 在区间 $[a,b]$ 上有界. 在 $[a,b]$ 内任意插入 $n-1$ 个分点:
$$a = x_0 < x_1 < x_2 < \cdots < x_{n-1} < x_n = b,$$
把 $[a,b]$ 分成 n 个小区间
$$[x_0, x_1], \quad [x_1, x_2], \quad \cdots, \quad [x_{n-1}, x_n],$$
它们的长度依次为
$$\Delta x_1 = x_1 - x_0, \quad \Delta x_2 = x_2 - x_1, \quad \cdots, \quad \Delta x_n = x_n - x_{n-1}.$$
在第 $i(i = 1, 2, \cdots, n)$ 个小区间 $[x_{i-1}, x_i]$ 上任取一点 ξ_i, 做函数值 $f(\xi_i)$ 与小区间长度 Δx_i 的乘积 $f(\xi_i)\Delta x_i$, 并做和式
$$S = \sum_{i=1}^{n} f(\xi_i)\Delta x_i.$$
记 $\lambda = \max\{\Delta x_1, \Delta x_2, \cdots, \Delta x_n\}$. 若无论怎样划分 $[a,b]$, 也无论怎样选取 $[x_{i-1}, x_i]$ 上的点 ξ_i, 只要当 $\lambda \to 0$ 时,和式 S 总有相同的极限,则称此极限为 $f(x)$ 在 $[a,b]$ 上的**定积分**,记作 $\int_a^b f(x)\mathrm{d}x$, 即
$$\int_a^b f(x)\mathrm{d}x = \lim_{\lambda \to 0} \sum_{i=1}^{n} f(\xi_i)\Delta x_i,$$
其中 $f(x)$ 称为**被积函数**, $f(x)\mathrm{d}x$ 称为**被积表达式**, x 称为**积分变量**, a 称为**积分下限**, b 称为**积分上限**, $[a,b]$ 称为**积分区间**.

关于定积分的定义要注意以下几点:

(1) 在定义 1 中,无论怎样划分区间 $[a,b]$, 也无论在区间 $[x_{i-1}, x_i]$ 上怎样选取点 ξ_i, 只要 $\lambda \to 0$, 和式 S 都趋向于同一常数.

(2) 函数 $f(x)$ 在区间 $[a,b]$ 上的定积分 $\int_a^b f(x)\mathrm{d}x$ 是一个确定的常数,它的值仅与被积函数 $f(x)$ 和积分区间 $[a,b]$ 有关,而与积分变量用什么符号表示无关. 因此,积分变量 x 也可用其他字母来代替,即
$$\int_a^b f(x)\mathrm{d}x = \int_a^b f(s)\mathrm{d}s = \int_a^b f(t)\mathrm{d}t.$$

通常称和式 $\sum_{i=1}^{n} f(\xi_i)\Delta x_i$ 为函数 $f(x)$ 的**积分和**. 如果 $f(x)$ 在区间 $[a,b]$ 上的定积分存在,那么称 $f(x)$ 在 $[a,b]$ 上**可积**.

下面不加证明地给出函数可积的必要条件和充分条件.

定理 1（可积的必要条件）　设函数 $f(x)$ 在区间 $[a,b]$ 上可积,则 $f(x)$ 在 $[a,b]$ 上一定有界.

定理 2 （可积的充分条件） 设函数 $f(x)$ 在区间 $[a,b]$ 上连续或者只有有限个第一类间断点，则 $f(x)$ 在 $[a,b]$ 上一定可积.

由定积分的定义可知，由直线 $x=a$，$x=b$，$y=0$ 及曲线 $y=f(x)(f(x)\geqslant 0)$ 所围成曲边梯形的面积 A 可用定积分表示为

$$A = \int_a^b f(x)\mathrm{d}x.$$

同样，物体朝一个方向以速度 $v=v(t)$ 做变速直线运动时，它在时间区间 $[T_1,T_2]$ 内的位移 s 可用定积分表示为

$$s = \int_{T_1}^{T_2} v(t)\mathrm{d}t.$$

2. 定积分的几何意义

(1) 设函数 $f(x)$ 在区间 $[a,b]$ 上可积，且 $f(x)\geqslant 0$，则 $f(x)$ 在 $[a,b]$ 上的定积分等于由直线 $x=a$，$x=b$，$y=0$ 及曲线 $y=f(x)$ 所围成曲边梯形的面积 A，即

$$\int_a^b f(x)\mathrm{d}x = A.$$

(2) 设函数 $f(x)$ 在区间 $[a,b]$ 上可积，且 $f(x)\leqslant 0$（见图 5-3），则 $f(x)$ 在 $[a,b]$ 上的定积分等于由直线 $x=a$，$x=b$，$y=0$ 及曲线 $y=f(x)$ 所围成曲边梯形的面积 A 的负值，即

$$\int_a^b f(x)\mathrm{d}x = -A.$$

(3) 设函数 $f(x)$ 在区间 $[a,b]$ 上可积，$f(x)$ 在 $[a,b]$ 上既能取负值，又能取正值（见图 5-4），则 $f(x)$ 在 $[a,b]$ 上的定积分等于由直线 $x=a$，$x=b$，$y=0$ 及曲线 $y=f(x)$ 所围成图形位于 x 轴上方部分的面积减去位于 x 轴下方部分的面积. 例如，对于图 5-4，有

$$\int_a^b f(x)\mathrm{d}x = A_1 - A_2 - A_3.$$

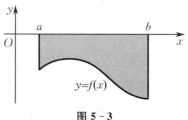

图 5-3

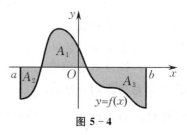

图 5-4

这里，我们举一个按定义计算定积分的例子.

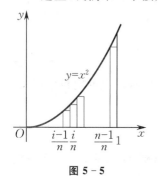

图 5-5

例 1 利用定积分的定义计算定积分 $\int_0^1 x^2 \mathrm{d}x$.

解 因为被积函数 $f(x)=x^2$ 在积分区间 $[0,1]$ 上连续，所以它可积，从而所求定积分与区间 $[0,1]$ 的分法及点 ξ_i 的取法无关. 因此，为了便于计算，不妨对区间 $[0,1]$ 做 n 等分，分点分别为 $x_i = \dfrac{i}{n}(i=1,2,\cdots,n-1)$. 这样，每个小区间 $[x_{i-1},x_i]$ 的长度为 $\Delta x_i = \dfrac{1}{n}(i=1,2,\cdots,n)$（见图 5-5）. 取 $\xi_i = x_i(i=1,2,\cdots,n)$，得和式

$$\sum_{i=1}^{n} f(\xi_i)\Delta x_i = \sum_{i=1}^{n} \xi_i^2 \Delta x_i = \sum_{i=1}^{n} x_i^2 \Delta x_i = \sum_{i=1}^{n} \left[\left(\frac{i}{n} \right)^2 \frac{1}{n} \right] = \frac{1}{n^3} \sum_{i=1}^{n} i^2$$

$$= \frac{1}{n^3} \cdot \frac{1}{6} n(n+1)(2n+1) = \frac{1}{6} \left(1 + \frac{1}{n} \right) \left(2 + \frac{1}{n} \right).$$

这里 $\lambda = \dfrac{1}{n}$. 当 $\lambda \to 0$, 即 $n \to \infty$ 时, 取上式右端的极限, 由定积分的定义, 即得

$$\int_0^1 x^2 \mathrm{d}x = \lim_{\lambda \to 0} \sum_{i=1}^{n} \xi_i^2 \Delta x_i = \lim_{n \to \infty} \frac{1}{6} \left(1 + \frac{1}{n} \right) \left(2 + \frac{1}{n} \right) = \frac{1}{3}.$$

*三、定积分的近似计算

由定积分的定义可以计算一些简单函数的定积分, 但当函数形式比较复杂时, 因为区间划分和点 ξ_i 取法的任意性, 即使采用区间的特殊划分和点 ξ_i 的特殊取法, 也不容易求得定积分的值, 所以就需考虑定积分的近似计算问题.

我们知道, 定积分

$$\int_a^b f(x)\mathrm{d}x \quad (f(x) \geqslant 0)$$

无论实际问题的意义如何, 在数值上都等于由直线 $x = a$, $x = b$, $y = 0$ 及曲线 $y = f(x)$ 所围成曲边梯形的面积. 因此, 不管被积函数 $f(x)$ 的形式如何, 只要近似地计算出这个曲边梯形的面积, 就等于计算出定积分的近似值. 这就是下面介绍的定积分近似计算方法的基本思想.

下面介绍简便而常用的定积分近似计算方法, 所导出的全部公式对于函数 $f(x)$ 在区间 $[a,b]$ 上为负值的情形也同样适用.

1. 矩形公式

对区间 $[a,b]$ 做 n 等分, 即用分点 $a = x_0, x_1, x_2, \cdots,$ $x_n = b$ 将 $[a,b]$ 分成 n 个长度相等的小区间 (见图 5-6). 取小区间 $[x_{i-1}, x_i]$ $(i = 1, 2, \cdots, n)$ 的左端点作为 ξ_i, 即取 $\xi_i = x_{i-1}$, 做积分和. 用积分和近似代替定积分 $\int_a^b f(x)\mathrm{d}x$, 即

$$\int_a^b f(x)\mathrm{d}x \approx f(x_0)\Delta x_1 + f(x_1)\Delta x_2 + \cdots + f(x_{n-1})\Delta x_n,$$

其中 $\Delta x_i = x_i - x_{i-1} = \dfrac{b-a}{n}$ $(i = 1, 2, \cdots, n)$, 于是

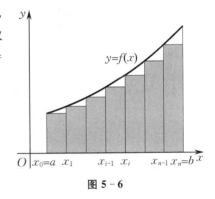

图 5-6

$$\int_a^b f(x)\mathrm{d}x \approx \frac{b-a}{n}[f(x_0) + f(x_1) + \cdots + f(x_{n-1})].$$

这个近似计算定积分的公式称为**矩形公式**.

当取小区间 $[x_{i-1}, x_i]$ $(i = 1, 2, \cdots, n)$ 的右端点作为 ξ_i, 即取 $\xi_i = x_i$ 时, 可得相应的矩形公式

$$\int_a^b f(x)\mathrm{d}x \approx \frac{b-a}{n}[f(x_1) + f(x_2) + \cdots + f(x_n)].$$

也可取小区间 $[x_{i-1}, x_i]$ $(i = 1, 2, \cdots, n)$ 的中点作为 ξ_i, 有时这种取法近似程度会更高.

矩形公式实际上是用直线段来近似代替曲线段, 即用矩形近似代替曲边梯形. 也可用小区间端点对应的曲线的弦近似代替曲线段, 即用直边梯形的面积近似代替曲边梯形的面积, 对应地得到近似计算定积分的**梯形公式**. 但是, 一般矩形公式和梯形公式计算结果的精度都比较低.

为了提高近似计算结果的精度,可考虑用抛物线段近似代替曲线段.

2. 抛物线公式

　　和推导矩形公式一样,对区间 $[a,b]$ 做 n（偶数）等分,即用分点 $a = x_0, x_1, x_2, \cdots, x_n = b$ 将 $[a,b]$ 分成 n 个长度相等的小区间,并记曲线 $y = f(x)$ 上相应点的纵坐标为 $y_0, y_1, y_2, \cdots, y_n$. 然后,确定通过相邻两个小区间端点所对应曲线 $y = f(x)$ 上的点的抛物线（见图 5-7）,用抛物线段来近似代替曲线段,计算面积的近似值.

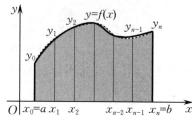

图 5-7

设抛物线
$$y = px^2 + qx + r$$
过三点 $(x_0, y_0), (x_1, y_1), (x_2, y_2)$,可以求出 p, q, r. 于是,在区间 $[x_0, x_2]$ 上有
$$\int_{x_0}^{x_2} f(x)\mathrm{d}x \approx \int_{x_0}^{x_2} (px^2 + qx + r)\mathrm{d}x.$$

可以证明
$$\int_{x_0}^{x_2} (px^2 + qx + r)\mathrm{d}x = \frac{x_2 - x_0}{6}(y_0 + 4y_1 + y_2) = \frac{b-a}{3n}(y_0 + 4y_1 + y_2).$$

在区间 $[x_2, x_4]$ 上同样可得
$$\int_{x_2}^{x_4} (px^2 + qx + r)\mathrm{d}x = \frac{b-a}{3n}(y_2 + 4y_3 + y_4).$$

以此类推,可得
$$\int_a^b f(x)\mathrm{d}x \approx \frac{b-a}{3n}[y_0 + 2(y_2 + y_4 + \cdots + y_{n-2}) + 4(y_1 + y_3 + \cdots + y_{n-1}) + y_n].$$

我们称这个近似计算定积分的公式为**抛物线公式**.抛物线公式的计算结果比矩形公式的计算结果更精确.

　　例 2　　用抛物线公式计算 $\int_0^1 \mathrm{e}^{-x}\mathrm{d}x$ 的近似值（取 $n = 10$）.

　　解　　这里 $f(x) = \mathrm{e}^{-x}$.对区间 $[0,1]$ 做 10 等分,计算各小区间端点处的函数值：
$$x_0 = 0, \quad x_1 = 0.1, \quad x_2 = 0.2, \quad \cdots, \quad x_{10} = 1,$$
$$y_0 = f(0) = 1, \qquad\qquad y_{10} = f(1) \approx 0.367\,9,$$
$$y_1 = f(0.1) \approx 0.904\,8, \qquad y_2 = f(0.2) \approx 0.818\,7,$$
$$y_3 = f(0.3) \approx 0.740\,8, \qquad y_4 = f(0.4) \approx 0.670\,3,$$
$$y_5 = f(0.5) \approx 0.606\,5, \qquad y_6 = f(0.6) \approx 0.548\,8,$$
$$y_7 = f(0.7) \approx 0.496\,6, \qquad y_8 = f(0.8) \approx 0.449\,3,$$
$$y_9 = f(0.9) \approx 0.406\,6.$$
于是
$$\int_0^1 \mathrm{e}^{-x}\mathrm{d}x \approx \frac{1}{30}[y_0 + 2(y_2 + y_4 + y_6 + y_8) + 4(y_1 + y_3 + y_5 + y_7 + y_9) + y_{10}],$$
即
$$\int_0^1 \mathrm{e}^{-x}\mathrm{d}x \approx 0.632\,1.$$

四、定积分的性质

可以看出,不管使用定积分的定义计算定积分,还是近似计算定积分,都比较复杂.为了得到简便的计算方法,先介绍定积分的几个重要性质.

假定以下所列出的定积分是存在的.为了方便起见,这里做一些补充规定:

(1) 当 $a > b$ 时,$\int_a^b f(x)\mathrm{d}x = -\int_b^a f(x)\mathrm{d}x$;

(2) $\int_a^a f(x)\mathrm{d}x = 0$.

$\boxed{\text{性质 1}}$（线性性） 设 α,β 为常数,则

$$\int_a^b [\alpha f(x) \pm \beta g(x)]\mathrm{d}x = \alpha \int_a^b f(x)\mathrm{d}x \pm \beta \int_a^b g(x)\mathrm{d}x.$$

证 $\quad \int_a^b [\alpha f(x) \pm \beta g(x)]\mathrm{d}x = \lim_{\lambda \to 0} \sum_{i=1}^n [\alpha f(\xi_i) \pm \beta g(\xi_i)]\Delta x_i$

$$= \lim_{\lambda \to 0} \alpha \sum_{i=1}^n f(\xi_i)\Delta x_i \pm \lim_{\lambda \to 0} \beta \sum_{i=1}^n g(\xi_i)\Delta x_i$$

$$= \alpha \int_a^b f(x)\mathrm{d}x \pm \beta \int_a^b g(x)\mathrm{d}x.$$

$\boxed{\text{性质 2}}$（区间可加性） 设 $a < c < b$,则

$$\int_a^b f(x)\mathrm{d}x = \int_a^c f(x)\mathrm{d}x + \int_c^b f(x)\mathrm{d}x.$$

事实上,无论 a,b,c 的相对位置如何,上述等式都成立.例如,当 $a < b < c$ 时,由于

$$\int_a^c f(x)\mathrm{d}x = \int_a^b f(x)\mathrm{d}x + \int_b^c f(x)\mathrm{d}x,$$

因此

$$\int_a^b f(x)\mathrm{d}x = \int_a^c f(x)\mathrm{d}x - \int_b^c f(x)\mathrm{d}x = \int_a^c f(x)\mathrm{d}x + \int_c^b f(x)\mathrm{d}x.$$

$\boxed{\text{性质 3}}$ 若在区间 $[a,b]$ 上 $f(x) \equiv 1$,则

$$\int_a^b f(x)\mathrm{d}x = \int_a^b \mathrm{d}x = b - a.$$

$\boxed{\text{性质 4}}$ 若在区间 $[a,b]$ 上 $f(x) \geqslant 0$,则

$$\int_a^b f(x)\mathrm{d}x \geqslant 0.$$

$\boxed{\text{推论 1}}$ 若在区间 $[a,b]$ 上 $f(x) \geqslant g(x)$,则

$$\int_a^b f(x)\mathrm{d}x \geqslant \int_a^b g(x)\mathrm{d}x.$$

证 因为 $f(x) - g(x) \geqslant 0$,所以由性质 4 可得

$$\int_a^b [f(x) - g(x)]\mathrm{d}x \geqslant 0.$$

再由性质 1 即得所要证的不等式.

由推论 1 和性质 1 可得下述推论.

推论 2　$\left|\displaystyle\int_a^b f(x)\mathrm{d}x\right| \leqslant \displaystyle\int_a^b |f(x)|\mathrm{d}x \quad (a < b).$

性质 5（估值定理）　设 M 和 m 分别是函数 $f(x)$ 在区间 $[a,b]$ 上的最大值和最小值，则

$$m(b-a) \leqslant \int_a^b f(x)\mathrm{d}x \leqslant M(b-a).$$

证　因为 $m \leqslant f(x) \leqslant M$，所以由推论 1 得

$$\int_a^b m\mathrm{d}x \leqslant \int_a^b f(x)\mathrm{d}x \leqslant \int_a^b M\mathrm{d}x.$$

再由性质 1 和性质 3 即得所要证的不等式.

这个性质说明，由被积函数在积分区间上的最大值和最小值，可以估计定积分值的范围.
例如定积分 $\displaystyle\int_0^1 (x^2+1)\mathrm{d}x$，其被积函数为 $f(x) = x^2 + 1$，在积分区间 $[0,1]$ 上有 $1 \leqslant f(x) \leqslant 2$，所以

$$1 \leqslant \int_0^1 (x^2+1)\mathrm{d}x \leqslant 2.$$

性质 6（积分中值定理）　如果函数 $f(x)$ 在区间 $[a,b]$ 上连续，那么在 $[a,b]$ 上至少存在一点 ξ，使得

$$\int_a^b f(x)\mathrm{d}x = f(\xi)(b-a).$$

上式叫作**积分中值公式**.

证　性质 5 中的不等式两边除以 $b-a$，得

$$m \leqslant \frac{1}{b-a}\int_a^b f(x)\mathrm{d}x \leqslant M.$$

根据闭区间上连续函数的介值定理，在 $[a,b]$ 上至少存在一点 ξ，使得

$$\frac{1}{b-a}\int_a^b f(x)\mathrm{d}x = f(\xi).$$

上式两边乘以 $b-a$，可得所要证的等式.

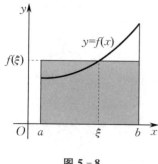

图 5 - 8

积分中值公式有以下几何解释：在区间 $[a,b]$ 上至少存在一点 ξ，使得以 $[a,b]$ 为底边，以曲线 $y = f(x)$ 为曲边的曲边梯形的面积等于同一底边而高为 $f(\xi)$ 的矩形的面积（见图 $5-8$）.

$\dfrac{1}{b-a}\displaystyle\int_a^b f(x)\mathrm{d}x$ 可看作函数 $f(x)$ 在 $[a,b]$ 上的平均值.

事实上，积分中值公式

$$\int_a^b f(x)\mathrm{d}x = f(\xi)(b-a) \quad （\xi 介于 a 与 b 之间）$$

无论 $a < b$ 还是 $a > b$ 都是成立的.

习　题　5－1

1. 利用定积分的定义计算下列定积分：

(1) $\int_a^b x\,\mathrm{d}x\ (a < b)$；

(2) $\int_0^1 \mathrm{e}^x\,\mathrm{d}x$.

2. 利用定积分的几何意义计算下列定积分：

(1) $\int_0^a \sqrt{a^2 - x^2}\,\mathrm{d}x$；

(2) $\int_0^1 2x\,\mathrm{d}x$；

(3) $\int_0^{2\pi} \sin x\,\mathrm{d}x$；

(4) $\int_{-a}^a x^3\,\mathrm{d}x$.

3. 比较下列定积分值的大小：

(1) $\int_0^1 x^2\,\mathrm{d}x$ 与 $\int_0^1 x^3\,\mathrm{d}x$；

(2) $\int_1^2 x^2\,\mathrm{d}x$ 与 $\int_1^2 x^3\,\mathrm{d}x$；

(3) $\int_1^2 \mathrm{e}^x\,\mathrm{d}x$ 与 $\int_1^2 \mathrm{e}^{-x}\,\mathrm{d}x$；

(4) $\int_1^2 \ln x\,\mathrm{d}x$ 与 $\int_1^2 \ln^2 x\,\mathrm{d}x$.

4. 估计下列定积分值的范围：

(1) $\int_1^2 x^{\frac{4}{3}}\,\mathrm{d}x$；

(2) $\int_{-2}^0 x\mathrm{e}^x\,\mathrm{d}x$；

(3) $\int_2^0 \mathrm{e}^{x^2 - x}\,\mathrm{d}x$.

第二节　微积分基本公式

在上一节中,我们用定积分的定义来计算定积分. 可以看出,即使非常简单的函数,直接用定义来计算定积分也不容易,被积函数为复杂函数时困难更大,所以需要寻找计算定积分的新方法.下面通过实际问题来寻找.

一、变速直线运动中位移函数与速度函数之间的联系

设某个物体朝一个方向做变速直线运动,其位移 $s(t)$ 和速度 $v(t)$ 均为时间 t 的连续函数,试计算该物体在时间区间 $[T_1, T_2]$ 内的位移.

从上一节可知,该物体在时间区间 $[T_1, T_2]$ 内的位移可用定积分表示为

$$\int_{T_1}^{T_2} v(t)\,\mathrm{d}t.$$

而这一位移也可通过位移函数 $s(t)$ 在区间 $[T_1, T_2]$ 上的增量

$$s(T_2) - s(T_1)$$

来表示. 因此, $s(t)$ 与 $v(t)$ 之间有如下关系：

$$\int_{T_1}^{T_2} v(t)\,\mathrm{d}t = s(T_2) - s(T_1). \tag{5.1}$$

因为 $s'(t) = v(t)$,即位移函数 $s(t)$ 是速度函数 $v(t)$ 的原函数,所以式(5.1)表示,函数 $v(t)$

在区间 $[T_1,T_2]$ 上的定积分等于 $v(t)$ 的原函数 $s(t)$ 在区间 $[T_1,T_2]$ 上的增量

$$s(T_2) - s(T_1).$$

事实上，由式（5.1）给出的上述关系，在一定条件下具有普遍性，即若函数 $f(x)$ 在区间 $[a,b]$ 上连续，则 $f(x)$ 在 $[a,b]$ 上的定积分就等于 $f(x)$ 的原函数 $F(x)$ 在 $[a,b]$ 上的增量

$$F(b) - F(a).$$

二、积分上限函数及其导数

设函数 $f(x)$ 在区间 $[a,b]$ 上可积，任取 $x \in [a,b]$，则 $f(x)$ 在区间 $[a,x]$ 上也可积.显然，定积分

$$\int_a^x f(t)\,\mathrm{d}t$$

（定积分的值与积分变量无关，为了区别积分变量与上限变量，这里用 t 表示积分变量）是积分上限变量 x 的函数，称它为**积分上限函数**，记作 $\Phi(x)$，即

$$\Phi(x) = \int_a^x f(t)\,\mathrm{d}t \quad (a \leqslant x \leqslant b).$$

函数 $\Phi(x)$ 具有以下重要性质：

定理 1　　如果函数 $f(x)$ 在区间 $[a,b]$ 上连续，那么积分上限函数

$$\Phi(x) = \int_a^x f(t)\,\mathrm{d}t$$

在 $[a,b]$ 上可导，且有

$$\Phi'(x) = \frac{\mathrm{d}}{\mathrm{d}x}\left[\int_a^x f(t)\,\mathrm{d}t\right] = f(x).$$

证　当 $x \in (a,b)$ 时，取增量 $\Delta x \neq 0$，使得 $x + \Delta x \in [a,b]$，则有

$$\Phi(x + \Delta x) = \int_a^{x+\Delta x} f(t)\,\mathrm{d}t.$$

由此得积分上限函数 $\Phi(x)$ 的增量

$$\Delta\Phi = \Phi(x + \Delta x) - \Phi(x) = \int_a^{x+\Delta x} f(t)\,\mathrm{d}t - \int_a^x f(t)\,\mathrm{d}t$$

$$= \int_a^{x+\Delta x} f(t)\,\mathrm{d}t + \int_x^a f(t)\,\mathrm{d}t = \int_x^{x+\Delta x} f(t)\,\mathrm{d}t.$$

又由积分中值定理可得

$$\Delta\Phi = f(\xi)\Delta x,$$

其中 ξ 介于 x 和 $x + \Delta x$ 之间，于是

$$\Phi'(x) = \lim_{\Delta x \to 0}\frac{\Delta\Phi}{\Delta x} = \lim_{\Delta x \to 0}f(\xi) = f(x).$$

特别地，当 $x = a$ 时，取 $\Delta x > 0$，则同理可证 $\Phi'_+(a) = f(a)$；当 $x = b$ 时，取 $\Delta x < 0$，则同理可证 $\Phi'_-(b) = f(b)$.

综上所述，函数 $f(x)$ 在区间 $[a,b]$ 上可导，且 $\Phi'(x) = f(x)$.

定理 1 给出了一个重要结论：积分上限函数 $\Phi(x) = \int_a^x f(t)\,\mathrm{d}t$ 的导数为连续函数 $f(x)$，即

积分上限函数 $\Phi(x) = \int_a^x f(t)\mathrm{d}t$ 是连续函数 $f(x)$ 的一个原函数. 由此, 我们得到下面的原函数存在定理.

定理 2　　如果函数 $f(x)$ 在区间 $[a,b]$ 上连续, 那么函数

$$\Phi(x) = \int_a^x f(t)\mathrm{d}t$$

就是 $f(x)$ 在 $[a,b]$ 上的一个原函数.

这个定理一方面说明了连续函数的原函数是存在的, 另一方面揭示了定积分与原函数之间的联系.

例 1　　求 $\dfrac{\mathrm{d}}{\mathrm{d}x}\left(\int_a^x \sin t^2\mathrm{d}t\right)$.

解　由定理 1 可得

$$\frac{\mathrm{d}}{\mathrm{d}x}\left(\int_a^x \sin t^2\mathrm{d}t\right) = \sin x^2.$$

例 2　　求 $\dfrac{\mathrm{d}}{\mathrm{d}x}\left(\int_a^{x^2} \sin t\mathrm{d}t\right)$.

解　这是复合函数的导数, 则

$$\frac{\mathrm{d}}{\mathrm{d}x}\left(\int_a^{x^2} \sin t\mathrm{d}t\right) = \frac{\mathrm{d}}{\mathrm{d}x^2}\left(\int_a^{x^2} \sin t\mathrm{d}t\right)(x^2)' = 2x\sin x^2.$$

三、牛顿-莱布尼茨公式

由定理 2 可以证明一个重要的定理, 它给出了用原函数计算定积分的公式.

定理 3　　如果 $F(x)$ 是连续函数 $f(x)$ 在区间 $[a,b]$ 上的一个原函数, 那么

$$\int_a^b f(x)\mathrm{d}x = F(b) - F(a). \tag{5.2}$$

证　设 $F(x)$ 是连续函数 $f(x)$ 在区间 $[a,b]$ 上的一个原函数, 由定理 2 可知积分上限函数

$$\Phi(x) = \int_a^x f(t)\mathrm{d}t$$

也是 $f(x)$ 在 $[a,b]$ 上的一个原函数, 于是

$$F(x) - \Phi(x) = C \quad (a \leqslant x \leqslant b),$$

其中 C 为常数. 在上式中令 $x = a$, 得 $F(a) - \Phi(a) = C$. 又 $\Phi(a) = \int_a^a f(t)\mathrm{d}t = 0$, 所以 $C = F(a)$, 即

$$\int_a^x f(t)\mathrm{d}t = \Phi(x) = F(x) - F(a).$$

在上式中令 $x = b$, 即得所要证的等式.

为了方便起见, 以后记 $F(b) - F(a)$ 为 $F(x)\Big|_a^b$, 于是公式 (5.2) 又可写成

$$\int_a^b f(x)\mathrm{d}x = F(b) - F(a) = F(x)\Big|_a^b. \tag{5.3}$$

公式 (5.3) 叫作**牛顿-莱布尼茨**(Newton-Leibniz)**公式**, 它明确了定积分与原函数或不定积分之间

的联系，为计算定积分提供了一个简便有效的方法．通常也把公式（5.3）叫作**微积分基本公式**．

例 3　计算 $\displaystyle\int_0^1 x^2\,\mathrm{d}x$．

解　$\dfrac{1}{3}x^3$ 是 x^2 的一个原函数，故由牛顿–莱布尼茨公式有

$$\int_0^1 x^2\,\mathrm{d}x = \frac{x^3}{3}\bigg|_0^1 = \frac{1^3}{3} - \frac{0^3}{3} = \frac{1}{3} - 0 = \frac{1}{3}.$$

例 4　计算 $\displaystyle\int_0^{\frac{\pi}{2}} \sin x\,\mathrm{d}x$．

解　$-\cos x$ 是 $\sin x$ 的一个原函数，故由牛顿–莱布尼茨公式有

$$\int_0^{\frac{\pi}{2}} \sin x\,\mathrm{d}x = (-\cos x)\bigg|_0^{\frac{\pi}{2}} = \left(-\cos\frac{\pi}{2}\right) - (-\cos 0) = 0 - (-1) = 1.$$

例 5　计算 $\displaystyle\int_{-2}^{-1} \frac{\mathrm{d}x}{x}$．

解　当 $x < 0$ 时，$\dfrac{1}{x}$ 的原函数是 $\ln|x|$，故由牛顿–莱布尼茨公式有

$$\int_{-2}^{-1} \frac{\mathrm{d}x}{x} = \ln|x|\bigg|_{-2}^{-1} = \ln 1 - \ln 2 = -\ln 2.$$

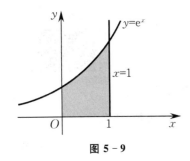

图 5 - 9

例 6　计算曲线 $y = \mathrm{e}^x$ 与直线 $x = 0,\ x = 1,\ y = 0$ 所围成曲边梯形（见图 5-9）的面积 A．

解　利用定积分的几何意义及牛顿–莱布尼茨公式，有

$$A = \int_0^1 \mathrm{e}^x\,\mathrm{d}x = \mathrm{e}^x\bigg|_0^1 = \mathrm{e} - 1.$$

例 7　计算 $\displaystyle\lim_{x\to 0} \frac{\displaystyle\int_0^x \cos t^2\,\mathrm{d}t}{x}$．

解　这是一个 $\dfrac{0}{0}$ 型未定式．运用洛必达法则，有

$$\lim_{x\to 0} \frac{\displaystyle\int_0^x \cos t^2\,\mathrm{d}t}{x} = \lim_{x\to 0} \frac{\dfrac{\mathrm{d}}{\mathrm{d}x}\left(\displaystyle\int_0^x \cos t^2\,\mathrm{d}t\right)}{\dfrac{\mathrm{d}x}{\mathrm{d}x}} = \lim_{x\to 0} \frac{\cos x^2}{1} = 1.$$

习 题 5 - 2

1. 计算下列导数：

(1) $\dfrac{\mathrm{d}}{\mathrm{d}x}\left(\displaystyle\int_0^x \arctan t\,\mathrm{d}t\right)$；

(2) $\dfrac{\mathrm{d}}{\mathrm{d}x}\left(\displaystyle\int_x^b \frac{\mathrm{d}t}{1+t^4}\right)$；

(3) $\dfrac{\mathrm{d}}{\mathrm{d}x}\left(\displaystyle\int_0^{\sqrt{x}} \mathrm{e}^{t^2}\,\mathrm{d}t\right)$；

(4) $\dfrac{\mathrm{d}}{\mathrm{d}x}\left[\displaystyle\int_{\sqrt{x}}^{\sqrt[3]{x}} \ln(1+t^6)\,\mathrm{d}t\right]$．

2. 求由方程 $\int_0^y \mathrm{e}^t \mathrm{d}t + \int_0^x \sin t \mathrm{d}t = 0$ 所确定的隐函数的导数 $\dfrac{\mathrm{d}y}{\mathrm{d}x}$.

3. 当 x 为何值时，函数 $\int_0^x t \mathrm{e}^{-t^2} \mathrm{d}t$ 有极值？

4. 计算下列定积分：

(1) $\int_0^1 \mathrm{e}^{-x} \mathrm{d}x$；

(2) $\int_1^{\sqrt{3}} \dfrac{\mathrm{d}x}{1+x^2}$；

(3) $\int_4^9 \sqrt{x}(1+\sqrt{x}) \mathrm{d}x$；

(4) $\int_0^{\frac{1}{2}} \dfrac{\mathrm{d}x}{\sqrt{1-x^2}}$；

(5) $\int_0^{\sqrt{3}a} \dfrac{\mathrm{d}x}{a^2+x^2}$；

(6) $\int_{-\mathrm{e}-1}^{-2} \dfrac{\mathrm{d}x}{1+x}$；

(7) $\int_1^{\mathrm{e}} \dfrac{1+\ln x}{x} \mathrm{d}x$；

(8) $\int_0^{\frac{\pi}{4}} \tan^2 x \mathrm{d}x$；

(9) $\int_0^{\pi} |\cos x| \mathrm{d}x$；

(10) $\int_{-\frac{\pi}{2}}^{\frac{\pi}{2}} \sqrt{\cos x - \cos^3 x} \mathrm{d}x$；

(11) $\int_0^2 f(x) \mathrm{d}x$，其中函数 $f(x) = \begin{cases} x+1, & x \leqslant 1, \\ \dfrac{1}{2}x^2, & x > 1. \end{cases}$

5. 求下列极限：

(1) $\lim\limits_{x \to 0} \dfrac{\int_{\cos x}^1 \mathrm{e}^{-t^2} \mathrm{d}t}{x^2}$；

(2) $\lim\limits_{x \to 0} \dfrac{\left(\int_0^x \mathrm{e}^{t^2} \mathrm{d}t \right)^2}{\int_0^x t \mathrm{e}^{2t^2} \mathrm{d}t}$.

6. 设函数

$$f(x) = \begin{cases} \dfrac{1}{2}\sin x, & 0 \leqslant x \leqslant \pi, \\ 0, & x < 0 \text{ 或 } x > \pi, \end{cases}$$

求 $\varPhi(x) = \int_0^x f(t) \mathrm{d}t$ 在区间 $(-\infty, +\infty)$ 上的表达式.

7. 设函数 $f(x)$ 在闭区间 $[a,b]$ 上连续，在开区间 (a,b) 内可导，$f'(x) \leqslant 0$，且

$$F(x) = \frac{1}{x-a} \int_a^x f(t) \mathrm{d}t,$$

证明：在 (a,b) 内，有 $F'(x) \leqslant 0$.

第三节 定积分的换元积分法与分部积分法

关于定积分 $\int_a^b f(x) \mathrm{d}x$ 的计算，可以先求相应的不定积分 $\int f(x) \mathrm{d}x$，得到 $f(x)$ 的原函数，再利用牛顿-莱布尼茨公式. 但当求不定积分需要使用换元积分法或分部积分法时，将这两种积分法直接应用于定积分会更为方便.

一、定积分的换元积分法

定理 1 设函数 $f(x)$ 在区间 $[a,b]$ 上连续，函数 $x = \varphi(t)$ 满足下列条件：

(1) $\varphi(\alpha) = a, \varphi(\beta) = b$；

（2）$x = \varphi(t)$ 在 $[\alpha,\beta]$（或 $[\beta,\alpha]$）上具有连续的导数，且其值域不超出 $[a,b]$，

则

$$\int_a^b f(x)\mathrm{d}x = \int_\alpha^\beta f[\varphi(t)]\varphi'(t)\mathrm{d}t. \tag{5.4}$$

公式（5.4）叫作定积分的**换元积分公式**.

证　由假设可知，式（5.4）两边的被积函数都是连续的，从而两边的定积分都存在且被积函数的原函数也都存在. 假设 $F(x)$ 是 $f(x)$ 在 $[a,b]$ 上的一个原函数，则

$$\int_a^b f(x)\mathrm{d}x = F(b) - F(a).$$

又因为

$$\frac{\mathrm{d}}{\mathrm{d}t}F[\varphi(t)] = f[\varphi(t)]\varphi'(t),$$

所以

$$\int_\alpha^\beta f[\varphi(t)]\varphi'(t)\mathrm{d}t = F[\varphi(\beta)] - F[\varphi(\alpha)] = F(b) - F(a),$$

即式（5.4）成立.

由定理 1 可知，应用换元积分公式时，如果把 $\int_a^b f(x)\mathrm{d}x$ 中的 x 换元成 $\varphi(t)$，那么 $\mathrm{d}x$ 换成 $\varphi'(t)\mathrm{d}t$，这恰好是 $x = \varphi(t)$ 的微分. 这里应注意，定积分的上、下限也要换成新变量 t 相应的上、下限，且 α 不一定小于 β.

例 1　计算 $\int_0^a \sqrt{a^2 - x^2}\,\mathrm{d}x \ (a > 0)$.

解　设 $x = a\sin t$，则 $\mathrm{d}x = a\cos t\mathrm{d}t$，且当 $x = 0$ 时，$t = 0$；当 $x = a$ 时，$t = \dfrac{\pi}{2}$. 于是

$$\int_0^a \sqrt{a^2 - x^2}\,\mathrm{d}x = a^2 \int_0^{\frac{\pi}{2}} \cos^2 t\mathrm{d}t = \frac{a^2}{2}\int_0^{\frac{\pi}{2}}(1 + \cos 2t)\mathrm{d}t$$

$$= \frac{a^2}{2}\left(t + \frac{1}{2}\sin 2t\right)\Big|_0^{\frac{\pi}{2}} = \frac{\pi a^2}{4}.$$

例 2　计算 $\int_0^4 \dfrac{\mathrm{d}x}{1 + \sqrt{x}}$.

解　设 $\sqrt{x} = t$，则 $x = t^2$，$\mathrm{d}x = 2t\mathrm{d}t$，且当 $x = 0$ 时，$t = 0$；当 $x = 4$ 时，$t = 2$. 于是

$$\int_0^4 \frac{\mathrm{d}x}{1 + \sqrt{x}} = \int_0^2 \frac{2t}{1 + t}\mathrm{d}t = 2\int_0^2\left(1 - \frac{1}{1 + t}\right)\mathrm{d}t$$

$$= 2(t - \ln|1 + t|)\Big|_0^2 = 4 - 2\ln 3.$$

例 3　计算 $\int_0^{\frac{\pi}{2}} \sin^3 x\cos x\mathrm{d}x$.

解　设 $t = \sin x$，则 $\mathrm{d}t = \cos x\mathrm{d}x$，且当 $x = 0$ 时，$t = 0$；当 $x = \dfrac{\pi}{2}$ 时，$t = 1$. 于是

$$\int_0^{\frac{\pi}{2}} \sin^3 x\cos x\mathrm{d}x = \int_0^1 t^3\mathrm{d}t = \frac{t^4}{4}\Big|_0^1 = \frac{1}{4}.$$

例 4　　证明：

(1) 若 $f(x)$ 在区间 $[-a,a]$ 上连续且为偶函数，则

$$\int_{-a}^{a} f(x)\mathrm{d}x = 2\int_{0}^{a} f(x)\mathrm{d}x;$$

(2) 若 $f(x)$ 在区间 $[-a,a]$ 上连续且为奇函数，则

$$\int_{-a}^{a} f(x)\mathrm{d}x = 0.$$

证　我们有

$$\int_{-a}^{a} f(x)\mathrm{d}x = \int_{-a}^{0} f(x)\mathrm{d}x + \int_{0}^{a} f(x)\mathrm{d}x.$$

对定积分 $\int_{-a}^{0} f(x)\mathrm{d}x$ 做变量代换 $x=-t$，得

$$\int_{-a}^{0} f(x)\mathrm{d}x = -\int_{a}^{0} f(-t)\mathrm{d}t = \int_{0}^{a} f(-t)\mathrm{d}t = \int_{0}^{a} f(-x)\mathrm{d}x,$$

于是

$$\int_{-a}^{a} f(x)\mathrm{d}x = \int_{0}^{a} f(-x)\mathrm{d}x + \int_{0}^{a} f(x)\mathrm{d}x = \int_{0}^{a} [f(-x)+f(x)]\mathrm{d}x.$$

(1) 若 $f(x)$ 为偶函数，则

$$f(-x)+f(x) = 2f(x),$$

从而

$$\int_{-a}^{a} f(x)\mathrm{d}x = 2\int_{0}^{a} f(x)\mathrm{d}x.$$

(2) 若 $f(x)$ 为奇函数，则

$$f(-x)+f(x) = 0,$$

从而

$$\int_{-a}^{a} f(x)\mathrm{d}x = 0.$$

利用上例的结论可简化对称于坐标原点的区间上的定积分，例如

$$\int_{-\frac{\pi}{2}}^{\frac{\pi}{2}} x^3 \sin x^2 \mathrm{d}x = 0, \qquad \int_{-1}^{1} \frac{x^2}{1+\cos x}\mathrm{d}x = 2\int_{0}^{1} \frac{x^2}{1+\cos x}\mathrm{d}x.$$

例 5　　证明：$\int_{0}^{\frac{\pi}{2}} \sin^n x \,\mathrm{d}x = \int_{0}^{\frac{\pi}{2}} \cos^n x \,\mathrm{d}x.$

证　设 $x = \dfrac{\pi}{2} - t$，则 $\mathrm{d}x = -\mathrm{d}t$，且当 $x=0$ 时，$t=\dfrac{\pi}{2}$；当 $x=\dfrac{\pi}{2}$ 时，$t=0$. 故

$$\int_{0}^{\frac{\pi}{2}} \sin^n x\,\mathrm{d}x = -\int_{\frac{\pi}{2}}^{0} \sin^n\left(\frac{\pi}{2}-t\right)\mathrm{d}t = \int_{0}^{\frac{\pi}{2}} \cos^n t\,\mathrm{d}t = \int_{0}^{\frac{\pi}{2}} \cos^n x\,\mathrm{d}x.$$

二、定积分的分部积分法

利用不定积分的分部积分公式不难得到定积分的分部积分公式.

定理 2　　设函数 $u=u(x)$，$v=v(x)$ 在区间 $[a,b]$ 上具有连续的导数，则

$$\int_{a}^{b} u(x)v'(x)\mathrm{d}x = u(x)v(x)\Big|_{a}^{b} - \int_{a}^{b} u'(x)v(x)\mathrm{d}x, \tag{5.5}$$

或简写为

$$\int_a^b u \, \mathrm{d}v = uv \Big|_a^b - \int_a^b v \, \mathrm{d}u.$$

公式(5.5)叫作定积分的**分部积分公式**.

例 6　计算 $\displaystyle\int_0^{\frac{\pi}{2}} x\sin x \mathrm{d}x.$

解　$\displaystyle\int_0^{\frac{\pi}{2}} x\sin x \mathrm{d}x = -\int_0^{\frac{\pi}{2}} x\mathrm{d}(\cos x) = -x\cos x \Big|_0^{\frac{\pi}{2}} + \int_0^{\frac{\pi}{2}} \cos x \mathrm{d}x = \sin x \Big|_0^{\frac{\pi}{2}} = 1.$

例 7　计算 $\displaystyle\int_0^{\frac{1}{2}} \arcsin x \mathrm{d}x.$

解　$\displaystyle\int_0^{\frac{1}{2}} \arcsin x \mathrm{d}x = x\arcsin x \Big|_0^{\frac{1}{2}} - \int_0^{\frac{1}{2}} \frac{x}{\sqrt{1-x^2}}\mathrm{d}x = \frac{\pi}{12} + \sqrt{1-x^2} \Big|_0^{\frac{1}{2}} = \frac{\pi}{12} + \frac{\sqrt{3}}{2} - 1.$

例 8　计算 $\displaystyle\int_0^4 \mathrm{e}^{\sqrt{x}} \mathrm{d}x.$

解　先换元. 令 $\sqrt{x} = t$, 则 $x = t^2$, $\mathrm{d}x = 2t\mathrm{d}t$, 且当 $x = 0$ 时, $t = 0$; 当 $x = 4$ 时, $t = 2$. 于是

$$\int_0^4 \mathrm{e}^{\sqrt{x}} \mathrm{d}x = 2\int_0^2 t\mathrm{e}^t \mathrm{d}t.$$

再用分部积分公式得

$$\int_0^2 t\mathrm{e}^t \mathrm{d}t = t\mathrm{e}^t \Big|_0^2 - \int_0^2 \mathrm{e}^t \mathrm{d}t = 2\mathrm{e}^2 - \mathrm{e}^t \Big|_0^2 = \mathrm{e}^2 + 1.$$

因此

$$\int_0^4 \mathrm{e}^{\sqrt{x}} \mathrm{d}x = 2\mathrm{e}^2 + 2.$$

习 题 5－3

1. 计算下列定积分:

(1) $\displaystyle\int_{\frac{\pi}{3}}^{\frac{\pi}{2}} \sin\left(x + \frac{\pi}{3}\right)\mathrm{d}x;$

(2) $\displaystyle\int_0^{\frac{\pi}{2}} (1 - \sin^3 x)\mathrm{d}x;$

(3) $\displaystyle\int_0^{\sqrt{2}} \sqrt{2 - x^2} \mathrm{d}x;$

(4) $\displaystyle\int_1^{\sqrt{3}} \frac{\mathrm{d}x}{x^2\sqrt{1 + x^2}};$

(5) $\displaystyle\int_1^2 \frac{\mathrm{d}x}{x\sqrt{x^2 - 1}};$

(6) $\displaystyle\int_4^9 \frac{\sqrt{x}}{\sqrt{x} - 1}\mathrm{d}x;$

(7) $\displaystyle\int_0^1 x\mathrm{e}^{-\frac{x^2}{2}} \mathrm{d}x;$

(8) $\displaystyle\int_1^{\mathrm{e}^2} \frac{\mathrm{d}x}{x\sqrt{1 + \ln x}};$

(9) $\displaystyle\int_0^1 x\mathrm{e}^{-x} \mathrm{d}x;$

(10) $\displaystyle\int_0^{\frac{\pi}{2}} x^2\sin x \mathrm{d}x;$

(11) $\displaystyle\int_1^{\mathrm{e}} x^2\ln x \mathrm{d}x;$

(12) $\displaystyle\int_0^{\frac{\pi}{2}} \mathrm{e}^{2x}\cos x \mathrm{d}x;$

(13) $\int_0^{\sqrt{3}} x \arctan x \mathrm{d}x$;

(14) $\int_{\frac{1}{e}}^{e} |\ln x| \, \mathrm{d}x$;

(15) $\int_0^{\frac{\pi}{2}} \sin^5 x \mathrm{d}x$;

(16) $\int_0^{\pi} \sqrt{1 + \cos 2x} \, \mathrm{d}x$.

2. 利用函数的奇偶性计算下列定积分:

(1) $\int_{-\pi}^{\pi} x^2 \sin^3 x \mathrm{d}x$;

(2) $\int_{-\frac{\pi}{2}}^{\frac{\pi}{2}} 4\sin^4 x \mathrm{d}x$;

(3) $\int_{-\frac{1}{2}}^{\frac{1}{2}} \frac{(\arcsin x)^2}{\sqrt{1 - x^2}} \mathrm{d}x$;

(4) $\int_{-3}^{3} \frac{x^3 \sin^4 x}{x^4 + 3x^2 - 1} \mathrm{d}x$.

3. 证明: $\int_x^1 \frac{\mathrm{d}x}{x^2 + 1} = \int_1^{\frac{1}{x}} \frac{\mathrm{d}x}{x^2 + 1}$ $(x > 0)$.

4. 证明: $\int_0^{\pi} \sin^n x \mathrm{d}x = 2 \int_0^{\frac{\pi}{2}} \sin^n x \mathrm{d}x$.

5. 设 $f(x)$ 是以 l 为周期的连续函数,证明: $\int_a^{a+l} f(x)\mathrm{d}x$ 的值与 a 无关.

第四节　反　常　积　分

若函数 $f(x)$ 在区间 $[a, b]$ 上可积,则至少满足两个条件:

(1) 积分区间 $[a, b]$ 是有限区间;

(2) 被积函数 $f(x)$ 在积分区间 $[a, b]$ 上是有界函数.

但是,在一些实际问题中,有时会遇到积分区间为无限区间或被积函数为无界函数的积分,它们已不属于定积分. 因此,我们对定积分加以推广,得到反常积分(也叫作广义积分)的概念.

一、无穷限的反常积分

定义 1　设函数 $f(x)$ 在区间 $[a, +\infty)$ 上连续,取 $b > a$. 如果极限

$$\lim_{b \to +\infty} \int_a^b f(x)\mathrm{d}x$$

存在,那么称此极限为 $f(x)$ 在 $[a, +\infty)$ 上的**反常积分**,记作 $\int_a^{+\infty} f(x)\mathrm{d}x$,即

$$\int_a^{+\infty} f(x)\mathrm{d}x = \lim_{b \to +\infty} \int_a^b f(x)\mathrm{d}x. \tag{5.6}$$

这时也称反常积分 $\int_a^{+\infty} f(x)\mathrm{d}x$ **收敛**. 若上述极限不存在,则称反常积分 $\int_a^{+\infty} f(x)\mathrm{d}x$ **发散**.

类似地,可定义函数 $f(x)$ 在区间 $(-\infty, b]$ 上的**反常积分**

$$\int_{-\infty}^{b} f(x)\mathrm{d}x = \lim_{a \to -\infty} \int_a^b f(x)\mathrm{d}x \tag{5.7}$$

及其敛散性.

函数 $f(x)$ 在区间 $(-\infty, +\infty)$ 上的**反常积分**定义为

$$\int_{-\infty}^{+\infty} f(x)\mathrm{d}x = \lim_{a \to -\infty} \int_a^c f(x)\mathrm{d}x + \lim_{b \to +\infty} \int_c^b f(x)\mathrm{d}x, \tag{5.8}$$

其中 c 为任意常数. 若极限

$$\lim_{a \to -\infty} \int_a^c f(x)\mathrm{d}x \quad 与 \quad \lim_{b \to +\infty} \int_c^b f(x)\mathrm{d}x$$

同时存在，则称反常积分 $\int_{-\infty}^{+\infty} f(x)\mathrm{d}x$ **收敛**；若这两个极限中至少有一个不存在，则称该反常积分**发散**.

例 1 计算反常积分 $\int_{-\infty}^0 x\mathrm{e}^x \mathrm{d}x$.

解 由于

$$\int_a^0 x\mathrm{e}^x \mathrm{d}x = (x\mathrm{e}^x - \mathrm{e}^x)\Big|_a^0 = -1 - a\mathrm{e}^a + \mathrm{e}^a,$$

因此

$$\int_{-\infty}^0 x\mathrm{e}^x \mathrm{d}x = \lim_{a \to -\infty} \int_a^0 x\mathrm{e}^x \mathrm{d}x = \lim_{a \to -\infty}(-1 - a\mathrm{e}^a + \mathrm{e}^a) = -1.$$

例 2 计算反常积分 $\int_{-\infty}^{+\infty} \dfrac{\mathrm{d}x}{1+x^2}$.

解 $\displaystyle \int_{-\infty}^{+\infty} \frac{\mathrm{d}x}{1+x^2} = \lim_{a \to -\infty} \int_a^0 \frac{\mathrm{d}x}{1+x^2} + \lim_{b \to +\infty} \int_0^b \frac{\mathrm{d}x}{1+x^2}$

$\qquad = -\lim_{a \to -\infty} \arctan a + \lim_{b \to +\infty} \arctan b = \pi.$

上例中的反常积分的几何意义如图 5 - 10 所示：当 $a \to -\infty, b \to +\infty$ 时，虽然曲线 $y = \dfrac{1}{1+x^2}$ 向 x 轴负向、正向无限延伸，但其与 x 轴所围成图形的面积却有极限值 π.

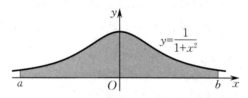

图 5 - 10

为了书写方便，当 $F'(x) = f(x)$ 时，记

$$\int_a^{+\infty} f(x)\mathrm{d}x = F(x)\Big|_a^{+\infty} = \lim_{x \to +\infty} F(x) - F(a),$$

$$\int_{-\infty}^b f(x)\mathrm{d}x = F(x)\Big|_{-\infty}^b = F(b) - \lim_{x \to -\infty} F(x).$$

例 3 证明：反常积分 $\int_1^{+\infty} \dfrac{\mathrm{d}x}{x^p}$ 当 $p \leqslant 1$ 时发散，当 $p > 1$ 时收敛.

证 当 $p = 1$ 时，

$$\int_1^{+\infty} \frac{\mathrm{d}x}{x^p} = \int_1^{+\infty} \frac{\mathrm{d}x}{x} = \ln x \Big|_1^{+\infty} = +\infty;$$

当 $p \neq 1$ 时，

$$\int_1^{+\infty} \frac{\mathrm{d}x}{x^p} = \frac{x^{1-p}}{1-p}\Big|_1^{+\infty} = \begin{cases} +\infty, & p < 1, \\ \dfrac{1}{p-1}, & p > 1. \end{cases}$$

因此,当 $p \leqslant 1$ 时,该反常积分发散;当 $p > 1$ 时,该反常积分收敛,且其值为 $\dfrac{1}{p-1}$.

二、无界函数的反常积分

现在讨论把定积分推广到被积函数为无界函数的情形.

定义 2　　设函数 $f(x)$ 在区间 $(a,b]$ 上连续,而在点 a 的右邻域内无界,取 $\varepsilon > 0$. 若极限

$$\lim_{\varepsilon \to 0^+} \int_{a+\varepsilon}^b f(x)\mathrm{d}x$$

存在,则称此极限为 $f(x)$ 在 $(a,b]$ 上的**反常积分**,仍然记作 $\int_a^b f(x)\mathrm{d}x$,即

$$\int_a^b f(x)\mathrm{d}x = \lim_{\varepsilon \to 0^+} \int_{a+\varepsilon}^b f(x)\mathrm{d}x. \tag{5.9}$$

这时也称反常积分 $\int_a^b f(x)\mathrm{d}x$ **收敛**. 若上述极限不存在,则称反常积分 $\int_a^b f(x)\mathrm{d}x$ **发散**.

类似地,设函数 $f(x)$ 在区间 $[a,b)$ 上连续,而在点 b 的左邻域内无界,取 $\varepsilon > 0$. 若极限

$$\lim_{\varepsilon \to 0^+} \int_a^{b-\varepsilon} f(x)\mathrm{d}x$$

存在,则称此极限为 $f(x)$ 在 $[a,b)$ 上的**反常积分**,仍然记作 $\int_a^b f(x)\mathrm{d}x$,即

$$\int_a^b f(x)\mathrm{d}x = \lim_{\varepsilon \to 0^+} \int_a^{b-\varepsilon} f(x)\mathrm{d}x. \tag{5.10}$$

这时也称反常积分 $\int_a^b f(x)\mathrm{d}x$ **收敛**. 若上述极限不存在,则称反常积分 $\int_a^b f(x)\mathrm{d}x$ **发散**.

设函数 $f(x)$ 在区间 $[a,b]$ 上除点 $c(a < c < b)$ 外处处连续,而在点 c 的邻域内无界. 若两个反常积分

$$\int_a^c f(x)\mathrm{d}x \quad \text{与} \quad \int_c^b f(x)\mathrm{d}x$$

都收敛,则定义 $f(x)$ 在 $[a,b]$ 上的**反常积分**为

$$\int_a^b f(x)\mathrm{d}x = \lim_{\varepsilon \to 0^+} \int_a^{c-\varepsilon} f(x)\mathrm{d}x + \lim_{\varepsilon \to 0^+} \int_{c+\varepsilon}^b f(x)\mathrm{d}x, \tag{5.11}$$

并称反常积分 $\int_a^b f(x)\mathrm{d}x$ **收敛**;否则,称反常积分 $\int_a^b f(x)\mathrm{d}x$ **发散**.

例 4　　计算反常积分 $\displaystyle\int_0^a \frac{\mathrm{d}x}{\sqrt{a^2-x^2}}$ $(a > 0)$.

解　由于

$$\lim_{x \to a^-} \frac{1}{\sqrt{a^2-x^2}} = +\infty,$$

因此被积函数在点 a 的左邻域内无界. 于是,由式(5.10)有

$$\int_0^a \frac{\mathrm{d}x}{\sqrt{a^2-x^2}} = \lim_{\varepsilon \to 0^+} \int_0^{a-\varepsilon} \frac{\mathrm{d}x}{\sqrt{a^2-x^2}} = \lim_{\varepsilon \to 0^+} \left(\arcsin \frac{x}{a} \,\Big|_0^{a-\varepsilon} \right)$$

$$= \lim_{\varepsilon \to 0^+} \left(\arcsin \frac{a-\varepsilon}{a} - 0 \right) = \arcsin 1 = \frac{\pi}{2}.$$

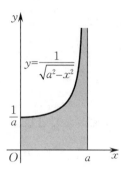

图 5-11

上例中的反常积分的几何意义如图5-11所示:当 $x \to a^-$ 时,虽然图中阴影部分向上无限延伸,但其面积却有极限值 $\dfrac{\pi}{2}$.

例 5 讨论反常积分 $\displaystyle\int_{-1}^{1} \dfrac{\mathrm{d}x}{x^2}$ 的敛散性.

解 被积函数 $f(x) = \dfrac{1}{x^2}$ 在积分区间 $[-1,1]$ 上除点 $x=0$ 外处处连续,且 $\lim\limits_{x \to 0} \dfrac{1}{x^2} = +\infty$. 由式(5.11) 有

$$\int_{-1}^{1} \frac{\mathrm{d}x}{x^2} = \int_{-1}^{0} \frac{\mathrm{d}x}{x^2} + \int_{0}^{1} \frac{\mathrm{d}x}{x^2} = \lim_{\varepsilon \to 0^+} \int_{-1}^{0-\varepsilon} \frac{\mathrm{d}x}{x^2} + \lim_{\varepsilon \to 0^+} \int_{0+\varepsilon}^{1} \frac{\mathrm{d}x}{x^2},$$

而

$$\lim_{\varepsilon \to 0^+} \int_{-1}^{0-\varepsilon} \frac{\mathrm{d}x}{x^2} = \lim_{\varepsilon \to 0^+} \left(-\frac{1}{x} \Big|_{-1}^{0-\varepsilon} \right) = +\infty,$$

即反常积分 $\displaystyle\int_{-1}^{0} \dfrac{\mathrm{d}x}{x^2}$ 发散,故反常积分 $\displaystyle\int_{-1}^{1} \dfrac{\mathrm{d}x}{x^2}$ 发散.

如果忽略了点 $x=0$ 是被积函数 $f(x) = \dfrac{1}{x^2}$ 的无穷间断点,那么会得到如下错误的结果:

$$\int_{-1}^{1} \frac{\mathrm{d}x}{x^2} = \left(-\frac{1}{x} \right) \Big|_{-1}^{1} = -1 - 1 = -2.$$

例 6 证明:反常积分 $\displaystyle\int_{a}^{b} \dfrac{\mathrm{d}x}{(x-a)^q}$ 当 $q \geqslant 1$ 时发散,当 $q < 1$ 时收敛.

证 当 $q = 1$ 时,

$$\int_{a}^{b} \frac{\mathrm{d}x}{(x-a)^q} = \int_{a}^{b} \frac{\mathrm{d}x}{x-a} = \lim_{\varepsilon \to 0^+} \int_{a+\varepsilon}^{b} \frac{\mathrm{d}x}{x-a} = \lim_{\varepsilon \to 0^+} \ln(x-a) \Big|_{a+\varepsilon}^{b}$$
$$= \lim_{\varepsilon \to 0^+} [\ln(b-a) - \ln \varepsilon] = +\infty;$$

当 $q \neq 1$ 时,

$$\int_{a}^{b} \frac{\mathrm{d}x}{(x-a)^q} = \lim_{\varepsilon \to 0^+} \frac{(x-a)^{1-q}}{1-q} \Big|_{a+\varepsilon}^{b} = \begin{cases} \dfrac{(b-a)^{1-q}}{1-q}, & q < 1, \\ +\infty, & q > 1. \end{cases}$$

因此,当 $q \geqslant 1$ 时,该反常积分发散;当 $q < 1$ 时,该反常积分收敛,且其值为 $\dfrac{(b-a)^{1-q}}{1-q}$.

习 题 5-4

1. 判别下列反常积分的敛散性,如果收敛,计算它的值:

(1) $\displaystyle\int_{1}^{+\infty} \dfrac{\mathrm{d}x}{\sqrt{x}}$;

(2) $\displaystyle\int_{2}^{+\infty} \dfrac{\mathrm{d}x}{(x-1)^2}$;

(3) $\displaystyle\int_{0}^{+\infty} x\mathrm{e}^{-x^2} \mathrm{d}x$;

(4) $\displaystyle\int_{1}^{+\infty} \dfrac{\arctan x}{x^2} \mathrm{d}x$;

(5) $\int_0^{+\infty} e^{-px}\sin\omega x\,dx\ (p>0,\omega>0)$;

(6) $\int_{-\infty}^{+\infty}\dfrac{dx}{x^2+2x+2}$;

(7) $\int_e^{+\infty}\dfrac{\ln x}{x}dx$;

(8) $\int_0^1\dfrac{dx}{\sqrt{x}}$;

(9) $\int_0^1\dfrac{dx}{x^3}$;

(10) $\int_1^2\dfrac{dx}{(x-1)^2}$;

(11) $\int_0^1\dfrac{x}{\sqrt{1-x^2}}dx$;

(12) $\int_0^2\dfrac{dx}{x^2-4x+3}$;

(13) $\int_1^2\dfrac{x}{\sqrt{x-1}}dx$;

(14) $\int_1^e\dfrac{dx}{x\sqrt{1-\ln^2 x}}$.

2. 当 k 为何值时,反常积分 $\int_e^{+\infty}\dfrac{dx}{x\ln^k x}$ 收敛? 当 k 为何值时,该反常积分发散?

*第五节　反常积分的审敛法　Γ函数

本节介绍不用被积函数的原函数来判定反常积分敛散性的方法.

一、无穷限反常积分的审敛法

定理 1　设函数 $f(x)$ 在区间 $[a,+\infty)$ 上连续,且 $f(x)\geqslant 0$. 若函数

$$F(x)=\int_a^x f(t)\,dt$$

在 $[a,+\infty)$ 上有界,则反常积分 $\int_a^{+\infty}f(x)dx$ 收敛.

事实上,因 $f(x)\geqslant 0$,$F(x)$ 在 $[a,+\infty)$ 上单调增加,且 $F(x)$ 在 $[a,+\infty)$ 上有界,故 $F(x)$ 在 $[a,+\infty)$ 上是单调有界函数.类似于数列收敛的单调有界准则,可知

$$\lim_{x\to+\infty}\int_a^x f(t)\,dt$$

存在,即反常积分 $\int_a^{+\infty}f(x)dx$ 收敛.

根据定理 1,对于非负函数的无穷限反常积分,有下面的比较审敛定理.

定理 2（比较审敛定理）　设函数 $f(x),g(x)$ 在区间 $[a,+\infty)$ 上连续,且 $0\leqslant f(x)\leqslant g(x)$. 如果反常积分 $\int_a^{+\infty}g(x)dx$ 收敛,那么反常积分 $\int_a^{+\infty}f(x)dx$ 也收敛;如果反常积分 $\int_a^{+\infty}f(x)dx$ 发散,那么反常积分 $\int_a^{+\infty}g(x)dx$ 也发散.

证　设 $a<b<+\infty$,则由 $0\leqslant f(x)\leqslant g(x)$ 得

$$\int_a^b f(x)\,dx\leqslant\int_a^b g(x)\,dx\leqslant\int_a^{+\infty}g(x)\,dx.$$

由上式及 $\int_a^{+\infty}g(x)dx$ 收敛知,作为积分上限 b 的函数,

$$F(b)=\int_a^b f(x)\,dx$$

在区间$[a,+\infty)$上有界. 由定理 1 可知, 反常积分$\int_a^{+\infty} f(x)\mathrm{d}x$ 收敛.

如果$\int_a^{+\infty} f(x)\mathrm{d}x$ 发散, 那么$\int_a^{+\infty} g(x)\mathrm{d}x$ 必定发散. 这是因为, 如果$\int_a^{+\infty} g(x)\mathrm{d}x$ 收敛, 则$\int_a^{+\infty} f(x)\mathrm{d}x$ 收敛, 与假设相矛盾.

由上一节的例 3 知, 反常积分$\int_1^{+\infty} \dfrac{\mathrm{d}x}{x^p}$ 当$p \leqslant 1$时发散, 当$p > 1$时收敛. 由此, 应用比较审敛定理即得下面的比较审敛法.

定理 3 (比较审敛法 1) 设函数$f(x)$在区间$[a,+\infty)(a>0)$上连续, 且$f(x) \geqslant 0$. 若存在常数$M > 0$及$p > 1$, 使得

$$f(x) \leqslant \frac{M}{x^p} \quad (a \leqslant x < +\infty),$$

则反常积分$\int_a^{+\infty} f(x)\mathrm{d}x$ 收敛; 若存在常数$N > 0$及$p \leqslant 1$, 使得

$$f(x) \geqslant \frac{N}{x^p} \quad (a \leqslant x < +\infty),$$

则反常积分$\int_a^{+\infty} f(x)\mathrm{d}x$ 发散.

例 1 判别反常积分$\int_1^{+\infty} \dfrac{\mathrm{d}x}{\sqrt{x^3+1}}$ 的敛散性.

解 由于

$$0 < \frac{1}{\sqrt{x^3+1}} < \frac{1}{\sqrt{x^3}} = \frac{1}{x^{\frac{3}{2}}},$$

根据比较审敛法 1, 该反常积分收敛.

由比较审敛法 1 可得下面较为方便的极限审敛法 1.

定理 4 (极限审敛法 1) 设函数$f(x)$在区间$[a,+\infty)(a>0)$上连续, 且$f(x) \geqslant 0$. 若存在常数$p > 1$, 使得$\lim\limits_{x \to +\infty} x^p f(x)$ 存在, 则反常积分$\int_a^{+\infty} f(x)\mathrm{d}x$ 收敛; 若

$$\lim_{x \to +\infty} xf(x) = d > 0 \quad (\text{或} \lim_{x \to +\infty} xf(x) = +\infty),$$

则反常积分$\int_a^{+\infty} f(x)\mathrm{d}x$ 发散.

证明从略.

例 2 判别反常积分$\int_1^{+\infty} \dfrac{\mathrm{d}x}{x\sqrt{x^2+1}}$ 的敛散性.

解 由于

$$\lim_{x \to +\infty} x^2 \frac{1}{x\sqrt{x^2+1}} = \lim_{x \to +\infty} \frac{1}{\sqrt{\frac{1}{x^2}+1}} = 1,$$

根据极限审敛法 1 可知, 该反常积分收敛.

例 3 　 判别反常积分 $\displaystyle\int_1^{+\infty}\frac{x^{\frac{3}{2}}}{1+x^2}\mathrm{d}x$ 的敛散性.

解 　 由于

$$\lim_{x\to+\infty}x\,\frac{x^{\frac{3}{2}}}{1+x^2}=\lim_{x\to+\infty}\frac{x^2\sqrt{x}}{1+x^2}=+\infty,$$

根据极限审敛法 1 可知, 该反常积分发散.

例 4 　 判别反常积分 $\displaystyle\int_1^{+\infty}\frac{\arctan x}{x}\mathrm{d}x$ 的敛散性.

解 　 由于

$$\lim_{x\to+\infty}x\,\frac{\arctan x}{x}=\lim_{x\to+\infty}\arctan x=\frac{\pi}{2},$$

根据极限审敛法 1 可知, 该反常积分发散.

当反常积分的被积函数不是非负函数时, 有下面的结论.

定理 5 　 设函数 $f(x)$ 在区间 $[a,+\infty)(a>0)$ 上连续. 若反常积分 $\displaystyle\int_a^{+\infty}|f(x)|\mathrm{d}x$ 收敛, 则反常积分 $\displaystyle\int_a^{+\infty}f(x)\mathrm{d}x$ 也收敛.

证明从略.

通常称满足定理 5 条件的反常积分 $\displaystyle\int_a^{+\infty}f(x)\mathrm{d}x$ 是**绝对收敛**的, 于是定理 5 可简单表述为: 绝对收敛的反常积分 $\displaystyle\int_a^{+\infty}f(x)\mathrm{d}x$ 必定收敛.

例 5 　 判别反常积分 $\displaystyle\int_0^{+\infty}\mathrm{e}^{-\alpha x}\sin\beta x\,\mathrm{d}x(\alpha,\beta$ 均为常数且 $\alpha>0)$ 的敛散性.

解 　 因为 $|\mathrm{e}^{-\alpha x}\sin\beta x|\leqslant\mathrm{e}^{-\alpha x}$, 而 $\displaystyle\int_0^{+\infty}\mathrm{e}^{-\alpha x}\mathrm{d}x$ 收敛, 所以根据比较审敛定理可知, 反常积分 $\displaystyle\int_0^{+\infty}|\mathrm{e}^{-\alpha x}\sin\beta x|\mathrm{d}x$ 收敛. 故由定理 5 可知, 所给的反常积分收敛.

二、无界函数反常积分的审敛法

对于无界函数的反常积分, 也有类似的审敛法.

由上一节的例 6 可知, 反常积分 $\displaystyle\int_a^b\frac{\mathrm{d}x}{(x-a)^q}$ 当 $q\geqslant1$ 时发散, 当 $q<1$ 时收敛. 于是, 与定理 3 和定理 4 类似, 可得如下两个审敛法:

定理 6 （比较审敛法 2） 　 设函数 $f(x)$ 在区间 $(a,b]$ 上连续, 且 $\displaystyle\lim_{x\to a^+}f(x)=+\infty$, $f(x)\geqslant0$. 如果存在常数 $M>0$ 及 $q<1$, 使得

$$f(x)\leqslant\frac{M}{(x-a)^q}\quad(a<x\leqslant b),$$

那么反常积分 $\displaystyle\int_a^b f(x)\mathrm{d}x$ 收敛; 如果存在常数 $N>0$ 及 $q\geqslant1$, 使得

$$f(x)\geqslant\frac{N}{(x-a)^q}\quad(a<x\leqslant b),$$

那么反常积分 $\int_a^b f(x)\mathrm{d}x$ 发散.

$\boxed{\text{定理 7}}$（极限审敛法 2）　设函数 $f(x)$ 在区间 $(a,b]$ 上连续，且 $\lim\limits_{x\to a^+} f(x) = +\infty$，

$f(x) \geqslant 0$. 如果存在常数 $0 < q < 1$，使得 $\lim\limits_{x\to a^+}(x-a)^q f(x)$ 存在，那么反常积分 $\int_a^b f(x)\mathrm{d}x$ 收敛；

如果存在常数 $q \geqslant 1$，使得

$$\lim_{x\to a^+}(x-a)^q f(x) = d > 0 \quad (\text{或} \lim_{x\to a^+}(x-a)^q f(x) = +\infty),$$

那么反常积分 $\int_a^b f(x)\mathrm{d}x$ 发散.

对于无界函数的反常积分，当被积函数不满足非负性时，有与定理 5 类似的结论，这里不再详述.

$\boxed{\text{例 6}}$　判别反常积分 $\int_1^e \dfrac{\mathrm{d}x}{\ln x}$ 的敛散性.

解　被积函数在点 $x = 1$ 的右邻域内无界. 由于

$$\lim_{x\to 1^+}(x-1)\frac{1}{\ln x} = \lim_{x\to 1^+}\frac{1}{\frac{1}{x}} = 1 > 0,$$

根据极限审敛法 2 可知，该反常积分发散.

$\boxed{\text{例 7}}$　判别反常积分 $\int_0^1 \dfrac{\cos\dfrac{1}{x}}{\sqrt{x}}\mathrm{d}x$ 的敛散性.

解　因为

$$\left|\frac{\cos\dfrac{1}{x}}{\sqrt{x}}\right| \leqslant \frac{1}{\sqrt{x}},$$

而反常积分 $\int_0^1 \dfrac{\mathrm{d}x}{\sqrt{x}}$ 收敛，所以根据比较审敛定理可知，反常积分 $\int_0^1 \left|\dfrac{\cos\dfrac{1}{x}}{\sqrt{x}}\right|\mathrm{d}x$ 收敛. 故反常积分 $\int_0^1 \dfrac{\cos\dfrac{1}{x}}{\sqrt{x}}\mathrm{d}x$ 收敛.

三、Γ 函数

Γ 函数是在理论研究和实际应用上都有重要意义的函数，一般用符号 $\Gamma(s)$ 表示，其定义如下：

$$\Gamma(s) = \int_0^{+\infty} \mathrm{e}^{-x} x^{s-1}\mathrm{d}x \quad (s > 0). \tag{5.12}$$

Γ 函数的图形如图 5-12 所示.

下面讨论 Γ 函数定义式（5.12）右端反常积分的敛散性问题. 这个反常积分的积分区间为无限区间，而 $s-1 < 0$ 时被积函数 $f(x) = \mathrm{e}^{-x} x^{s-1}$ 在点 $x = 0$ 的右邻域内无界，因此分别讨论以下两个积分的敛散性：

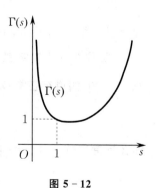

图 5-12

$$I_1 = \int_0^1 e^{-x} x^{s-1} dx, \quad I_2 = \int_1^{+\infty} e^{-x} x^{s-1} dx.$$

对于 I_1，当 $s \geqslant 1$ 时，它是定积分；当 $0 < s < 1$ 时，因为

$$e^{-x} x^{s-1} = \frac{1}{x^{1-s}} \cdot \frac{1}{e^x} < \frac{1}{x^{1-s}},$$

而 $1 - s < 1$，所以根据比较审敛法 2 可知它收敛.

对于 I_2，因为

$$\lim_{x \to +\infty} x^2 (e^{-x} x^{s-1}) = \lim_{x \to +\infty} \frac{x^{s+1}}{e^x} = 0,$$

所以根据极限审敛法 1 可知它收敛.

综上所述，反常积分 $\int_0^{+\infty} e^{-x} x^{s-1} dx (s > 0)$ 收敛.

Γ 函数具有以下重要性质：

(1) 递推公式：$\Gamma(s+1) = s\Gamma(s) \ (s > 0)$.

证　因为

$$\Gamma(s+1) = \int_0^{+\infty} e^{-x} x^s dx = \lim_{b \to +\infty} \lim_{\varepsilon \to 0^+} \int_\varepsilon^b e^{-x} x^s dx,$$

而应用分部积分法有

$$\int_\varepsilon^b e^{-x} x^s dx = (-e^{-x} x^s) \Big|_\varepsilon^b + s \int_\varepsilon^b e^{-x} x^{s-1} dx,$$

且 $\lim\limits_{b \to +\infty} \lim\limits_{\varepsilon \to 0^+} (-e^{-x} x^s) \Big|_\varepsilon^b = 0$，所以

$$\Gamma(s+1) = \lim_{b \to +\infty} \lim_{\varepsilon \to 0^+} s \int_\varepsilon^b e^{-x} x^{s-1} dx = s\Gamma(s).$$

显然，有

$$\Gamma(1) = \int_0^{+\infty} e^{-x} dx = 1.$$

反复运用上述递推公式，便有

$$\Gamma(2) = 1 \cdot \Gamma(1) = 1,$$
$$\Gamma(3) = 2 \cdot \Gamma(2) = 2!,$$
$$\Gamma(4) = 3 \cdot \Gamma(3) = 3!,$$
$$\cdots\cdots$$

一般地，对于任意正整数 n，有

$$\Gamma(n+1) = n!.$$

所以，Γ 函数可以看作阶乘的推广.

(2) 当 $s \to 0^+$ 时，$\Gamma(s) \to +\infty$.

证　因为

$$\Gamma(s) = \frac{\Gamma(s+1)}{s}, \quad \Gamma(1) = 1,$$

所以当 $s \to 0^+$ 时，$\Gamma(s) \to +\infty$.

(3) $\Gamma(s)\Gamma(1-s) = \dfrac{\pi}{\sin \pi s} \ (0 < s < 1)$.

证明从略.

性质(3) 给出的公式称为**余元公式**. 当 $s = \dfrac{1}{2}$ 时，由余元公式可得

$$\Gamma\left(\frac{1}{2}\right) = \sqrt{\pi}.$$

(4) 在 $\Gamma(s) = \displaystyle\int_0^{+\infty} \mathrm{e}^{-x} x^{s-1} \mathrm{d}x$ 中，做变量代换 $x = u^2$，有

$$\Gamma(s) = 2\int_0^{+\infty} \mathrm{e}^{-u^2} u^{2s-1} \mathrm{d}u. \tag{5.13}$$

再令 $2s - 1 = t$，即有

$$\int_0^{+\infty} \mathrm{e}^{-u^2} u^t \mathrm{d}u = \frac{1}{2}\Gamma\left(\frac{t+1}{2}\right) \quad (t > -1).$$

上式左端是实际应用中常见的反常积分，它的值可用 Γ 函数计算出来.

在式(5.13)中，令 $s = \dfrac{1}{2}$，得

$$2\int_0^{+\infty} \mathrm{e}^{-u^2} \mathrm{d}u = \Gamma\left(\frac{1}{2}\right) = \sqrt{\pi},$$

从而

$$\int_0^{+\infty} \mathrm{e}^{-u^2} \mathrm{d}u = \frac{\sqrt{\pi}}{2}.$$

该反常积分在概率论中经常见到.

习　题　5 - 5

1. 判别下列反常积分的敛散性：

(1) $\displaystyle\int_0^{+\infty} \dfrac{x^2}{x^4 + x^2 + 1} \mathrm{d}x$;

(2) $\displaystyle\int_1^{+\infty} \dfrac{\mathrm{d}x}{x\sqrt[3]{1 + x^2}}$;

(3) $\displaystyle\int_1^{+\infty} \sin\dfrac{1}{x^4} \mathrm{d}x$;

(4) $\displaystyle\int_0^{+\infty} \dfrac{\mathrm{d}x}{1 + x\,|\sin x|}$;

(5) $\displaystyle\int_1^{+\infty} \dfrac{x \arctan x}{1 + x^3} \mathrm{d}x$;

(6) $\displaystyle\int_1^2 \dfrac{\mathrm{d}x}{\ln^2 x}$;

(7) $\displaystyle\int_0^1 \dfrac{x^2}{\sqrt{1 - x^2}} \mathrm{d}x$;

(8) $\displaystyle\int_1^3 \dfrac{\mathrm{d}x}{\sqrt[3]{x^2 - 4x + 3}}$.

2. 用 Γ 函数表示下列反常积分，并指出这些反常积分的收敛范围：

(1) $\displaystyle\int_0^{+\infty} \mathrm{e}^{-x^n} \mathrm{d}x \ (n > 0)$;

(2) $\displaystyle\int_0^1 \ln^p \dfrac{1}{x} \mathrm{d}x$;

(3) $\displaystyle\int_0^{+\infty} x^m \mathrm{e}^{-x^n} \mathrm{d}x \ (n \neq 0)$.

3. 证明下列各式(其中 k 为自然数)：

(1) $\Gamma\left(\dfrac{k+1}{2}\right) = \dfrac{1 \cdot 3 \cdot 5 \cdot \cdots \cdot (2k-1)\sqrt{\pi}}{2^k}$;

(2) $2 \cdot 4 \cdot 6 \cdot \cdots \cdot 2k = 2^k \Gamma(n+1)$;

(3) $1 \cdot 3 \cdot 5 \cdot \cdots \cdot (2k-1) = \dfrac{\Gamma(2n)}{2^{n-1}\Gamma(n)}$.

第六节　定积分的元素法

在科学技术中,许多量都可用定积分来表示.本节主要介绍建立这些量的定积分表达式的分析方法 —— 元素法.

应用定积分解决实际问题,首先需要建立所求量的定积分表达式.这需要解决两个问题:第一,具有什么特征的量可表示成定积分? 第二,怎样建立它的定积分表达式?

回顾第一节可以看到,曲边梯形的面积、变速直线运动物体的位移都可用定积分来表示.以曲边梯形的面积为例,设函数 $f(x)$ 在区间 $[a,b]$ 上连续,且 $f(x) \geqslant 0$,则由直线 $x=a,x=b$, $y=0$ 及曲线 $y=f(x)$ 所围成曲边梯形的面积为

$$A = \int_a^b f(x)\mathrm{d}x.$$

导出此结果的总体思路是:把 $[a,b]$ 分成长度为 $\Delta x_i(i=1,2,\cdots,n)$ 的 n 个小区间,所求曲边梯形的面积 A 即为每个小区间上相应小曲边梯形面积 ΔA_i 之和,即

$$A = \sum_{i=1}^n \Delta A_i.$$

在每个小区间上取 ΔA_i 的近似值 $\Delta A_i \approx f(\xi_i)\Delta x_i$,得到 A 的近似值:

$$A \approx \sum_{i=1}^n f(\xi_i)\Delta x_i.$$

记 $\lambda = \max\{\Delta x_1,\Delta x_2,\cdots,\Delta x_n\}$,取极限得

$$A = \lim_{\lambda \to 0} \sum_{i=1}^n f(\xi_i)\Delta x_i = \int_a^b f(x)\mathrm{d}x.$$

在实际应用中,为了简便起见,省略下标 i,用 ΔA 表示任一小区间 $[x,x+\mathrm{d}x]$ 上相应小曲边梯形的面积(见图 5-13),这样有 $A = \sum \Delta A$.取 $[x,x+\mathrm{d}x]$ 的左端点 x 为 ξ,以点 x 处的函数值 $f(x)$ 为高,则得 ΔA 的近似值:

$$\Delta A \approx f(x)\mathrm{d}x.$$

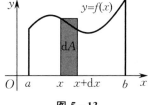

图 5-13

上式右端 $f(x)\mathrm{d}x$ 叫作**面积元素**,记为 $\mathrm{d}A$,即 $\mathrm{d}A = f(x)\mathrm{d}x$,于是

$$A \approx \sum f(x)\mathrm{d}x,$$

从而

$$A = \lim_{\lambda \to 0} \sum f(x)\mathrm{d}x = \int_a^b f(x)\mathrm{d}x.$$

一般地,如果某一实际问题中所求量 Q 符合下列条件:

(1) Q 是与一个变量 x 的变化区间 $[a,b]$ 有关的量;

(2) Q 对于区间 $[a,b]$ 具有可加性,即若把 $[a,b]$ 分成许多部分区间 Δx_i,则 Q 相应地分成许多部分量 ΔQ_i,而 Q 等于所有部分量之和;

(3) 部分量 ΔQ_i 可近似表示为 $f(\xi_i)\Delta x_i$,

那么就可以考虑用定积分来表示 Q.

通常将所求量 Q 表示为定积分的步骤如下：

（1）根据实际问题，选取变量 x 为积分变量，并确定它的变化区间 $[a,b]$.

（2）设想把区间 $[a,b]$ 分成 n 个小区间，取其中任一小区间，记作 $[x,x+\mathrm{d}x]$，求出这个小区间上相应部分量 ΔQ 的近似值. 此近似值往往可以表示为一个连续函数 $f(x)$ 在点 x 处的函数值与小区间长度 $\mathrm{d}x$ 的乘积 $f(x)\mathrm{d}x$. 称 $f(x)\mathrm{d}x$ 为所求量 Q 的元素，记作 $\mathrm{d}Q$，即

$$\mathrm{d}Q = f(x)\mathrm{d}x.$$

（3）以所求量 Q 的元素 $f(x)\mathrm{d}x$ 为被积表达式，在区间 $[a,b]$ 上做定积分，得

$$Q = \int_a^b f(x)\mathrm{d}x,$$

从而将 Q 表示为定积分.

这种方法通常叫作**元素法**. 后面我们将应用元素法来讨论几何学、物理学中的一些问题.

第七节　定积分在几何学上的应用

一、平面图形的面积

1. 直角坐标情形

由定积分的几何意义可知，定积分除了可以计算曲边梯形的面积，还可以计算一些比较复杂的平面图形的面积.

由连续曲线 $y = f(x)(f(x) \geqslant 0)$，直线 $x = a, x = b, y = 0$ 所围成的曲边梯形，其面积元素为 $\mathrm{d}A = f(x)\mathrm{d}x$，面积为

$$A = \int_a^b f(x)\mathrm{d}x.$$

一般地，由连续曲线 $y = f(x), y = g(x)$ 及直线 $x = a, x = b$ 所围成的平面图形（见图 5 - 14），其面积元素为 $\mathrm{d}A = |f(x) - g(x)|\mathrm{d}x$，面积为

$$A = \int_a^b |f(x) - g(x)|\mathrm{d}x.$$

由连续曲线 $x = \varphi(y), x = \psi(y)$ 及直线 $y = c, y = d$ 所围成的平面图形（见图 5 - 15），其面积元素为 $\mathrm{d}A = |\varphi(y) - \psi(y)|\mathrm{d}y$，面积为

$$A = \int_c^d |\varphi(y) - \psi(y)|\mathrm{d}y.$$

动画视频

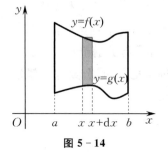

图 5 - 14

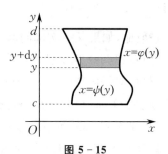

图 5 - 15

例 1　计算由两条抛物线 $y^2 = x, y = x^2$ 所围成平面图形的面积.

解　选取 x 为积分变量. 如图 5-16 所示,为了确定积分变量 x 的范围,先求这两条抛物线的交点. 解方程组 $\begin{cases} y^2 = x, \\ y = x^2 \end{cases}$ 得 $\begin{cases} x = 0, \\ y = 0 \end{cases}$ 及 $\begin{cases} x = 1, \\ y = 1. \end{cases}$ 于是,这两条抛物线的交点为 $(0,0)$ 及 $(1,1)$,从而知道该平面图形在直线 $x = 0$ 及 $x = 1$ 之间,即积分区间为 $[0,1]$. 又知面积元素为 $dA = (\sqrt{x} - x^2)dx$,故所求面积为

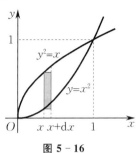

图 5-16

$$A = \int_0^1 (\sqrt{x} - x^2)dx = \left(\frac{2}{3}x^{\frac{3}{2}} - \frac{x^3}{3} \right) \Big|_0^1 = \frac{1}{3}.$$

在例 1 中,也可选取 y 为积分变量,这时积分区间正好也是 $[0,1]$,而该平面图形的面积为

$$A = \int_0^1 (\sqrt{y} - y^2)dy = \frac{1}{3}.$$

例 2　计算由抛物线 $y^2 = 2x$ 和直线 $y = x - 4$ 所围成平面图形的面积.

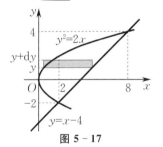

图 5-17

解　如图 5-17 所示,若选取 x 为积分变量,则需要分段讨论. 这里选取 y 为积分变量,以简化计算过程.

先求抛物线 $y^2 = 2x$ 与直线 $y = x - 4$ 的交点. 解方程组 $\begin{cases} y^2 = 2x, \\ y = x - 4 \end{cases}$ 得交点 $(2, -2)$ 及 $(8, 4)$,从而知道该平面图形在直线 $y = -2$ 及 $y = 4$ 之间,即积分区间为 $[-2, 4]$. 又知面积元素为 $dA = \left(y + 4 - \frac{y^2}{2} \right)dy$,故所求面积为

$$A = \int_{-2}^4 \left(y + 4 - \frac{y^2}{2} \right)dy = \left(\frac{y^2}{2} + 4y - \frac{y^3}{6} \right) \Big|_{-2}^4 = 18.$$

例 3　计算由椭圆 $\dfrac{x^2}{a^2} + \dfrac{y^2}{b^2} = 1$ 所围成平面图形的面积.

解　如图 5-18 所示,所求面积 A 等于其在第一象限部分 A_1 的 4 倍,即

$$A = 4A_1 = 4\int_0^a y dx.$$

利用椭圆的参数方程

$$\begin{cases} x = a\cos t, \\ y = b\sin t \end{cases} \quad \left(0 \leqslant t \leqslant \frac{\pi}{2} \right),$$

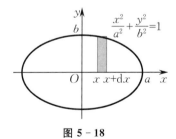

图 5-18

应用定积分的换元积分法,令 $x = a\cos t$,则 $y = b\sin t, dx = -a\sin t dt$,且当 $x = 0$ 时,$t = \dfrac{\pi}{2}$; 当 $x = a$ 时,$t = 0$. 于是

$$A = 4\int_{\frac{\pi}{2}}^0 b\sin t(-a\sin t)dt = -4ab\int_{\frac{\pi}{2}}^0 \sin^2 t dt = \pi ab.$$

若曲边梯形的曲边 $y = f(x)(f(x) \geqslant 0, x \in [a,b])$ 由参数方程

$$\begin{cases} x = \varphi(t), \\ y = \psi(t) \end{cases}$$

给出，且 $\varphi(\alpha) = a, \varphi(\beta) = b, \varphi(t)$ 在 $[\alpha, \beta]$（或 $[\beta, \alpha]$）上有连续导数，$y = \psi(t)$ 连续，则曲边梯形的面积为

$$A = \int_\alpha^\beta \varphi(t) \psi'(t) \, \mathrm{d}t.$$

2. 极坐标情形

对于某些平面图形的面积，用极坐标计算会更方便.

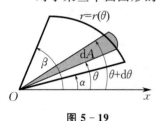

设由曲线 $r = r(\theta)$ 与射线 $\theta = \alpha, \theta = \beta$ 围成一个曲边扇形，其中 $r(\theta)$ 在 $[\alpha, \beta]$ 上连续，且 $r(\theta) \geqslant 0, 0 < \beta - \alpha \leqslant 2\pi$，如图 5-19 所示.

下面来求该曲边扇形的面积. 选取极角 θ 为积分变量，则 $\alpha \leqslant \theta \leqslant \beta$. 对于 $[\alpha, \beta]$ 上任一小区间 $[\theta, \theta + \mathrm{d}\theta]$，相应小曲边扇形的面积可以用半径为 $r = r(\theta)$，中心角为 $\mathrm{d}\theta$ 的扇形面积来近似代替，于是面积元素为 $\mathrm{d}A = \dfrac{1}{2}[r(\theta)]^2 \mathrm{d}\theta$，从而所求面积为

图 5-19

$$A = \frac{1}{2} \int_\alpha^\beta [r(\theta)]^2 \, \mathrm{d}\theta.$$

例 4　计算阿基米德（Archimedes）螺线 $r = a\theta \, (a > 0)$ 上对应于 θ 从 0 到 2π 的一段与极轴所围成平面图形（见图 5-20）的面积.

解　在指定的这段阿基米德螺线上，θ 的变化区间为 $[0, 2\pi]$. 对于 $[0, 2\pi]$ 上任一小区间 $[\theta, \theta + \mathrm{d}\theta]$，相应小曲边扇形的面积近似于半径为 $a\theta$，中心角为 $\mathrm{d}\theta$ 的扇形面积，从而面积元素为

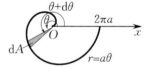

$$\mathrm{d}A = \frac{1}{2}(a\theta)^2 \, \mathrm{d}\theta,$$

于是所求面积为

图 5-20

$$A = \int_0^{2\pi} \frac{1}{2}(a\theta)^2 \, \mathrm{d}\theta = \frac{4}{3}\pi^3 a^2.$$

例 5　计算由心形线 $r = a(1 + \cos\theta) \, (a > 0)$ 所围成平面图形（见图 5-21）的面积.

解　由于心形线关于极轴对称，因此所求平面图形的面积 A 是极轴上半部分平面图形面积 A_1 的 2 倍.

对于极轴上半部分平面图形，θ 的变化区间为 $[0, \pi]$. 对于 $[0, \pi]$ 上任一小区间 $[\theta, \theta + \mathrm{d}\theta]$，相应小曲边扇形的面积近似于半径为 $a(1 + \cos\theta)$，中心角为 $\mathrm{d}\theta$ 的扇形面积，从而面积元素为

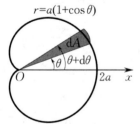

$$\mathrm{d}A = \frac{1}{2} a^2 (1 + \cos\theta)^2 \, \mathrm{d}\theta,$$

图 5-21　于是所求面积为

$$A = 2 \int_0^\pi \frac{1}{2} a^2 (1 + \cos\theta)^2 \, \mathrm{d}\theta = a^2 \int_0^\pi (1 + 2\cos\theta + \cos^2\theta) \, \mathrm{d}\theta$$

$$= a^2 \int_0^\pi \left(\frac{3}{2} + 2\cos\theta + \frac{1}{2}\cos 2\theta \right) \mathrm{d}\theta = a^2 \left(\frac{3}{2}\theta + 2\sin\theta + \frac{1}{4}\sin 2\theta \right) \Big|_0^\pi = \frac{3}{2}\pi a^2.$$

二、体积

1. 旋转体的体积

由一个平面图形绕该平面内一条定直线旋转一周而成的立体,称为**旋转体**,其中定直线称为**旋转轴**.

设一个旋转体是由连续曲线 $y=f(x)$,直线 $x=a,x=b$, $y=0$ 所围成的曲边梯形绕 x 轴旋转一周而成的立体(见图 5-22),求该旋转体的体积.

应用元素法,选取 x 为积分变量,则 $x\in[a,b]$. 对于 $[a,b]$ 上任一小区间 $[x,x+\mathrm{d}x]$,相应的小曲边梯形绕 x 轴旋转一周而成的薄片体积近似于以 $f(x)$ 为底半径,$\mathrm{d}x$ 为高的扁圆柱体体积,从而体积元素为

$$\mathrm{d}V=\pi[f(x)]^2\mathrm{d}x,$$

于是所求体积为

$$V=\pi\int_a^b[f(x)]^2\mathrm{d}x.$$

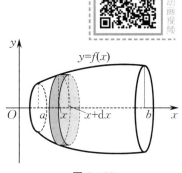

图 5-22

例 6　连接坐标原点及点 $P(h,r)$ 的直线,求该直线与直线 $x=h,y=0$ 所围成的三角形绕 x 轴旋转一周而成的立体(见图 5-23)体积.

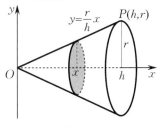

图 5-23

解　由已知易得过坐标原点及点 $P(h,r)$ 的直线方程为 $y=\dfrac{r}{h}x$. 选取 x 为积分变量,则 $x\in[0,h]$. 又知体积元素为 $\mathrm{d}V=\pi\left(\dfrac{r}{h}x\right)^2\mathrm{d}x$,于是所求体积为

$$V=\pi\int_0^h\left(\frac{r}{h}x\right)^2\mathrm{d}x=\frac{\pi}{3}r^2h.$$

例 7　计算由椭圆 $\dfrac{x^2}{a^2}+\dfrac{y^2}{b^2}=1$ 所围成的平面图形绕 x 轴旋转一周而成的椭球体体积.

解　因为 $y=b\sqrt{1-\dfrac{x^2}{a^2}}(-a\leqslant x\leqslant a)$,所以所求体积为

$$V=\pi\int_{-a}^a y^2\mathrm{d}x=\pi\frac{b^2}{a^2}\int_{-a}^a(a^2-x^2)\mathrm{d}x=\frac{4}{3}\pi ab^2.$$

设一个旋转体是由连续曲线 $x=\varphi(y)$,直线 $y=c,y=d,x=0$ 所围成的曲边梯形绕 y 轴旋转一周而成的立体,则该立体的体积为

$$V=\pi\int_c^d[\varphi(y)]^2\mathrm{d}y.$$

例 8　求由摆线 $x=a(t-\sin t),y=a(1-\cos t)$ 相应于 $0\leqslant t\leqslant 2\pi$ 的一拱与直线 $y=0$ 所围成的平面图形分别绕 x 轴和 y 轴旋转一周而成的旋转体体积.

解　该平面图形绕 x 轴旋转一周而成的旋转体体积为

$$V_x = \int_0^{2\pi a} \pi y^2 \, \mathrm{d}x = \pi \int_0^{2\pi} a^2 (1-\cos t)^2 \cdot a(1-\cos t)\,\mathrm{d}t$$

$$= \pi a^3 \int_0^{2\pi} (1 - 3\cos t + 3\cos^2 t - \cos^3 t)\,\mathrm{d}t = 5\pi^2 a^3.$$

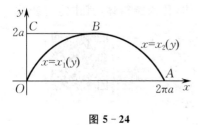

图 5-24

如图 5-24 所示,该平面图形绕 y 轴旋转一周而成的旋转体体积 V_y 可看作平面图形 $OABC$ 与 OBC 分别绕 y 轴旋转一周而成的旋转体体积之差. 又当 $t = \pi$ 时,$y = 2a$,故

$$V_y = \int_0^{2a} \pi [x_2(y)]^2 \, \mathrm{d}y - \int_0^{2a} \pi [x_1(y)]^2 \, \mathrm{d}y$$

$$= \pi \int_{2\pi}^{\pi} a^2 (t - \sin t)^2 \cdot a \sin t \, \mathrm{d}t - \pi \int_0^{\pi} a^2 (t - \sin t)^2 \cdot a \sin t \, \mathrm{d}t$$

$$= \pi a^3 \int_{2\pi}^{0} (t - \sin t)^2 \sin t \, \mathrm{d}t = 6\pi^3 a^3.$$

2. 平行截面面积为已知的立体体积

若一个立体不是旋转体,但已知该立体垂直于一定轴的各截面面积,则该立体的体积也可以用定积分来计算.

如图 5-25 所示,取定轴为 x 轴,并设该立体在过点 $x = a,x = b$ 且垂直于 x 轴的两个平面之间. 以 $A(x)$ 表示过点 x 且垂直于 x 轴的截面面积,设 $A(x)$ 在区间 $[a,b]$ 上连续,求该立体的体积.

选取 x 为积分变量,它的变化区间为 $[a,b]$. 对于 $[a,b]$ 上任一小区间 $[x,x+\mathrm{d}x]$,相应薄片的体积近似于底面积为 $A(x)$,高为 $\mathrm{d}x$ 的扁圆柱体体积,从而体积元素为

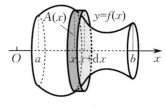

图 5-25

$$\mathrm{d}V = A(x)\mathrm{d}x,$$

于是所求体积为

$$V = \int_a^b A(x)\mathrm{d}x.$$

例 9 一个平面经过半径为 R 的圆柱体的底圆中心,并与底面交成角 α(见图 5-26),计算该平面截圆柱体所得立体的体积.

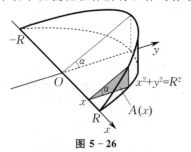

图 5-26

解 取底圆所在平面为 Oxy 面,以圆心为坐标原点,平面与底面的交线为 x 轴建立直角坐标系. 于是,过点 x 的截面为一个直角三角形,其面积为

$$A(x) = \frac{1}{2}(R^2 - x^2)\tan\alpha,$$

所以所求体积为

$$V = \frac{1}{2} \int_{-R}^{R} (R^2 - x^2)\tan\alpha\,\mathrm{d}x = \frac{2}{3} R^3 \tan\alpha.$$

例 10 求以半径为 R 的圆为底,平行且等于底圆直径的线段为顶,且高为 h 的正劈锥 (见图 5-27) 的体积.

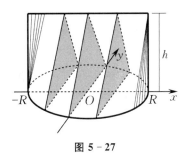

解 取底圆所在平面为 Oxy 面,以圆心为坐标原点,平行于正劈锥顶的直线为 x 轴建立直角坐标系.于是,过点 x 且垂直于 x 轴的平面,它截正劈锥所得截面为一个等腰三角形,其面积为

$$A(x) = hy = h\sqrt{R^2 - x^2},$$

所以所求体积为

$$V = h\int_{-R}^{R} \sqrt{R^2 - x^2}\,\mathrm{d}x = \frac{1}{2}\pi R^2 h.$$

图 5 - 27

三、平面曲线的弧长

定义 1 设 A,B 是曲线弧 $\overset{\frown}{AB}$ 的两个端点,在曲线弧 $\overset{\frown}{AB}$ 上依次插入分点

$$A = M_0,\ M_1,\ \cdots,\ M_i,\ \cdots,\ M_{n-1},\ M_n = B,$$

并依次连接相邻分点得一条内接折线.当线段 $|M_{i-1}M_i|\ (i=1,2,\cdots,n)$ 的最大长度 $\lambda \to 0$ 时,若折线的长度 $\sum\limits_{i=1}^{n} |M_{i-1}M_i|$ 的极限存在,则称此极限为曲线弧 $\overset{\frown}{AB}$ 的**弧长**,即

$$s = \lim_{\lambda \to 0} \sum_{i=1}^{n} |M_{i-1}M_i|,$$

并称曲线弧 $\overset{\frown}{AB}$ 是**可求长**的.

定理 1 光滑曲线弧是可求长的.

1. 直角坐标系下平面曲线的弧长

设函数 $f(x)$ 在区间 $[a,b]$ 上具有连续导数,求曲线弧 $y = f(x)\ (x \in [a,b])$ 的弧长 s.

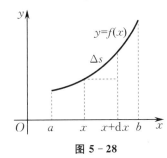

图 5 - 28

如图 5 - 28 所示,选取 x 为积分变量,则 $x \in [a,b]$.对于 $[a,b]$ 上任一小区间 $[x, x+\mathrm{d}x]$,相应小曲线弧的弧长近似于曲线弧在点 $(x, f(x))$ 处切线上相应小线段的长度,而该小线段的长度为

$$\sqrt{(\mathrm{d}x)^2 + (\mathrm{d}y)^2} = \sqrt{1 + [f'(x)]^2}\,\mathrm{d}x,$$

从而弧长元素为

$$\mathrm{d}s = \sqrt{1 + [f'(x)]^2}\,\mathrm{d}x,$$

于是所求弧长为

$$s = \int_a^b \sqrt{1 + [f'(x)]^2}\,\mathrm{d}x.$$

可见,这里的弧长元素实际上就是弧微分.

例 11 计算曲线弧 $y = \dfrac{2}{3}x^{\frac{3}{2}}\ (a \leqslant x \leqslant b)$ 的弧长 s.

解 因为弧长元素为 $\mathrm{d}s = \sqrt{1 + (\sqrt{x})^2}\,\mathrm{d}x = \sqrt{1+x}\,\mathrm{d}x$,所以

$$s = \int_a^b \sqrt{1+x}\,\mathrm{d}x = \frac{2}{3}(1+x)^{\frac{3}{2}}\Big|_a^b = \frac{2}{3}\left[(1+b)^{\frac{3}{2}} - (1+a)^{\frac{3}{2}}\right].$$

例 12 两根电线杆之间的电线,由于其本身重力的作用,下垂成曲线形,这样的曲线

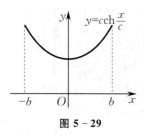

图 5 - 29

称为悬链线.适当选择坐标系,可得悬链线的方程 $y = c\,\mathrm{ch}\dfrac{x}{c}$,其中 c 为常数（见图 5-29）,计算悬链线上介于 $x = -b$ 与 $x = b$ 之间的弧长 s.

解 因为弧长元素为

$$\mathrm{d}s = \sqrt{1 + y'^2}\,\mathrm{d}x = \sqrt{1 + \mathrm{sh}^2\dfrac{x}{c}}\,\mathrm{d}x = \mathrm{ch}\dfrac{x}{c}\,\mathrm{d}x,$$

所以

$$s = 2\int_0^b \mathrm{ch}\dfrac{x}{c}\,\mathrm{d}x = 2c\,\mathrm{sh}\dfrac{x}{c}\Big|_0^b = 2c\,\mathrm{sh}\dfrac{b}{c}.$$

若曲线弧由参数方程

$$\begin{cases} x = \varphi(t), \\ y = \psi(t) \end{cases} \quad (\alpha \leqslant t \leqslant \beta)$$

给出,其中 $\varphi(t)$ 与 $\psi(t)$ 在 $[\alpha,\beta]$ 上均有连续导数,则弧长元素为

$$\mathrm{d}s = \sqrt{(\mathrm{d}x)^2 + (\mathrm{d}y)^2} = \sqrt{[\varphi'(t)]^2 + [\psi'(t)]^2}\,\mathrm{d}t,$$

从而曲线弧的弧长为

$$s = \int_\alpha^\beta \sqrt{[\varphi'(t)]^2 + [\psi'(t)]^2}\,\mathrm{d}t.$$

例 13 计算摆线 $\begin{cases} x = a(t - \sin t), \\ y = a(1 - \cos t) \end{cases} (a > 0)$ 一拱（$0 \leqslant t \leqslant 2\pi$）的弧长 s.

解 因为弧长元素为

$$\mathrm{d}s = \sqrt{\left(\dfrac{\mathrm{d}x}{\mathrm{d}t}\right)^2 + \left(\dfrac{\mathrm{d}y}{\mathrm{d}t}\right)^2}\,\mathrm{d}t = \sqrt{a^2(1 - \cos t)^2 + a^2\sin^2 t}\,\mathrm{d}t$$

$$= a\sqrt{2(1 - \cos t)}\,\mathrm{d}t = 2a\sin\dfrac{t}{2}\mathrm{d}t,$$

所以

$$s = \int_0^{2\pi} 2a\sin\dfrac{t}{2}\mathrm{d}t = 2a\left(-2\cos\dfrac{t}{2}\right)\Big|_0^{2\pi} = 8a.$$

2. 极坐标系下平面曲线的弧长

当曲线弧由极坐标方程 $r = r(\theta)(\alpha \leqslant \theta \leqslant \beta)$ 给出时,其中 $r(\theta)$ 在区间 $[\alpha,\beta]$ 上有连续导数,要求曲线弧的弧长 s,只需将极坐标方程化成参数方程,再利用参数方程下弧长的计算公式即可.事实上,这时曲线弧的参数方程为

$$\begin{cases} x = r(\theta)\cos\theta, \\ y = r(\theta)\sin\theta \end{cases} \quad (\alpha \leqslant \theta \leqslant \beta),$$

这里 θ 变成参数,则弧长元素为

$$\mathrm{d}s = \sqrt{[r'(\theta)\cos\theta - r(\theta)\sin\theta]^2 + [r'(\theta)\sin\theta + r(\theta)\cos\theta]^2}\,\mathrm{d}\theta$$

$$= \sqrt{r^2(\theta) + [r'(\theta)]^2}\,\mathrm{d}\theta,$$

从而

$$s = \int_\alpha^\beta \sqrt{r^2(\theta) + [r'(\theta)]^2}\,\mathrm{d}\theta.$$

例 14　求阿基米德螺线 $r = a\theta(a > 0)$ 相应于 θ 从 0 到 2π 一段的弧长 s.

解　因为弧长元素为

$$\mathrm{d}s = \sqrt{r^2(\theta) + [r'(\theta)]^2}\,\mathrm{d}\theta = \sqrt{a^2\theta^2 + a^2}\,\mathrm{d}\theta = a\sqrt{1+\theta^2}\,\mathrm{d}\theta,$$

所以

$$s = a\int_0^{2\pi}\sqrt{1+\theta^2}\,\mathrm{d}\theta = a\left(\frac{\theta}{2}\sqrt{1+\theta^2} + \frac{1}{2}\ln|\theta+\sqrt{1+\theta^2}|\right)\Big|_0^{2\pi}$$

$$= a\pi\sqrt{1+4\pi^2} + \frac{a}{2}\ln(2\pi + \sqrt{1+4\pi^2}).$$

习　题　5 - 7

1. 求由下列曲线所围成平面图形的面积:

(1) 直线 $y = x$ 与曲线 $y = x^2$;

(2) 曲线 $y = \sin x (0 \leqslant x \leqslant \pi)$ 与直线 $y = 0$;

(3) 曲线 $y = \mathrm{e}^x$ 与直线 $x = 0, y = \mathrm{e}$;

(4) 曲线 $y = \mathrm{e}^x, y = \mathrm{e}^{2x}$ 与直线 $y = 2$;

(5) 曲线 $y = x^2$ 与直线 $y = 2x + 3$;

(6) 曲线 $r = 2a\cos\theta \ (a > 0)$;

(7) 曲线 $x = a\cos^3 t, y = a\sin^3 t \ (a > 0)$;

(8) 曲线 $r = 3\cos\theta, r = 1 + \cos\theta$.

2. 求由下列曲线所围成的平面图形绕指定轴旋转一周而成的旋转体体积:

(1) $y = x^2, y = 0, x = 1$, 绕 x 轴;

(2) $y = x^2 (x \geqslant 0), x = 0, y = 1$, 绕 x 轴;

(3) $\dfrac{x^2}{a^2} + \dfrac{y^2}{b^2} = 1(a, b > 0)$, 分别绕 x 轴和 y 轴;

(4) $y = \sin x (0 \leqslant x \leqslant \pi), y = 0$, 分别绕 x 轴和 y 轴.

3. 设有一个截锥体, 其高为 h, 上底、下底分别为椭圆盘 $\dfrac{x^2}{a^2} + \dfrac{y^2}{b^2} \leqslant 1, \dfrac{x^2}{A^2} + \dfrac{y^2}{B^2} \leqslant 1(a, b, A, B > 0)$, 求该截锥体的体积.

4. 设某个立体的底面为抛物线 $y = x^2$ 与直线 $y = 1$ 所围成的平面图形, 而任一垂直于 y 轴的截面为等边三角形, 求该立体的体积.

5. 求下列曲线弧的弧长 s:

(1) 抛物线 $y = \dfrac{x^2}{2p}(p > 0)$ 上由顶点到点 $(\sqrt{2}p, p)$ 的一段;

(2) 曲线 $\begin{cases} x = a(\cos t + t\sin t), \\ y = a(\sin t - t\cos t) \end{cases} (a > 0)$ 相应于 t 从 0 到 2π 的一段;

(3) 星形线 $\begin{cases} x = a\cos^3 t, \\ y = a\sin^3 t \end{cases} (a > 0)$;

(4) 心形线 $r = a(1 + \cos\theta) \ (a > 0)$.

第八节　定积分在物理学上的应用

一、变力沿直线所做的功

设一个物体在连续变力 $F(x)$ 的作用下沿 x 轴从点 $x = a$ 移动到点 $x = b$，力的方向与运动方向一致，求变力 $F(x)$ 所做的功 W.

选取 x 为积分变量，则 $x \in [a,b]$. 对于 $[a,b]$ 上任一小区间 $[x, x+\mathrm{d}x]$，相应变力 $F(x)$ 所做的功近似于 $F(x)\mathrm{d}x$，从而功元素为 $\mathrm{d}W = F(x)\mathrm{d}x$. 因此，变力 $F(x)$ 在 $[a,b]$ 上所做的功为

$$W = \int_a^b F(x)\mathrm{d}x.$$

例 1　在坐标原点处带 $+q$ 电量的点电荷所产生电场的作用下，一个单位正电荷沿直线从距点电荷 a 处移动到 b 处 $(a < b)$，计算电场力 F 对它所做的功.

解　当该单位正电荷与坐标原点相距 r 时，由库仑（Coulomb）定律知电场力为 $F = k\dfrac{q}{r^2}$（k 是常数）. 选取 r 为积分变量，则 $r \in [a,b]$. 对于 $[a,b]$ 上任一小区间 $[r, r+\mathrm{d}r]$，当该单位正电荷从 r 处移动到 $r+\mathrm{d}r$ 处时，相应电场力 F 对它所做的功近似于 $\dfrac{kq}{r^2}\mathrm{d}r$，从而功元素为 $\mathrm{d}W = \dfrac{kq}{r^2}\mathrm{d}r$，于是所求功为

$$W = \int_a^b \frac{kq}{r^2}\mathrm{d}r = kq\left(-\frac{1}{r}\right)\Big|_a^b = kq\left(\frac{1}{a} - \frac{1}{b}\right).$$

如果考虑将该单位正电荷从距点电荷 a 处移动到无穷远处，那么电场力 F 所做的功为

$$W = \int_a^{+\infty} \frac{kq}{r^2}\mathrm{d}r = kq\left(-\frac{1}{r}\right)\Big|_a^{+\infty} = \frac{kq}{a}.$$

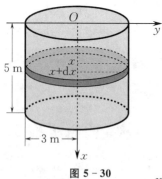

图 5 - 30

例 2　设有一个蓄满水的圆柱形水桶，其高度为 5 m，底圆半径为 3 m. 试问：把该桶中的水全部吸出需做多少功？

解　建立直角坐标系如图 5-30 所示，选取 x 为积分变量，则 $x \in [0,5]$. 对于 $[0,5]$ 上任一小区间 $[x, x+\mathrm{d}x]$，相应薄层水的重力为 $9\pi\rho g\,\mathrm{d}x$（ρ 为水的密度，g 为重力加速度），将该薄层水吸出桶外需做的功近似为 $9\pi\rho g x\,\mathrm{d}x$，从而功元素为

$$\mathrm{d}W = 9\pi\rho g x\,\mathrm{d}x,$$

于是所求功为

$$W = \int_0^5 9\pi\rho g x\,\mathrm{d}x = 9\pi\rho g\,\frac{x^2}{2}\Big|_0^5 = 112.5\pi\rho g\,（单位:\mathrm{J}）.$$

二、液体压力

由物理学知识知道，若液体的密度为 ρ，则在液体深 h 处的压强为 $p = \rho g h$.

如果一块面积为 A 的平板水平放置在液体深 h 处，那么该平板一侧所受的液体压力为 $F = pA$. 如果该平板与液面不平行，由于深度不同的点处压强不相等，该平板一侧所受的液体

压力就不能直接使用此公式计算,这时可采用元素法来求液体压力.

例 3 设有一个水平横放的底半径为 R 的圆柱形桶,桶内盛有半桶密度为 ρ 的液体,计算该桶的一个端面上所受的液体压力.

解 在该桶的端面建立直角坐标系,如图 5-31 所示.选取 x 为积分变量,则 $x \in [0, R]$.对于 $[0, R]$ 上任一小区间 $[x, x+\mathrm{d}x]$,桶端面上相应小长条的面积近似于 $2\sqrt{R^2 - x^2}\,\mathrm{d}x$,小长条上各处的压强近似于 $\rho g x$(g 为重力加速度),故液体压力元素为

$$\mathrm{d}F = 2\rho g x \sqrt{R^2 - x^2}\,\mathrm{d}x,$$

从而所求液体压力为

$$F = \int_0^R 2\rho g x \sqrt{R^2 - x^2}\,\mathrm{d}x = -\rho g \int_0^R \sqrt{R^2 - x^2}\,\mathrm{d}(R^2 - x^2)$$

$$= -\rho g \left[\frac{2}{3} (\sqrt{R^2 - x^2})^3 \right] \Big|_0^R = \frac{2\rho g}{3} R^3.$$

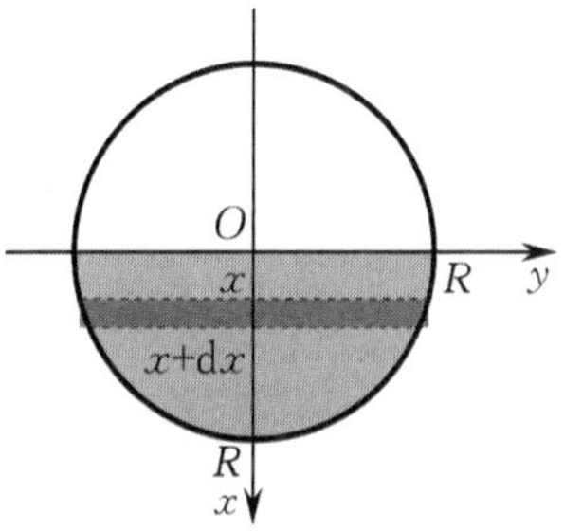

图 5-31

当桶内充满液体时,小矩形上各处的压强近似等于 $\rho g (R + x)$,故液体压力元素为

$$\mathrm{d}F = 2\rho g (R + x) \sqrt{R^2 - x^2}\,\mathrm{d}x,$$

此时桶的一个端面上所受的液体压力为

$$F = \int_{-R}^R 2\rho g (R + x) \sqrt{R^2 - x^2}\,\mathrm{d}x = \pi \rho g R^3.$$

三、引力

由物理学知识知道,质量分别为 m_1, m_2,相距 r 的两个质点间的引力大小为

$$F = G \frac{m_1 m_2}{r^2},$$

其中 G 为万有引力常数,引力的方向沿着两个质点的连线方向.若考虑一根细棒对一个质点的引力,由于细棒上各点与该质点的距离是变化的,且各点对该质点的引力方向也是变化的,因此不能使用此公式来计算.同样,这时可采用元素法计算引力的大小.

例 4 设有一根长为 l,线密度为 ρ 的均匀细棒,在其垂线上距棒 a 处有一个质量为 m 的质点 M,计算该细棒对质点 M 的引力大小.

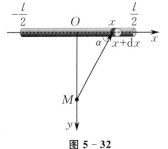

图 5-32

解 建立直角坐标系如图 5-32 所示.选取 x 为积分变量,则 $x \in \left[-\frac{l}{2}, \frac{l}{2} \right]$.对于 $\left[-\frac{l}{2}, \frac{l}{2} \right]$ 上任一小区间 $[x, x+\mathrm{d}x]$,该细棒相应小段的质量为 $\rho \mathrm{d}x$,与 M 相距约 $\sqrt{a^2 + x^2}$,故引力元素(大小)为

$$\mathrm{d}F = G \frac{m\rho \mathrm{d}x}{a^2 + x^2},$$

从而引力的垂直分力元素为

$$\mathrm{d}F_y = -\mathrm{d}F \cdot \cos \alpha = -G \frac{m\rho \mathrm{d}x}{a^2 + x^2} \cdot \frac{a}{\sqrt{a^2 + x^2}}$$

$$= -Gm\rho a \frac{\mathrm{d}x}{(a^2 + x^2)^{\frac{3}{2}}},$$

引力的垂直分力为

$$F_y = \int_{-\frac{l}{2}}^{\frac{l}{2}} - Gm\rho a\, \frac{\mathrm{d}x}{(a^2 + x^2)^{\frac{3}{2}}} = - 2Gm\rho a \int_{0}^{\frac{l}{2}} \frac{\mathrm{d}x}{(a^2 + x^2)^{\frac{3}{2}}}$$

$$= - 2Gm\rho a \left(\frac{x}{a^2 \sqrt{a^2 + x^2}} \right) \Big|_{0}^{\frac{l}{2}} = - \frac{2Gm\rho l}{a \sqrt{4a^2 + l^2}}.$$

由对称性知该细棒对质点 M 的引力的水平分力 $F_x = 0$，故该细棒对质点 M 的引力大小为

$$F = \frac{2Gm\rho l}{a \sqrt{4a^2 + l^2}}.$$

习 题 5 - 8

1. 由胡克(Hooke)定律知,弹簧伸长量 s 与拉力的大小 F 成正比,即 $F = ks$,其中 k 为弹簧的弹性系数. 若把弹簧由原长拉伸 6 单位,问:拉力 F 做功多少?

2. 一个金字塔的形状可近似看作正棱锥,其高为 140 m,正方形底的边长为 200 m. 若建筑此金字塔所用石料的密度为 2 500 kg/m³,求在建筑过程中克服重力所做的功.

3. 用铁锤把铁钉击入木板,设木板对铁钉的阻力与铁钉击入木板的深度成正比,在锤击第一次时将铁钉击入 1 cm. 若每次锤击铁钉克服阻力所做的功相等,问:锤击第二次时将铁钉击入多少?

4. 设有一个矩形水闸门,宽 20 m,高 16 m,水面与闸门顶齐,求该闸门所受的水压力.

5. 一个半径为 3 m 的圆柱形密封水桶,水平放置,桶内水是半满的,求作用在该水桶一个端面上的水压力.

6. 设有一根半圆弧形均匀细铁丝,半径为 R,中心角为 φ,线密度为 ρ. 若在圆心处有一个质量为 m 的质点,求该铁丝与这个质点之间的引力大小.

总 习 题 五

1. 填空题:

(1) 函数 $f(x)$ 在区间 $[a,b]$ 上有界是 $f(x)$ 在 $[a,b]$ 上可积的 _____ 条件,而 $f(x)$ 在 $[a,b]$ 上连续是 $f(x)$ 在 $[a,b]$ 上可积的 _____ 条件;

(2) 函数 $f(x)$ 在区间 $[a,b]$ 上有定义且 $|f(x)|$ 在 $[a,b]$ 上可积,此时积分 $\int_a^b f(x)\mathrm{d}x$ _____ 存在;

(3) 绝对收敛的反常积分 $\int_a^{+\infty} f(x)\mathrm{d}x$ 一定 _____ .

2. 计算下列极限:

(1) $\lim\limits_{n \to \infty} \frac{1}{n} \sum\limits_{i=1}^{n} \sqrt{1 + \frac{i}{n}}$;

(2) $\lim\limits_{n \to \infty} \frac{1}{n} \sum\limits_{i=1}^{n} \ln\left(1 + \frac{i}{n}\right)$;

(3) $\lim\limits_{x \to a} \frac{\int_a^x t f(t)\mathrm{d}t}{x - a}$ ($f(x)$ 连续).

3. 设函数 $f(x) = \begin{cases} x^2, & 0 \leqslant x < 1, \\ x, & 1 \leqslant x \leqslant 2, \end{cases}$ 求积分上限函数 $\Phi(x) = \int_0^x f(t)\mathrm{d}t$ 在闭区间 $[0,2]$ 上的表达式,并讨论 $\Phi(x)$ 在开区间 $(0,2)$ 内的连续性.

4. 设函数 $f(x)$ 可导,且满足 $f(x) = 2\int_0^x f(t)\mathrm{d}t + 1$,求 $f(x)$.

5. 计算下列定积分:

(1) $\int_0^\pi \sqrt{\sin^3 x - \sin^5 x}\,\mathrm{d}x$;

(2) $\int_1^2 \dfrac{\sqrt[3]{x}}{x(\sqrt{x} + \sqrt[3]{x})}\,\mathrm{d}x$;

(3) $\int_0^{\frac{\pi}{4}} \dfrac{\sin x}{1 + \sin x}\,\mathrm{d}x$;

(4) $\int_{-2}^3 |x^3 - x^2 - 6x|\,\mathrm{d}x$;

(5) $\int_0^a \dfrac{\mathrm{d}x}{x + \sqrt{a^2 - x^2}}$;

(6) $\int_0^{\frac{\pi}{2}} \dfrac{\mathrm{d}x}{1 + \cos^2 x}$.

6. 判断下列各题的做法是否正确,并说明原因:

(1) $\int_{-1}^1 \dfrac{\mathrm{d}x}{1 + x^2} = -\int_{-1}^1 \dfrac{\mathrm{d}\left(\frac{1}{x}\right)}{1 + \left(\frac{1}{x}\right)^2} = -\arctan\dfrac{1}{x}\Big|_{-1}^1 = -\dfrac{\pi}{2}$;

(2) $\int_{-\infty}^{+\infty} \dfrac{x}{1 + x^2}\,\mathrm{d}x = \lim_{A \to +\infty} \int_{-A}^A \dfrac{x}{1 + x^2}\,\mathrm{d}x = 0$.

7. 设函数 $f(x)$ 在区间 $[a,b]$ 上连续,且 $f(x) \geqslant 0$,$F(x)$ 满足 $F(x) = \int_a^x f(t)\mathrm{d}t + \int_b^x \dfrac{\mathrm{d}t}{f(t)}$,$x \in [a,b]$,证明:(1) $F'(x) \geqslant 2$;(2) 方程 $F(x) = 0$ 在区间 (a,b) 内有且仅有一个根.

8. 计算下列反常积分:

(1) $\int_1^{+\infty} \dfrac{\mathrm{d}x}{x\sqrt{x^2 - 1}}$;

(2) $\int_0^{+\infty} te^{-\lambda t}\,\mathrm{d}t$;

(3) $\int_0^{\frac{\pi}{2}} \ln\sin x\,\mathrm{d}x$;

(4) $\int_1^2 \dfrac{x}{\sqrt{x - 1}}\,\mathrm{d}x$.

9. 判别下列反常积分的敛散性:

(1) $\int_0^{+\infty} \dfrac{\sin x}{\sqrt{x^3}}\,\mathrm{d}x$;

(2) $\int_2^{+\infty} \dfrac{\mathrm{d}x}{x\sqrt[3]{x^2 - 3x + 2}}$;

(3) $\int_2^{+\infty} \dfrac{\cos x}{\ln x}\,\mathrm{d}x$;

(4) $\int_0^{+\infty} \dfrac{\mathrm{d}x}{\sqrt[3]{x^2(x - 1)(x - 2)}}$.

10. 求由曲线 $r = 1$ 与 $r = 1 + \cos\theta$ 所围成平面图形公共部分的面积.

11. 求由曲线 $y = \sqrt{x^3}$,直线 $x = 4$,$y = 0$ 所围成的平面图形绕 y 轴旋转一周而成的旋转体体积.

12. 求抛物线 $y = \dfrac{1}{2}x^2$ 被圆 $x^2 + y^2 = 3$ 所截下有限部分的弧长.

13. 设有一个圆锥形贮水池,深 $15\,\mathrm{m}$,口径 $20\,\mathrm{m}$,盛满水.用抽水机将该水池中的水抽出,问:需要做多少功?

14. 一个底为 $8\,\mathrm{cm}$,高为 $6\,\mathrm{cm}$ 的等腰三角形薄片,垂直沉没在水中,顶在上,底在下且与水面平行,而顶离水面 $3\,\mathrm{cm}$,试求它的一侧所受的水压力.

15. 设星形线 $\begin{cases} x = a\cos^3 t, \\ y = a\sin^3 t \end{cases}$$(a > 0)$ 上每一点处的线密度等于该点到坐标原点距离的立方.若在坐标原点处有一个单位质点,求该星形线在第一象限的弧段对这个质点的引力大小.

第 六 章

常微分方程

函数是客观事物的内部联系在数量方面的反映,利用函数关系可以对客观事物的规律性进行研究.因此,如何找出所需的函数关系在实践中具有重要意义.在许多实际问题中,函数关系往往不能直接建立,但是根据实际问题所提供的条件,有时可以列出含有所需未知函数及其导数的关系式 —— 微分方程.微分方程建立以后,可以对它进行研究,找出未知函数,即所谓解微分方程.本章主要介绍常微分方程的一些基本概念和几种常见的常微分方程及其解法.

第一节 常微分方程的基本概念

一、引例

例 1 设一条曲线通过点 $(1,2)$,且该曲线上任一点 $M(x,y)$ 处的切线斜率为 $2x$,求该曲线的方程.

解 设该曲线的方程为 $y = y(x)$,则该曲线上点 $M(x,y)$ 处的切线斜率为 $\dfrac{\mathrm{d}y}{\mathrm{d}x}$.根据题意,函数 $y = y(x)$ 满足

$$\begin{cases} \dfrac{\mathrm{d}y}{\mathrm{d}x} = 2x, & (6.1) \\[2mm] y\Big|_{x=1} = 2. & (6.2) \end{cases}$$

式 (6.1) 两边积分,得

$$y = \int 2x\,\mathrm{d}x, \quad 即 \quad y = x^2 + C, \tag{6.3}$$

其中 C 是任意常数.把条件 (6.2) 代入式 (6.3),得 $C = 1$,则

$$y = x^2 + 1$$

即为该曲线的方程.

例 2 一个质量为 m 的物体受重力作用,从静止状态自由下落.在不计空气阻力的情况下,求该物体的运动规律.

解　求运动规律,也就是求位移函数.由物理学中的牛顿第二定律得

$$ma = mg, \tag{6.4}$$

其中 a 是该物体的加速度,g 是重力加速度.设该物体的位移函数为 $s = s(t)$,则

$$a = \frac{\mathrm{d}^2 s}{\mathrm{d}t^2}.$$

代入式(6.4),有

$$\frac{\mathrm{d}^2 s}{\mathrm{d}t^2} = g.$$

根据题意,位移函数 $s = s(t)$ 满足

$$\begin{cases} \dfrac{\mathrm{d}^2 s}{\mathrm{d}t^2} = g, & \tag{6.5} \\[3mm] \dfrac{\mathrm{d}s}{\mathrm{d}t}\Big|_{t=0} = 0, s\Big|_{t=0} = 0. & \tag{6.6} \end{cases}$$

式(6.5)两边连续积分两次,得

$$s = \frac{1}{2}gt^2 + C_1 t + C_2, \tag{6.7}$$

其中 C_1, C_2 是任意常数.把条件(6.6)代入式(6.7),得 $C_1 = C_2 = 0$,则

$$s = \frac{1}{2}gt^2.$$

这就是该物体的运动规律.

二、常微分方程的基本概念

通过上面的例子,我们来介绍常微分方程的一些基本概念.

1. 微分方程

用来表示未知函数、未知函数的导数与自变量之间的关系的方程,称为**微分方程**.未知函数是一元函数的微分方程,称为**常微分方程**;未知函数是多元函数的微分方程,称为**偏微分方程**.显然,方程(6.1)和方程(6.5)都是常微分方程,而 $\dfrac{\partial^2 F}{\partial x^2} + \dfrac{\partial^2 F}{\partial y^2} + \dfrac{\partial^2 F}{\partial z^2} = 0$(这里"$\partial$"是偏微分记号,见下册第八章)是偏微分方程.本章只讨论常微分方程,以下在不引起混淆的情况下,也将常微分方程简称为微分方程或方程.

2. 微分方程的阶

微分方程中所出现的未知函数的最高阶导数的阶数,称为微分方程的**阶**.例如,方程(6.1)是一阶微分方程,方程(6.5)是二阶微分方程.又如,$xy''' - 2 = 0$ 是三阶微分方程,$y^{(4)} - 4y''' + 10y'' - 12y' + 5y = \sin 2x$ 是四阶微分方程.

一般地,n 阶微分方程的一般形式为

$$F(x, y, y', \cdots, y^{(n)}) = 0, \tag{6.8}$$

其中 F 是 $x, y, y', \cdots, y^{(n)}$ 这 $n+2$ 个变量的函数,y 是未知函数,x 是自变量.需要指出的是,在方程(6.8)中,$y^{(n)}$ 必须出现,而 $x, y, y', \cdots, y^{(n-1)}$ 可以不出现.

3. 线性微分方程与非线性微分方程

若方程(6.8)的左端是 $y, y', \cdots, y^{(n)}$ 的一次有理整式,则称方程(6.8)为**线性微分方程**;否则,称方程(6.8)为**非线性微分方程**. 例如,方程(6.1)和 $\dfrac{\mathrm{d}y}{\mathrm{d}x} = 4x^2 - y$ 是一阶线性微分方程,方程(6.5)和 $xy'' - y' + 2xy - \sin x = 0$ 是二阶线性微分方程. 又如, $y' + \cos y = x$ 是一阶非线性微分方程, $\dfrac{\mathrm{d}^2 y}{\mathrm{d}x^2} + \left(\dfrac{\mathrm{d}y}{\mathrm{d}x}\right)^2 - 3y^2 = 0$ 是二阶非线性微分方程.

n 阶线性微分方程的一般形式为

$$y^{(n)} + a_{n-1}(x)y^{(n-1)} + \cdots + a_1(x)y' + a_0(x)y = f(x), \tag{6.9}$$

这里 $a_0(x), a_1(x), \cdots, a_{n-1}(x), f(x)$ 是 x 的已知函数.

4. 微分方程的解和隐式解

若函数 $y = y(x)$ 代入方程(6.8)能使之成为恒等式,则称函数 $y = y(x)$ 为方程(6.8)的**解**. 若关系式 $F(x, y) = 0$ 确定的函数 $y = y(x)$ 是方程(6.8)的解,则称 $F(x, y) = 0$ 为方程(6.8)的**隐式解**.

5. 微分方程的通解和特解

微分方程的**通解**,是指含有独立的任意常数,且任意常数的个数等于微分方程的阶的解. 微分方程的**特解**,是指确定了通解中的任意常数以后的解. 例如,例 1 中 $y = x^2 + C$ 和 $y = x^2 + 1$ 均为微分方程 $\dfrac{\mathrm{d}y}{\mathrm{d}x} = 2x$ 的解,其中 $y = x^2 + C$ 是其通解, $y = x^2 + 1$ 是其特解.

n 阶微分方程 $F(x, y, y', \cdots, y^{(n)}) = 0$ 的通解形式为

$$y = y(x, C_1, C_2, \cdots, C_n),$$

其中任意常数 $C_1, C_2, \cdots, C_n$ 相互独立,不可合并.

微分方程的解的图形是一条曲线,称为微分方程的**积分曲线**. 通解表示一族积分曲线,特解表示过定点的一条积分曲线.

6. 微分方程的初值条件和初值问题

用来确定微分方程通解中任意常数的条件,称为微分方程的**初值条件**. 以 n 阶微分方程为例,设当自变量 x 取某一确定的值 x_0 时,有

$$\begin{cases} y\Big|_{x=x_0} = y_0, \\ y'\Big|_{x=x_0} = y_0', \\ \cdots\cdots \\ y^{(n-1)}\Big|_{x=x_0} = y_0^{(n-1)}, \end{cases}$$

则这 n 个条件为 n 阶微分方程的初值条件.

微分方程连同初值条件一起,称为微分方程的**初值问题**,即初值问题是指求微分方程满足初值条件的特解问题.

习 题 6-1

1. 指出下列微分方程的阶,并说明其是线性微分方程还是非线性微分方程:

(1) $x(y')^2 - 4xy' + x = 0$;

(2) $\sin\left(\dfrac{\mathrm{d}^2 y}{\mathrm{d}x^2}\right) + \mathrm{e}^y = x$;

(3) $y' = 2x + 3$;

(4) $L\dfrac{\mathrm{d}^2 Q}{\mathrm{d}t^2} + R\dfrac{\mathrm{d}Q}{\mathrm{d}t} = \dfrac{Q}{C}$;

(5) $\cos y + y' = 0$;

(6) $y^{(4)} = x$.

2. 写出满足下列条件的微分方程:

(1) 曲线上点 (x, y) 处的切线斜率等于该点横坐标的平方;

(2) 曲线上任一点处的切线与两条坐标轴所围成的三角形(如存在的话)的面积为常数 a^2;

(3) 曲线上点 $P(x, y)$ 处的法线与 x 轴的交点为 Q,且线段 PQ 被 y 轴平分.

3. 验证:函数 $x = C_1 \cos kt + C_2 \sin kt (C_1, C_2$ 为常数$)$ 是微分方程 $\dfrac{\mathrm{d}^2 x}{\mathrm{d}t^2} + k^2 x = 0 (k \neq 0)$ 的解,并求该微分方程满足初值条件 $x\Big|_{t=0} = A, \dfrac{\mathrm{d}x}{\mathrm{d}t}\Big|_{t=0} = 0$ 的特解.

4. 给定一阶微分方程 $y' = 2x$,对此微分方程,求:

(1) 通解;

(2) 图形过点 $(1, 4)$ 的特解;

(3) 图形与直线 $y = 2x + 3$ 相切的解;

(4) 满足条件 $\displaystyle\int_0^1 y \mathrm{d}x = 2$ 的解.

第二节 可分离变量的微分方程

从本节至第四节,主要讨论一阶微分方程的解法. 一阶微分方程的一般形式为 $F(x, y, y') = 0$(隐式). 若能将 y' 解出来,便可将一阶微分方程表示成 $y' = f(x, y)$(显式).

我们回到上一节例 1 中的微分方程 $\dfrac{\mathrm{d}y}{\mathrm{d}x} = 2x$. 为了求解该微分方程,只需对微分方程两边积分.

一般地,对于微分方程

$$\frac{\mathrm{d}y}{\mathrm{d}x} = f(x),$$

可以把它改写成

$$\mathrm{d}y = f(x)\mathrm{d}x,$$

再两边积分(左端以 y 为积分变量,右端以 x 为积分变量),就得到其通解

$$y = \int f(x)\mathrm{d}x + C.$$

更一般地,对于形如

$$y' = \frac{\mathrm{d}y}{\mathrm{d}x} = f(x)g(y) \qquad (6.10)$$

的一阶微分方程,同样可以考虑使用上述方法得到其通解.

我们假定方程(6.10)中的 $f(x)$, $g(y)$ 均是连续函数. 若 $g(y) \neq 0$,则方程(6.10)可改写为

$$\frac{\mathrm{d}y}{g(y)} = f(x)\mathrm{d}x. \qquad (6.11)$$

式(6.11)中变量 x, y 已分离开. 式(6.11)两边积分,得

$$\int \frac{\mathrm{d}y}{g(y)} = \int f(x)\mathrm{d}x.$$

设 $G(y)$ 与 $F(x)$ 分别是 $\frac{1}{g(y)}$ 与 $f(x)$ 的一个原函数,上式即为

$$G(y) = F(x) + C. \qquad (6.12)$$

把式(6.12)看作 x, y 的二元方程,并将由它确定的 y 关于 x 的隐函数记作 $y = \varphi(x)$,那么在 $g(y) \neq 0$ 的条件下,由隐函数的求导方法可知

$$\frac{\mathrm{d}y}{\mathrm{d}x} = \varphi'(x) = \frac{F'(x)}{G'(y)} = f(x)g(y).$$

也就是说,当 $g(y) \neq 0$ 时,式(6.12)所确定的隐函数 $y = \varphi(x)$ 是方程(6.10)的解. 由于式(6.12)中 y 没有直接表示出来,且含有任意常数,故称式(6.12)为方程(6.10)的**隐式通解**(简称**通解**).

凡是能够化为方程(6.10)形式的一阶微分方程,称为**可分离变量的微分方程**.

上面求可分离变量的微分方程通解的方法,称为**分离变量法**. 该方法实际上就是将一个变量的函数及其微分放在等式一边,而将另一个变量的函数及其微分放在等式另一边,然后对等式两边积分.

需要注意的是,若存在 y_0,使得 $g(y_0) = 0$,则 $y = y_0$ 也是微分方程 $\frac{\mathrm{d}y}{\mathrm{d}x} = f(x)g(y)$ 的解. 若它不包含在通解中,则在求解微分方程时需补上特解 $y = y_0$.

例 1　　求微分方程 $\frac{\mathrm{d}y}{\mathrm{d}x} = 2xy^2$ 的通解.

解　分离变量,得

$$\frac{\mathrm{d}y}{y^2} = 2x\mathrm{d}x.$$

两边积分,得 $\int \frac{\mathrm{d}y}{y^2} = \int 2x\mathrm{d}x$,即

$$-\frac{1}{y} = x^2 + C, \quad 亦即 \quad y = -\frac{1}{x^2 + C}.$$

例 2　　求微分方程 $\frac{\mathrm{d}y}{\mathrm{d}x} = \mathrm{e}^x y$ 的通解.

解　分离变量,得

$$\frac{\mathrm{d}y}{y} = \mathrm{e}^x \mathrm{d}x.$$

两边积分,得

$$\ln|y| = \mathrm{e}^x + C_1,$$

从而
$$|y| = e^{e^x + C_1} = e^{C_1} \cdot e^{e^x}, \quad 即 \quad y = \pm e^{C_1} e^{e^x}.$$

记 $C = \pm e^{C_1}$，这里 C 为任意非零常数. 又 $y = 0$ 也是原微分方程的解，所以 C 可取任意常数，即原微分方程的通解为
$$y = Ce^{e^x}.$$

例3 放射性元素铀由于不断地有原子放射出微粒子而变成其他元素，铀的含量就不断减少，这种现象称为衰变. 由原子物理学知识知道，铀的衰变速度与当时未衰变的铀原子的含量成正比. 已知 $t = 0$ 时，铀的含量为 M_0，求在衰变过程中铀含量 M 随时间 t 变化的规律.

解 t 时刻铀的衰变速度为 $v = \dfrac{\mathrm{d}M}{\mathrm{d}t}$. 依题意得初值问题
$$\begin{cases} \dfrac{\mathrm{d}M}{\mathrm{d}t} = -\lambda M, \\ M\Big|_{t=0} = M_0, \end{cases}$$

其中 $\lambda(\lambda > 0)$ 是常数，称为衰变系数.

$\dfrac{\mathrm{d}M}{\mathrm{d}t} = -\lambda M$ 是可分离变量的微分方程. 分离变量，得
$$\frac{\mathrm{d}M}{M} = -\lambda \mathrm{d}t.$$

两边积分，注意到 $M > 0$，得
$$\ln M = -\lambda t + C_1,$$

即 $M = Ce^{-\lambda t}$，其中 $C = e^{C_1}$. 这是微分方程 $\dfrac{\mathrm{d}M}{\mathrm{d}t} = -\lambda M$ 的通解.

将初值条件 $M\Big|_{t=0} = M_0$ 代入上述通解，得 $C = M_0$，所以
$$M = M_0 e^{-\lambda t}.$$

由此可见，铀的衰变规律为铀含量随时间的增加而按指数规律衰减（见图 6-1）.

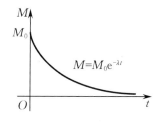

图 6-1

例4 设一位跳伞运动员从跳伞塔下落后，受到的阻力与当时的速度成正比，并设该跳伞运动员离开跳伞塔时的速度 $v = 0$，求他下落的速度与时间的函数关系.

解 设 t 时刻该跳伞运动员的速度为 $v = v(t)$，则 t 时刻他的加速度为 $a = \dfrac{\mathrm{d}v}{\mathrm{d}t}$，所受的外力为
$$F = mg - kv,$$

其中 m 为该跳伞运动员的质量，g 为重力加速度，k 为比例系数. 由牛顿第二定律及题意得初值问题
$$\begin{cases} m\dfrac{\mathrm{d}v}{\mathrm{d}t} = mg - kv, \\ v\Big|_{t=0} = 0. \end{cases}$$

$m\dfrac{\mathrm{d}v}{\mathrm{d}t} = mg - kv$ 是可分离变量的微分方程. 分离变量，得

$$\frac{\mathrm{d}v}{mg - kv} = \frac{\mathrm{d}t}{m}.$$

两边积分,注意到 $mg - kv > 0$,得

$$\ln(mg - kv) = -\frac{kt}{m} + C_1,$$

即

$$mg - kv = C\mathrm{e}^{-\frac{kt}{m}} \quad (C = \mathrm{e}^{C_1}).$$

将初值条件 $v\big|_{t=0} = 0$ 代入上式,得 $C = mg$,所以

$$mg - kv = mg\,\mathrm{e}^{-\frac{kt}{m}}, \quad 即 \quad v = \frac{mg(1 - \mathrm{e}^{-\frac{kt}{m}})}{k}.$$

习 题 6-2

1. 求下列微分方程的通解:

(1) $y' = \mathrm{e}^{x-y}$;

(2) $\sqrt{1-x^2}\, y' = \sqrt{1-y^2}$;

(3) $(1+x)y\mathrm{d}x + (1-y)x\mathrm{d}y = 0$;

(4) $(y+1)^2 \dfrac{\mathrm{d}y}{\mathrm{d}x} + x^3 = 0$;

(5) $xy' - y\ln y = 0$;

(6) $xy' + y = y^2$;

(7) $\dfrac{\mathrm{d}y}{\mathrm{d}x} = \dfrac{1+y^2}{xy + x^3 y}$;

(8) $\cos x\sin y\mathrm{d}x + \sin x\cos y\mathrm{d}y = 0$.

2. 通过适当的变量代换求下列微分方程的通解:

(1) $\dfrac{\mathrm{d}y}{\mathrm{d}x} = (x+y)^2$;

(2) $\dfrac{\mathrm{d}y}{\mathrm{d}x} = -\sin^2(x+y)$;

(3) $\dfrac{\mathrm{d}y}{\mathrm{d}x} = \dfrac{1}{x-y} + 1$;

(4) $xy' + y = y(\ln x + \ln y)$.

3. 求下列初值问题的解:

(1) $y' = y^2\cos x, y\big|_{x=0} = 1$;

(2) $2x\sin y\mathrm{d}x + (x^2 + 3)\cos y\mathrm{d}y = 0, y\big|_{x=1} = \dfrac{\pi}{2}$;

(3) $xy' - y\ln y = 0, y\big|_{x=1} = \mathrm{e}$;

(4) $y^2\mathrm{d}x + (x+1)\mathrm{d}y = 0, y\big|_{x=0} = 1$;

(5) $\cos y\mathrm{d}x + (\mathrm{e}^{-x} + 1)\sin y\mathrm{d}y = 0, y\big|_{x=0} = \dfrac{\pi}{4}$;

(6) $x\mathrm{d}y + 2y\mathrm{d}x = 0, y\big|_{x=2} = 1$.

4. 设一条曲线通过点 $(2,3)$,且它在两条坐标轴之间的任意切线段均被切点所平分,求该曲线的方程.

第三节　齐次方程

一、齐次方程

如果一阶微分方程 $\dfrac{\mathrm{d}y}{\mathrm{d}x} = f(x,y)$ 可以化为如下形式：

$$\frac{\mathrm{d}y}{\mathrm{d}x} = \varphi\left(\frac{y}{x}\right),$$

那么我们称这个微分方程为**齐次方程**. 在此齐次方程中，引入新的未知函数 $u = \dfrac{y}{x}$，就可以把它化为可分离变量的微分方程.

具体地，令 $\dfrac{y}{x} = u$，则 $y = ux$. 两边对 x 求导数，有

$$\frac{\mathrm{d}y}{\mathrm{d}x} = u + x\,\frac{\mathrm{d}u}{\mathrm{d}x},$$

于是原微分方程变成

$$u + x\,\frac{\mathrm{d}u}{\mathrm{d}x} = \varphi(u),$$

此为可分离变量的微分方程. 分离变量，得

$$\frac{\mathrm{d}u}{\varphi(u) - u} = \frac{\mathrm{d}x}{x}.$$

两边积分，得

$$G(u) = H(x) + C,$$

其中 $G(u)$ 与 $H(x)$ 分别是 $\dfrac{1}{\varphi(u) - u}$ 与 $\dfrac{1}{x}$ 的一个原函数.

以 $u = \dfrac{y}{x}$ 代入上式，得原微分方程的通解

$$G\left(\frac{y}{x}\right) = H(x) + C.$$

例 1　求微分方程 $\dfrac{\mathrm{d}y}{\mathrm{d}x} = \dfrac{xy - y^2}{x^2 - 2xy}$ 的通解.

解　原微分方程可写成

$$\frac{\mathrm{d}y}{\mathrm{d}x} = \frac{\dfrac{y}{x} - \left(\dfrac{y}{x}\right)^2}{1 - 2\,\dfrac{y}{x}},$$

此为齐次方程. 令 $\dfrac{y}{x} = u$，则 $y = ux$，$\dfrac{\mathrm{d}y}{\mathrm{d}x} = u + x\,\dfrac{\mathrm{d}u}{\mathrm{d}x}$. 于是，原微分方程变成

$$u + x\,\frac{\mathrm{d}u}{\mathrm{d}x} = \frac{u - u^2}{1 - 2u}, \quad 即 \quad x\,\frac{\mathrm{d}u}{\mathrm{d}x} = \frac{u^2}{1 - 2u}.$$

分离变量，得

$$\left(\frac{1}{u^2} - \frac{2}{u}\right)\mathrm{d}u = \frac{\mathrm{d}x}{x}.$$

两边积分，得

$$-\frac{1}{u} - \ln u^2 = \ln|x| + C_1,$$

即

$$\ln(|x|u^2) + \frac{1}{u} = C \quad (C = -C_1).$$

以 $u = \dfrac{y}{x}$ 代入上式，得原微分方程的通解

$$\ln\frac{y^2}{|x|} + \frac{x}{y} = C.$$

例 2　　求微分方程 $\left(x - y\cos\dfrac{y}{x}\right)\mathrm{d}x + x\cos\dfrac{y}{x}\mathrm{d}y = 0$ 的通解.

解　原微分方程可写成

$$\frac{\mathrm{d}y}{\mathrm{d}x} = \frac{-x + y\cos\dfrac{y}{x}}{x\cos\dfrac{y}{x}} = \frac{y}{x} - \frac{1}{\cos\dfrac{y}{x}},$$

此为齐次方程. 令 $\dfrac{y}{x} = u$，则 $y = ux$，$\dfrac{\mathrm{d}y}{\mathrm{d}x} = u + x\dfrac{\mathrm{d}u}{\mathrm{d}x}$. 于是，原微分方程变成

$$u + x\frac{\mathrm{d}u}{\mathrm{d}x} = u - \frac{1}{\cos u}, \quad 即 \quad x\frac{\mathrm{d}u}{\mathrm{d}x} = -\frac{1}{\cos u}.$$

分离变量，得

$$\cos u\,\mathrm{d}u = -\frac{\mathrm{d}x}{x}.$$

两边积分，得

$$\sin u = -\ln|x| + C.$$

以 $u = \dfrac{y}{x}$ 代入上式，得原微分方程的通解

$$\sin\frac{y}{x} = -\ln|x| + C.$$

例 3　　设有连接点 $O(0,0)$ 和点 $A(1,1)$ 的一段向上凸的曲线弧 $\overparen{OA}$. 对于 $\overparen{OA}$ 上任一点 $P(x,y)$，曲线弧 $\overparen{OP}$ 与直线段 $\overline{OP}$ 所围成平面图形的面积为 x^2，求曲线弧 $\overparen{OA}$ 的方程.

解　设 $\overparen{OA}$ 的方程为 $y = f(x)(0 \leqslant x \leqslant 1)$，则由题意得

$$\int_0^x f(t)\,\mathrm{d}t - \frac{1}{2}xf(x) = x^2, \tag{1}$$

$$y\Big|_{x=1} = 1. \tag{2}$$

式（1）两边对 x 求导数，并化简，得

$$f'(x) = \frac{\mathrm{d}y}{\mathrm{d}x} = \frac{y}{x} - 4,$$

此为齐次方程. 令 $\frac{y}{x} = u$，则 $y = ux, \frac{\mathrm{d}y}{\mathrm{d}x} = u + x\frac{\mathrm{d}u}{\mathrm{d}x}$. 于是，上述齐次方程变成

$$x\frac{\mathrm{d}u}{\mathrm{d}x} = -4.$$

分离变量并两边积分，得

$$u = -4\ln x + C.$$

以 $u = \frac{y}{x}$ 代入上式，得上述齐次方程的通解

$$\frac{y}{x} = -4\ln x + C.$$

将条件(2)代入上述通解，得 $C = 1$. 又知当 $x = 0$ 时，$y = 0$，所以曲线弧 $\overparen{OA}$ 的方程为

$$y = \begin{cases} x(1 - 4\ln x), & 0 < x \leqslant 1, \\ 0, & x = 0. \end{cases}$$

*二、可化为齐次方程的微分方程

考虑形如

$$\frac{\mathrm{d}y}{\mathrm{d}x} = \frac{a_1 x + b_1 y + c_1}{a_2 x + b_2 y + c_2} \tag{6.13}$$

的微分方程，这里 $a_1, b_1, c_1, a_2, b_2, c_2$ 为常数. 显然，方程(6.13)当 $c_1 = c_2 = 0$ 时是齐次的，否则是非齐次的. 下面假设 c_1, c_2 不全为 0，不妨设 $c_2 \neq 0$. 我们分三种情形讨论：

(1) $\frac{a_1}{a_2} = \frac{b_1}{b_2} = \frac{c_1}{c_2} = k$（$k$ 为常数）. 此时，方程(6.13)可化为 $\frac{\mathrm{d}y}{\mathrm{d}x} = k$. 两边积分，得通解

$$y = kx + C.$$

(2) $\frac{a_1}{a_2} = \frac{b_1}{b_2} = k \neq \frac{c_1}{c_2}$（$k$ 为常数）. 引入变量 $u = a_2 x + b_2 y$，有

$$\frac{\mathrm{d}u}{\mathrm{d}x} = a_2 + b_2\frac{\mathrm{d}y}{\mathrm{d}x} = a_2 + b_2\frac{k(a_2 x + b_2 y) + c_1}{(a_2 x + b_2 y) + c_2} = a_2 + b_2\frac{ku + c_1}{u + c_2},$$

故此时方程(6.13)化为可分离变量的微分方程.

(3) $\frac{a_1}{a_2} \neq \frac{b_1}{b_2}$. 此时，方程(6.13)可通过变量代换化为齐次方程. 事实上，由 $\frac{a_1}{a_2} \neq \frac{b_1}{b_2}$ 可知，方程组

$$\begin{cases} a_1 x + b_1 y + c_1 = 0, \\ a_2 x + b_2 y + c_2 = 0 \end{cases}$$

有唯一解，设为 $x = \alpha, y = \beta$，则

$$\begin{cases} a_1\alpha + b_1\beta + c_1 = 0, \\ a_2\alpha + b_2\beta + c_2 = 0. \end{cases}$$

令

$$X = x - \alpha, \quad Y = y - \beta,$$

有

$$\frac{\mathrm{d}Y}{\mathrm{d}X} = \frac{\mathrm{d}y}{\mathrm{d}x} = \frac{a_1 X + b_1 Y + a_1 \alpha + b_1 \beta + c_1}{a_2 X + b_2 Y + a_2 \alpha + b_2 \beta + c_2} = \frac{a_1 X + b_1 Y}{a_2 X + b_2 Y} \stackrel{\text{记为}}{=\!=\!=\!=} g\left(\frac{Y}{X}\right).$$

这是齐次方程,求出它的通解后代入 $X = x - \alpha, Y = y - \beta$,即得方程(6.13)的通解.

上述方法亦适用于更一般的微分方程

$$\frac{\mathrm{d}y}{\mathrm{d}x} = f\left(\frac{a_1 x + b_1 y + c_1}{a_2 x + b_2 y + c_2}\right).$$

例 4 求微分方程 $(x+y-3)\mathrm{d}y = (x-y+1)\mathrm{d}x$ 的通解.

解 将原微分方程写成 $\dfrac{\mathrm{d}y}{\mathrm{d}x} = \dfrac{x-y+1}{x+y-3}$,这属于可化为齐次方程的微分方程. 解方程组

$$\begin{cases} \alpha - \beta + 1 = 0, \\ \alpha + \beta - 3 = 0, \end{cases}$$

得唯一解 $\alpha = 1, \beta = 2$. 令 $X = x - 1, Y = y - 2$,则

$$\frac{\mathrm{d}Y}{\mathrm{d}X} = \frac{\mathrm{d}y}{\mathrm{d}x} = \frac{X - Y}{X + Y} = \frac{1 - \dfrac{Y}{X}}{1 + \dfrac{Y}{X}}.$$

这是齐次方程. 令 $\dfrac{Y}{X} = u$,则 $Y = uX, \dfrac{\mathrm{d}Y}{\mathrm{d}X} = u + X\dfrac{\mathrm{d}u}{\mathrm{d}X}$. 于是,上述齐次方程变成

$$u + X\frac{\mathrm{d}u}{\mathrm{d}X} = \frac{1-u}{1+u}, \quad 即 \quad X\frac{\mathrm{d}u}{\mathrm{d}X} = \frac{-u^2 - 2u + 1}{1+u}.$$

分离变量,得

$$\frac{1}{X}\mathrm{d}X = \frac{1+u}{-u^2 - 2u + 1}\mathrm{d}u.$$

两边积分,得

$$\ln X^2 = -\ln|u^2 + 2u - 1| + C_1,$$

即

$$X^2(u^2 + 2u - 1) = C_2 \quad (C_2 = \pm \mathrm{e}^{C_1}).$$

以 $u = \dfrac{Y}{X}$ 代入上式,得

$$Y^2 + 2XY - X^2 = C_2.$$

再以 $X = x - 1, Y = y - 2$ 代入上式,得原微分方程的通解

$$y^2 - x^2 + 2xy - 2x - 6y = C \quad (C = C_2 - 7).$$

习 题 6－3

1. 求下列齐次方程的通解:

(1) $(x+y)y' = y - x$;

(2) $xy' = y(\ln y - \ln x)$;

(3) $xy' - y - \sqrt{y^2 - x^2} = 0$;

(4) $y' = \mathrm{e}^{\frac{y}{x}} + \dfrac{y}{x}$;

(5) $(y^2 - x^2)\mathrm{d}y + xy\mathrm{d}x = 0$;

(6) $(1 + 2\mathrm{e}^{\frac{x}{y}})\mathrm{d}x + 2\mathrm{e}^{\frac{x}{y}}\left(1 - \dfrac{x}{y}\right)\mathrm{d}y = 0$.

2. 求下列初值问题的解:

(1) $\dfrac{\mathrm{d}y}{\mathrm{d}x} = \dfrac{y}{y-x}, y\Big|_{x=1} = 2$;　　　　　(2) $(x^3 + y^3)\mathrm{d}x - 3xy^2\mathrm{d}y = 0, y\Big|_{x=1} = 1$;

(3) $x^2 y' + y^2 = xyy', y\Big|_{x=1} = 0$;　　　　(4) $(y^2 - 3x^2)\mathrm{d}y + 2xy\mathrm{d}x = 0, y\Big|_{x=0} = 1$.

*3. 化下列微分方程为齐次方程,并求出其通解:

(1) $(x - y - 1)\mathrm{d}x + (4y + x - 1)\mathrm{d}y = 0$;

(2) $(2x - y + 1)\mathrm{d}x - (x - 2y + 1)\mathrm{d}y = 0$;

(3) $(2x - 5y + 3)\mathrm{d}x - (2x + 4y - 6)\mathrm{d}y = 0$;

(4) $(x + y)\mathrm{d}x + (3x + 3y - 4)\mathrm{d}y = 0$.

第四节　一阶线性微分方程

一、一阶线性微分方程

一阶线性微分方程的一般形式为

$$\frac{\mathrm{d}y}{\mathrm{d}x} + P(x)y = Q(x).$$

注意它的左端是关于未知函数 y 及其导数 y' 的一次有理整式.

若 $Q(x) \equiv 0$,则有

$$\frac{\mathrm{d}y}{\mathrm{d}x} + P(x)y = 0,$$

称之为**一阶齐次线性微分方程**.

显然,上述一阶齐次线性微分方程是可分离变量的微分方程.分离变量,得

$$\frac{\mathrm{d}y}{y} = -P(x)\mathrm{d}x.$$

两边积分,得

$$\ln|y| = -\int P(x)\mathrm{d}x + C_1,$$

于是通解为

$$y = \pm\, \mathrm{e}^{-\int P(x)\mathrm{d}x + C_1} = C\mathrm{e}^{-\int P(x)\mathrm{d}x} \quad (C = \pm\, \mathrm{e}^{C_1}). \tag{6.14}$$

若 $Q(x) \not\equiv 0$,则称

$$\frac{\mathrm{d}y}{\mathrm{d}x} + P(x)y = Q(x) \tag{6.15}$$

为**一阶非齐次线性微分方程**. 也称

$$\frac{\mathrm{d}y}{\mathrm{d}x} + P(x)y = 0 \tag{6.16}$$

为非齐次线性微分方程(6.15)**对应的齐次线性微分方程**.

下面我们来推导一阶非齐次线性微分方程(6.15)的通解公式.考虑到方程(6.16)是方程 (6.15)的特殊情形,可以设想把方程(6.16)的通解(6.14)中的任意常数 C 换成 x 的未知函数

$u(x)$，即

$$y = u(x)\mathrm{e}^{-\int P(x)\mathrm{d}x}. \tag{6.17}$$

假定式（6.17）是方程（6.15）的解，为了确定其中的待定函数 $u(x)$，在式（6.17）两边对 x 求导数，得

$$\frac{\mathrm{d}y}{\mathrm{d}x} = u'(x)\mathrm{e}^{-\int P(x)\mathrm{d}x} - u(x)P(x)\mathrm{e}^{-\int P(x)\mathrm{d}x}. \tag{6.18}$$

将式（6.17）与式（6.18）代入方程（6.15）并化简，得

$$u'(x) = Q(x)\mathrm{e}^{\int P(x)\mathrm{d}x}.$$

两边积分，得

$$u(x) = \int Q(x)\mathrm{e}^{\int P(x)\mathrm{d}x}\mathrm{d}x + C.$$

把上式代入式（6.17），便得方程（6.15）的通解

$$y = \mathrm{e}^{-\int P(x)\mathrm{d}x}\left(\int Q(x)\mathrm{e}^{\int P(x)\mathrm{d}x}\mathrm{d}x + C\right). \tag{6.19}$$

如果将式（6.19）改写成两项之和：

$$y = C\mathrm{e}^{-\int P(x)\mathrm{d}x} + \mathrm{e}^{-\int P(x)\mathrm{d}x}\int Q(x)\mathrm{e}^{\int P(x)\mathrm{d}x}\mathrm{d}x,$$

那么此式右端的第一项是方程（6.15）对应的齐次线性微分方程（6.16）的通解，第二项是通解（6.19）中 $C = 0$ 时的一个特解. 由此可知，一阶非齐次线性微分方程的通解等于对应的齐次线性微分方程的通解与该非齐次线性微分方程的一个特解之和.

　　　　上述通过将常数换为待定函数来求解微分方程的方法，称为**常数变易法**. 常数变易法实质上是一种变量代换的方法：令 $y = u(x)\mathrm{e}^{-\int P(x)\mathrm{d}x}$，可将方程（6.15）化为可分离变量的微分方程. 以后求解一阶非齐次线性微分方程时，可使用常数变易法，也可直接使用通解公式（6.19）.

　　例 1　　求微分方程 $(x+1)\dfrac{\mathrm{d}y}{\mathrm{d}x} - ny = \mathrm{e}^x(x+1)^{n+1}$ 的通解.

　　解　　将原微分方程化为

$$\frac{\mathrm{d}y}{\mathrm{d}x} - \frac{n}{x+1}y = \mathrm{e}^x(x+1)^n,$$

此为一阶非齐次线性微分方程. 先求其对应的齐次线性微分方程

$$\frac{\mathrm{d}y}{\mathrm{d}x} - \frac{n}{x+1}y = 0$$

的通解. 分离变量，得

$$\frac{1}{y}\mathrm{d}y = \frac{n}{x+1}\mathrm{d}x.$$

两边积分，得

$$\ln|y| = n\ln|x+1| + \ln C^{①},$$

即

$$y = C(x+1)^n.$$

　　利用常数变易法，把 C 换成待定函数 $u(x)$，即

---

　　① 　这里为了便于化简，将 C 写成 $\ln C$ 的形式，最后得到的通解是一样的. 以后也常常会采用这种处理方法.

$$y = u(x)(x+1)^n.$$

两边对 x 求导数,得

$$\frac{\mathrm{d}y}{\mathrm{d}x} = u'(x)(x+1)^n + n(x+1)^{n-1}u(x).$$

将上两式代入原微分方程并化简,得

$$u'(x) = \mathrm{e}^x.$$

两边积分,得

$$u(x) = \mathrm{e}^x + C.$$

将上式代入 $y = u(x)(x+1)^n$,得原微分方程的通解

$$y = (\mathrm{e}^x + C)(x+1)^n.$$

例 2　　求微分方程 $\dfrac{\mathrm{d}y}{\mathrm{d}x} + \dfrac{2}{x}y = \dfrac{\sin 3x}{x^2}$ 的通解.

解　这是一阶非齐次线性微分方程,可以直接使用通解公式(6.19),其中

$$P(x) = \frac{2}{x}, \quad Q(x) = \frac{\sin 3x}{x^2}.$$

于是,该微分方程的通解为

$$y = \mathrm{e}^{-\int \frac{2}{x}\mathrm{d}x}\left(\int \frac{\sin 3x}{x^2}\mathrm{e}^{\int \frac{2}{x}\mathrm{d}x}\mathrm{d}x + C\right) = \frac{1}{x^2}\left(\int \frac{\sin 3x}{x^2} \cdot x^2 \mathrm{d}x + C\right) = \frac{1}{x^2}\left(C - \frac{1}{3}\cos 3x\right).$$

值得注意的是,如果微分方程不能化为方程(6.15)的形式,可考虑将 y 看作自变量,x 看作 y 的函数,再判断是否可以化为方程(6.15)的形式.

例 3　　求微分方程 $y\mathrm{d}x + (x - y^3)\mathrm{d}y = 0$ 的通解.

解　将原微分方程化为

$$\frac{\mathrm{d}x}{\mathrm{d}y} + \frac{1}{y}x = y^2,$$

将 x 看作 y 的函数,此时上式是一阶非齐次线性微分方程,且

$$P(y) = \frac{1}{y}, \quad Q(y) = y^2.$$

利用通解公式(6.19),得通解

$$x = \mathrm{e}^{-\int \frac{1}{y}\mathrm{d}y}\left(\int y^2 \mathrm{e}^{\int \frac{1}{y}\mathrm{d}y}\mathrm{d}y + C\right) = \frac{1}{y}\left(\int y^3 \mathrm{d}y + C\right) = \frac{1}{y}\left(\frac{1}{4}y^4 + C\right),$$

即 $4xy = y^4 + 4C$. 这也就是原微分方程的通解.

二、伯努利方程

我们称形如

$$\frac{\mathrm{d}y}{\mathrm{d}x} + P(x)y = Q(x)y^n \quad (n \neq 0,1) \tag{6.20}$$

的微分方程为**伯努利**(Bernoulli)**方程**.

显然,若 $n = 0$ 或 $n = 1$,方程(6.20)为一阶线性微分方程.而伯努利方程为一阶非线性微分方程,但它可以通过变量代换化为一阶线性微分方程.

事实上,对于 $y \neq 0$,用 y^{-n} 乘以方程(6.20)的两边,有

$$y^{-n} \frac{\mathrm{d}y}{\mathrm{d}x} + P(x)y^{1-n} = Q(x).\tag{6.21}$$

引入变量 $z = y^{1-n}$，得

$$\frac{\mathrm{d}z}{\mathrm{d}x} = (1-n)y^{-n} \frac{\mathrm{d}y}{\mathrm{d}x}.$$

将上式和 $z = y^{1-n}$ 代入方程(6.21)，得

$$\frac{\mathrm{d}z}{\mathrm{d}x} + (1-n)P(x)z = (1-n)Q(x).\tag{6.22}$$

这是一阶线性微分方程，求其通解，回代 $z = y^{1-n}$，即得伯努利方程的通解.

例 4 求微分方程 $y' + \dfrac{1}{x}y = \sqrt{x}y^3$ 的通解.

解 这是 $n = 3$ 时的伯努利方程. 令

$$z = y^{1-3} = y^{-2},$$

得 $\dfrac{\mathrm{d}z}{\mathrm{d}x} = -2y^{-3} \dfrac{\mathrm{d}y}{\mathrm{d}x}$. 代入原微分方程，得

$$\frac{\mathrm{d}z}{\mathrm{d}x} + (-2)\frac{1}{x}z = -2\sqrt{x}.$$

这是一阶线性微分方程. 利用通解公式(6.19)，得此微分方程的通解

$$z = \mathrm{e}^{-\int P(x)\mathrm{d}x} \left(\int Q(x)\mathrm{e}^{\int P(x)\mathrm{d}x}\mathrm{d}x + C \right) = \mathrm{e}^{\int \frac{2}{x}\mathrm{d}x} \left(-2\int \sqrt{x}\,\mathrm{e}^{-\int \frac{2}{x}\mathrm{d}x}\mathrm{d}x + C \right)$$

$$= x^2 \left(-2\int x^{-\frac{3}{2}}\mathrm{d}x + C \right) = x^2 (4x^{-\frac{1}{2}} + C).$$

回代 $z = y^{-2}$，即得原微分方程的通解

$$y^{-2} = x^2 (4x^{-\frac{1}{2}} + C).$$

利用变量代换(因变量的变量代换或自变量的变量代换)，把一个微分方程化为可分离变量的微分方程，或化为已知求解步骤的微分方程，是求解微分方程常用的方法. 例如，对于齐次方程 $\dfrac{\mathrm{d}y}{\mathrm{d}x} = \varphi\left(\dfrac{y}{x}\right)$，通过变量代换 $u = \dfrac{y}{x}$ 可将其化为可分离变量的微分方程；对于一阶非齐次线性微分方程 $\dfrac{\mathrm{d}y}{\mathrm{d}x} + P(x)y = Q(x)$，通过变量代换 $y = u(x)\mathrm{e}^{-\int P(x)\mathrm{d}x}$ 可将其化为可分离变量的微分方程；对于伯努利方程 $\dfrac{\mathrm{d}y}{\mathrm{d}x} + P(x)y = Q(x)y^n (n \neq 0,1)$，通过变量代换 $z = y^{1-n}$ 可将其化为一阶线性微分方程.

例 5 求微分方程 $\dfrac{\mathrm{d}y}{\mathrm{d}x} = \dfrac{1}{x+y}$ 的通解.

解 若把原微分方程变形为

$$\frac{\mathrm{d}x}{\mathrm{d}y} = x + y,$$

则按一阶线性微分方程的解法即可求得通解.

下面利用变量代换求解. 令 $u = x + y$，则 $y = u - x$，

$$\frac{\mathrm{d}y}{\mathrm{d}x} = \frac{\mathrm{d}u}{\mathrm{d}x} - 1.$$

代入原微分方程,得

$$\frac{\mathrm{d}u}{\mathrm{d}x} - 1 = \frac{1}{u}.$$

分离变量,得

$$\frac{u}{u+1}\mathrm{d}u = \mathrm{d}x.$$

两边积分,得

$$u - \ln|u+1| = x + C.$$

以 $u = x + y$ 代入上式,即得原微分方程的通解

$$y - \ln|x+y+1| = C.$$

习 题 6 – 4

1. 求下列微分方程的通解:

(1) $\dfrac{\mathrm{d}y}{\mathrm{d}x} - \dfrac{2y}{x+1} = (x+1)^{\frac{5}{2}}$;

(2) $\dfrac{\mathrm{d}y}{\mathrm{d}x} + y\tan x = \sin 2x$;

(3) $xy' + y = x^2 + 3x + 2$;

(4) $(x^2 - 1)y' + 2xy - \cos x = 0$;

(5) $y' + y = \mathrm{e}^x$;

(6) $(1 + x^2)y' - 2xy = (1 + x^2)^2$;

(7) $y' + 2xy = 4\mathrm{e}^{-x^2}$;

(8) $\dfrac{\mathrm{d}y}{\mathrm{d}x} = \dfrac{y}{2x - y^2}$.

2. 求下列初值问题的解:

(1) $(y - x^2 y)\mathrm{d}y + x\mathrm{d}x = 0, y\big|_{x=2} = 0$;

(2) $\dfrac{\mathrm{d}x}{\mathrm{d}y} + 2xy = y\mathrm{e}^{-y^2}, x\big|_{y=0} = 1$;

(3) $\dfrac{\mathrm{d}y}{\mathrm{d}x} + \dfrac{y}{x} = \dfrac{\sin x}{x}, y\big|_{x=\pi} = 1$;

(4) $(y^2 - 6x)y' + 2y = 0, y\big|_{x=1} = 1$;

(5) $y' + 3y = 2, y\big|_{x=0} = 1$;

(6) $\dfrac{\mathrm{d}y}{\mathrm{d}x} - y\tan x = \sec x, y\big|_{x=0} = 0$.

3. 已知一条曲线通过坐标原点,并且它在点 (x, y) 处的切线斜率为 $2x + y$,求该曲线的方程.

4. 设有一个由电阻 R,电感 L 和电源电压 E 串联组成的电路,且已知 $R = 10\,\Omega, L = 2\,\mathrm{H}, E = 20\sin 5t\,\mathrm{V}$. 开关 K 合上后,电路中有电流通过.求电流 i 与时间 t 的函数关系式.

5. 求下列伯努利方程的通解:

(1) $\dfrac{\mathrm{d}y}{\mathrm{d}x} = 6\,\dfrac{y}{x} - xy^2$;

(2) $y' + \dfrac{y}{x} = a(\ln x)y^2$ (a 为常数);

(3) $\dfrac{\mathrm{d}y}{\mathrm{d}x} + xy = x^3 y^3$;

(4) $y' + 4y + y^2 = 0$.

第五节 可降阶的高阶微分方程

从这一节起我们讨论二阶及二阶以上的微分方程 —— **高阶微分方程**. 对于某些高阶微分

方程，可以通过适当的变量代换，把它们转化为阶较低的微分方程来求解，这种微分方程称为**可降阶的微分方程**，相应的求解方法则称为**降阶法**.

下面讨论三种容易降阶的高阶微分方程的求解方法.

一、$y^{(n)} = f(x)$ 型的微分方程

微分方程

$$y^{(n)} = f(x) \qquad\qquad (6.23)$$

的特点是其右端仅含有自变量 x. 把 $y^{(n-1)}$ 作为新的未知函数，那么方程（6.23）就成为

$$(y^{(n-1)})' = f(x).$$

两边积分，得

$$y^{(n-1)} = \int f(x)\mathrm{d}x + C_1.$$

同样，再对上式两边积分，得

$$y^{(n-2)} = \int \left[\int f(x)\mathrm{d}x + C_1 \right]\mathrm{d}x + C_2.$$

这样连续两边积分 n 次便可得到方程（6.23）的含有 n 个任意常数的通解.

例 1　　求微分方程 $y''' = \ln x$ 的通解.

解　　所给微分方程属于 $y^{(n)} = f(x)$ 型. 对所给微分方程连续两边积分三次，得

$$y'' = \int \ln x\mathrm{d}x = x\ln x - x + C_1,$$

$$y' = \int (x\ln x - x + C_1)\mathrm{d}x = \frac{1}{2}x^2\ln x - \frac{3}{4}x^2 + C_1 x + C_2,$$

$$y = \int \left(\frac{1}{2}x^2\ln x - \frac{3}{4}x^2 + C_1 x + C_2 \right)\mathrm{d}x$$

$$= \frac{1}{6}x^3\ln x - \frac{11}{36}x^3 + Cx^2 + C_2 x + C_3 \quad \left(C = \frac{1}{2}C_1 \right).$$

最后得到的就是所给微分方程的通解.

例 2　　一个质量为 m 的质点在力 F 的作用下沿 x 轴正向做直线运动. 假设力 F 仅是时间 t 的函数：$F = F(t)$，且在 $t = 0$ 时，$F(0) = F_0$，随着时间 t 的增大，F 均匀减小，直至 $t = T$ 时 $F(T) = 0$. 若 $t = 0$ 时该质点在坐标原点处且初速度为 0，求该质点在时间区间 $[0, T]$ 内的运动规律.

解　　设 t 时刻该质点在 x 轴上的位置是 $x = x(t)$，它正好也是该质点在 t 时刻的位移. 由牛顿第二定律得该质点运动的微分方程

$$m\frac{\mathrm{d}^2 x}{\mathrm{d}t^2} = F(t).$$

依题意知，力 $F(t)$ 随时间 t 的增大而均匀减小，且当 $t = 0$ 时，$F(0) = F_0$，从而

$$F(t) = F_0 - kt,$$

其中 k 为常数. 又知当 $t = T$ 时，$F(T) = 0$，代入上式得

$$k = \frac{F_0}{T}.$$

将上两式代入上述微分方程,得初值问题

$$\begin{cases} m \dfrac{\mathrm{d}^2 x}{\mathrm{d}t^2} = F_0 \left(1 - \dfrac{t}{T}\right), \\ x \Big|_{t=0} = 0, \dfrac{\mathrm{d}x}{\mathrm{d}t} \Big|_{t=0} = 0. \end{cases}$$

微分方程 $\dfrac{\mathrm{d}^2 x}{\mathrm{d}t^2} = \dfrac{F_0}{m} \left(1 - \dfrac{t}{T}\right)$ 两边积分,得

$$\frac{\mathrm{d}x}{\mathrm{d}t} = \frac{F_0}{m} \int \left(1 - \frac{t}{T}\right) \mathrm{d}t = \frac{F_0}{m} \left(t - \frac{t^2}{2T}\right) + C_1.$$

将初值条件 $\dfrac{\mathrm{d}x}{\mathrm{d}t} \Big|_{t=0} = 0$ 代入上式,得 $C_1 = 0$,即有

$$\frac{\mathrm{d}x}{\mathrm{d}t} = \frac{F_0}{m} \left(t - \frac{t^2}{2T}\right).$$

再两边积分,得

$$x = \frac{F_0}{m} \int \left(t - \frac{t^2}{2T}\right) \mathrm{d}t = \frac{F_0}{m} \left(\frac{t^2}{2} - \frac{t^3}{6T}\right) + C_2.$$

将初值条件 $x \Big|_{t=0} = 0$ 代入上式,得 $C_2 = 0$,即所求质点的运动规律为

$$x = \frac{F_0}{m} \left(\frac{t^2}{2} - \frac{t^3}{6T}\right) \quad (0 \leqslant t \leqslant T).$$

二、$y'' = f(x, y')$ 型的微分方程

微分方程

$$y'' = f(x, y') \tag{6.24}$$

的特点是其右端不显含未知函数 y. 如果设 $y' = p$,那么 $y'' = \dfrac{\mathrm{d}p}{\mathrm{d}x} = p'$,从而方程(6.24)化为

$$p' = f(x, p).$$

这样,方程(6.24)便降阶为关于变量 x, p 的一阶微分方程. 假设其通解为

$$p = \varphi(x, C_1),$$

回代 $y' = p$,有

$$y' = \varphi(x, C_1),$$

此为可分离变量的微分方程. 直接对上式两边积分,可得方程(6.24)的通解

$$y = \int \varphi(x, C_1) \mathrm{d}x + C_2.$$

例 3　求微分方程 $(1 + x^2) y'' = 2x y'$ 满足初值条件 $y \Big|_{x=0} = 1, y' \Big|_{x=0} = 3$ 的特解.

解　原微分方程属于 $y'' = f(x, y')$ 型. 设 $y' = p, y'' = p'$,代入原微分方程,得

$$(1 + x^2) p' = 2x p.$$

分离变量,得

$$\frac{\mathrm{d}p}{p} = \frac{2x}{1 + x^2} \mathrm{d}x.$$

两边积分，得

$$\ln|p| = \ln(1+x^2) + \ln C_1,$$

即

$$p = C_1(1+x^2),$$

亦即

$$y' = C_1(1+x^2).$$

再次两边积分，得原微分方程的通解

$$y = C_1\left(x + \frac{x^3}{3}\right) + C_2.$$

代入初值条件 $y'\big|_{x=0} = 3, y\big|_{x=0} = 1$，得 $C_1 = 3, C_2 = 1$. 于是，所求的特解为

$$y = x^3 + 3x + 1.$$

例 4 求微分方程 $x^2 y'' + x y' = 1 (x > 0)$ 的通解.

解 设 $y' = p, y'' = p'$，代入原微分方程，得

$$x^2 p' + x p = 1.$$

将此微分方程化为

$$p' + \frac{1}{x} p = \frac{1}{x^2},$$

这是一阶非齐次线性微分方程. 利用通解公式(6.19)，得

$$p = e^{-\int \frac{1}{x} dx}\left(\int \frac{1}{x^2} e^{\int \frac{1}{x} dx} dx + C_1\right) = \frac{1}{x}(\ln x + C_1).$$

回代 $y' = p$，有

$$y' = \frac{1}{x}(\ln x + C_1).$$

两边积分，得原微分方程的通解

$$y = \frac{1}{2}\ln^2 x + C_1 \ln x + C_2.$$

三、$y'' = f(y, y')$ 型的微分方程

微分方程

$$y'' = f(y, y') \tag{6.25}$$

的特点是其右端不显含自变量 x. 我们仍然设 $y' = p$. 利用复合函数的求导法则，把 y'' 化为对 y 的导数，即

$$y'' = \frac{dp}{dx} = \frac{dp}{dy} \cdot \frac{dy}{dx} = p \frac{dp}{dy},$$

于是方程(6.25)化为

$$p \frac{dp}{dy} = f(y, p),$$

此为关于变量 y, p 的一阶微分方程. 如果我们求得它的通解

$$p = \varphi(y, C_1),$$

回代 $y' = p$，并写成

$$\mathrm{d}y = \varphi(y, C_1)\mathrm{d}x,$$

那么分离变量并两边积分，可得方程(6.25)的通解

$$\int \frac{\mathrm{d}y}{\varphi(y, C_1)} = x + C_2.$$

事实上，对于 $y'' = f(x, y')$ 型和 $y'' = f(y, y')$ 型的二阶微分方程，均可利用变量代换将它们降为一阶微分方程来求解.

例 5　求微分方程 $yy'' - y'^2 = 0$ 的通解.

解　原微分方程属于 $y'' = f(y, y')$ 型. 设 $y' = p$，则 $y'' = p\dfrac{\mathrm{d}p}{\mathrm{d}y}$. 代入原微分方程，得

$$yp\frac{\mathrm{d}p}{\mathrm{d}y} - p^2 = 0.$$

在 $y \neq 0, p \neq 0$ 时，约去 p 并分离变量，得

$$\frac{\mathrm{d}p}{p} = \frac{\mathrm{d}y}{y}.$$

两边积分，得

$$\ln|p| = \ln|y| + \ln|C_1|,$$

即

$$p = C_1 y \quad \text{或} \quad y' = C_1 y.$$

再次分离变量并两边积分，得原微分方程的通解

$$\ln|y| = C_1 x + \ln|C_2| \quad \text{或} \quad y = C_2 \mathrm{e}^{C_1 x}.$$

例 6　在地面上以初速度 v_0 垂直向上发射一个物体，设地球引力与该物体到地心的距离平方成反比，求该物体可能达到的最大高度(假设不计空气阻力，地球半径为 R).

解　设该物体的质量为 m，t 时刻该物体的位移为 $s = s(t)$，速度为 $v = v(t)$(见图 6-2). 由于该物体在运动过程中仅受地球引力 F 的作用，依题意有

$$F = \frac{k}{(s + R)^2} \quad (k \text{ 为比例系数}).$$

下面求比例系数 k. 当该物体在地球表面时，$s = 0, F = mg$(g 为重力加速度)，代入上式，得

$$k = mgR^2,$$

从而

$$F = \frac{mgR^2}{(s + R)^2}.$$

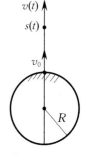

图 6-2

由牛顿第二定律及初值条件，有

$$\begin{cases} m\dfrac{\mathrm{d}^2 s}{\mathrm{d}t^2} = -F = -\dfrac{mgR^2}{(s+R)^2}, \\ s\Big|_{t=0} = 0, \dfrac{\mathrm{d}s}{\mathrm{d}t}\Big|_{t=0} = v_0. \end{cases}$$

下面解微分方程 $m\dfrac{\mathrm{d}^2 s}{\mathrm{d}t^2} = -\dfrac{mgR^2}{(s+R)^2}$，即

$$\frac{d^2 s}{d t^2} = -\frac{g R^2}{(s+R)^2}.$$

因 $\frac{ds}{dt} = v$，故 $\frac{d^2 s}{d t^2} = v \frac{dv}{ds}$. 代入上述微分方程，得

$$v \frac{dv}{ds} = -\frac{g R^2}{(s+R)^2}.$$

分离变量并两边积分，得

$$\int v dv = -\int \frac{g R^2}{(s+R)^2} ds, \quad 即 \quad \frac{1}{2} v^2 = \frac{g R^2}{s+R} + C.$$

代入初值条件，得

$$C = \frac{1}{2} v_0^2 - Rg, \quad 即 \quad v_0^2 - v^2 = \frac{2 Rgs}{s+R}.$$

由于该物体达到最高处时，$v = 0$，故

$$v_0^2 = \frac{2 Rgs}{s+R},$$

解得

$$s = \frac{v_0^2 R}{2 Rg - v_0^2}.$$

这就是该物体可能达到的最大高度.

若要进一步讨论发射速度 v_0 为多大时才能使发射的物体脱离地球的引力，显然应该有 $s \rightarrow +\infty$，即 $2 Rg - v_0^2 \rightarrow 0$，解得 $v_0 = \sqrt{2 Rg}$，此为第二宇宙速度.

习 题 6-5

1. 求下列微分方程的通解：

(1) $y'' = x + \sin x$；

(2) $y'' = \frac{1}{2 y'}$；

(3) $y y'' - y'^2 + y'^3 = 0$；

(4) $y'' + \sqrt{1 - y'^2} = 0$；

(5) $y'' = y' + x$.

2. 求下列初值问题的解：

(1) $x y'' + y' = 0, y \big|_{x=e} = 1, y' \big|_{x=1} = 1$；

(2) $y^3 y'' + 1 = 0, y \big|_{x=1} = 1, y' \big|_{x=1} = 0$；

(3) $y'' = 3\sqrt{y}, y \big|_{x=0} = 1, y' \big|_{x=0} = 2$；

(4) $y'' + y'^2 = 1, y \big|_{x=0} = 0, y' \big|_{x=0} = 0$.

3. 试求 $y'' = x$ 的通过点 $(0,1)$ 且在此点处与直线 $y = \frac{x}{2} + 1$ 相切的积分曲线.

第六节 高阶线性微分方程

在实际问题中应用较多的是高阶线性微分方程. 我们知道, n 阶线性微分方程的一般形式为

$$y^{(n)} + a_{n-1}(x)y^{(n-1)} + \cdots + a_1(x)y' + a_0(x)y = f(x),\qquad(6.26)$$

其中 $a_0(x), a_1(x), \cdots, a_{n-1}(x), f(x)$ 都是 x 的已知函数. 本节主要以二阶线性微分方程为例进行讨论.

一、二阶线性微分方程举例

例 1 设有一个弹簧, 它的上端固定, 下端挂一个质量为 m 的物体. 当该物体处于静止状态时, 作用在物体上的重力与弹力大小相等, 方向相反. 这个位置就是该物体的平衡位置. 如图 6-3 所示, 取 x 轴正向垂直向下, 并取该物体的平衡位置为坐标原点.

如果使该物体具有一个初速度 $v_0 \neq 0$, 那么该物体便离开平衡位置, 并在平衡位置附近上、下振动. 在振动过程中, 该物体相对于平衡位置的位移 x 随时间 t 的变化而变化: $x = x(t)$. 要确定该物体的振动规律, 就要求出函数 $x = x(t)$.

由力学知识可知, 弹簧回到平衡位置的弹性恢复力 f (不包括在平衡位置时和重力 mg 相平衡的那一部分弹力) 和该物体相对于平衡位置的位移 x 成正比, 即

$$f = -cx,$$

其中 c 为弹簧的弹性系数, 负号表示弹性恢复力的方向和该物体位移的方向相反.

另外, 该物体在运动过程中还受到阻尼介质 (如空气) 的阻力 R 的作用, 使得振动逐渐趋向停止. 由实验知道, 阻力 R 的方向总是与运动方向相反, 当运动速度不大时, 其大小与运动速度成正比, 设比例系数为 μ, 则有

$$R = -\mu \frac{\mathrm{d}x}{\mathrm{d}t}.$$

图 6-3

根据上述分析, 由牛顿第二定律得

$$m \frac{\mathrm{d}^2 x}{\mathrm{d}t^2} = -cx - \mu \frac{\mathrm{d}x}{\mathrm{d}t}.$$

移项, 并记

$$2n = \frac{\mu}{m}, \quad k^2 = \frac{c}{m},$$

则上式化为

$$\frac{\mathrm{d}^2 x}{\mathrm{d}t^2} + 2n \frac{\mathrm{d}x}{\mathrm{d}t} + k^2 x = 0.\qquad(6.27)$$

这就是有阻尼情况下的**自由振动的微分方程**.

如果该物体在振动过程中还受到垂直干扰力

$$F = H\sin pt$$

的作用, 其中 H, p 均为常数, 那么有

$$\frac{\mathrm{d}^2 x}{\mathrm{d}t^2} + 2n\frac{\mathrm{d}x}{\mathrm{d}t} + k^2 x = h\sin pt, \tag{6.28}$$

其中 $h = \dfrac{H}{m}$. 这就是**强迫振动的微分方程**.

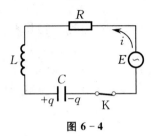

图 6-4

例 2 设有一个如图 6-4 所示的由电阻 R、自感 L、电容 C 和电源 E 串联组成的电路，其中 R, L 及 C 均为常数，电源电动势 E 是时间 t 的函数：$E = E_m\sin\omega t$，这里 E_m 及 ω 也是常数.

设电路中的电流为 $i(t)$，电容器极板上的电荷量为 $q(t)$，两极板间的电压为 u_C，自感电动势为 E_L. 由电学知识知道

$$i = \frac{\mathrm{d}q}{\mathrm{d}t}, \quad u_C = \frac{q}{C}, \quad E_L = -L\frac{\mathrm{d}i}{\mathrm{d}t},$$

则

$$q = Cu_C, \quad i = \frac{\mathrm{d}q}{\mathrm{d}t} = C\frac{\mathrm{d}u_C}{\mathrm{d}t}, \quad \frac{\mathrm{d}i}{\mathrm{d}t} = C\frac{\mathrm{d}^2 u_C}{\mathrm{d}t^2}.$$

根据回路电压定律，得

$$E - L\frac{\mathrm{d}i}{\mathrm{d}t} - Ri - \frac{q}{C} = 0,$$

即

$$LC\frac{\mathrm{d}^2 u_C}{\mathrm{d}t^2} + RC\frac{\mathrm{d}u_C}{\mathrm{d}t} + u_C = E_m\sin\omega t.$$

记 $\beta = \dfrac{R}{2L}$，$\omega_0 = \dfrac{1}{\sqrt{LC}}$，则上式可写成

$$\frac{\mathrm{d}^2 u_C}{\mathrm{d}t^2} + 2\beta\frac{\mathrm{d}u_C}{\mathrm{d}t} + \omega_0^2 u_C = \frac{E_m}{LC}\sin\omega t. \tag{6.29}$$

这就是**串联电路的振荡方程**.

如果电容器经充电后撤去外电源（$E = 0$），那么方程（6.29）变为

$$\frac{\mathrm{d}^2 u_C}{\mathrm{d}t^2} + 2\beta\frac{\mathrm{d}u_C}{\mathrm{d}t} + \omega_0^2 u_C = 0. \tag{6.30}$$

忽略例 1 和例 2 的实际背景，方程（6.28）和方程（6.29）可以归结为同一形式

$$\frac{\mathrm{d}^2 y}{\mathrm{d}x^2} + P(x)\frac{\mathrm{d}y}{\mathrm{d}x} + Q(x)y = f(x). \tag{6.31}$$

方程（6.27）和方程（6.30）是方程（6.31）的特殊情形.

通常，我们将形如

$$y'' + P(x)y' + Q(x)y = f(x) \tag{6.32}$$

的微分方程称为**二阶线性微分方程**. 若方程（6.32）中 $f(x) \equiv 0$，则称方程（6.32）为**二阶齐次线性微分方程**；否则，称方程（6.32）为**二阶非齐次线性微分方程**. 也称

$$y'' + P(x)y' + Q(x)y = 0 \tag{6.33}$$

为二阶非齐次线性微分方程（6.32）对应的齐次线性微分方程.

显然，方程（6.28）和方程（6.29）均为二阶非齐次线性微分方程，而方程（6.27）和方程（6.30）均为二阶齐次线性微分方程.

类似地，也有 n 阶齐次线性微分方程和 n 阶非齐次线性微分方程的概念，请读者自行给出.

二、线性微分方程解的结构

1. 齐次线性微分方程的解

我们考虑二阶齐次线性微分方程(6.33).

定理 1　若函数 $y_1(x)$ 与 $y_2(x)$ 是方程(6.33)的两个解,那么
$$y = C_1 y_1(x) + C_2 y_2(x) \tag{6.34}$$
也是方程(6.33)的解,其中 C_1, C_2 是任意常数.

证　将式(6.34)代入方程(6.33)的左端,得
$$\left[C_1 y_1(x) + C_2 y_2(x)\right]'' + P(x)\left[C_1 y_1(x) + C_2 y_2(x)\right]' + Q(x)\left[C_1 y_1(x) + C_2 y_2(x)\right]$$
$$= C_1\left[y_1''(x) + P(x)y_1'(x) + Q(x)y_1(x)\right] + C_2\left[y_2''(x) + P(x)y_2'(x) + Q(x)y_2(x)\right].$$
由于 $y_1(x)$ 和 $y_2(x)$ 都是方程(6.33)的解,因此
$$y_1''(x) + P(x)y_1'(x) + Q(x)y_1(x) = 0, \quad y_2''(x) + P(x)y_2'(x) + Q(x)y_2(x) = 0,$$
从而式(6.34)也是方程(6.33)的解.

定理 1 表明,二阶齐次线性微分方程的解符合叠加原理.叠加的解(6.34)虽从形式上含有两个任意常数,但它不一定是方程(6.33)的通解.若解 y_1 和 y_2 成比例,即 $y_2 = ky_1$(k 为比例系数),则 $C_1 y_1 + C_2 y_2$ 可以合并为 Cy_1($C = C_1 + kC_2$),只含有一个任意常数,不是通解.下面讨论在何种条件下,式(6.34)才是方程(6.33)的通解.为此,先引入函数线性相关与线性无关的概念.

定义 1　设 $y_1(x), y_2(x), \cdots, y_n(x)$ 为定义在同一区间 I 上的 n 个函数.若存在 n 个不全为 0 的常数 $k_1, k_2, \cdots, k_n$,使得当 $x \in I$ 时,恒有等式
$$k_1 y_1(x) + k_2 y_2(x) + \cdots + k_n y_n(x) = 0$$
成立,则称这 n 个函数在 I 上**线性相关**;否则,称这 n 个函数在 I 上**线性无关**.

例 3　判断下列函数组的线性相关性:
(1) $1, \cos^2 x, \sin^2 x, x \in (-\infty, +\infty)$;
(2) $\mathrm{e}^x, \mathrm{e}^{-x}, \mathrm{e}^{2x}, x \in (-\infty, +\infty)$.

解　(1) 因为在区间 $(-\infty, +\infty)$ 上恒有等式 $1 - \cos^2 x - \sin^2 x = 0$ 成立,即存在一组不全为 0 的数 $1, -1, -1$ 使得等式 $1 + (-1)\cos^2 x + (-1)\sin^2 x = 0$ 恒成立,所以 $1, \cos^2 x, \sin^2 x$ 在 $(-\infty, +\infty)$ 上线性相关.

(2) 因为 $k_1 \mathrm{e}^x + k_2 \mathrm{e}^{-x} + k_3 \mathrm{e}^{2x} = 0$ 当且仅当 $k_1 = k_2 = k_3 = 0$,所以 $\mathrm{e}^x, \mathrm{e}^{-x}, \mathrm{e}^{2x}$ 在 $(-\infty, +\infty)$ 上线性无关.

定理 2　若 $y_1(x)$ 与 $y_2(x)$ 是方程(6.33)的两个线性无关的特解,则 $y = C_1 y_1(x) + C_2 y_2(x)$($C_1, C_2$ 是任意常数)是方程(6.33)的通解.

该定理的结论是明显的.由定理 1 可知,$y = C_1 y_1(x) + C_2 y_2(x)$ 是方程(6.33)的解.又因为 $y_1(x), y_2(x)$ 线性无关,所以两个任意常数 C_1, C_2 是相互独立的,从而 $y = C_1 y_1(x) + C_2 y_2(x)$ 是方程(6.33)的通解.

例如,对于二阶齐次线性微分方程
$$x^2 y'' - 2xy' + 2y = 0,$$
可以验证 $y_1 = x, y_2 = x^2$ 均为它的特解.又因为 y_1, y_2 线性无关,所以该微分方程的通解为

$$y = C_1 x + C_2 x^2.$$

定理 2 可以推广到 n 阶齐次线性微分方程的情形.

推论 1　若 $y_1(x), y_2(x), \cdots, y_n(x)$ 是 n 阶齐次线性微分方程

$$y^{(n)} + a_{n-1}(x) y^{(n-1)} + \cdots + a_1(x) y' + a_0(x) y = 0$$

的 n 个线性无关的特解，则此微分方程的通解为

$$y = C_1 y_1(x) + C_2 y_2(x) + \cdots + C_n y_n(x),$$

其中 $C_1, C_2, \cdots, C_n$ 是任意常数.

2. 非齐次线性微分方程的解

在第四节中我们已得到，一阶非齐次线性微分方程的通解等于对应的齐次线性微分方程的通解与它自身的一个特解之和. 对于二阶非齐次线性微分方程(6.32)，其通解也具有相同结构.

定理 3　设 $y^*(x)$ 是方程(6.32)的一个特解，$Y(x) = C_1 y_1(x) + C_2 y_2(x)$ 是方程(6.32)对应的齐次线性微分方程(6.33)的通解，则 $y = y^* + Y$ 是方程(6.32)的通解.

证　将 $y = y^* + Y$ 代入方程(6.32)的左端，得

$$(y^* + Y)'' + P(x)(y^* + Y)' + Q(x)(y^* + Y)$$
$$= (y^{*''} + Y'') + P(x)(y^{*'} + Y') + Q(x)(y^* + Y)$$
$$= [y^{*''} + P(x)y^{*'} + Q(x)y^*] + [Y'' + P(x)Y' + Q(x)Y].$$

因 $y^*(x)$ 是方程(6.32)的一个特解，故上式右端的第一部分等于 $f(x)$. 又 $Y(x)$ 是方程(6.33)的通解，故上式右端的第二部分等于 0. 因此

$$y = y^* + Y$$

是方程(6.32)的解，且含有两个相互独立的任意常数 C_1, C_2，从而也是通解.

对于二阶非齐次线性微分方程，其特解满足如下叠加原理：

定理 4（叠加原理）　设有二阶非齐次线性微分方程

$$y'' + P(x)y' + Q(x)y = f_1(x) + f_2(x), \tag{6.35}$$

y_1^* 和 y_2^* 分别是微分方程

$$y'' + P(x)y' + Q(x)y = f_1(x) \quad \text{和} \quad y'' + P(x)y' + Q(x)y = f_2(x)$$

的特解，则 $y_1^* + y_2^*$ 是方程(6.35)的特解.

证　将 $y = y_1^* + y_2^*$ 代入方程(6.35)的左端，得

$$(y_1^* + y_2^*)'' + P(x)(y_1^* + y_2^*)' + Q(x)(y_1^* + y_2^*)$$
$$= [y_1^{*''} + P(x)y_1^{*'} + Q(x)y_1^*] + [y_2^{*''} + P(x)y_2^{*'} + Q(x)y_2^*]$$
$$= f_1(x) + f_2(x),$$

因此 $y = y_1^* + y_2^*$ 是方程(6.35)的解，且该解不含任意常数，从而它是方程(6.35)的特解.

定理 4 可以推广到二阶非齐次线性微分方程右端函数为 n 个函数之和的情形. 另外，定理 3 和定理 4 也可以推广到 n 阶非齐次线性微分方程的情形.

例 4　求微分方程 $y'' + y = x$ 的通解.

解　原微分方程为二阶非齐次线性微分方程，由定理 3 知其通解等于自身的一个特解加上对应的齐次线性微分方程的通解.

先求对应的齐次线性微分方程 $y'' + y = 0$ 的通解. 显然 $\cos x$ 和 $\sin x$ 是对应的齐次线性微分方程的两个线性无关的特解, 故 $C_1 \cos x + C_2 \sin x$ 是对应的齐次线性微分方程的通解.

再求原微分方程的一个特解. 显然 x 是原微分方程的一个特解.

综上所述, 原微分方程的通解为

$$y = x + C_1 \cos x + C_2 \sin x.$$

*三、常数变易法

在第四节中, 为了求得一阶非齐次线性微分方程的通解, 我们采用了常数变易法: 把一阶非齐次线性微分方程对应的齐次线性微分方程通解 $Cy_1(x)$ 中的任意常数 C 换成未知函数 $u(x)$, 即设 $u(x)y_1(x)$ 为一阶非齐次线性微分方程的解, 从而确定待定函数 $u(x)$, 最后得到一阶非齐次线性微分方程的通解. 此方法同样适用于解高阶非齐次线性微分方程, 下面以二阶非齐次线性微分方程为例进行讨论.

设二阶非齐次线性微分方程(6.32)对应的齐次线性微分方程(6.33)的通解为

$$y = C_1 y_1 + C_2 y_2,$$

利用常数变易法将上式中的 C_1 换成待定函数 $v_1 = v_1(x)$, C_2 换成待定函数 $v_2 = v_2(x)$, 即

$$y = v_1 y_1 + v_2 y_2. \tag{6.36}$$

假定式(6.36)是方程(6.32)的解. 为了确定其中的待定函数 v_1 和 v_2, 式(6.36)两边对 x 求导数, 得

$$y' = v_1' y_1 + v_1 y_1' + v_2' y_2 + v_2 y_2'.$$

因为待定函数 v_1 和 v_2 只需满足一个关系式(6.32), 所以可规定它们再满足一个关系式. 从上面 y' 的表达式可以看出, 为了使 y'' 的表达式中不含 v_1'' 和 v_2'', 可设

$$v_1' y_1 + v_2' y_2 = 0, \tag{6.37}$$

从而

$$y' = v_1 y_1' + v_2 y_2'.$$

上式两边对 x 求导数, 得

$$y'' = v_1' y_1' + v_1 y_1'' + v_2' y_2' + v_2 y_2''.$$

把 y, y' 和 y'' 代入方程(6.32), 得

$$(v_1' y_1' + v_1 y_1'' + v_2' y_2' + v_2 y_2'') + P(x)(v_1 y_1' + v_2 y_2') + Q(x)(v_1 y_1 + v_2 y_2) = f(x),$$

整理得

$$(v_1' y_1' + v_2' y_2') + [y_1'' + P(x)y_1' + Q(x)y_1]v_1 + [y_2'' + P(x)y_2' + Q(x)y_2]v_2 = f(x).$$

注意到 y_1, y_2 是方程(6.33)的解, 故上式即为

$$v_1' y_1' + v_2' y_2' = f(x). \tag{6.38}$$

联立方程(6.37)与方程(6.38), 在系数行列式

$$W = \begin{vmatrix} y_1 & y_2 \\ y_1' & y_2' \end{vmatrix} = y_1 y_2' - y_1' y_2 \neq 0$$

时, 可解得

$$v_1' = -\frac{y_2 f(x)}{W}, \quad v_2' = \frac{y_1 f(x)}{W}.$$

假定 $f(x)$ 连续，上两式分别两边积分，得

$$v_1 = C_1 - \int \frac{y_2 f(x)}{W} \mathrm{d}x, \quad v_2 = C_2 + \int \frac{y_1 f(x)}{W} \mathrm{d}x.$$

代入 $y = v_1 y_1 + v_2 y_2$，得方程(6.32)的通解

$$y = C_1 y_1 + C_2 y_2 - y_1 \int \frac{y_2 f(x)}{W} \mathrm{d}x + y_2 \int \frac{y_1 f(x)}{W} \mathrm{d}x.$$

另外，如果不知道方程(6.33)的通解，而只知道它的一个不恒为0的解 y_1，那么利用变量代换 $y = u y_1$，可把方程(6.32)化为一阶非齐次线性微分方程.

事实上，把

$$y = u y_1, \quad y' = u' y_1 + u y_1', \quad y'' = u'' y_1 + 2 u' y_1' + u y_1''$$

代入方程(6.32)，得

$$u'' y_1 + [2 y_1' + P(x) y_1] u' + [y_1'' + P(x) y_1' + Q(x) y_1] u = f(x).$$

因 $y_1(x)$ 是方程(6.33)的解，即 $y_1'' + P(x) y_1' + Q(x) y_1 = 0$，故上式变为

$$u'' y_1 + [2 y_1' + P(x) y_1] u' = f(x).$$

令 $u' = z$，上式化为一阶线性微分方程

$$z' y_1 + [2 y_1' + P(x) y_1] z = f(x).$$

按照一阶线性微分方程的解法，可求得此微分方程的通解，设求得的通解为

$$z = C_2 Z + z^*,$$

回代 $u' = z$，得

$$u' = C_2 Z + z^*.$$

两边积分，可求出 u，再代入 $y = u y_1$，便得方程(6.32)的通解.

上述方法同样适用于求方程(6.33)的通解.

例 5 已知二阶齐次线性微分方程 $(x-1) y'' - x y' + y = 0$ 的通解为 $Y(x) = C_1 x + C_2 \mathrm{e}^x$，求二阶非齐次线性微分方程 $(x-1) y'' - x y' + y = (x-1)^2$ 的通解.

解 将所给二阶非齐次线性微分方程化为

$$y'' - \frac{x}{x-1} y' + \frac{1}{x-1} y = x - 1.$$

令 $y = x v_1 + \mathrm{e}^x v_2$，代入方程(6.37)与方程(6.38)，得

$$\begin{cases} x v_1' + \mathrm{e}^x v_2' = 0, \\ v_1' + \mathrm{e}^x v_2' = x - 1, \end{cases}$$

解得

$$v_1' = -1, \quad v_2' = x \mathrm{e}^{-x}.$$

上两式分别两边积分，得

$$v_1 = C_1 - x, \quad v_2 = C_2 - (x+1) \mathrm{e}^{-x}.$$

于是，所求二阶非齐次线性微分方程的通解为

$$y = C_1 x + C_2 \mathrm{e}^x - (x^2 + x + 1).$$

例 6 已知 $y_1(x) = \mathrm{e}^x$ 是二阶齐次线性微分方程 $y'' - 2 y' + y = 0$ 的特解，求二阶非齐

次线性微分方程 $y'' - 2y' + y = \dfrac{1}{x}\mathrm{e}^x$ 的通解.

解　令 $y = \mathrm{e}^x u$,则
$$y' = \mathrm{e}^x u + \mathrm{e}^x u', \quad y'' = \mathrm{e}^x u + 2\mathrm{e}^x u' + \mathrm{e}^x u''.$$

代入所给二阶非齐次线性微分方程,得
$$u'' = \frac{1}{x}.$$

两边积分,得
$$u' = \ln|x| + C_1.$$

再次两边积分,得
$$u = C_1 x + x\ln|x| - x + C_2 = C_3 x + x\ln|x| + C_2 \quad (C_3 = C_1 - 1).$$

于是,所求二阶非齐次线性微分方程的通解为
$$y = C_2 \mathrm{e}^x + C_3 x\mathrm{e}^x + x\mathrm{e}^x \ln|x|.$$

习　题　6 - 6

1. 下列函数组中哪些在其定义区间内是线性无关的?

(1) $\sin 2x, \sin x\cos x$;

(2) $x, 2x$;

(3) $1, t, t^2, \cdots, t^n$;

(4) $\mathrm{e}^{-x}, \mathrm{e}^x$;

(5) $x, \mathrm{e}^x, x\mathrm{e}^x$;

(6) $\ln x, x\ln x$.

2. 设 C_1, C_2 是任意常数,验证:

(1) $C_1 \sin \omega x + C_2 \cos \omega x$ 是微分方程 $y'' + \omega^2 y = 0$ 的通解;

(2) $(C_1 + C_2 x)\mathrm{e}^{x^2}$ 是微分方程 $y'' - 4xy' + (4x^2 - 2)y = 0$ 的通解;

(3) $C_1 x^5 + \dfrac{C_2}{x} - \dfrac{x^2}{9}$ 是微分方程 $x^2 y'' - 3xy' - 5y = x^2\ln x$ 的通解;

(4) $C_1 \mathrm{e}^x + C_2 \mathrm{e}^{2x} + \dfrac{1}{12}\mathrm{e}^{5x}$ 是微分方程 $y'' - 3y' + 2y = \mathrm{e}^{5x}$ 的通解.

*3. 已知二阶齐次线性微分方程 $y'' - y' = 0$ 的两个线性无关的特解 $y_1 = \mathrm{e}^x, y_2 = \mathrm{e}^{-x}$,利用常数变易法求二阶非齐次线性微分方程 $y'' - y = \cos x$ 的通解.

第七节　常系数齐次线性微分方程

本节讨论齐次线性微分方程的特殊情形.

在二阶齐次线性微分方程
$$y'' + P(x)y' + Q(x)y = 0$$
中,如果 $P(x), Q(x)$ 都是常数,即有

$$y'' + py' + qy = 0, \tag{6.39}$$

其中 p, q 是常数，那么称方程（6.39）为**二阶常系数齐次线性微分方程**.

由上一节定理 2 可知，只要求出方程（6.39）的两个线性无关的特解 y_1 与 y_2，就可求出方程（6.39）的通解为 $y = C_1 y_1 + C_2 y_2$. 那么，如何求方程（6.39）的两个线性无关的特解呢？下面我们就来讨论这个问题.

通过分析方程（6.39），容易想到它的特解可能是指数函数 e^{rx}（r 为常数），因为指数函数 $y = e^{rx}$ 及其各阶导数都只相差一个常数因子，只要适当地选取 r 就可能使之成为方程（6.39）的特解.

对 $y = e^{rx}$ 分别求一阶、二阶导数，得到

$$y' = re^{rx}, \quad y'' = r^2 e^{rx}.$$

把 y, y' 和 y'' 代入方程（6.39），得

$$(r^2 + pr + q)e^{rx} = 0.$$

由于 $e^{rx} \neq 0$，所以

$$r^2 + pr + q = 0. \tag{6.40}$$

因此，只要 r 是代数方程（6.40）的根，那么函数 $y = e^{rx}$ 就是方程（6.39）的特解. 我们称方程（6.40）为方程（6.39）的**特征方程**，并称特征方程的根为**特征根**或**特征值**.

特征方程（6.40）是一个二次方程，其根可以按照判别式 $\Delta = p^2 - 4q$ 的值，分为三种不同的情形. 相应地，微分方程（6.39）的通解也有三种不同的情形. 现分别讨论如下：

（1）当 $\Delta = p^2 - 4q > 0$ 时，特征方程（6.40）有两个不相等的实根

$$r_1 = \frac{-p + \sqrt{p^2 - 4q}}{2}, \quad r_2 = \frac{-p - \sqrt{p^2 - 4q}}{2}.$$

这时，方程（6.39）有两个不同的特解 $y_1 = e^{r_1 x}, y_2 = e^{r_2 x}$. 又由于 $\frac{y_2}{y_1} = e^{(r_2 - r_1)x} \neq$ 常数，因此 y_1，y_2 是方程（6.39）的两个线性无关的特解，从而方程（6.39）的通解为

$$y = C_1 e^{r_1 x} + C_2 e^{r_2 x}.$$

（2）当 $\Delta = p^2 - 4q = 0$ 时，特征方程（6.40）有两个相等的实根

$$r_1 = r_2 = -\frac{p}{2} = r.$$

这时，只得到方程（6.39）的一个特解 $y_1 = e^{rx}$. 为了得到方程（6.39）的通解，还需找到一个与 $y_1 = e^{rx}$ 线性无关的特解 y_2，即 y_2 满足条件 $\frac{y_2}{y_1} \neq$ 常数. 为此，设 $\frac{y_2}{y_1} = u$，即 $y_2 = y_1 u = e^{rx} u$，其中 $u = u(x)$ 为待定函数. 下面来求函数 u. 对 y_2 求导数，得

$$y_2' = e^{rx}(u' + ru), \quad y_2'' = e^{rx}(u'' + 2ru' + r^2 u).$$

把 y_2, y_2' 和 y_2'' 代入方程（6.39），得

$$e^{rx}[u'' + (2r + p)u' + (r^2 + pr + q)u] = 0,$$

即

$$u'' + (2r + p)u' + (r^2 + pr + q)u = 0.$$

因为 $r = -\frac{p}{2}$ 是特征方程（6.40）的二重根，所以 $2r + p = 0, r^2 + pr + q = 0$，从而

$$u'' = 0.$$

上式两边连续积分两次,得

$$u = C_1 x + C_2.$$

考虑到只需一个不为常数的特解,不妨取最简单的函数 $u = x$,由此得到方程(6.39)的另一个与 y_1 线性无关的特解

$$y_2 = x\mathrm{e}^{rx},$$

从而得方程(6.39)的通解

$$y = C_1 \mathrm{e}^{rx} + C_2 x\mathrm{e}^{rx} = (C_1 + C_2 x)\mathrm{e}^{rx}.$$

(3) 当 $\Delta = p^2 - 4q < 0$ 时,特征方程(6.40)有一对共轭复根

$$r_1 = -\frac{p}{2} + \mathrm{i}\frac{\sqrt{4q - p^2}}{2}, \quad r_2 = -\frac{p}{2} - \mathrm{i}\frac{\sqrt{4q - p^2}}{2}.$$

令 $\alpha = -\dfrac{p}{2}, \beta = \dfrac{\sqrt{4q - p^2}}{2}(\beta \neq 0)$,则

$$r_1 = \alpha + \mathrm{i}\beta, \quad r_2 = \alpha - \mathrm{i}\beta.$$

理论上讲,$y_1 = \mathrm{e}^{(\alpha + \mathrm{i}\beta)x}, y_2 = \mathrm{e}^{(\alpha - \mathrm{i}\beta)x}$ 已经是方程(6.39)的两个特解,但它们均是复值函数,使用不便. 这时,我们可以利用**欧拉公式** $\mathrm{e}^{\mathrm{i}\theta} = \cos\theta + \mathrm{i}\sin\theta$ 得到实值函数形式的特解.

对 $y_1 = \mathrm{e}^{(\alpha + \mathrm{i}\beta)x}$ 和 $y_2 = \mathrm{e}^{(\alpha - \mathrm{i}\beta)x}$ 应用欧拉公式,有

$$y_1 = \mathrm{e}^{(\alpha + \mathrm{i}\beta)x} = \mathrm{e}^{\alpha x} \cdot \mathrm{e}^{\mathrm{i}\beta x} = \mathrm{e}^{\alpha x}(\cos\beta x + \mathrm{i}\sin\beta x),$$
$$y_2 = \mathrm{e}^{(\alpha - \mathrm{i}\beta)x} = \mathrm{e}^{\alpha x} \cdot \mathrm{e}^{-\mathrm{i}\beta x} = \mathrm{e}^{\alpha x}(\cos\beta x - \mathrm{i}\sin\beta x).$$

这两式相加再除以 2,相减再除以 2i,分别有

$$\bar{y}_1 = \frac{1}{2}(y_1 + y_2) = \mathrm{e}^{\alpha x}\cos\beta x,$$

$$\bar{y}_2 = \frac{1}{2\mathrm{i}}(y_1 - y_2) = \mathrm{e}^{\alpha x}\sin\beta x.$$

由解的叠加原理知 $\bar{y}_1, \bar{y}_2$ 还是方程(6.39)的特解,它们不但是实值函数形式的,而且 $\dfrac{\bar{y}_1}{\bar{y}_2} = \cot\beta x \neq$ 常数,即它们是方程(6.39)的两个线性无关的特解,因此方程(6.39)的通解为

$$y = \mathrm{e}^{\alpha x}(C_1 \cos\beta x + C_2 \sin\beta x).$$

综上所述,求二阶常系数齐次线性微分方程 $y'' + py' + qy = 0$ 的通解的步骤可归纳如下:

(1) 写出该微分方程的特征方程

$$r^2 + pr + q = 0;$$

(2) 求出特征方程 $r^2 + pr + q = 0$ 的两个根 r_1 与 r_2;

(3) 根据(2)中两个根 r_1 与 r_2 的不同情形,按照表 6-1 写出该微分方程的通解.

表 6-1

特征方程 $r^2 + pr + q = 0$ 的两个根 r_1, r_2	微分方程 $y'' + py' + qy = 0$ 的通解
两个不相等的实根 r_1, r_2	$y = C_1 \mathrm{e}^{r_1 x} + C_2 \mathrm{e}^{r_2 x}$
两个相等的实根 $r_1 = r_2 = r$	$y = (C_1 + C_2 x)\mathrm{e}^{rx}$
一对共轭复根 $r_{1,2} = \alpha \pm \mathrm{i}\beta$	$y = \mathrm{e}^{\alpha x}(C_1 \cos\beta x + C_2 \sin\beta x)$

例 1　　求下列微分方程的通解：

(1) $y'' - 2y' - 3y = 0$;　　　　　　　　　　　(2) $y'' + 4y' + 4y = 0$;

(3) $y'' - 2y' + 5y = 0$.

解　(1) 该微分方程的特征方程为

$$r^2 - 2r - 3 = 0,$$

从而特征根为 $r_1 = -1, r_2 = 3$. 故该微分方程的通解为

$$y = C_1 e^{-x} + C_2 e^{3x}.$$

(2) 该微分方程的特征方程为

$$r^2 + 4r + 4 = 0,$$

从而特征根为 $r_1 = r_2 = -2$. 故该微分方程的通解为

$$y = (C_1 + C_2 x) e^{-2x}.$$

(3) 该微分方程的特征方程为

$$r^2 - 2r + 5 = 0,$$

从而特征根为 $r_{1,2} = 1 \pm 2i$. 故该微分方程的通解为

$$y = e^x (C_1 \cos 2x + C_2 \sin 2x).$$

例 2　　求微分方程 $\dfrac{\mathrm{d}^2 s}{\mathrm{d}t^2} + 2\dfrac{\mathrm{d}s}{\mathrm{d}t} + s = 0$ 满足初值条件 $s\Big|_{t=0} = 4, \dfrac{\mathrm{d}s}{\mathrm{d}t}\Big|_{t=0} = -2$ 的特解.

解　该微分方程的特征方程为

$$r^2 + 2r + 1 = 0,$$

从而特征根为 $r_1 = r_2 = -1$. 故该微分方程的通解为

$$s = (C_1 + C_2 t) e^{-t}.$$

由初值条件 $s\Big|_{t=0} = 4$ 得 $C_1 = 4$，从而

$$s = (4 + C_2 t) e^{-t}.$$

上式两边对 t 求导数，得

$$\frac{\mathrm{d}s}{\mathrm{d}t} = (C_2 - 4 - C_2 t) e^{-t}.$$

再把初值条件 $\dfrac{\mathrm{d}s}{\mathrm{d}t}\Big|_{t=0} = -2$ 代入上式，得 $C_2 = 2$. 于是，所求特解为

$$y = (4 + 2t) e^{-t}.$$

上面讨论的二阶常系数齐次线性微分方程的解法及其通解的形式可以推广到 n 阶常系数齐次线性微分方程.

n 阶常系数齐次线性微分方程的一般形式为

$$y^{(n)} + p_1 y^{(n-1)} + p_2 y^{(n-2)} + \cdots + p_{n-1} y' + p_n y = 0, \tag{6.41}$$

其中 $p_1, p_2, \cdots, p_{n-1}, p_n$ 都是常数.

令 $y = e^{rx}$，求其各阶导数，有

$$y' = r e^{rx}, \quad y'' = r^2 e^{rx}, \quad \cdots, \quad y^{(n)} = r^n e^{rx}.$$

把 $y, y', y'', \cdots, y^{(n)}$ 代入方程(6.41)，得

$$(r^n + p_1 r^{n-1} + p_2 r^{n-2} + \cdots + p_{n-1} r + p_n) e^{rx} = 0.$$

类似于二阶常系数齐次线性微分方程,由于 $\mathrm{e}^{rx} \neq 0$,因此 e^{rx} 是方程(6.41)的特解等价于 r 是 n 次代数方程

$$r^n + p_1 r^{n-1} + p_2 r^{n-2} + \cdots + p_{n-1} r + p_n = 0 \qquad (6.42)$$

的根.我们称方程(6.42)为方程(6.41)的**特征方程**,称特征方程的根为**特征根**.

根据特征方程(6.42)的根,可以按照表 6-2 写出方程(6.41)的通解.

表 6-2

特征方程(6.42)的根	方程(6.41)通解中的对应项
单实根 r	给出一项:$C\mathrm{e}^{rx}$
一对单复根 $r_{1,2} = \alpha \pm \mathrm{i}\beta$	给出两项:$\mathrm{e}^{\alpha x}(C_1 \cos \beta x + C_2 \sin \beta x)$
k 重实根 r	给出 k 项:$\mathrm{e}^{rx}(C_1 + C_2 x + \cdots + C_k x^{k-1})$
一对 k 重复根 $r_{1,2} = \alpha \pm \mathrm{i}\beta$	给出 $2k$ 项:$\mathrm{e}^{\alpha x}\big[(C_1 + C_2 x + \cdots + C_k x^{k-1})\cos \beta x$ $+ (\tilde{C}_1 + \tilde{C}_2 x + \cdots + \tilde{C}_k x^{k-1})\sin \beta x\big]$

特征方程(6.42)是 n 次代数方程,由代数学知识知道它有 n 个根(重根按重数计算).又特征方程的每个根都对应着通解中的一项,且每项各含一个任意常数,所以方程(6.41)的通解具有如下形式:

$$y = C_1 y_1 + C_2 y_2 + \cdots + C_n y_n,$$

其中 $y_1, y_2, \cdots, y_n$ 是方程(6.41)的 n 个线性无关的特解.

例3　求下列微分方程的通解:

(1) $y^{(4)} - 2y''' + 5y'' = 0$;

(2) $y^{(5)} - y^{(4)} = 0$;

(3) $\dfrac{\mathrm{d}^4 \omega}{\mathrm{d}x^4} + \beta^4 \omega = 0 \ (\beta > 0)$;

(4) $y^{(4)} + 2y'' + y = 0$.

解　(1) 该微分方程的特征方程为

$$r^4 - 2r^3 + 5r^2 = 0,$$

从而特征根为 $r_1 = r_2 = 0, r_{3,4} = 1 \pm 2\mathrm{i}$. 故该微分方程的通解为

$$y = C_1 + C_2 x + \mathrm{e}^x(C_3 \cos 2x + C_4 \sin 2x).$$

(2) 该微分方程的特征方程为

$$r^5 - r^4 = 0,$$

从而特征根为 $r_1 = r_2 = r_3 = r_4 = 0, r_5 = 1$. 故该微分方程的通解为

$$y = C_1 + C_2 x + C_3 x^2 + C_4 x^3 + C_5 \mathrm{e}^x.$$

(3) 该微分方程的特征方程为

$$r^4 + \beta^4 = 0,$$

从而特征根为 $r_{1,2} = \dfrac{\beta}{\sqrt{2}}(1 \pm \mathrm{i}), r_{3,4} = -\dfrac{\beta}{\sqrt{2}}(1 \pm \mathrm{i})$. 故该微分方程的通解为

$$\omega = \mathrm{e}^{\frac{\beta}{\sqrt{2}}x}\Big(C_1 \cos \frac{\beta}{\sqrt{2}}x + C_2 \sin \frac{\beta}{\sqrt{2}}x\Big) + \mathrm{e}^{-\frac{\beta}{\sqrt{2}}x}\Big(C_3 \cos \frac{\beta}{\sqrt{2}}x + C_4 \sin \frac{\beta}{\sqrt{2}}x\Big).$$

(4) 该微分方程的特征方程为

$$r^4 + 2r^2 + 1 = 0,$$

从而特征根为 $r_{1,2} = \pm i, r_{3,4} = \pm i.$ 故该微分方程的通解为

$$y = (C_1 + C_2 x)\cos x + (C_3 + C_4 x)\sin x.$$

习 题 6 - 7

1. 求下列微分方程的通解:

(1) $y'' - 4y = 0$;

(2) $4y'' + 4y' + y = 0$;

(3) $y'' + 6y' + 13y = 0$;

(4) $y^{(4)} - y = 0$;

(5) $y^{(4)} - 5y'' + 4y = 0$;

(6) $y'' + y' + y = 0$;

(7) $y^{(5)} - 4y''' = 0$;

(8) $4\dfrac{d^2 x}{dt^2} - 20\dfrac{dx}{dt} + 25x = 0$.

2. 求下列初值问题的解:

(1) $y'' - 4y' + 3y = 0, y\big|_{x=0} = 6, y'\big|_{x=0} = 10$;

(2) $y'' + 2y' - 3y = 0, y\big|_{x=0} = 0, y'\big|_{x=0} = -5$;

(3) $y'' - y = 0, y\big|_{x=0} = 2, y'\big|_{x=0} = 0$;

(4) $y'' + 25y = 0, y\big|_{x=0} = 2, y'\big|_{x=0} = 5$.

图 6 - 5

3. 设有一个弹簧,它的上端固定,下端挂有一个质量为 m 的物体,处平衡位置时弹簧伸长 a. 如果先用手托住该物体,使弹簧保持原长,再将该物体向下拉开一段距离 b(见图 6 - 5),然后放开,求该物体的运动规律(不计空气阻力).

第八节　常系数非齐次线性微分方程

本节考虑非齐次线性微分方程的特殊情形,主要以二阶常系数非齐次线性微分方程为例进行讨论.

在二阶非齐次线性微分方程

$$y'' + P(x)y' + Q(x)y = f(x)$$

中,如果 $P(x), Q(x)$ 都是常数,即有

$$y'' + py' + qy = f(x), \tag{6.43}$$

其中 p, q 是常数,那么称方程(6.43)为**二阶常系数非齐次线性微分方程**.

这里只讨论二阶常系数非齐次线性微分方程(6.43)的右端函数 $f(x)$ 具有以下两种形式时的情形:

(1) $f(x) = e^{\lambda x} P_m(x)$,其中 λ 是常数,$P_m(x)$ 是 m 次多项式;

（2）$f(x) = e^{\lambda x}[P_l(x)\cos\omega x + P_n(x)\sin\omega x]$，其中$\lambda,\omega$是常数，$\omega \neq 0$，$P_l(x),P_n(x)$分别是$l$次、$n$次多项式，且最多只有一个为0.

由第六节定理3知，求方程（6.43）的通解可归结为求对应的二阶齐次线性微分方程

$$y'' + py' + qy = 0$$

的通解与方程（6.43）本身的一个特解. 由于求二阶常系数齐次线性微分方程通解的问题已经在上一节得到解决，因此现在只需讨论求方程（6.43）的一个特解y^*的方法. 求特解y^*的方法实际上是**待定系数法**，即先确定特解的形式，再把形式特解代入微分方程，确定其中包含的待定常数. 该方法的特点在于不用积分就可求出特解y^*.

一、$f(x) = e^{\lambda x}P_m(x)$型

讨论微分方程

$$y'' + py' + qy = e^{\lambda x}P_m(x). \tag{6.44}$$

为了求得方程（6.44）的特解，观察方程（6.44），其右端函数是指数函数与多项式的乘积. 注意到指数函数与多项式乘积的导数仍然是指数函数与多项式的乘积，所以推测$y^* = e^{\lambda x}Q(x)$（$Q(x)$是某个多项式）可能是方程（6.44）的特解. 问题是：能否找到适当的多项式$Q(x)$，使得$y^* = e^{\lambda x}Q(x)$为方程（6.44）的一个特解？为此，对$y^* = e^{\lambda x}Q(x)$分别求一阶、二阶导数，得

$$y^{*\prime} = e^{\lambda x}[\lambda Q(x) + Q'(x)],$$
$$y^{*\prime\prime} = e^{\lambda x}[\lambda^2 Q(x) + 2\lambda Q'(x) + Q''(x)].$$

代入方程（6.44），并消去$e^{\lambda x}$，得到

$$Q''(x) + (2\lambda + p)Q'(x) + (\lambda^2 + p\lambda + q)Q(x) = P_m(x). \tag{6.45}$$

式（6.45）的右边是m次多项式，故式（6.45）的左边亦应为m次多项式. 而方程（6.45）左边多项式的次数取决于它的系数，故分情况讨论：

（1）若$\lambda^2 + p\lambda + q \neq 0$，即$\lambda$不是对应齐次线性微分方程的特征方程$r^2 + pr + q = 0$的根，则$Q(x)$必须是$m$次多项式. 令

$$Q(x) = Q_m(x) = b_m x^m + b_{m-1}x^{m-1} + \cdots + b_1 x + b_0,$$

代入式（6.45），比较等式两边x的同次幂系数，联立方程组，便可确定$Q(x)$的系数$b_0,b_1,\cdots,b_m$，从而确定$Q(x)$. 因此，方程（6.44）的一个特解为

$$y^* = e^{\lambda x}Q(x) = e^{\lambda x}Q_m(x).$$

（2）若$\lambda^2 + p\lambda + q = 0$且$2\lambda + p \neq 0$，即$\lambda$是特征方程$r^2 + pr + q = 0$的单根，则$Q'(x)$必须是$m$次多项式，从而$Q(x)$是$m+1$次多项式. 令

$$Q(x) = xQ_m(x) = x(b_m x^m + b_{m-1}x^{m-1} + \cdots + b_1 x + b_0),$$

可以用与情况（1）同样的方法确定$Q_m(x)$的系数$b_0,b_1,\cdots,b_m$，从而确定$Q(x)$. 因此，方程（6.44）的一个特解为

$$y^* = e^{\lambda x}Q(x) = xe^{\lambda x}Q_m(x).$$

（3）若$\lambda^2 + p\lambda + q = 0$且$2\lambda + p = 0$，即$\lambda$是特征方程$r^2 + pr + q = 0$的重根，则$Q''(x)$必须是$m$次多项式，从而$Q(x)$是$m+2$次多项式. 令

$$Q(x) = x^2 Q_m(x) = x^2(b_m x^m + b_{m-1}x^{m-1} + \cdots + b_1 x + b_0),$$

也可以用与情况(1)同样的方法确定 $Q_m(x)$ 的系数 $b_0, b_1, \cdots, b_m$，从而确定 $Q(x)$. 因此，方程 (6.44) 的一个特解为

$$y^* = \mathrm{e}^{\lambda x} Q(x) = x^2 \mathrm{e}^{\lambda x} Q_m(x).$$

综上所述，我们有如下结论：

微分方程 $y'' + py' + qy = P_m(x)\mathrm{e}^{\lambda x}$ 有如下形式的特解：

$$y^* = x^k \mathrm{e}^{\lambda x} Q_m(x), \tag{6.46}$$

其中 $Q_m(x) = b_m x^m + b_{m-1} x^{m-1} + \cdots + b_1 x + b_0$ 是与 $P_m(x)$ 同次的多项式，而

$$k = \begin{cases} 0, & \lambda \text{ 不是特征方程 } r^2 + pr + q = 0 \text{ 的根,} \\ 1, & \lambda \text{ 是特征方程 } r^2 + pr + q = 0 \text{ 的单根,} \\ 2, & \lambda \text{ 是特征方程 } r^2 + pr + q = 0 \text{ 的重根.} \end{cases}$$

上述结论可以推广到 n 阶常系数非齐次线性微分方程，但要注意式(6.46)中的 k 是特征方程的根 λ 的重数.

例 1 求微分方程 $y'' + y = x^2 - 3$ 的通解.

解 这里 $P_m(x) = x^2 - 3, m = 2, \lambda = 0$. 原微分方程对应的齐次线性微分方程为

$$y'' + y = 0,$$

其特征方程为

$$r^2 + 1 = 0,$$

特征根为 $r_{1,2} = \pm \mathrm{i}$. 于是，原微分方程对应的齐次线性微分方程的通解为

$$Y = C_1 \cos x + C_2 \sin x.$$

由于 $\lambda = 0$ 不是特征方程的根，从而 $k = 0$，因此可设特解为

$$y^* = ax^2 + bx + c.$$

对 y^* 求二阶导数并代入原微分方程，得

$$2a + ax^2 + bx + c = x^2 - 3.$$

比较两边 x 的同次幂系数，得

$$\begin{cases} a = 1, \\ b = 0, \\ 2a + c = -3, \end{cases}$$

解得 $a = 1, b = 0, c = -5$. 由此求得一个特解

$$y^* = x^2 - 5,$$

故原微分方程的通解为

$$y = y^* + Y = x^2 - 5 + C_1 \cos x + C_2 \sin x.$$

例 2 求微分方程 $y'' - 3y' + 2y = x\mathrm{e}^{2x}$ 的通解.

解 这里 $P_m(x) = x, m = 1, \lambda = 2$. 原微分方程对应的齐次线性微分方程为

$$y'' - 3y' + 2y = 0,$$

其特征方程为

$$r^2 - 3r + 2 = 0,$$

特征根为 $r_1 = 1, r_2 = 2$. 于是，原微分方程对应的齐次线性微分方程的通解为

$$Y = C_1 e^x + C_2 e^{2x}.$$

由于 $\lambda = 2$ 是特征方程的单根,从而 $k = 1$,因此可设特解为

$$y^* = x(ax+b)e^{2x}.$$

对 y^* 求一阶、二阶导数并代入原微分方程,得

$$2ax + 2a + b = x.$$

比较两边 x 的同次幂系数,得

$$\begin{cases} 2a = 1, \\ 2a + b = 0, \end{cases}$$

解得 $a = \dfrac{1}{2}, b = -1$. 由此求得一个特解

$$y^* = x\left(\frac{1}{2}x - 1\right)e^{2x},$$

故原微分方程的通解为

$$y = C_1 e^x + C_2 e^{2x} + \frac{1}{2}(x^2 - 2x)e^{2x}.$$

二、$f(x) = e^{\lambda x}\left[P_l(x)\cos \omega x + P_n(x)\sin \omega x\right]$ 型

讨论微分方程

$$y'' + py' + qy = e^{\lambda x}\left[P_l(x)\cos \omega x + P_n(x)\sin \omega x\right]. \tag{6.47}$$

考虑使用欧拉公式 $e^{i\theta} = \cos \theta + i\sin \theta$ 将三角函数表示为复变指数函数的形式,再把方程(6.47)归结为前一种类型. 具体地,由

$$e^{ix} = \cos x + i\sin x, \quad e^{-ix} = \cos x - i\sin x,$$

两式分别相加、相减,得

$$\cos x = \frac{e^{ix} + e^{-ix}}{2}, \quad \sin x = \frac{e^{ix} - e^{-ix}}{2i},$$

于是

$$\begin{aligned} f(x) &= e^{\lambda x}\left[P_l(x)\cos \omega x + P_n(x)\sin \omega x\right] \\ &= e^{\lambda x}\left[P_l(x)\frac{e^{i\omega x} + e^{-i\omega x}}{2} + P_n(x)\frac{e^{i\omega x} - e^{-i\omega x}}{2i}\right] \\ &= e^{(\lambda + i\omega)x}\left[\frac{P_l(x)}{2} + \frac{P_n(x)}{2i}\right] + e^{(\lambda - i\omega)x}\left[\frac{P_l(x)}{2} - \frac{P_n(x)}{2i}\right] \\ &= e^{(\lambda + i\omega)x}\left[\frac{P_l(x)}{2} - \frac{P_n(x)}{2}i\right] + e^{(\lambda - i\omega)x}\left[\frac{P_l(x)}{2} + \frac{P_n(x)}{2}i\right]. \end{aligned}$$

令 $m = \max\{l, n\}$,并记 $\dfrac{P_l(x)}{2} - \dfrac{P_n(x)}{2}i$ 为 $P_m(x)$,$\dfrac{P_l(x)}{2} + \dfrac{P_n(x)}{2}i$ 为 $\overline{P_m(x)}$,这时 $P_m(x)$ 与 $\overline{P_m(x)}$ 是互为共轭的 m 次多项式,即它们对应项的系数是共轭复数,则上式变为

$$f(x) = e^{(\lambda + i\omega)x}P_m(x) + e^{(\lambda - i\omega)x}\overline{P_m(x)},$$

从而方程(6.47)变为

$$y'' + py' + qy = e^{(\lambda + i\omega)x}P_m(x) + e^{(\lambda - i\omega)x}\overline{P_m(x)}.$$

根据二阶非齐次线性微分方程解的叠加原理,为求这个微分方程的特解只需求下面两个微分方

程的特解：

$$y'' + py' + qy = e^{(\lambda + i\omega)x} P_m(x), \tag{6.48}$$

$$y'' + py' + qy = e^{(\lambda - i\omega)x} \overline{P_m(x)}. \tag{6.49}$$

这时方程(6.47)可归结为前一种类型来求解.

　　由前一种类型微分方程的讨论可知,方程(6.48)有特解 $y_1^* = x^k e^{(\lambda + i\omega)x} Q_m(x)$ $(k = 0,1)$,其中当 $\lambda + i\omega$ 不是特征方程的根时,$k = 0$；当 $\lambda + i\omega$ 是特征方程的单根时,$k = 1$. 又当 y_1^* 是方程(6.48)的特解时,$\overline{y_1^*}$ 一定是方程(6.49)的特解(这一点读者可以自己证明),因此方程(6.47)具有如下形式的特解：

$$y^* = y_1^* + \overline{y_1^*} = x^k e^{(\lambda + i\omega)x} Q_m(x) + x^k e^{(\lambda - i\omega)x} \overline{Q_m(x)}$$
$$= x^k e^{\lambda x} [e^{i\omega x} Q_m(x) + e^{-i\omega x} \overline{Q_m(x)}].$$

再由欧拉公式有

$$y^* = x^k e^{\lambda x} [Q_m(x)(\cos \omega x + i\sin \omega x) + \overline{Q_m(x)}(\cos \omega x - i\sin \omega x)].$$

因为上式方括号内的两项共轭,相加之后无虚部,所以 y^* 可以写成如下实值函数的形式：

$$y^* = x^k e^{\lambda x} [L_m(x)\cos \omega x + R_m(x)\sin \omega x],$$

其中 $L_m(x), R_m(x)$ 均为 m 次多项式.

　　综上所述,我们有如下结论：

　　微分方程 $y'' + py' + qy = e^{\lambda x} [P_l(x)\cos \omega x + P_n(x)\sin \omega x]$ 有如下形式的特解：

$$y^* = x^k e^{\lambda x} [L_m(x)\cos \omega x + R_m(x)\sin \omega x], \tag{6.50}$$

其中 $L_m(x), R_m(x)$ 均为 m 次多项式,$m = \max\{l, n\}$,

$$k = \begin{cases} 0, & \lambda + i\omega(\text{或} \lambda - i\omega) \text{ 不是特征方程 } r^2 + pr + q = 0 \text{ 的根,} \\ 1, & \lambda + i\omega(\text{或} \lambda - i\omega) \text{ 是特征方程 } r^2 + pr + q = 0 \text{ 的单根.} \end{cases}$$

　　在具体求解微分方程时,根据上述结论设出所给微分方程的形式特解 y^*,再代入所给微分方程即可确定其中的 $L_m(x)$ 和 $R_m(x)$.

　　上述结论可以推广到 n 阶常系数非齐次线性微分方程,但要注意式(6.50)中的 k 是特征方程的根 $\lambda + i\omega$ (或 $\lambda - i\omega$) 的重数.

例 3　　求微分方程 $y'' + y = x\cos 2x$ 的通解.

解　这里 $P_l(x) = x, P_n(x) = 0, m = \max\{1,0\} = 1, \lambda = 0, \omega = 2$. 原微分方程对应的齐次线性微分方程为

$$y'' + y = 0,$$

其特征方程为

$$r^2 + 1 = 0,$$

特征根为 $r_1 = i, r_2 = -i$. 于是,原微分方程对应的齐次线性微分方程的通解为

$$Y = C_1 \cos x + C_2 \sin x.$$

　　由于 $\lambda + i\omega = 2i$ 不是特征方程的根,从而 $k = 0$,因此可设特解为

$$y^* = (ax + b)\cos 2x + (cx + d)\sin 2x.$$

对 y^* 求一阶、二阶导数并代入原微分方程,有

$$(-3ax - 3b + 4c)\cos 2x + (-3cx - 3d - 4a)\sin 2x = x\cos 2x.$$

比较两边同类项的系数,得

$$\begin{cases} -3a = 1, \\ -3b + 4c = 0, \\ -3c = 0, \\ -3d - 4a = 0, \end{cases}$$

解得 $a = -\dfrac{1}{3}, b = c = 0, d = \dfrac{4}{9}$. 由此求得一个特解

$$y^* = -\frac{1}{3}x\cos 2x + \frac{4}{9}\sin 2x,$$

故原微分方程的通解为

$$y = -\frac{1}{3}x\cos 2x + \frac{4}{9}\sin 2x + C_1\cos x + C_2\sin x.$$

例 4　求微分方程 $y'' + 4y' + 4y = 3x\mathrm{e}^{-2x} + \sin x$ 的通解.

解　由叠加原理,求原微分方程的特解可转化为求下面两个微分方程的特解:

$$y'' + 4y' + 4y = 3x\mathrm{e}^{-2x}, \tag{6.51}$$
$$y'' + 4y' + 4y = \sin x. \tag{6.52}$$

对于方程(6.51),有 $P_m(x) = 3x, m = 1, \lambda = -2$. 该微分方程对应的齐次线性微分方程为

$$y'' + 4y' + 4y = 0,$$

其特征方程为

$$r^2 + 4r + 4 = 0,$$

特征根为 $r_1 = r_2 = -2$. 由于 $\lambda = -2$ 是特征方程的重根,从而 $k = 2$,因此可设特解为

$$y_1^* = x^2(ax + b)\mathrm{e}^{-2x} = (ax^3 + bx^2)\mathrm{e}^{-2x}.$$

对 y_1^* 求一阶、二阶导数并代入方程(6.51),得

$$6ax + 2b = 3x.$$

比较两边同类项的系数,解得 $a = \dfrac{1}{2}, b = 0$. 由此求得方程(6.51)的一个特解

$$y_1^* = \frac{1}{2}x^3\mathrm{e}^{-2x}.$$

对于方程(6.52),有 $P_l(x) = 0, P_n(x) = 1, m = \max\{0,0\} = 0, \lambda = 0, \omega = 1$. 该微分方程对应的齐次线性微分方程为

$$y'' + 4y' + 4y = 0,$$

其特征方程为

$$r^2 + 4r + 4 = 0,$$

特征根为 $r_1 = r_2 = -2$. 由于 $\lambda + \mathrm{i}\omega = \mathrm{i}$ 不是特征方程的根,从而 $k = 0$,因此可设特解为

$$y_2^* = c\cos x + d\sin x.$$

对 y_2^* 求一阶、二阶导数并代入方程(6.52),有

$$(3c + 4d)\cos x + (-4c + 3d)\sin x = \sin x.$$

比较两边同类项的系数,解得 $c = -\dfrac{4}{25}, d = \dfrac{3}{25}$. 由此求得方程(6.52)的一个特解

$$y_2^* = -\frac{4}{25}\cos x + \frac{3}{25}\sin x.$$

所以，原微分方程的一个特解为

$$y^* = y_1^* + y_2^* = \frac{1}{2}x^3 \mathrm{e}^{-2x} - \frac{4}{25}\cos x + \frac{3}{25}\sin x.$$

又原微分方程对应的齐次线性微分方程的通解为

$$Y = C_1 \mathrm{e}^{-2x} + C_2 x\mathrm{e}^{-2x},$$

故原微分方程的通解为

$$y = \frac{1}{2}x^3 \mathrm{e}^{-2x} - \frac{4}{25}\cos x + \frac{3}{25}\sin x + C_1 \mathrm{e}^{-2x} + C_2 x\mathrm{e}^{-2x}.$$

习 题 6 - 8

1. 求下列微分方程的通解：

(1) $y'' - y = x$;

(2) $y'' - a^2 y = x + 1$;

(3) $y'' + y' = x^2 - 3$;

(4) $y'' - 6y' + 9y = 4\mathrm{e}^{3x}$;

(5) $y'' - 2y' - 3y = 3x + 1$;

(6) $y'' - 5y' + 6y = x\mathrm{e}^{2x}$;

(7) $y'' + y' - 2y = 8\sin 2x$;

(8) $y'' + y = \sin x - \cos 2x$;

(9) $y'' + 9y = x\sin 3x$;

(10) $y'' - 2y' + 5y = \mathrm{e}^x \sin 2x$.

2. 求下列初值问题的解：

(1) $y'' + 9y = 6\mathrm{e}^{3x}, y\big|_{x=0} = 0, y'\big|_{x=0} = 0$;

(2) $y'' + y + \sin 2x = 0, y\big|_{x=\pi} = 1, y'\big|_{x=\pi} = 1$;

(3) $y'' - 4y' + 3y = \sin 3x, y\big|_{x=0} = 0, y'\big|_{x=0} = 0$;

(4) $y'' - y = 4x\mathrm{e}^x, y\big|_{x=0} = 0, y'\big|_{x=0} = 1$.

3. 设一个质量为 m 的物体，自高 H 处自由下落，初速度为 0. 若该物体所受阻力与速度成正比，比例系数为 k，求下落时它距地面的高度 s 与时间 t 的关系.

*第九节 欧 拉 方 程

前面讨论了常系数线性微分方程，而变系数线性微分方程一般是不易求解的. 但是，有些特殊的变系数线性微分方程可以通过变量代换化为常系数线性微分方程. 本节介绍其中的一种，即欧拉方程.

形如

$$x^n y^{(n)} + p_1 x^{n-1} y^{(n-1)} + \cdots + p_{n-1} xy' + p_n y = f(x) \tag{6.53}$$

（$p_1, p_2, \cdots, p_n$ 是常数）的微分方程，称为**欧拉方程**.

下面仅对 $x > 0$ 的情形进行讨论,若 $x < 0$,则在下面的变换中把 x 换成 $-x$ 即可. 做变量代换 $x = \mathrm{e}^t$ 或 $t = \ln x$,将 t 看作参数,求出 $y', y'', \cdots, y^{(n)}$ 后代入欧拉方程(6.53),可得到一个以 t 为自变量的常系数线性微分方程,求出它的解后再做回代 $t = \ln x$,即得原微分方程的通解. 这里需要注意的是,求 $y', y'', \cdots, y^{(n)}$ 时,是对 x 求导数,如有

$$y' = \frac{\mathrm{d}y}{\mathrm{d}t} \cdot \frac{\mathrm{d}t}{\mathrm{d}x} = \frac{1}{x} \cdot \frac{\mathrm{d}y}{\mathrm{d}t},$$

$$y'' = \frac{1}{x^2}\left(\frac{\mathrm{d}^2 y}{\mathrm{d}t^2} - \frac{\mathrm{d}y}{\mathrm{d}t}\right),$$

$$y''' = \frac{1}{x^3}\left(\frac{\mathrm{d}^3 y}{\mathrm{d}t^3} - 3\frac{\mathrm{d}^2 y}{\mathrm{d}t^2} + 2\frac{\mathrm{d}y}{\mathrm{d}t}\right).$$

例 1 求欧拉方程 $x^3 y''' + x^2 y'' - 4xy' = 3x^2$ 的通解.

解 做变量代换 $x = \mathrm{e}^t$ 或 $t = \ln x$,原欧拉方程化为

$$\frac{\mathrm{d}^3 y}{\mathrm{d}t^3} - 2\frac{\mathrm{d}^2 y}{\mathrm{d}t^2} - 3\frac{\mathrm{d}y}{\mathrm{d}t} = 3\mathrm{e}^{2t}. \tag{6.54}$$

该微分方程对应的齐次线性微分方程为

$$\frac{\mathrm{d}^3 y}{\mathrm{d}t^3} - 2\frac{\mathrm{d}^2 y}{\mathrm{d}t^2} - 3\frac{\mathrm{d}y}{\mathrm{d}t} = 0,$$

其特征方程为 $r^3 - 2r^2 - 3r = 0$,特征根为 $r_1 = 0, r_2 = -1, r_3 = 3$. 于是,方程(6.54)对应的齐次线性微分方程的通解为

$$Y = C_1 + C_2\mathrm{e}^{-t} + C_3\mathrm{e}^{3t} = C_1 + \frac{C_2}{x} + C_3 x^3.$$

对于方程(6.54),有 $P_m(x) = 3, m = 0, \lambda = 2$. 由于 $\lambda = 2$ 不是特征方程的根,从而 $k = 0$,因此可设特解为

$$y^* = a\mathrm{e}^{2t} = ax^2.$$

求 y^* 对 x 的一阶、二阶和三阶导数并代入原微分方程,解得 $a = -\dfrac{1}{2}$. 由此求得一个特解

$$y^* = -\frac{1}{2}x^2,$$

故原欧拉方程的通解为

$$y = -\frac{1}{2}x^2 + C_1 + \frac{C_2}{x} + C_3 x^3.$$

习 题 6 - 9

求下列欧拉方程的通解:

(1) $t^2 x'' + tx' - x = 0$;

(2) $x^2 y'' - 4xy' + 6y = x$;

(3) $x^3 y''' + 3x^2 y'' - 2xy' + 2y = 0$;

(4) $x^2 y'' - 3xy' + 4y = x + x^2\ln x$;

(5) $x^2 y'' - xy' + 2y = 18x\cos(\ln x)$;

(6) $x^2 y'' - 2xy' + 2y = \ln^2 x - 2\ln x$.

* 第十节　常系数线性微分方程组解法举例

在研究某些实际问题时，经常会遇到由几个微分方程联立起来共同确定几个具有同一自变量的函数的情形．这些联立的微分方程称为**微分方程组**．

如果微分方程组中的每个微分方程都是常系数线性微分方程，那么称这种微分方程组为**常系数线性微分方程组**．

对于常系数线性微分方程组，我们可以按照下面的步骤求解：

（1）从所给微分方程组中消去一些未知函数及其各阶导数，得到只含有一个未知函数的高阶常系数线性微分方程；

（2）求解此高阶常系数线性微分方程，得出其中的未知函数；

（3）把已求得的函数代入所给微分方程组，一般来说，不必经过积分就可求得其余的未知函数．

例 1　求微分方程组 $\begin{cases} \dfrac{\mathrm{d}y}{\mathrm{d}x} = 3y - 2z, \\[2mm] \dfrac{\mathrm{d}z}{\mathrm{d}x} = 2y - z \end{cases}$ 满足初值条件 $y\big|_{x=0} = 1, z\big|_{x=0} = 0$ 的特解．

解　这是由两个一阶常系数线性微分方程组成的微分方程组，它含有两个未知函数 $y(x)$，$z(x)$．

由 $\dfrac{\mathrm{d}z}{\mathrm{d}x} = 2y - z$ 得

$$y = \frac{1}{2}\left(\frac{\mathrm{d}z}{\mathrm{d}x} + z\right).$$

两边对 x 求导数，得

$$\frac{\mathrm{d}y}{\mathrm{d}x} = \frac{1}{2}\left(\frac{\mathrm{d}^2 z}{\mathrm{d}x^2} + \frac{\mathrm{d}z}{\mathrm{d}x}\right).$$

将上两式代入 $\dfrac{\mathrm{d}y}{\mathrm{d}x} = 3y - 2z$，便可消去未知函数 $y(x)$，得

$$\frac{\mathrm{d}^2 z}{\mathrm{d}x^2} - 2\frac{\mathrm{d}z}{\mathrm{d}x} + z = 0.$$

此为二阶常系数齐次线性微分方程，其通解为

$$z = (C_1 + C_2 x)\mathrm{e}^x.$$

将上式代入 $y = \dfrac{1}{2}\left(\dfrac{\mathrm{d}z}{\mathrm{d}x} + z\right)$，得

$$y = \frac{1}{2}(2C_1 + C_2 + 2C_2 x)\mathrm{e}^x.$$

故原微分方程组的通解为

$$\begin{cases} y = \dfrac{1}{2}(2C_1 + C_2 + 2C_2 x)\mathrm{e}^x, \\[3mm] z = (C_1 + C_2 x)\mathrm{e}^x. \end{cases}$$

代入初值条件 $y\Big|_{x=0}=1,z\Big|_{x=0}=0$,得 $C_1=0,C_2=2$. 于是,原微分方程组满足所给初值条件的特解为

$$\begin{cases} y=(1+2x)\mathrm{e}^x, \\ z=2x\mathrm{e}^x. \end{cases}$$

在讨论常系数微分方程或微分方程组时,为了简便,通常引入符号 D 来表示某个函数对自变量 x 求导数的运算,即 $\mathrm{D}=\dfrac{\mathrm{d}}{\mathrm{d}x}$,称为**微分算子**.

例 2　求微分方程组

$$\begin{cases} \dfrac{\mathrm{d}^2 x}{\mathrm{d}t^2}+\dfrac{\mathrm{d}y}{\mathrm{d}t}-x=\mathrm{e}^t, \\ \dfrac{\mathrm{d}^2 y}{\mathrm{d}t^2}+\dfrac{\mathrm{d}x}{\mathrm{d}t}+y=0 \end{cases}$$

的通解.

解　引入微分算子 $\mathrm{D}=\dfrac{\mathrm{d}}{\mathrm{d}t}$,则原微分方程组变为

$$\begin{cases} (\mathrm{D}^2-1)x+\mathrm{D}y=\mathrm{e}^t, \\ \mathrm{D}x+(\mathrm{D}^2+1)y=0. \end{cases}$$

类似于解代数方程组,消去一个变量 x,有

$$x=-\mathrm{D}^3 y-\mathrm{e}^t, \tag{6.55}$$

$$(-\mathrm{D}^4+\mathrm{D}^2+1)y=\mathrm{e}^t. \tag{6.56}$$

方程(6.56)为四阶非齐次线性微分方程,其对应的齐次线性微分方程的特征方程为

$$-r^4+r^2+1=0,$$

特征根为

$$r_{1,2}=\pm\sqrt{\frac{1+\sqrt{5}}{2}},\quad r_{3,4}=\pm\mathrm{i}\sqrt{\frac{\sqrt{5}-1}{2}}.$$

令 $\sqrt{\dfrac{1+\sqrt{5}}{2}}=\alpha,\sqrt{\dfrac{\sqrt{5}-1}{2}}=\beta$,所以方程(6.56)对应的齐次线性微分方程的通解为

$$Y=C_1\mathrm{e}^{-\alpha t}+C_2\mathrm{e}^{\alpha t}+C_3\cos\beta t+C_4\sin\beta t.$$

容易求得方程(6.56)的一个特解

$$y^*=\mathrm{e}^t,$$

故方程(6.56)的通解为

$$y=C_1\mathrm{e}^{-\alpha t}+C_2\mathrm{e}^{\alpha t}+C_3\cos\beta t+C_4\sin\beta t+\mathrm{e}^t. \tag{6.57}$$

因此,得

$$\mathrm{D}^3 y=\frac{\mathrm{d}^3 y}{\mathrm{d}t^3}=-\alpha^3 C_1\mathrm{e}^{-\alpha t}+\alpha^3 C_2\mathrm{e}^{\alpha t}+\beta^3 C_3\sin\beta t-\beta^3 C_4\cos\beta t+\mathrm{e}^t.$$

将上式代入方程(6.55),得

$$x=-\mathrm{D}^3 y-\mathrm{e}^t=\alpha^3 C_1\mathrm{e}^{-\alpha t}-\alpha^3 C_2\mathrm{e}^{\alpha t}-\beta^3 C_3\sin\beta t+\beta^3 C_4\cos\beta t-2\mathrm{e}^t. \tag{6.58}$$

联立式(6.57)和式(6.58),即得原微分方程组的通解.

由上例可以看出，我们求得一个未知函数后再求另一个未知函数时，一般不再积分．这是因为积分时会出现新的任意常数，但由式（6.57）和式（6.58）可知它们的任意常数之间显然有着确定关系．

习 题 6－10

1. 求下列微分方程组的通解：

(1) $\begin{cases} \dfrac{\mathrm{d}y}{\mathrm{d}x} = z, \\[2mm] \dfrac{\mathrm{d}z}{\mathrm{d}x} = y; \end{cases}$
(2) $\begin{cases} \dfrac{\mathrm{d}^2 x}{\mathrm{d}t^2} = y, \\[2mm] \dfrac{\mathrm{d}^2 y}{\mathrm{d}t^2} = x; \end{cases}$

(3) $\begin{cases} \dfrac{\mathrm{d}x}{\mathrm{d}t} = y+1, \\[2mm] \dfrac{\mathrm{d}y}{\mathrm{d}t} = 2e^t - x; \end{cases}$
(4) $\begin{cases} \dfrac{\mathrm{d}x}{\mathrm{d}t} = -x - y, \\[2mm] \dfrac{\mathrm{d}y}{\mathrm{d}t} = 2x - 3y. \end{cases}$

2. 求下列微分方程组满足所给初值条件的特解：

(1) $\begin{cases} \dfrac{\mathrm{d}x}{\mathrm{d}t} = y, x\Big|_{t=0} = 0, \\[2mm] \dfrac{\mathrm{d}y}{\mathrm{d}t} = -x, y\Big|_{t=0} = 1; \end{cases}$
(2) $\begin{cases} \dfrac{\mathrm{d}x}{\mathrm{d}t} + \dfrac{\mathrm{d}y}{\mathrm{d}t} = -x + y + 3, x\Big|_{t=0} = 0, \\[2mm] \dfrac{\mathrm{d}x}{\mathrm{d}t} - \dfrac{\mathrm{d}y}{\mathrm{d}t} = x + y - 3, y\Big|_{t=0} = 1; \end{cases}$

(3) $\begin{cases} \dfrac{\mathrm{d}^2 x}{\mathrm{d}t^2} + 2\dfrac{\mathrm{d}y}{\mathrm{d}t} - x = 0, x\Big|_{t=0} = 1, \\[2mm] \dfrac{\mathrm{d}x}{\mathrm{d}t} + y = 0, y\Big|_{t=0} = 0; \end{cases}$
(4) $\begin{cases} \dfrac{\mathrm{d}x}{\mathrm{d}t} + 3x - y = 0, x\Big|_{t=0} = 1, \\[2mm] \dfrac{\mathrm{d}y}{\mathrm{d}t} - 8x + y = 0, y\Big|_{t=0} = 4. \end{cases}$

总 习 题 六

1. 单项选择题：

(1) 微分方程 $y'^2 + y'y''^3 + xy^4 = 0$ 阶是（ ）；

A. 1   B. 2   C. 3   D. 4

(2) 下列函数中（ ）是微分方程 $y'' + y = 0$ 的解；

A. $y = \cos x$ B. $y = x$ C. $y = \sin x$ D. $y = e^x$

(3) 下列微分方程中（ ）是可分离变量的微分方程；

A. $y' = x + \cos y$ B. $y' + xy = x^2$

C. $y' = \sin(x^2 + y^2)$ D. $(xy^2 + x)\mathrm{d}x + (x^2 y - y)\mathrm{d}y = 0$

(4) 微分方程 $y'' - 4y' + 3y = 0$ 满足初值条件 $y\Big|_{x=0} = 6, y'\Big|_{x=0} = 10$ 的特解是（ ）；

A. $y = 3e^x + e^{3x}$ B. $y = 2e^x + 3e^{3x}$

C. $y = 4e^x + 2e^{3x}$ D. $y = C_1 e^x + C_2 e^{3x}$

(5) 微分方程 $y^{(4)} - 2y''' + y'' = 0$ 的通解是( );

A. $C_1 + C_2 x + (C_3 + C_4 x)e^x$ B. $C_1 + C_2 x + xe^x$

C. $C_1 + C_2 x + C_3 e^x + C_4$ D. $3x + (1-x)e^x + 2$

(6) 求微分方程 $y'' + 3y' + 2y = x^2$ 的一个特解时,应设特解的形式为( ).

A. $y^* = ax^2$ B. $y^* = ax^2 + bx + c$

C. $y^* = x(ax^2 + bx + c)$ D. $y^* = x^2(ax^2 + bx + c)$

2. 填空题:

(1) 微分方程 $\cos x \sin y \, dx + \sin x \cos y \, dy = 0$ 的通解是_____;

(2) 微分方程 $x\dfrac{dy}{dx} = y\ln\dfrac{y}{x}$ 的通解是_____;

(3) 微分方程 $\dfrac{dy}{dx} + y = y^2(\cos x - \sin x)$ 的通解是_____;

(4) 以 $y = C_1 e^x + C_2 e^{2x}$ 为通解的二阶常系数齐次线性微分方程为_____;

(5) 微分方程 $y'' + 4y' + 29y = 0$ 满足初值条件 $y\big|_{x=0} = 0, y'\big|_{x=0} = 15$ 的特解是_____;

(6) 微分方程 $y'' + 2y' + 5y = 4e^{-x} + 17\sin 2x$ 对应的齐次线性微分方程的特征根是_____;

(7) 求微分方程 $y'' + y = \sin x$ 的一个特解时,应设特解的形式为_____;

(8) 已知 $y_1 = e^{x^2}$ 及 $y_2 = xe^{x^2}$ 都是微分方程 $y'' - 4xy' + (4x^2 - 2)y = 0$ 的特解,则此微分方程的通解为_____.

3. 求下列微分方程的通解:

(1) $\dfrac{dy}{dx} = (4x + y + 1)^2$; (2) $\dfrac{dy}{dx} = \left(\dfrac{x+y-1}{x+y+1}\right)^2$;

(3) $x\,dy + (xy + y - 1)\,dx = 0$; (4) $y' + \dfrac{2}{x}y = x^2 y^{-2}$;

(5) $y'' = \dfrac{2y-1}{y^2+1}y'^2$; (6) $y'' - 2y' + y = x$;

(7) $y'' - 4y' + 3y = e^{3x} + \sin x$.

4. 求下列初值问题的解:

(1) $y\,dx + (x^2 - 4x)\,dy = 0, y\big|_{x=1} = 2$;

(2) $y'' + 4y = 3e^x, y\big|_{x=0} = 3, y'\big|_{x=0} = 3$;

(3) $y'' - 3y' - 4y = 0, y\big|_{x=0} = 0, y'\big|_{x=0} = -5$;

(4) $y'' + y' = (3 - 2x)e^{-x}, y\big|_{x=0} = 1, y'\big|_{x=0} = 0$.

5. 设 $y = y(x)$ 是一条向上凸的连续曲线,其上任一点 (x,y) 处曲率为 $\dfrac{1}{\sqrt{1+y'^2}}$,且此曲线上点 $(0,1)$ 处的切线方程为 $y = x + 1$,求该曲线的方程.

6. 将一个质量为 m 的物体以初速度 v_0 从地面垂直上抛. 若阻力为 $R = kv$(k 为常数,v 为物体运动的速度),求该物体的运动规律.

附录　积　分　表

（一）含有 $ax+b$ 的积分

1. $\displaystyle\int \frac{\mathrm{d}x}{ax+b} = \frac{1}{a}\ln|ax+b| + C$

2. $\displaystyle\int (ax+b)^{\alpha}\mathrm{d}x = \frac{1}{a(\alpha+1)}(ax+b)^{\alpha+1} + C \quad (\alpha \neq -1)$

3. $\displaystyle\int \frac{x}{ax+b}\mathrm{d}x = \frac{1}{a^2}(ax+b-b\ln|ax+b|) + C$

4. $\displaystyle\int \frac{x^2}{ax+b}\mathrm{d}x = \frac{1}{a^3}\left[\frac{1}{2}(ax+b)^2 - 2b(ax+b) + b^2\ln|ax+b|\right] + C$

5. $\displaystyle\int \frac{\mathrm{d}x}{x(ax+b)} = -\frac{1}{b}\ln\left|\frac{ax+b}{x}\right| + C$

6. $\displaystyle\int \frac{\mathrm{d}x}{x^2(ax+b)} = -\frac{1}{bx} + \frac{a}{b^2}\ln\left|\frac{ax+b}{x}\right| + C$

7. $\displaystyle\int \frac{x}{(ax+b)^2}\mathrm{d}x = \frac{1}{a^2}\left(\ln|ax+b| + \frac{b}{ax+b}\right) + C$

8. $\displaystyle\int \frac{x^2}{(ax+b)^2}\mathrm{d}x = \frac{1}{a^3}\left(ax+b-2b\ln|ax+b| - \frac{b^2}{ax+b}\right) + C$

9. $\displaystyle\int \frac{\mathrm{d}x}{x(ax+b)^2} = \frac{1}{b(ax+b)} - \frac{1}{b^2}\ln\left|\frac{ax+b}{x}\right| + C$

（二）含有 $\sqrt{ax+b}$ 的积分

10. $\displaystyle\int \sqrt{ax+b}\,\mathrm{d}x = \frac{2}{3a}\sqrt{(ax+b)^3} + C$

11. $\displaystyle\int x\sqrt{ax+b}\,\mathrm{d}x = \frac{2}{15a^2}(3ax-2b)\sqrt{(ax+b)^3} + C$

12. $\displaystyle\int x^2\sqrt{ax+b}\,\mathrm{d}x = \frac{2}{105a^3}(15a^2x^2-12abx+8b^2)\sqrt{(ax+b)^3} + C$

13. $\displaystyle\int \frac{x}{\sqrt{ax+b}}\mathrm{d}x = \frac{2}{3a^2}(ax-2b)\sqrt{ax+b} + C$

14. $\displaystyle\int \frac{x^2}{\sqrt{ax+b}}\mathrm{d}x = \frac{2}{15a^3}(3a^2x^2-4abx+8b^2)\sqrt{ax+b} + C$

15. $\displaystyle\int \frac{\mathrm{d}x}{x\sqrt{ax+b}} = \begin{cases} \dfrac{1}{\sqrt{b}}\ln\left|\dfrac{\sqrt{ax+b}-\sqrt{b}}{\sqrt{ax+b}+\sqrt{b}}\right| + C & (b>0), \\[3mm] \dfrac{2}{\sqrt{-b}}\arctan\sqrt{\dfrac{ax+b}{-b}} + C & (b<0) \end{cases}$

16. $\displaystyle\int \frac{\mathrm{d}x}{x^2\sqrt{ax+b}} = -\frac{\sqrt{ax+b}}{bx} - \frac{a}{2b}\int \frac{\mathrm{d}x}{x\sqrt{ax+b}}$

17. $\displaystyle\int \frac{\sqrt{ax+b}}{x}\mathrm{d}x = 2\sqrt{ax+b} + b\int \frac{\mathrm{d}x}{x\sqrt{ax+b}}$

18. $\displaystyle\int \frac{\sqrt{ax+b}}{x^2}\mathrm{d}x = -\frac{\sqrt{ax+b}}{x} + \frac{a}{2}\int \frac{\mathrm{d}x}{x\sqrt{ax+b}}$

（三）含有 $x^2 \pm a^2 (a > 0)$ 的积分

19. $\displaystyle\int \frac{\mathrm{d}x}{x^2 + a^2} = \frac{1}{a}\arctan\frac{x}{a} + C$

20. $\displaystyle\int \frac{\mathrm{d}x}{(x^2 + a^2)^n} = \frac{x}{2(n-1)a^2(x^2+a^2)^{n-1}} + \frac{2n-3}{2(n-1)a^2}\int \frac{\mathrm{d}x}{(x^2+a^2)^{n-1}}$

21. $\displaystyle\int \frac{\mathrm{d}x}{x^2 - a^2} = \frac{1}{2a}\ln\left|\frac{x-a}{x+a}\right| + C$

（四）含有 $ax^2 + b(a > 0)$ 的积分

22. $\displaystyle\int \frac{\mathrm{d}x}{ax^2 + b} = \begin{cases} \dfrac{1}{\sqrt{ab}}\arctan\sqrt{\dfrac{a}{b}}x + C \quad (b > 0), \\[3mm] \dfrac{1}{2\sqrt{-ab}}\ln\left|\dfrac{\sqrt{a}x - \sqrt{-b}}{\sqrt{a}x + \sqrt{-b}}\right| + C \quad (b < 0) \end{cases}$

23. $\displaystyle\int \frac{x}{ax^2 + b}\mathrm{d}x = \frac{1}{2a}\ln|ax^2 + b| + C$

24. $\displaystyle\int \frac{x^2}{ax^2 + b}\mathrm{d}x = \frac{x}{a} - \frac{b}{a}\int \frac{\mathrm{d}x}{ax^2 + b}$

25. $\displaystyle\int \frac{\mathrm{d}x}{x(ax^2 + b)} = \frac{1}{2b}\ln\frac{x^2}{|ax^2 + b|} + C$

26. $\displaystyle\int \frac{\mathrm{d}x}{x^2(ax^2 + b)} = -\frac{1}{bx} - \frac{a}{b}\int \frac{\mathrm{d}x}{ax^2 + b}$

27. $\displaystyle\int \frac{\mathrm{d}x}{x^3(ax^2 + b)} = \frac{a}{2b^2}\ln\frac{|ax^2 + b|}{x^2} - \frac{1}{2bx^2} + C$

28. $\displaystyle\int \frac{\mathrm{d}x}{(ax^2 + b)^2} = \frac{x}{2b(ax^2 + b)} + \frac{1}{2b}\int \frac{\mathrm{d}x}{ax^2 + b}$

（五）含有 $ax^2 + bx + c(a > 0)$ 的积分

29. $\displaystyle\int \frac{\mathrm{d}x}{ax^2 + bx + c} = \begin{cases} \dfrac{2}{\sqrt{4ac - b^2}}\arctan\dfrac{2ax + b}{\sqrt{4ac - b^2}} + C \quad (b^2 < 4ac), \\[3mm] \dfrac{1}{\sqrt{b^2 - 4ac}}\ln\left|\dfrac{2ax + b - \sqrt{b^2 - 4ac}}{2ax + b + \sqrt{b^2 - 4ac}}\right| + C \quad (b^2 > 4ac) \end{cases}$

30. $\displaystyle\int \frac{x}{ax^2 + bx + c}\mathrm{d}x = \frac{1}{2a}\ln|ax^2 + bx + c| - \frac{b}{2a}\int \frac{\mathrm{d}x}{ax^2 + bx + c}$

（六）含有 $\sqrt{x^2 + a^2}(a > 0)$ 的积分

31. $\displaystyle\int \frac{\mathrm{d}x}{\sqrt{x^2 + a^2}} = \operatorname{arsh}\frac{x}{a} + C_1 = \ln(x + \sqrt{x^2 + a^2}) + C$

32. $\displaystyle\int \frac{\mathrm{d}x}{\sqrt{(x^2 + a^2)^3}} = \frac{x}{a^2\sqrt{x^2 + a^2}} + C$

33. $\displaystyle\int \frac{x}{\sqrt{x^2 + a^2}}\mathrm{d}x = \sqrt{x^2 + a^2} + C$

34. $\displaystyle\int \frac{x}{\sqrt{(x^2 + a^2)^3}}\mathrm{d}x = -\frac{1}{\sqrt{x^2 + a^2}} + C$

35. $\displaystyle\int \frac{x^2}{\sqrt{x^2 + a^2}}\mathrm{d}x = \frac{x}{2}\sqrt{x^2 + a^2} - \frac{a^2}{2}\ln(x + \sqrt{x^2 + a^2}) + C$

36. $\displaystyle\int \frac{\mathrm{d}x}{x\sqrt{x^2 + a^2}} = \frac{1}{a}\ln\frac{\sqrt{x^2 + a^2} - a}{|x|} + C$

37. $\displaystyle\int \sqrt{x^2+a^2}\,\mathrm{d}x = \frac{x}{2}\sqrt{x^2+a^2} + \frac{a^2}{2}\ln(x+\sqrt{x^2+a^2}) + C$

38. $\displaystyle\int x\sqrt{x^2+a^2}\,\mathrm{d}x = \frac{1}{3}\sqrt{(x^2+a^2)^3} + C$

39. $\displaystyle\int \frac{\sqrt{x^2+a^2}}{x}\,\mathrm{d}x = \sqrt{x^2+a^2} + a\ln\frac{\sqrt{x^2+a^2}-a}{|x|} + C$

（七）含有 $\sqrt{x^2-a^2}\,(a>0)$ 的积分

40. $\displaystyle\int \frac{\mathrm{d}x}{\sqrt{x^2-a^2}} = \frac{x}{|x|}\mathrm{arch}\frac{|x|}{a} + C_1 = \ln|x+\sqrt{x^2-a^2}| + C$

41. $\displaystyle\int \frac{x}{\sqrt{x^2-a^2}}\,\mathrm{d}x = \sqrt{x^2-a^2} + C$

42. $\displaystyle\int \frac{x^2}{\sqrt{x^2-a^2}}\,\mathrm{d}x = \frac{x}{2}\sqrt{x^2-a^2} + \frac{a^2}{2}\ln|x+\sqrt{x^2-a^2}| + C$

43. $\displaystyle\int \frac{\mathrm{d}x}{x\sqrt{x^2-a^2}} = \frac{1}{a}\arccos\frac{a}{|x|} + C$

44. $\displaystyle\int \frac{\mathrm{d}x}{x^2\sqrt{x^2-a^2}} = \frac{\sqrt{x^2-a^2}}{a^2 x} + C$

45. $\displaystyle\int \sqrt{x^2-a^2}\,\mathrm{d}x = \frac{x}{2}\sqrt{x^2-a^2} - \frac{a^2}{2}\ln|x+\sqrt{x^2-a^2}| + C$

46. $\displaystyle\int x\sqrt{x^2-a^2}\,\mathrm{d}x = \frac{1}{3}\sqrt{(x^2-a^2)^3} + C$

47. $\displaystyle\int x^2\sqrt{x^2-a^2}\,\mathrm{d}x = \frac{x}{8}(2x^2-a^2)\sqrt{x^2-a^2} - \frac{a^4}{8}\ln|x+\sqrt{x^2-a^2}| + C$

48. $\displaystyle\int \frac{\sqrt{x^2-a^2}}{x}\,\mathrm{d}x = \sqrt{x^2-a^2} - a\arccos\frac{a}{|x|} + C$

49. $\displaystyle\int \frac{\sqrt{x^2-a^2}}{x^2}\,\mathrm{d}x = -\frac{\sqrt{x^2-a^2}}{x} + \ln|x+\sqrt{x^2-a^2}| + C$

（八）含有 $\sqrt{a^2-x^2}\,(a>0)$ 的积分

50. $\displaystyle\int \frac{\mathrm{d}x}{\sqrt{a^2-x^2}} = \arcsin\frac{x}{a} + C$

51. $\displaystyle\int \frac{x}{\sqrt{a^2-x^2}}\,\mathrm{d}x = -\sqrt{a^2-x^2} + C$

52. $\displaystyle\int \frac{x^2}{\sqrt{a^2-x^2}}\,\mathrm{d}x = -\frac{x}{2}\sqrt{a^2-x^2} + \frac{a^2}{2}\arcsin\frac{x}{a} + C$

53. $\displaystyle\int \frac{x^2}{\sqrt{(a^2-x^2)^3}}\,\mathrm{d}x = \frac{x}{\sqrt{a^2-x^2}} - \arcsin\frac{x}{a} + C$

54. $\displaystyle\int \frac{\mathrm{d}x}{x\sqrt{a^2-x^2}} = \frac{1}{a}\ln\frac{a-\sqrt{a^2-x^2}}{|x|} + C$

55. $\displaystyle\int \sqrt{a^2-x^2}\,\mathrm{d}x = \frac{x}{2}\sqrt{a^2-x^2} + \frac{a^2}{2}\arcsin\frac{x}{a} + C$

56. $\displaystyle\int x\sqrt{a^2-x^2}\,\mathrm{d}x = -\frac{1}{3}\sqrt{(a^2-x^2)^3} + C$

57. $\displaystyle\int \frac{\sqrt{a^2-x^2}}{x}\,\mathrm{d}x = \sqrt{a^2-x^2} + a\ln\frac{a-\sqrt{a^2-x^2}}{|x|} + C$

58. $\int \dfrac{\sqrt{a^2-x^2}}{x^2}\mathrm{d}x = -\dfrac{\sqrt{a^2-x^2}}{x} - \arcsin\dfrac{x}{a} + C$

（九）含有三角函数的积分

59. $\int \sin x\,\mathrm{d}x = -\cos x + C$

60. $\int \cos x\,\mathrm{d}x = \sin x + C$

61. $\int \tan x\,\mathrm{d}x = -\ln|\cos x| + C$

62. $\int \cot x\,\mathrm{d}x = \ln|\sin x| + C$

63. $\int \sec x\,\mathrm{d}x = \ln\left|\tan\left(\dfrac{\pi}{4}+\dfrac{\pi}{2}\right)\right| + C = \ln|\sec x + \tan x| + C$

64. $\int \csc x\,\mathrm{d}x = \ln\left|\tan\dfrac{x}{2}\right| + C = \ln|\csc x - \cot x| + C$

65. $\int \sec^2 x\,\mathrm{d}x = \tan x + C$

66. $\int \csc^2 x\,\mathrm{d}x = -\cot x + C$

67. $\int \sec x\tan x\,\mathrm{d}x = \sec x + C$

68. $\int \csc x\cot x\,\mathrm{d}x = -\csc x + C$

69. $\int \sin^2 x\,\mathrm{d}x = \dfrac{x}{2} - \dfrac{1}{4}\sin 2x + C$

70. $\int \cos^2 x\,\mathrm{d}x = \dfrac{x}{2} + \dfrac{1}{4}\sin 2x + C$

71. $\int \sin^n x\,\mathrm{d}x = -\dfrac{1}{n}\sin^{n-1} x\cos x + \dfrac{n-1}{n}\int \sin^{n-2} x\,\mathrm{d}x$

72. $\int \cos^n x\,\mathrm{d}x = \dfrac{1}{n}\cos^{n-1} x\sin x + \dfrac{n-1}{n}\int \cos^{n-2} x\,\mathrm{d}x$

（十）含有反三角函数的积分（其中 $a>0$）

73. $\int \arcsin\dfrac{x}{a}\mathrm{d}x = x\arcsin\dfrac{x}{a} + \sqrt{a^2-x^2} + C$

74. $\int x\arcsin\dfrac{x}{a}\mathrm{d}x = \left(\dfrac{x^2}{2}-\dfrac{a^2}{4}\right)\arcsin\dfrac{x}{a} + \dfrac{x}{4}\sqrt{a^2-x^2} + C$

75. $\int \arccos\dfrac{x}{a}\mathrm{d}x = x\arccos\dfrac{x}{a} - \sqrt{a^2-x^2} + C$

76. $\int x\arccos\dfrac{x}{a}\mathrm{d}x = \left(\dfrac{x^2}{2}-\dfrac{a^2}{4}\right)\arccos\dfrac{x}{a} - \dfrac{x}{4}\sqrt{a^2-x^2} + C$

77. $\int \arctan\dfrac{x}{a}\mathrm{d}x = x\arctan\dfrac{x}{a} - \dfrac{a}{2}\ln(a^2+x^2) + C$

78. $\int x\arctan\dfrac{x}{a}\mathrm{d}x = \dfrac{1}{2}(a^2+x^2)\arctan\dfrac{x}{a} - \dfrac{a}{2}x + C$

（十一）含有指数函数的积分

79. $\int a^x\,\mathrm{d}x = \dfrac{1}{\ln a}a^x + C \quad (a>0\ \text{且}\ a\neq 1)$

80. $\displaystyle\int e^{ax}\,dx = \frac{1}{a}e^{ax} + C \quad (a \neq 0)$

81. $\displaystyle\int xe^{ax}\,dx = \frac{1}{a^2}(ax - 1)e^{ax} + C \quad (a \neq 0)$

82. $\displaystyle\int x^n e^{ax}\,dx = \frac{1}{a}x^n e^{ax} - \frac{n}{a}\int x^{n-1}e^{ax}\,dx \quad (a \neq 0)$

83. $\displaystyle\int xa^x\,dx = \frac{x}{\ln a}a^x - \frac{1}{\ln^2 a}a^x + C \quad (a > 0 \text{ 且 } a \neq 1)$

84. $\displaystyle\int x^n a^x\,dx = \frac{1}{\ln a}x^n a^x - \frac{n}{\ln a}\int x^{n-1}a^x\,dx \quad (a > 0 \text{ 且 } a \neq 1)$

85. $\displaystyle\int e^{ax}\sin bx\,dx = \frac{1}{a^2 + b^2}e^{ax}(a\sin bx - b\cos bx) + C \quad (ab \neq 0)$

86. $\displaystyle\int e^{ax}\cos bx\,dx = \frac{1}{a^2 + b^2}e^{ax}(b\sin bx + a\cos bx) + C \quad (ab \neq 0)$

（十二）含有对数函数的积分

87. $\displaystyle\int \ln x\,dx = x\ln x - x + C$

88. $\displaystyle\int \frac{dx}{x\ln x} = \ln|\ln x| + C$

89. $\displaystyle\int x^n \ln x\,dx = \frac{1}{n+1}x^{n+1}\left(\ln x - \frac{1}{n+1}\right) + C$

90. $\displaystyle\int \ln^n x\,dx = x\ln^n x - n\int \ln^{n-1} x\,dx$

习题参考答案与提示

习 题 1-1

1. $A \cup B = \{x \mid x > 3\}, A \cap B = \{x \mid 4 < x < 5\}, A - B = \{x \mid 3 < x \leqslant 4\}$.

2. $x_0 = 1, \delta = 3$.

3. 略.

4. (1) $\left[\dfrac{5}{2}, +\infty \right)$; (2) $(-\infty, -\sqrt{5}) \cup (-\sqrt{5}, \sqrt{5}) \cup (\sqrt{5}, +\infty)$;

   (3) $(-\infty, 0) \cup (0, 9]$; (4) $[-2, -1) \cup (-1, 1) \cup (1, +\infty)$;

   (5) $[0, +\infty)$; (6) $x \neq \left(k + \dfrac{1}{2} \right) \pi + 5, k \in \mathbf{Z}$;

   (7) $[-2, 4]$; (8) $(1, 3]$;

   (9) $[1, 4]$; (10) $(-\infty, 2) \cup (2, 3) \cup (3, +\infty)$.

5. (1) 不相同; (2) 不相同; (3) 相同; (4) 相同. 理由略.

6. (1) $f(0) = -4$, $f(1 + \sqrt{2}) = 5 + 7\sqrt{2}$, $f(x + 1) = 2x^2 + 7x + 1$, $f(2x) = 8x^2 + 6x - 4$;

   (2) $f(1) = -1$, $f(-x) = x^2 + 3x + 1$, $f(x + 1) = x^2 - x - 1$, $f\left(\dfrac{1}{x} \right) = \dfrac{1}{x^2} - \dfrac{3}{x} + 1$;

   (3) $f(x) = \dfrac{1}{x}(1 - \sqrt{1 + x^2})$ $(x < 0)$;

   (4) $f\{f[f(x)]\} = \dfrac{2 - x}{2x - 3}$ $\left(x \neq 1, x \neq \dfrac{3}{2}, x \neq 2 \right)$, $f\left[\dfrac{1}{f(x)} \right] = \dfrac{1}{x - 2}$ $(x \neq 1, x \neq 2)$;

   (5) $f[g(x)] = 27^x$, $g[f(x)] = 3^{x^3}$;

   (6) $f(x) - f(x + 1) = \begin{cases} -1, & -1 \leqslant x < 0, \\ 0, & x \geqslant 0 \text{ 或 } x < -1. \end{cases}$

7. (1) 在区间 $(-\infty, 0]$ 上单调增加, 在区间 $[0, +\infty)$ 上单调减少, 无界;

   (2) 在区间 $(0, +\infty)$ 上单调增加, 有界.

8. ～ 9. 略.

10. (1) 奇函数; (2) 偶函数;

   (3) 偶函数; (4) 非奇非偶函数;

   (5) 非奇非偶函数; (6) 奇函数.

11. (1) 周期函数, 周期为 π; (2) 周期函数, 周期为 2π;

   (3) 周期函数, 周期为 2; (4) 不是周期函数.

12. (1) $y = \dfrac{x - 7}{2}$; (2) $y = \log_2 x + 5$ $(x > 0)$;

   (3) $y = \dfrac{b - dx}{cx - a}$; (4) $y = \arccos \sqrt[5]{2 - x}$ $(1 \leqslant x \leqslant 3)$;

   (5) $y = \sqrt{e^x + 1}$; (6) $y = \ln x - 1$.

13. ～ 14. 略.

15. (1) $y = \sqrt{u}, u = 1 + v^2, v = \sin x$; (2) $y = u^5, u = 1 + v, v = \ln x$;

   (3) $y = u^2, u = \cos v, v = 1 + w, w = \sqrt{x}$;

(4) $y = \arctan u, u = v + 1, v = \mathrm{e}^w, w = x^2$.

16. (1) $[-\sqrt{2}, -1] \cup [1, \sqrt{2}]$;　　　　　　(2) $[1, \mathrm{e}]$;

(3) $\bigcup\limits_{n \in Z} \left[n\pi, n\pi + \dfrac{\pi}{4} \right]$;　　　　(4) $a \in \left(0, \dfrac{1}{2} \right)$ 时定义域为 $[a, 1-a]$, $a > \dfrac{1}{2}$ 时定义域为 $\varnothing$.

习 题 1-2

1. (1) 收敛, 0;　　　(2) 收敛, 3;　　　(3) 收敛, 1;　　　(4) 发散;

(5) 发散;　　　(6) 收敛, 0;　　　(7) 发散;　　　(8) 发散.

2. $\lim\limits_{n \to \infty} x_n = 0, N = \left[\sqrt[3]{\dfrac{1}{\varepsilon}} \right], N = 10$.

3. ～ 6. 略.

习 题 1-3

1. (1) 错;　　　(2) 对;　　　(3) 错;　　　(4) 对;

(5) 对;　　　(6) 错;　　　(7) 对;　　　(8) 错.

2. $\lim\limits_{x \to 0^-} f(x) = 1$,　$\lim\limits_{x \to 0^+} f(x) = 1$,　$\lim\limits_{x \to 0} f(x)$ 存在且为 1.

　$\lim\limits_{x \to 1^-} f(x) = 2$,　$\lim\limits_{x \to 1^+} f(x) = 1$,　$\lim\limits_{x \to 1} f(x)$ 不存在.

3. 略.

4. $f(x) = \begin{cases} 0, & x = 0, \\ \dfrac{1}{x}, & x \neq 0. \end{cases}$

5. $\delta = \dfrac{0.01}{3}$. 提示:因为 $x \to 1$, 所以不妨设 $|x - 1| < 1$.

6. $X = 100$.

7. ～ 10. 略.

习 题 1-4

1. (1) 不正确;　　　(2) 正确;　　　(3) 不正确;　　　(4) 不正确;

(5) 正确;　　　(6) 不正确.　　　理由略.

2. 略.

3. 两个无穷小之商不一定是无穷小. 举例略.

4. (1) 2;　　　(2) 4.

5. ～ 6. 略.

习 题 1-5

1. (1) -1;　　　(2) $\dfrac{6}{5}$;　　　(3) $-\dfrac{1}{2}$;　　　(4) 1;

(5) $2x$;　　　(6) 3;　　　(7) 0;　　　(8) ∞;

(9) 2;　　　(10) 6;　　　(11) 2;　　　(12) $\dfrac{1}{2}$;

(13) ∞;　　　(14) ∞;　　　(15) 0;　　　(16) 0;

(17) 1;　　　(18) -1;　　　(19) 1;　　　(20) $\left(\dfrac{3}{2} \right)^{20}$.

2. (1) 对. 假设 $\lim\limits_{x \to x_0}\left[f(x) + g(x)\right]$ 存在,则 $\lim\limits_{x \to x_0}g(x) = \lim\limits_{x \to x_0}\left[f(x) + g(x)\right] - \lim\limits_{x \to x_0}f(x)$ 也存在,与已知条件矛盾.

(2) 错. 例如,函数 $f(x) = \sin x$ 和 $g(x) = -\sin x$ 当 $x \to \infty$ 时的极限都不存在,但 $f(x) + g(x) \equiv 0$ 当 $x \to \infty$ 时的极限存在.

(3) 错. 例如,对于函数 $f(x) = x, g(x) = \cos\dfrac{1}{x}$,有 $\lim\limits_{x \to 0}f(x) = 0, \lim\limits_{x \to 0}g(x)$ 不存在,但是 $\lim\limits_{x \to 0}\left[f(x)g(x)\right] = \lim\limits_{x \to 0}x\cos\dfrac{1}{x} = 0$.

(4) 错. 例如,对于函数 $f(x) = \arctan x, \lim\limits_{x \to \infty}f(x) = \lim\limits_{x \to \infty}\arctan x$ 不存在,但是 $\lim\limits_{x \to \infty}\left|f(x)\right| = \lim\limits_{x \to \infty}\left|\arctan x\right| = \dfrac{\pi}{2}$.

3. $a = -7, b = 6$.

<h2 align="center">习 题 1-6</h2>

1. (1) 3;　　　　　(2) 2;　　　　　(3) 2;　　　　　(4) x;

(5) -1;　　　　(6) $\dfrac{5}{3}$;　　　　(7) 0;　　　　(8) $\dfrac{1}{2}$.

2. (1) e^{-2};　　　　(2) e^2;　　　　(3) e^3;　　　　(4) e^{-k};

(5) e^{-2};　　　　(6) e^2.

3. (1) 提示:$1 < \sqrt{1 + \dfrac{1}{n}} < 1 + \dfrac{1}{n}$.

(2) 提示:$\dfrac{n^2}{n^2 + (2n - 1)\pi} \leqslant n\left[\dfrac{1}{n^2 + \pi} + \dfrac{1}{n^2 + 3\pi} + \cdots + \dfrac{1}{n^2 + (2n - 1)\pi}\right] \leqslant \dfrac{n^2}{n^2 + \pi}$.

(3) 提示:当 $x > 0$ 时,$1 < \sqrt[n]{1 + x} < 1 + x$;当 $-1 < x < 0$ 时,$1 + x < \sqrt[n]{1 + x} < 1$.

(4) 提示:$\dfrac{n^2}{n^2 + n} \leqslant n\left(\dfrac{1}{n^2 + 1} + \dfrac{1}{n^2 + 2} + \cdots + \dfrac{1}{n^2 + n}\right) \leqslant \dfrac{n^2}{n^2 + 1}$.

<h2 align="center">习 题 1-7</h2>

1. $\sqrt{1 + x} - \sqrt{1 - x}$.

2. 同阶无穷小.

3. 略.

4. (1) $\dfrac{\alpha}{\beta}$;　　　　(2) 2;　　　　(3) 1;

(4) 0(当 $m < n$ 时),1(当 $m = n$ 时),∞(当 $m > n$ 时);

(5) 5;　　　　　(6) -3.

5. 略.

6. $a = 3$.

<h2 align="center">习 题 1-8</h2>

1. (1) $f(x)$ 在区间 $[0, 2]$ 上连续,图形略;

(2) $f(x)$ 在区间 $(-\infty, -1)$ 与区间 $(-1, +\infty)$ 上连续,$x = -1$ 为跳跃间断点,图形略.

2. (1) $x = -1$ 为无穷间断点,$x = -2$ 为无穷间断点;

(2) $x = 0$ 为跳跃间断点;　　　　(3) $x = 1$ 为振荡间断点;

(4) $x = 0$ 为可去间断点,补充定义 $f(0) = 1, x = k\pi(k = \pm 1, \pm 2, \cdots)$ 为无穷间断点,$x = k\pi + \dfrac{\pi}{2}(k = 0,$

$\pm 1, \pm 2, \cdots)$ 为可去间断点,补充定义 $f\left(k\pi + \dfrac{\pi}{2}\right) = 0$;

(5) $x = 0$ 为跳跃间断点;

(6) $x = 0$ 为可去间断点,补充定义 $f(0) = 4$.

3. $f(x) = \begin{cases} x, & |x| < 1, \\ 0, & |x| = 1, \\ -x, & |x| > 1, \end{cases}$ 在 $(-\infty, -1), (-1, 1)$ 与 $(1, +\infty)$ 上连续, $x = 1$ 和 $x = -1$ 都为跳跃间断点.

4. $a = 2$.

5. 略.

6. $f(0) = \mathrm{e}$.

习 题 1-9

1. 连续区间为 $(-\infty, -3), (-3, 2), (2, +\infty)$, $\lim\limits_{x \to 0} f(x) = \dfrac{1}{2}, \lim\limits_{x \to 1} f(x) = 0, \lim\limits_{x \to 2} f(x) = \infty, \lim\limits_{x \to -3} f(x) = -\dfrac{8}{5}$,

$\lim\limits_{x \to \infty} f(x) = \infty$.

2. 略.

3. (1) $\sqrt{5}$;　　　　　(2) 1;　　　　　(3) -2;　　　　　(4) $\dfrac{\pi}{2}$;

(5) 0;　　　　　(6) 4;　　　　　(7) $\dfrac{4}{3}$;　　　　　(8) 1.

4. (1) $\dfrac{1}{2}$;　　　　　(2) $\sqrt{\mathrm{e}}$;　　　　　(3) e^3;　　　　　(4) e^2;

(5) $\dfrac{1}{2}$;　　　　　(6) $\dfrac{n(n+1)}{2}$.

5. $a = -6$.

6. $k = 1$.

习 题 1-10

1. ～ 4. 略. 提示:利用零点定理证明.

5. 略. 提示:利用介值定理证明,此时需构造一个区间 $[a, b]$,使得 -2 介于 $f(a)$ 与 $f(b)$ 之间. 也可利用零点定理证明,此时需构造函数 $g(x) = x^3 - x^2 + x + 2$ 和区间 $[a, b]$,使得 $f(a)$ 与 $f(b)$ 异号.

6. 略. 提示: $m \leqslant \dfrac{f(x_1) + f(x_2) + \cdots + f(x_n)}{n} \leqslant M$,其中 m, M 分别为函数 $f(x)$ 在区间 $[x_1, x_n]$ 上的最小值及最大值. 利用中间值定理证明.

7. 略. 提示:分区间 $(-\infty, -X) \cup (X, +\infty)$ 及 $[-X, X]$ 考察函数 $f(x)$ 的有界性.

总 习 题 一

1. (1) 充分,必要;　　　　　　　　(2) 充分,必要;

(3) 必要,充分;　　　　　　　　(4) 必要;

(5) 必要,充分.

2. $x \neq \dfrac{1}{2}, x \neq 1$.

3. (1) $[0, +\infty)$;　　　　　　　　(2) $[0, 1]$;

(3) $[0,\sin 1]$;

(4) $\bigcup\limits_{n\in \mathbf{Z}}\left[2n\pi -\dfrac{\pi}{2},2n\pi +\dfrac{\pi}{2}\right].$

4. $y=\sqrt[3]{1-x^{3}}.$

5. $f[f(x)]=\begin{cases} x+2, & x<-1,\\ 1, & x\geqslant -1.\end{cases}$

6. 略.

7. (1) 2;　　　　　(2) 0;　　　　　(3) $\mathrm{e}^{-\frac{1}{2}}$;　　　　　(4) 1;

　(5) 1;　　　　　(6) e^{-2};　　　　　(7) e;　　　　　(8) $\dfrac{1}{3}.$

8. $k=2.$

9. $x=1$ 为无穷间断点, $x=0$ 为跳跃间断点.

10. 略. 提示:利用夹逼定理证明.

11. 略. 提示:利用零点定理证明.

12. (1) 略;　　　　　(2) $y=2x+4.$

习 题　2-1

1. (1) -4;　　　　　(2) 1;　　　　　(3) -1;　　　　　(4) 1.

2. (1) $-f'(x_{0})$;　　　(2) $f'(x_{0})$;　　　(3) $2f'(x_{0})$;　　　(4) $f'(0).$

3. $y-\ln 2=\dfrac{1}{2}(x-2),y-\ln x_{0}=\dfrac{1}{x_{0}}(x-x_{0}).$

4. $(2,4),\left(-\dfrac{3}{2},\dfrac{9}{4}\right).$

5. $3\ \mathrm{m/s}.$

6. 切线方程为 $\dfrac{\sqrt 3}{2}x+y-\dfrac{1}{2}\left(1+\dfrac{\sqrt 3}{3}\pi\right)=0$,法线方程为 $\dfrac{2\sqrt 3}{3}x-y+\dfrac{1}{2}-\dfrac{2\sqrt 3}{9}\pi =0.$

7. $y=\mathrm{e}x.$

8. 在点 $x=0$ 处连续但不可导.

9. $a=2,b=-1.$

10. $\dfrac{102}{265}\ \mathrm{m/s}.$

习 题　2-2

1. (1) $\dfrac{3}{2\sqrt x}$;

(2) $6x-1$;

(3) $9x^{2}+\dfrac{4}{x^{3}}$;

(4) $20x^{3}-2^{x}\ln^{2}2+3\mathrm{e}^{x}$;

(5) $3\sec x\tan x-\csc^{2}x$;

(6) $t\cos t$;

(7) $\log_{2}(\mathrm{e}x)$;

(8) $-\dfrac{5x^{3}+1}{2x\sqrt x}$;

(9) $2\mathrm{e}^{x}\cos x+\dfrac{1}{x}$;

(10) $\dfrac{1+\sin x+\cos x}{(1+\cos x)^{2}}$;

(11) $\dfrac{(\cos x-2)\sin x+x}{\cos^{2}x}$;

(12) $t^{2}(1+3\ln t)$;

(13) $\sin x \ln x + x \cos x \ln x + \sin x$；

(14) $\dfrac{\sin x - x \cos x}{\sin^2 x}$；

(15) $\dfrac{2 \cdot 10^x \ln 10}{(1 + 10^x)^2}$；

(16) $3x^2$；

(17) $\mathrm{e}^{-x}(3x^2 - x^3 - 2x + 2)$；

(18) $4x + \dfrac{5}{2}x^{\frac{3}{2}}$．

2. (1) 3；

(2) $\sqrt{\dfrac{2}{\pi}}(2 + \pi)$；

(3) $\dfrac{1 - \ln 2}{4}$．

3. $(0,1)$．

4. $2x - y + 1 = 0$．

5. (1) $(10 - g)$（单位：m/s）；

(2) $\dfrac{10}{g}$（单位：s）．

6. (1) $\dfrac{1}{\sqrt{4 - x^2}}$；

(2) $\dfrac{2x}{1 + x^4}$；

(3) $-\dfrac{2\arccos x}{\sqrt{1 - x^2}}$；

(4) $-\dfrac{1}{\sqrt{3 + 2x - x^2}}$；

(5) $\dfrac{-2}{1 - 2x}$；

(6) $(2x - 1)\mathrm{e}^{-x + x^2}$；

(7) $\dfrac{\sec^2 \dfrac{x}{2}}{4\sqrt{\tan \dfrac{x}{2}}}$；

(8) $\dfrac{2x}{2 + x^2}$；

(9) $-2^{\cos x} \sin x \ln 2$；

(10) $\dfrac{\sin^3 x}{\cos^5 x}$．

7. (1) $\dfrac{-1}{1 - x^2}$；

(2) $-2\mathrm{e}^{-2x}\sec^2(1 + \mathrm{e}^{-2x})$；

(3) $(2\cos 5x - 5\sin 5x)\mathrm{e}^{2x}$；

(4) $\dfrac{2x}{(x^2 + 1)\ln a}$；

(5) $\dfrac{1}{2x}\left(1 + \dfrac{1}{\sqrt{\ln x}}\right)$；

(6) $\dfrac{3^{\sqrt{\ln x}} \ln 3}{2x\sqrt{\ln x}}$；

(7) $\dfrac{1}{(1 - x)\sqrt{1 - x^2}}$；

(8) $\dfrac{10\ln^4 x^2}{x}$；

(9) $\dfrac{2\sin(2\ln x)}{x\cos^2(2\ln x)}$；

(10) $\dfrac{x}{\sqrt{(2 - x^2)^3}}$；

(11) $\dfrac{2}{x^2}\csc^2 \dfrac{2}{x}$；

(12) $-\dfrac{24}{x^3}\left(3 + \dfrac{4}{x^2}\right)^2$．

8. (1) $\dfrac{\mathrm{e}^{\arctan\sqrt{x}}}{2\sqrt{x}(1 + x)}$；

(2) $-(\mathrm{e}^{-\sin x}\cos x + \sin x)$；

(3) $-\dfrac{2}{x(1 + \ln x)^2}$；

(4) $4\left(x^3 - \dfrac{1}{x^3} + 3\right)^3\left(3x^2 + \dfrac{3}{x^4}\right)$；

(5) $\dfrac{1}{x\ln x \ln(\ln x)}$；

(6) $\sec^2 \dfrac{x}{2}\tan \dfrac{x}{2} - \csc^2 \dfrac{x}{2}\cot \dfrac{x}{2}$；

(7) $\dfrac{2\ln x}{x\sqrt{1 + 2\ln^2 x}}$；

(8) $\dfrac{a^2 - 2x^2}{2\sqrt{a^2 - x^2}}$；

(9) $-2\cos 2x\, 10^{-\sin 2x}\ln 10$；

(10) $-3\sin 3x \sin(2\cos 3x)$．

9. 略.

10. (1) $f'(\mathrm{e}^x + x^\mathrm{e})(\mathrm{e}^x + \mathrm{e}x^{\mathrm{e}-1})$；

(2) $\sin 2x[f'(\sin^2 x) - f'(\cos^2 x)]$．

11. $\dfrac{f(x)f'(x)+g(x)g'(x)}{\sqrt{f^2(x)+g^2(x)}}$.

12. (1) $\dfrac{1}{x^2\arccos\dfrac{1}{x}\sqrt{1-\dfrac{1}{x^2}}}$;

(2) $\dfrac{1}{\sqrt{a^2+x^2}}$;

(3) $\dfrac{2\sqrt{x}+1}{4\sqrt{x^2+x\sqrt{x}}}$;

(4) $2x(\sin 2x+x\cos 2x)$;

(5) $-\dfrac{1}{1-x^2}+\dfrac{x\arccos x}{(1-x^2)\sqrt{1-x^2}}$;

(6) $\dfrac{x\mathrm{e}^{-x^2}}{\sqrt{1-\mathrm{e}^{-x^2}}}$;

(7) $\left(\dfrac{7}{t}-7\ln 2t\right)\mathrm{e}^{-t}$;

(8) $2x\mathrm{e}^{x^2}\cos\mathrm{e}^{x^2}$;

(9) $3\operatorname{sh}3x$;

(10) $\dfrac{1}{2\sqrt{x}\operatorname{ch}^2\sqrt{x}}$.

13. $-\ln 3$.

14. $\dfrac{\mathrm{d}m}{\mathrm{d}t}=-m_0k\mathrm{e}^{-kt}$（单位：g/s）.

15. $4l$（单位：g/cm）.

习　题　2-3

1. (1) $6-\dfrac{1}{x^2}$;

(2) $4\mathrm{e}^{2x}+\sin x$;

(3) $2\csc^2 x\cot x$;

(4) $2\arctan x+\dfrac{2x}{1+x^2}$;

(5) $-\dfrac{x}{\sqrt{(1-x^2)^3}}$;

(6) $(16x^2-4)\mathrm{e}^{-2x^2}$;

(7) $-\dfrac{1}{\sqrt{(1-x^2)^3}}$;

(8) $\dfrac{\mathrm{e}^x(x^2-2x+2)}{x^3}$;

(9) $\dfrac{-2(2+x^2)}{(2-x^2)^2}$;

(10) $(6x-4x^3)\cos 2x-12x^2\sin 2x$;

(11) $\dfrac{6x(2x^3-1)}{(1+x^3)^3}$;

(12) $-2\mathrm{e}^x\sin x$;

(13) $9\ln^2 5\cdot 5^{3x}$;

(14) $4+\dfrac{3}{4}x^{-\frac{5}{2}}+8x^{-3}$.

2. $9x^2+2x+1,18x+2,18,0$.

3. $\mathrm{e}^{-x},-\mathrm{e}^{-x},(-1)^n\mathrm{e}^{-x}$.

4. 72 030.

5. (1) $2[f'(x^2+1)+2x^2 f''(x^2+1)]$;

(2) $\dfrac{f''(x)f(x)-[f'(x)]^2}{f^2(x)}$.

6. ～ 7. 略.

8. (1) $2^x\ln^n 2$;

(2) $\mathrm{e}^x(x+n)$;

(3) $\begin{cases}\ln x+1, & n=1,\\ (-1)^n\ \dfrac{(n-2)!}{x^{n-1}}, & n\geqslant 2;\end{cases}$

(4) $2^{n-1}\sin\left[2x+(n-1)\dfrac{\pi}{2}\right]$.

9. (1) $\dfrac{5^{40}}{2}\sin 5x-\dfrac{1}{2}\sin x$;

(2) $2^{50}\left(50x\cos 2x-x^2\sin 2x+\dfrac{1\,225}{2}\sin 2x\right)$;

(3) $2^{20} e^{2x}(x^2 + 20x + 95)$.

习 题 2-4

1. (1) $\dfrac{1}{y}$;　　　　　　(2) $\dfrac{-\sin(x+y)}{1+\sin(x+y)}$;　　(3) $\dfrac{y}{y-1}$;

　(4) $\dfrac{y-2x}{2y-x}$;　　　　(5) $\dfrac{y(x\ln y-y)}{x(y\ln x-x)}$;　　(6) $\dfrac{1+y^2}{2+y^2}$.

2. 略.

3. 切线方程为 $x+y-\dfrac{\sqrt{2}}{2}a=0$,法线方程为 $x-y=0$.

4. (1) $-\dfrac{R^2}{y^3}$;　　　　　　　　　(2) $\dfrac{e^{2y}(3-y)}{(2-y)^3}$;

　(3) $\dfrac{\sin(x+y)}{[\cos(x+y)-1]^3}$;　　　　(4) $\dfrac{2(x^2+y^2)}{(x-y)^3}$.

5. (1) $\left(\dfrac{x}{1+x}\right)^x\left[\ln x-\ln(1+x)+\dfrac{1}{1+x}\right]$;　(2) $(2x)^{1-x}\left(\dfrac{1-x}{x}-\ln 2-\ln x\right)$;

　(3) $x\sqrt{\dfrac{1-x}{1+x}}\left(\dfrac{1}{x}-\dfrac{1}{1-x^2}\right)$;　　(4) $\dfrac{x\sqrt{x+1}}{(x+2)^2}\left[\dfrac{1}{x}+\dfrac{1}{2(x+1)}-\dfrac{2}{x+2}\right]$.

6. (1) $-\dfrac{1}{2}e^{-2t}$;　　　　　　　　(2) $\dfrac{\cos t-t\sin t}{1-\sin t-t\cos t}$;

　(3) -1;　　　　　　　　　　　(4) $\dfrac{\cos t-\sin t}{\sin t+\cos t}$.

7. 略.

8. $\dfrac{\sqrt{2}}{4}$.

9. (1) $\dfrac{1}{3}$,0;　　　　　　　　　(2) $-\tan t,\dfrac{1}{3a\sin t\cos^4 t}$;

　(3) $-\dfrac{1}{2\sin^3 t}$,$-\dfrac{3\cos t}{4\sin^5 t}$;　　(4) $t,\dfrac{1}{f''(t)}$.

10. $\dfrac{1}{50\pi}$cm/min $\approx 0.006\ 4$ cm/min.

11. $\dfrac{16}{25}$ cm/min.

习 题 2-5

1. $-0.009\ 9$,-0.01.

2. 4.

3. 2 cm.

4. (1) $\left(2x-\dfrac{1}{2\sqrt{x}}\right)\mathrm{d}x$;　　　　(2) $2x(1+x)e^{2x}\mathrm{d}x$;

　(3) $\dfrac{-(1-x^2)\sin x+2x\cos x}{(1-x^2)^2}\mathrm{d}x$;　　(4) $\dfrac{1}{2\sqrt{x-x^2}}\mathrm{d}x$;

　(5) $(1+\ln x)\mathrm{d}x$;　　　　　(6) $-2\tan(1-x)\sec^2(1-x)\mathrm{d}x$;

　(7) $(x^2+1)^{-\frac{3}{2}}\mathrm{d}x$;　　　　(8) $\dfrac{2-3x^2-2x^3}{2(1-x^3)}\mathrm{d}x$;

(9) $\dfrac{5^{\ln \tan x}\ln 5}{\sin x \cos x}\mathrm{d}x$;　　　　　　(10) $2(\mathrm{e}^{2x}-\mathrm{e}^{-2x})\mathrm{d}x$.

5. (1) $3x+C$;　　(2) $3x^2+C$;　　(3) $\ln(2+x)+C$;　　(4) $-\dfrac{1}{2}\cot 2x+C$;

　(5) $\dfrac{1}{3}\mathrm{e}^{3x}+C$;　　(6) $-\cos t+C$;　　(7) $\dfrac{2}{5}x^{\frac{5}{2}}+C$;　　(8) $3\arctan x+C$.

6. 0.033 55 g.

7. 2π cm^2.

8. (1) $-0.965\,09$;　　(2) 1.05;　　(3) 0.002;

　(4) 0.795 4;　　(5) 0.99;　　(6) 2.005 2.

9. 略.

10. 0.5%.

11. 5.76 m^2, 0.04.

12. 1 962.5 mm^2, 3.925 mm^2, 0.2%.

总习题二

1. (1) B;　　(2) C;　　(3) A;

　(4) A;　　(5) B.

2. 连续但不可导.

3. (1) $\dfrac{1}{2}\cos 2x + \cos 4x - \dfrac{3}{2}\cos 6x$;　　(2) $\dfrac{1+x^2}{1+x^2+x^4}$;

　(3) $\dfrac{45x^3+16x}{\sqrt{1+5x^2}}$;　　(4) $\dfrac{-1}{(x^2+2x+2)\arctan\dfrac{1}{1+x}}$.

4. $\mathrm{e}^{f(x)}\left[\mathrm{e}^x f'(\mathrm{e}^x)+f(\mathrm{e}^x)f'(x)\right]$.

5. (1) $\dfrac{2}{x^3}\left(\ln x - \dfrac{3}{2}\right)$;　　(2) $6x\cos x^3 - 9x^4 \sin x^3$;

　(3) $\mathrm{e}^{x^2}(4x^3+6x)$;　　(4) $\dfrac{2x(3+3x+x^2)}{(1+x)^3}$.

6. $\dfrac{y(\ln y+1)^2 - x(\ln x+1)^2}{xy(\ln y+1)^3}$.

7. $\dfrac{(\mathrm{e}^x-\mathrm{e}^y)(1-\mathrm{e}^{x+y})}{(\mathrm{e}^y+1)^3}$.

8. $\dfrac{2(1+t^2)}{(1-t)^5}$.

9. (1) $-\mathrm{e}^{-x}(\cos x+\sin x)\mathrm{d}x$;　　(2) $\sec x\,\mathrm{d}x$;

　(3) $(\sin x - \cos x)\mathrm{d}x$;　　(4) $\dfrac{2}{1-x^2}\mathrm{d}x$.

10. -2.8 km/h.

11. 0.32π m^3/s, 0.32 m^2/s.

12. 0.484 9.

13. ~ 15. 略.

习 题 3-1

1. 证明略, $\xi=0$.

2. 有,三个实根分别位于区间$(1,2),(2,3),(3,4)$内.

3. 证明略,$\xi = e-1$.

4. $\sim$ 5. 略.

<h2 style="text-align:center">习 题 3-2</h2>

1. (1) -1;　(2) $-\dfrac{1}{3}$;　(3) $-\dfrac{3}{5}$;　(4) $\dfrac{1}{2}$;

(5) ∞;　(6) $\dfrac{1}{2}(\alpha^2-\beta^2)$;　(7) $\dfrac{1}{2}$;　(8) 5;

(9) ∞;　(10) 0;　(11) -1;　(12) 0;

(13) 0;　(14) $\dfrac{2}{\pi}$;　(15) 1.

2. 略.

<h2 style="text-align:center">习 题 3-3</h2>

1. $f(x) = -56 + 21(x-4) + 37(x-4)^2 + 11(x-4)^3 + (x-4)^4$.

2. $f(x) = x^6 - 9x^5 + 30x^4 - 45x^3 + 30x^2 - 9x + 1$.

3. $f(x) = 2 + \dfrac{1}{4}(x-4) - \dfrac{1}{64}(x-4)^2 + \dfrac{1}{512}(x-4)^3 - \dfrac{15(x-4)^4}{4!16[4+\theta(x-4)]^{\frac{7}{2}}}$　$(0<\theta<1)$.

4. $f(x) = \ln 2 + \dfrac{x-2}{2} - \dfrac{(x-2)^2}{8} + \dfrac{(x-2)^3}{3\cdot 2^3} - \cdots + (-1)^{n-1}\dfrac{1}{n\cdot 2^n}(x-2)^n + o[(x-2)^n]$.

5. $f(x) = -[1+(x+1)+(x+1)^2+\cdots+(x+1)^n] + (-1)^{n+1}\dfrac{(x+1)^{n+1}}{[-1+\theta(x+1)]^{n+1}}$　$(0<\theta<1)$.

6. $f(x) = x + \dfrac{1}{3}x^3 + o(x^3)$.

7. $f(x) = x + x^2 + \dfrac{x^3}{2!} + \cdots + \dfrac{x^n}{(n-1)!} + o(x^n)$.

8. 证明略,$\sqrt{e} \approx 1.645$.

9. (1) $\sqrt[3]{30} \approx 3.10724,|R_3| \leqslant 1.88\times10^{-5}$; (2) $\sin 18° \approx 0.3090,|R_3| \leqslant 1.3\times10^{-4}$.

10. (1) $\dfrac{3}{2}$;　(2) $\dfrac{1}{6}$.

<h2 style="text-align:center">习 题 3-4</h2>

1. 单调增加.

2. 单调减少.

3. (1) $(-\infty,-1]$是单调减少区间,$[-1,+\infty)$是单调增加区间;

(2) $(-\infty,-1],[1,+\infty)$是单调增加区间,$[-1,1]$是单调减少区间;

(3) $(-\infty,1),(1,2)$是单调增加区间,$[2,3),(3,+\infty)$是单调减少区间;

(4) $\left(-\infty,\dfrac{1}{2}\right]$是单调减少区间,$\left[\dfrac{1}{2},+\infty\right)$是单调增加区间.

4. 略.

5. 略.提示:设函数$f(x)=\sin x - x$.由$f'(x)=\cos x - 1 < 0(x\neq 0,\pm2\pi,\pm4\pi,\cdots)$知,$f(x)$单调减少.又当$x<0$时,$f(x)>0$;当$x>0$时,$f(x)<0$.于是,$f(x)$与$x$轴只相交一次,即$\sin x = x$只有一个实根.

习 题 3 - 5

1. (1) 极小值为 $y(-1) = -2$；　　　　　　(2) 极大值为 $y(0) = -1$；

　(3) 极小值为 $y(0) = 1$；　　　　　　　　(4) 极小值为 $y\left(\dfrac{3}{2}\right) = -\dfrac{27}{16}$；

　(5) 极大值为 $y(3) = 108$，极小值为 $y(5) = 0$；

　(6) 极大值为 $y(0) = 0$，极小值为 $y\left(\dfrac{2}{5}\right) = -\dfrac{3}{25}\sqrt[3]{20}$.

2. 没有极值.

3. $a = 2, f\left(\dfrac{\pi}{3}\right) = \sqrt{3}$ 为极大值.

习 题 3 - 6

1. (1) 最大值为 $f(-2) = 13$，最小值为 $f(-1) = 4$；

　(2) 最大值为 $f(4) = 8$，最小值为 $f(0) = 0$；

　(3) 最大值为 $f(1) = \dfrac{1}{2}$，最小值为 $f(-1) = -\dfrac{1}{2}$；

　(4) 最大值为 $f\left(\dfrac{\sqrt{2}}{2}\right) = \sqrt[3]{4}$，无最小值.

2. 长为 10 m，宽为 5 m.

3. 高为 $2\left(\dfrac{25}{\pi}\right)^{\frac{1}{3}}$ cm，底半径为 $\left(\dfrac{25}{\pi}\right)^{\frac{1}{3}}$ cm.

4. $\dfrac{4}{3}\sqrt{3}R^2$.

5. 略.

习 题 3 - 7

1. (1) 凹的；　　　　(2) 凹的.

2. (1) 在区间 $\left(-\infty, \dfrac{1}{3}\right]$ 上是凸的，在区间 $\left[\dfrac{1}{3}, +\infty\right)$ 上是凹的，拐点为 $\left(\dfrac{1}{3}, \dfrac{16}{27}\right)$；

　(2) 在区间 $(-\infty, -3)$，$(-3, 6]$ 上是凸的，在区间 $[6, +\infty)$ 上是凹的，拐点为 $\left(6, \dfrac{11}{3}\right)$；

　(3) 在区间 $(-\infty, -1]$，$[1, +\infty)$ 上是凹的，在区间 $[-1, 1]$ 上是凸的，拐点为 $(-1, e^{-\frac{1}{2}})$，$(1, e^{-\frac{1}{2}})$；

　(4) 在区间 $(-\infty, -1)$，$(1, +\infty)$ 上是凸的，没有拐点.

3. $a = -\dfrac{3}{2}, b = \dfrac{9}{2}$.

习 题 3 - 8

略.

习 题 3 - 9

1. (1) $\sqrt{1 + \sin^2 x}\,\mathrm{d}x$；　(2) $\sqrt{1 + \dfrac{x}{2p}}\,\mathrm{d}x$；　　(3) $\dfrac{a}{\sqrt{a^2 - x^2}}\,\mathrm{d}x$；　　(4) $3a\,|\sin t\cos t|\,\mathrm{d}t$.

2. $K = 2$.

3. (1) 36；　　　　　　(2) $\dfrac{1}{2\sqrt{2}}$；　　　　　(3) $\dfrac{1}{6}\sqrt{2}$；　　　　　(4) $\dfrac{1}{4a}\sqrt{2}$.

4. $K = 1, \rho = 1$.

总 习 题 三

1. (1) D；　　　　　　(2) A；　　　　　(3) B；　　　　　(4) D；

　(5) D；　　　　　　(6) A.

2. (1) $(0,1)$；　　　　(2) $(0,0)$；　　　　(3) $(-1,0], [0,1)$.

3. (1) 0；　　　　　　(2) 0；　　　　　(3) 0；　　　　　(4) 0；

　(5) -1；　　　　　(6) 1.

4. 单调增加区间为 $(-\infty,0]$ 和 $\left[\dfrac{2}{5}, +\infty\right)$，单调减少区间为 $\left[0, \dfrac{2}{5}\right]$，极小值为 $f\left(\dfrac{2}{5}\right) = -\dfrac{108}{312\,5}$，极大值为 $f(0) = 0$.

5. 单调增加区间为 $(-\infty,1]$，单调减少区间为 $[1, +\infty)$，极大值为 $y\Big|_{x=1} = \mathrm{e}$；凹区间为 $\left(-\infty, 1-\dfrac{\sqrt{2}}{2}\right]$ 和 $\left[1+\dfrac{\sqrt{2}}{2}, +\infty\right)$，凸区间为 $\left[1-\dfrac{\sqrt{2}}{2}, 1+\dfrac{\sqrt{2}}{2}\right]$，拐点为 $\left(1-\dfrac{\sqrt{2}}{2}, \mathrm{e}^{\frac{1}{2}}\right)$ 和 $\left(1+\dfrac{\sqrt{2}}{2}, \mathrm{e}^{\frac{1}{2}}\right)$；$y = 0$ 为水平渐近线；图形略.

6. $\dfrac{a}{6}$.

7. 略.

8. 略. 提示：考虑函数 $\varphi(x) = \dfrac{f(x)}{\mathrm{e}^x}$，证明 $\varphi(x)$ 为常数.

习 题　4-1

1. (1) $-\dfrac{2}{3x\sqrt{x}} + C$；　　　　　(2) $\dfrac{3}{4}x\sqrt[3]{x} - 2\sqrt{x} + C$；

　(3) $\dfrac{2^x}{\ln 2} + \dfrac{1}{3}x^3 + C$；　　　(4) $\dfrac{2}{5}x^2\sqrt{x} - 2x\sqrt{x} + C$；

　(5) $x^3 + \arctan x + C$；　　　(6) $x - \arctan x + C$；

　(7) $\dfrac{1}{4}x^2 - \ln|x| - \dfrac{3}{2x^2} + \dfrac{4}{3x^3} + C$；　　(8) $3\arctan x - 2\arcsin x + C$；

　(9) $\dfrac{8}{15}x^{\frac{15}{8}} + C$；　　　　(10) $\mathrm{e}^t + t + C$；

　(11) $2x - \dfrac{5\left(\dfrac{2}{3}\right)^x}{\ln \dfrac{2}{3}} + C$；　　　(12) $\mathrm{e}^x - 2\sqrt{x} + C$；

　(13) $\dfrac{1}{2}(x + \sin x) + C$；　　　(14) $\dfrac{1}{2}\tan x + C$；

　(15) $\sin x - \cos x + C$；　　　(16) $\tan x - \sec x + C$.

2. $y = \ln|x| + 1$.

3. $s = 3t^2 - 2t$.

习 题 4−2

1. (1) $\dfrac{1}{7}$;　　　　(2) $-\dfrac{1}{2}$;　　　　(3) $\dfrac{1}{12}$;　　　　(4) $\dfrac{1}{2}$;

　　(5) $-\dfrac{1}{5}$;　　　　(6) 2;　　　　(7) $\dfrac{1}{2}$;　　　　(8) $\dfrac{1}{3}$;

　　(9) -1;　　　　(10) -1.

2. (1) $\dfrac{1}{3}e^{3t}+C$;

　　(2) $-\dfrac{1}{20}(3-5x)^4+C$;

　　(3) $-\dfrac{1}{2}\ln|3-2x|+C$;

　　(4) $-\dfrac{1}{2}(5-3x)^{\frac{2}{3}}+C$;

　　(5) $-\dfrac{1}{a}\cos ax-be^{\frac{x}{b}}+C$;

　　(6) $2\sin\sqrt{t}+C$;

　　(7) $\dfrac{1}{11}\tan^{11}x+C$;

　　(8) $\ln|\ln(\ln x)|+C$;

　　(9) $-\ln|\cos\sqrt{1+x^2}|+C$;

　　(10) $\ln|\tan x|+C$;

　　(11) $\arctan e^x+C$;

　　(12) $\dfrac{1}{2}\sin x^2+C$;

　　(13) $-\dfrac{1}{3}\sqrt{2-3x^2}+C$;

　　(14) $-\dfrac{1}{3\omega}\cos^3\omega t+C$;

　　(15) $-\dfrac{3}{4}\ln|1-x^4|+C$;

　　(16) $\dfrac{1}{2}\sec^2 x+C$;

　　(17) $\dfrac{1}{10}\arcsin\dfrac{x^{10}}{\sqrt{2}}+C$;

　　(18) $\dfrac{1}{2}\arcsin\dfrac{2x}{3}+\dfrac{1}{4}\sqrt{9-4x^2}+C$;

　　(19) $\dfrac{1}{2}\cos x-\dfrac{1}{10}\cos 5x+C$;

　　(20) $\dfrac{1}{3}\sec^3 x-\sec x+C$;

　　(21) $-\dfrac{10^{\arccos x}}{\ln 10}+C$;

　　(22) $\arctan^2\sqrt{x}+C$;

　　(23) $\dfrac{1}{2}[\ln(\tan x)]^2+C$;

　　(24) $-\ln|e^{-x}-1|+C$;

　　(25) $\arccos\dfrac{1}{|x|}+C$;

　　(26) $\dfrac{x}{\sqrt{1+x^2}}+C$;

　　(27) $\sqrt{x^2-9}-3\arccos\dfrac{3}{|x|}+C$;

　　(28) $\sqrt{2x}-\ln(1+\sqrt{2x})+C$;

　　(29) $\arcsin x-\dfrac{x}{1+\sqrt{1-x^2}}+C$;

　　(30) $\dfrac{1}{2}\left(\arcsin x+\ln|x+\sqrt{1-x^2}|\right)+C$.

3. $f(x)=2\sqrt{x+1}-1$.

习 题 4−3

1. (1) $x\arcsin x+\sqrt{1-x^2}+C$;

　　(2) $x\ln(x^2+1)-2x+2\arctan x+C$;

　　(3) $x\arctan x-\dfrac{1}{2}\ln(1+x^2)+C$;

　　(4) $-\dfrac{2e^{-2x}}{17}\left(4\sin\dfrac{x}{2}+\cos\dfrac{x}{2}\right)+C$;

　　(5) $\dfrac{1}{3}x^3\arctan x-\dfrac{1}{6}x^2+\dfrac{1}{6}\ln(1+x^2)+C$;

　　(6) $2x\sin\dfrac{x}{2}+4\cos\dfrac{x}{2}+C$;

(7) $-\dfrac{1}{2}x^2 + x\tan x + \ln|\cos x| + C$;　　　　(8) $x\ln^2 x - 2x\ln x + 2x + C$;

(9) $\dfrac{1}{2}(x^2 - 1)\ln(x - 1) - \dfrac{1}{4}x^2 - \dfrac{1}{2}x + C$;

(10) $-\dfrac{1}{x}(\ln^2 x + 2\ln x + 2) + C$;

(11) $\dfrac{x}{2}\left[\cos(\ln x) + \sin(\ln x)\right] + C$;　　　　(12) $-\dfrac{1}{x}(\ln x + 1) + C$;

(13) $\dfrac{x^{n+1}}{n+1}\left(\ln x - \dfrac{1}{n+1}\right) + C$;　　　　(14) $-(x^2 + 2x + 2)e^{-x} + C$;

(15) $-\dfrac{1}{4}x\cos 2x + \dfrac{1}{8}\sin 2x + C$;　　　　(16) $\left[\ln(\ln x) - 1\right]\ln x + C$;

(17) $\dfrac{1}{2}x^2\sin x + x\cos x - \sin x + C$;　　　　(18) $-\dfrac{1}{2}\left(x^2 - \dfrac{3}{2}\right)\cos 2x + \dfrac{x}{2}\sin 2x + C$;

(19) $x\arcsin^2 x + 2\sqrt{1 - x^2}\arcsin x - 2x + C$;

(20) $2e^{\sqrt{x}}(\sqrt{x} - 1) + C$;　　　　(21) $2\sqrt{x}\ln(1 + x) - 4\sqrt{x} + 4\arctan\sqrt{x} + C$;

(22) $\dfrac{1}{2}e^x - \dfrac{1}{5}e^x\sin 2x - \dfrac{1}{10}e^x\cos 2x + C$.

2. $\cos x - \dfrac{2\sin x}{x} + C$.

3. $\left(1 - \dfrac{2}{x}\right)e^x + C$.

习 题 4 - 4

(1) $\ln|x - 2| + \ln|x + 5| + C$;　　　　(2) $\dfrac{1}{3}x^3 - \dfrac{3}{2}x^2 + 9x - 27\ln|x + 3| + C$;

(3) $\ln|x + 1| - \dfrac{1}{2}\ln(x^2 - x + 1) + \sqrt{3}\arctan\dfrac{2x - 1}{\sqrt{3}} + C$;

(4) $\dfrac{1}{3}x^3 + \dfrac{1}{2}x^2 + x + 8\ln|x| - 4\ln|x + 1| - 3\ln|x - 1| + C$;

(5) $2\ln|x + 2| - \dfrac{1}{2}\ln|x + 1| - \dfrac{3}{2}\ln|x + 3| + C$;

(6) $\dfrac{1}{x+1} + \dfrac{1}{2}\ln|x^2 - 1| + C$;　　　　(7) $\ln|x| - \dfrac{1}{2}\ln(x^2 + 1) + C$;

(8) $\ln|x| - \dfrac{1}{2}\ln|x + 1| - \dfrac{1}{4}\ln(x^2 + 1) - \dfrac{1}{2}\arctan x + C$;

(9) $\dfrac{1}{2\sqrt{3}}\arctan\dfrac{2\tan x}{\sqrt{3}} + C$;　　　　(10) $\dfrac{1}{\sqrt{2}}\arctan\dfrac{\tan\frac{x}{2}}{\sqrt{2}} + C$;

(11) $\ln\left|1 + \tan\dfrac{x}{2}\right| + C$;　　　　(12) $\dfrac{3}{2}\sqrt[3]{(1 + x)^2} - 3\sqrt[3]{1 + x} + 3\ln\left|1 + \sqrt[3]{1 + x}\right| + C$;

(13) $\dfrac{1}{2}x^2 - \dfrac{2}{3}x\sqrt{x} + x + C$;　　　　(14) $2\sqrt{x} - 4\sqrt[4]{x} + 4\ln(\sqrt[4]{x} + 1) + C$;

(15) $x - 4\sqrt{x + 1} + 4\ln(\sqrt{1 + x} + 1) + C$;

(16) $\ln\left|\dfrac{\sqrt{1 - x} - \sqrt{1 + x}}{\sqrt{1 - x} + \sqrt{1 + x}}\right| + 2\arctan\sqrt{\dfrac{1 - x}{1 + x}} + C$　　或　　$\ln\dfrac{1 - \sqrt{1 - x^2}}{|x|} - \arcsin x + C$.

总 习 题 四

(1) $\ln|x+\sin x|+C$；

(2) $\dfrac{1}{3}\tan^3 x-\tan x+x+C$；

(3) $\ln\dfrac{\sqrt{1+e^x}-1}{\sqrt{1+e^x}+1}+C$；

(4) $\dfrac{1}{a^2+b^2}e^{ax}(a\cos bx+b\sin bx)+C$；

(5) $\dfrac{1}{2(\ln 3-\ln 2)}\ln\left|\dfrac{3^x-2^x}{3^x+2^x}\right|+C$；

(6) $\dfrac{1}{6a^3}\ln\left|\dfrac{a^3+x^3}{a^3-x^3}\right|+C$；

(7) $2\ln(\sqrt{x}+\sqrt{1+x})+C$ 或 $\ln\left|x+\dfrac{1}{2}+\sqrt{x(1+x)}\right|+C$；

(8) $\dfrac{1}{2}\ln|x|-\dfrac{1}{20}\ln(2+x^{10})+C$；

(9) $x+\ln|5\cos x+2\sin x|+C$；

(10) $\dfrac{1}{8}\left(\dfrac{1}{3}\cos 6x-\dfrac{1}{2}\cos 4x-\cos 2x\right)+C$；

(11) $\dfrac{1}{2}\ln\dfrac{\sqrt{1+x^4}-1}{x^2}+C$；

(12) $\dfrac{\sqrt{x^2-1}}{x}-\arccos\dfrac{1}{|x|}+C$；

(13) $\ln\dfrac{1-\sqrt{1-x^2}}{|x|}-\dfrac{2\sqrt{1-x^2}}{x}+C$；

(14) $\dfrac{1}{\sqrt{2}}\arctan\dfrac{\sqrt{2}\,x}{\sqrt{1-x^2}}+C$；

(15) $\dfrac{1}{2}\ln\dfrac{2-\sqrt{4-x^2}}{|x|}+C$；

(16) $x\ln(x+\sqrt{1+x^2})-\sqrt{1+x^2}+C$；

(17) $x\ln(x^2+2)-2x+2\sqrt{2}\arctan\dfrac{x}{\sqrt{2}}+C$

(18) $\dfrac{1}{4}x\sec^4 x-\dfrac{1}{4}\left(\tan x+\dfrac{1}{3}\tan^3 x\right)+C$；

(19) $x\arctan x-\dfrac{1}{2}\ln(1+x^2)-\dfrac{1}{2}(\arctan x)^2+C$；

(20) $\ln\dfrac{|x|}{\sqrt{1+x^2}}-\dfrac{\ln(1+x^2)}{2x^2}+C$；

(21) $x\tan\dfrac{x}{2}+\ln(1+\cos x)+C$；

(22) $\dfrac{x^4}{4}+\ln\dfrac{\sqrt[4]{x^4+1}}{x^4+2}+C$；

(23) $(x+1)\arctan\sqrt{x}-\sqrt{x}+C$；

(24) $\dfrac{1}{4}(\arcsin x)^2+\dfrac{x}{2}\sqrt{1-x^2}\arcsin x-\dfrac{x^2}{4}+C$；

(25) $\dfrac{1}{3}\ln(2+\cos x)-\dfrac{1}{2}\ln(1+\cos x)+\dfrac{1}{6}\ln(1-\cos x)+C$；

(26) $\dfrac{1}{6}\ln\left(\dfrac{x^2+1}{x^2+4}\right)+C$；

(27) $\dfrac{1}{2}\ln\dfrac{x^2+x+1}{x^2+1}+\dfrac{\sqrt{3}}{3}\arctan\dfrac{2x+1}{\sqrt{3}}+C$；

(28) $\ln\dfrac{x}{(\sqrt[6]{x}+1)^6}+C$.

习 题 5-1

1. (1) $\dfrac{1}{2}(b^2-a^2)$；　　(2) $e-1$.

2. (1) $\dfrac{\pi a^2}{4}$；　　　　(2) 1；　　　　(3) 0；　　　　(4) 0.

3. (1) $\displaystyle\int_0^1 x^2\,dx\geqslant\int_0^1 x^3\,dx$；

(2) $\displaystyle\int_1^2 x^2\,dx\leqslant\int_1^2 x^3\,dx$；

(3) $\displaystyle\int_1^2 e^x\,dx\geqslant\int_1^2 e^{-x}\,dx$；

(4) $\displaystyle\int_1^2\ln x\,dx\geqslant\int_1^2\ln^2 x\,dx$.

4. (1) $[1,2^{\frac{4}{3}}]$；　　(2) $\left[-\dfrac{2}{e},0\right]$；　　(3) $[-2e^2,-2e^{-\frac{1}{4}}]$.

习 题 5 - 2

1. (1) $\arctan x$； (2) $-\dfrac{1}{1+x^4}$； (3) $\dfrac{e^x}{2\sqrt{x}}$； (4) $\dfrac{1}{3\sqrt[3]{x^2}}\ln(1+x^2)-\dfrac{1}{2\sqrt{x}}\ln(1+x^3)$.

2. $\dfrac{dy}{dx}=\dfrac{-\sin x}{e^y}$.

3. $x=0$.

4. (1) $\dfrac{e-1}{e}$； (2) $\dfrac{\pi}{12}$； (3) $\dfrac{301}{6}$； (4) $\dfrac{\pi}{6}$；

  (5) $\dfrac{\pi}{3a}$； (6) -1； (7) $\ln 2$； (8) $1-\dfrac{\pi}{4}$；

  (9) 2； (10) $\dfrac{4}{3}$； (11) $\dfrac{8}{3}$.

5. (1) $\dfrac{1}{2e}$； (2) 2.

6. $\Phi(x)=\begin{cases}0, & x<0,\\[2mm] \dfrac{1}{2}(1-\cos x), & 0\leqslant x<\pi,\\[2mm] 1, & x\geqslant\pi.\end{cases}$

7. 略.

习 题 5 - 3

1. (1) $\dfrac{2\sqrt{3}}{3}$； (2) $\dfrac{\pi}{2}-\dfrac{4}{3}$； (3) $\dfrac{\pi}{2}$； (4) $\sqrt{2}-\dfrac{2\sqrt{3}}{3}$；

  (5) $\dfrac{\pi}{12}$； (6) $7+\ln 2$； (7) $1-\dfrac{1}{\sqrt{e}}$； (8) $2\sqrt{3}-2$；

  (9) $1-\dfrac{2}{e}$； (10) $\pi-2$； (11) $\dfrac{1+2e^3}{9}$； (12) $\dfrac{e^\pi-2}{5}$；

  (13) $\dfrac{2\pi}{3}-\dfrac{\sqrt{3}}{2}$； (14) $2-\dfrac{2}{e}$； (15) $\dfrac{8}{15}$； (16) $2\sqrt{2}$.

2. (1) 0； (2) $\dfrac{3\pi}{8}$； (3) $\dfrac{2}{3}\left(\dfrac{\pi}{6}\right)^3$； (4) 0.

3. ～ 4. 略.

5. 略. 提示：$\displaystyle\int_a^{a+l}f(x)dx=\int_a^0 f(x)dx+\int_0^l f(x)dx+\int_l^{a+l}f(x)dx$.

习 题 5 - 4

1. (1) 发散； (2) 收敛，1； (3) 收敛，$\dfrac{1}{2}$； (4) 收敛，$\dfrac{\pi}{4}+\dfrac{1}{2}\ln 2$；

  (5) 收敛，$\dfrac{\omega}{p^2+\omega^2}$； (6) 收敛，$\pi$； (7) 发散； (8) 收敛，2；

  (9) 发散； (10) 发散； (11) 收敛，1； (12) 发散；

  (13) 收敛，$\dfrac{8}{3}$； (14) 收敛，$\dfrac{\pi}{2}$.

2. $k>1$ 时收敛，$k\leqslant 1$ 时发散.

习　题　5 - 5

1. (1) 收敛；　　　　(2) 收敛；　　　　(3) 收敛；　　　　(4) 发散；

(5) 收敛；　　　　(6) 收敛；　　　　(7) 收敛；　　　　(8) 收敛.

2. (1) $\dfrac{1}{n}\Gamma\left(\dfrac{1}{n}\right),n>0$；　　　　　　　　(2) $\Gamma(p+1),p>-1$；

(3) $\dfrac{1}{|n|}\Gamma\left(\dfrac{m+1}{n}\right),\dfrac{m+1}{n}>0$.

3. 略.

习　题　5 - 7

1. (1) $\dfrac{1}{6}$；　　　　(2) 2；　　　　(3) 1；　　　　(4) $\ln 2-\dfrac{1}{2}$；

(5) $\dfrac{32}{3}$；　　　　(6) πa^2；　　　　(7) $\dfrac{3\pi a^2}{8}$；　　　　(8) $\dfrac{5\pi}{4}$.

2. (1) $\dfrac{\pi}{5}$；　　　　(2) $\dfrac{4\pi}{5}$；　　　　(3) $\dfrac{4\pi ab^2}{3},\dfrac{4\pi a^2 b}{3}$；　　　　(4) $\dfrac{\pi^2}{2},2\pi^2$.

3. $\dfrac{1}{6}\pi h[2(ab+AB)+aB+bA]$.

4. $\dfrac{\sqrt{3}}{2}$.

5. (1) $\dfrac{p}{2}[\sqrt{6}+\ln(\sqrt{2}+\sqrt{3})]$；　　　　(2) $2\pi^2 a(a>0)$；

(3) $6a$；　　　　　　　　　　　　(4) $8a$.

习　题　5 - 8

1. $18k$.

2. 约为 1.63×10^{11} kJ.

3. $(\sqrt{2}-1)$ cm.

4. 2 560 N.

5. 18 000 N.

6. 引力大小为 $\dfrac{2Gm\rho}{R}\sin\dfrac{\varphi}{2}$，方向沿着质点与圆弧中心的连线.

总　习　题　五

1. (1) 必要,充分；　　　(2) 一定；　　　(3) 收敛.

2. (1) $\dfrac{2}{3}(2\sqrt{2}-1)$；　　(2) $2\ln 2-1$；　　　(3) $af(a)$.

3. $\Phi(x)=\begin{cases}\dfrac{x^3}{3}, & 0\leqslant x<1,\\[2mm]\dfrac{x^2}{2}-\dfrac{1}{6}, & 1\leqslant x\leqslant 2,\end{cases}$ 在$(0,2)$内连续.

4. $f(x)=\mathrm{e}^{2x}$.

5. (1) $\dfrac{4}{5}$；　　　　　　　　　　(2) $7\ln 2-6\ln(\sqrt[6]{2}+1)$；

(3) $\dfrac{\pi}{4} + \sqrt{2} - 2$;

(4) $\dfrac{253}{12}$;

(5) $\dfrac{\pi}{4}$;

(6) $\dfrac{\pi}{2\sqrt{2}}$.

6. (1) 不正确, 原因略;　　　　　　　(2) 不正确, 原因略.

7. 略.

8. (1) $\dfrac{\pi}{2}$;　　　　(2) $\dfrac{1}{\lambda^2}$;　　　　(3) $-\dfrac{\pi}{2}\ln 2$;　　　　(4) $\dfrac{8}{3}$.

9. (1) 收敛;　　　　(2) 收敛;　　　　(3) 收敛;　　　　(4) 收敛.

10. $\dfrac{5\pi}{4} - 2$.

11. $\dfrac{1\,024}{35}\pi$.

12. $\sqrt{6} + \ln(\sqrt{2} + \sqrt{3})$.

13. 57 697.5 kJ.

14. 1.65 N.

15. 引力的水平分力为 $F_x = \dfrac{3}{5}Ga^2$, 垂直分力为 $F_y = \dfrac{3}{5}Ga^2$.

习 题 6-1

1. (1) 一阶, 非线性;　(2) 二阶, 非线性;　(3) 一阶, 线性;　　(4) 二阶, 线性;

(5) 一阶, 非线性;　(6) 四阶, 线性.

2. (1) $y' = x^2$;　　　　　　　　(2) $(y - xy')^2 = 2a^2 \,|\, y' \,|$;

(3) $yy' + 2x = 0$.

3. 验证略, $x = A\cos kt$.

4. (1) $y = x^2 + C$;　(2) $y = x^2 + 3$;　(3) $y = x^2 + 4$;　(4) $y = x^2 + \dfrac{5}{3}$.

习 题 6-2

1. (1) $e^y = e^x + C$;

(2) $\arcsin y = \arcsin x + C$;

(3) $x - y + \ln |xy| = C$;

(4) $3x^4 + 4(y+1)^3 = C$;

(5) $y = e^{Cx}$;

(6) $(1 - Cx)y = 1$;

(7) $(1 + x^2)(1 + y^2) = Cx^2$;

(8) $\sin x \sin y = C$.

2. (1) $y = \tan(x + C) - x$;

(2) $\tan(x + y) = x + C$;

(3) $(x - y)^2 = -2x + C$;

(4) $y = \dfrac{1}{x}e^{Cx}$.

3. (1) $y = \dfrac{1}{1 - \sin x}$;

(2) $(x^2 + 3)\sin y = 4$;

(3) $y = e^x$;

(4) $\dfrac{1}{y} = 1 + \ln(x + 1)$;

(5) $(e^x + 1)\sec y = 2\sqrt{2}$;

(6) $x^2 y = 4$.

4. $xy = 6$.

习 题 6-3

1. (1) $\ln \sqrt{x^2 + y^2} + \arctan \dfrac{y}{x} = C$;

(2) $y = xe^{Cx+1}$;

(3) $y + \sqrt{y^2 - x^2} = Cx^2$;

(4) $y = -x\ln\ln\dfrac{C}{x}$;

(5) $y = Ce^{-\frac{x^2}{2y^2}}$;

(6) $x + 2ye^{\frac{x}{y}} = C$.

2. (1) $y^2 - 2xy = 0$;

(2) $x^3 - 2y^3 + x = 0$;

(3) $y = 0$;

(4) $y^3 = y^2 - x^2$.

*3. (1) $\ln[4y^2 + (x-1)^2] + \arctan\dfrac{2y}{x-1} = C$;

(2) $\left(y - \dfrac{1}{3}\right)^2 - \left(x + \dfrac{1}{3}\right)\left(y - \dfrac{1}{3}\right) + \left(x + \dfrac{1}{3}\right)^2 = C$;

(3) $(4y - x - 3)(y + 2x - 3)^2 = C$;

(4) $x + 3y + 2\ln|x + y - 2| = C$.

习 题 6 - 4

1. (1) $y = (x+1)^2\left[\dfrac{2}{3}(x+1)^{\frac{3}{2}} + C\right]$;

(2) $y = C\cos x - 2\cos^2 x$;

(3) $y = \dfrac{1}{3}x^2 + \dfrac{3}{2}x + 2 + \dfrac{C}{x}$;

(4) $y = \dfrac{\sin x + C}{x^2 - 1}$;

(5) $y = Ce^{-x} + \dfrac{1}{2}e^x$;

(6) $y = (x^2 + 1)(x + C)$;

(7) $y = (4x + C)e^{-x^2}$;

(8) $x = y^2(C - \ln y)$.

2. (1) $y^2 = \ln\dfrac{1}{3}(x^2 - 1)$;

(2) $x = \left(\dfrac{y^2}{2} + 1\right)e^{-y^2}$;

(3) $y = \dfrac{\pi - 1 - \cos x}{x}$;

(4) $x = \dfrac{1}{2}(y^3 + y^2)$;

(5) $3y = 2 + e^{-3x}$;

(6) $y = \dfrac{x}{\cos x}$.

3. $y = 2(e^x - x - 1)$.

4. $i = \left[e^{-5t} + \sqrt{2}\sin\left(5t - \dfrac{\pi}{4}\right)\right]$ A.

5. (1) $\dfrac{1}{y} = \dfrac{C}{x^6} + \dfrac{x^2}{8}$;

(2) $\dfrac{1}{y} = x\left(-\dfrac{a}{2}\ln^2 x + C\right)$;

(3) $y^2(Ce^{x^2} + x^2 + 1) = 1$;

(4) $(Ce^{4x} - 1)y = 4$.

习 题 6 - 5

1. (1) $y = \dfrac{x^4}{24} + \cos x + C_1 x^2 + C_2 x + C_3$;

(2) $9(y + C_2)^2 = 4(x + C_1)^3$;

(3) $y + C_1\ln|y| = x + C_2$;

(4) $y = \cos(x - C_1) + C_2$;

(5) $y = C_1 e^x - \dfrac{1}{2}x^2 - x + C_2$.

2. (1) $y = \ln|x| + 1$;

(2) $y = \sqrt{2x - x^2}$;

(3) $y = \left(\dfrac{1}{2}x + 1\right)^4$;

(4) $y = \ln(\text{ch } x)$.

3. $y = \dfrac{x^3}{6} + \dfrac{x}{2} + 1$.

习 题 6 - 6

1. (1) 线性相关；   (2) 线性相关；   (3) 线性无关；   (4) 线性无关；
   (5) 线性无关；   (6) 线性无关.

2. 略.

* 3. $y = C_1 e^x + C_2 e^{-x} - \dfrac{1}{2} \cos x$；

习 题 6 - 7

1. (1) $y = C_1 e^{2x} + C_2 e^{-2x}$；
   (2) $y = (C_1 + C_2 x) e^{-\frac{x}{2}}$；
   (3) $y = e^{-3x}(C_1 \cos 2x + C_2 \sin 2x)$；
   (4) $y = C_1 e^x + C_2 e^{-x} + C_3 \cos x + C_4 \sin x$；
   (5) $y = C_1 e^x + C_2 e^{-x} + C_3 e^{2x} + C_4 e^{-2x}$；
   (6) $y = e^{-\frac{x}{2}} \left(C_1 \cos \dfrac{\sqrt{3}}{2} x + C_2 \sin \dfrac{\sqrt{3}}{2} x \right)$；
   (7) $y = C_1 + C_2 x + C_3 x^2 + C_4 e^{2x} + C_5 e^{-2x}$；
   (8) $x = (C_1 + C_2 t) e^{\frac{5}{2} t}$.

2. (1) $y = 4 e^x + 2 e^{3x}$；
   (2) $y = -e^x + e^{-3x}$；
   (3) $y = e^x + e^{-x}$；
   (4) $y = 2 \cos 5x + \sin 5x$.

3. $x = b \cos \sqrt{\dfrac{g}{a}} t$. 提示：胡克定律及牛顿第二定律.

习 题 6 - 8

1. (1) $y = -x + C_1 e^x + C_2 e^{-x}$；
   (2) $a \neq 0$ 时 $y = C_1 e^{ax} + C_2 e^{-ax} - \dfrac{1}{a^2}(x+1)$，$a = 0$ 时 $y = C_1 + C_2 x + x^2 \left(\dfrac{1}{6} x + \dfrac{1}{2} \right)$；
   (3) $y = C_1 + C_2 e^{-x} + \dfrac{x}{3}(x^2 - 3x - 3)$；
   (4) $y = 2x^2 e^{3x} + C_1 e^{3x} + C_2 x e^{3x}$；
   (5) $y = -x + \dfrac{1}{3} + C_1 e^{-x} + C_2 e^{3x}$；
   (6) $y = \left(-\dfrac{1}{2} x - 1 \right) x e^{2x} + C_1 e^{2x} + C_2 e^{3x}$；
   (7) $y = C_1 e^x + C_2 e^{-2x} - \dfrac{2}{5} \cos 2x - \dfrac{6}{5} \sin 2x$；
   (8) $y = C_1 \cos x + C_2 \sin x - \dfrac{1}{2} x \cos x + \dfrac{1}{3} \cos 2x$；
   (9) $y = C_1 \cos 3x + C_2 \sin 3x - \dfrac{1}{12} x^2 \cos 3x + \dfrac{1}{36} x \sin 3x$；
   (10) $y = e^x (C_1 \cos 2x + C_2 \sin 2x) - \dfrac{1}{4} x e^x \cos 2x$.

2. (1) $y = \dfrac{1}{3}(e^{3x} - \cos 3x - \sin 3x)$；
   (2) $y = -\cos x - \dfrac{1}{3} \sin x + \dfrac{1}{3} \sin 2x$；
   (3) $y = -\dfrac{3}{20} e^x + \dfrac{1}{12} e^{3x} - \dfrac{1}{30} \sin 3x + \dfrac{1}{15} \cos 3x$；
   (4) $y = -e^{-x} + e^x + x(x-1) e^x$.

3. $s = H - \dfrac{m^2}{k^2} g + \dfrac{m^2}{k^2} g e^{-\frac{k}{m} t} + \dfrac{mg}{k} t$.

习 题 6 - 9

(1) $x = C_1 t + C_2 t^{-1}$；
(2) $y = C_1 x^2 + C_2 x^3 + \dfrac{1}{2} x$；

(3) $y = C_1 x + C_2 x \ln |x| + C_3 x^{-2}$; (4) $y = C_1 x^2 + C_2 x^2 \ln x + x + \dfrac{1}{6} x^2 \ln^3 x$;

(5) $y = x[C_1 \cos(\ln x) + C_2 \sin(\ln x)] + 9x \ln x \cdot \sin(\ln x)$;

(6) $y = C_1 x + C_2 x^2 + \dfrac{1}{2}(\ln^2 x + \ln x) + \dfrac{1}{4}$.

习 题 6-10

1. (1) $\begin{cases} y(x) = C_1 e^x + C_2 e^{-x}, \\ z(x) = C_1 e^x - C_2 e^{-x}; \end{cases}$ (2) $\begin{cases} x(t) = C_1 e^t + C_2 e^{-t} + C_3 \cos t + C_4 \sin t, \\ y(t) = C_1 e^t + C_2 e^{-t} - C_3 \cos t - C_4 \sin t; \end{cases}$

(3) $\begin{cases} x(t) = C_1 \cos t + C_2 \sin t + e^t, \\ y(t) = -C_1 \sin t + C_2 \cos t + e^t - 1; \end{cases}$ (4) $\begin{cases} x(t) = \dfrac{1}{2}[(C_1 + C_2)\cos t + (C_2 - C_1)\sin t] + e^{-2t}, \\ y(t) = (C_1 \cos t + C_2 \sin t) e^{-2t}. \end{cases}$

2. (1) $\begin{cases} x = \sin t, \\ y = \cos t; \end{cases}$ (2) $\begin{cases} x = 3 - 2\cos t, \\ y = 2\sin t; \end{cases}$ (3) $\begin{cases} x = \cos t, \\ y = \sin t; \end{cases}$ (4) $\begin{cases} x = e^t, \\ y = 4e^t. \end{cases}$

总 习 题 六

1. (1) B; (2) C; (3) D; (4) C;

(5) A; (6) B.

2. (1) $\sin x \sin y = C$; (2) $\ln \dfrac{y}{x} = Cx + 1$;

(3) $\dfrac{1}{y} = -\sin x + C e^x$; (4) $y'' - 3y' + 2y = 0$;

(5) $y = 3e^{-2x} \sin 5x$; (6) $\lambda = -1 \pm 2i$;

(7) $y^* = x(A\cos x + B\sin x)$; (8) $y = C_1 e^{x^2} + C_2 x e^{x^2}$.

3. (1) $4x + y + 1 = 2\tan(2x + C)$; (2) $(x + y)^2 = C e^{x-y} - 1$;

(3) $y = \dfrac{1}{x}(1 + C e^{-x})$; (4) $y^3 = \dfrac{x^3}{3} + \dfrac{C}{x^6}$;

(5) $C_1 x = e^{\arctan y} + C_2$; (6) $y = (C_1 + C_2 x) e^x + x + 2$;

(7) $y = C_1 e^x + C_2 e^{3x} + \dfrac{1}{2} x e^{3x} + \dfrac{1}{5}\cos x + \dfrac{1}{10}\sin x$.

4. (1) $(x-4)y^4 = -48x$; (2) $y = \dfrac{3}{5}(4\cos 2x + 2\sin 2x + e^x)$;

(3) $y = e^{-x} - e^{4x}$; (4) $y = 2 - e^{-x} + x(x-1)e^{-x}$.

5. $y = \ln\cos\left(\dfrac{\pi}{4} - x\right) + 1 + \dfrac{1}{2}\ln 2, x \in \left(-\dfrac{\pi}{4}, \dfrac{3\pi}{4}\right)$.

提示:向上凸的连续曲线有 $y'' < 0$,由题设曲率得微分方程 $y'' = -(1 + y'^2)$.

6. $x = -\dfrac{mg}{k} t + \left(\dfrac{mv_0}{k} + \dfrac{m^2 g}{k^2}\right)(1 - e^{-\frac{k}{m}t})$,其中 x 为该物体在 t 时刻的位移.

参考文献

[1] 同济大学数学系. 高等数学：上[M]. 7 版. 北京：高等教育出版社，2014.

[2] 马知恩，王绵森. 高等数学简明教程：上[M]. 北京：高等教育出版社，2009.

[3] 黄立宏. 高等数学：上[M]. 北京：北京大学出版社，2018.

图书在版编目（CIP）数据

高等数学. 上/兰州理工大学数学教学部编著. —北京：北京大学出版社，2021.9
ISBN 978-7-301-32397-7

Ⅰ. ① 高…　Ⅱ. ① 兰…　Ⅲ. ① 高等数学—高等学校—教材　Ⅳ. ① O13

中国版本图书馆 CIP 数据核字(2021)第 158146 号

书　　　　名	高等数学（上）
	GAODENG SHUXUE（SHANG）
著作责任者	兰州理工大学数学教学部　编著
责 任 编 辑	曾琬婷
标 准 书 号	ISBN 978-7-301-32397-7
出 版 发 行	北京大学出版社
地　　　　址	北京市海淀区成府路 205 号　100871
网　　　　址	http://www.pup.cn
电 子 信 箱	zpup@pup.cn
新 浪 微 博	@北京大学出版社
电　　　　话	邮购部 010-62752015　发行部 010-62750672　编辑部 010-62754819
印 刷 者	长沙超峰印刷有限公司
经 销 者	新华书店
	787 毫米×1092 毫米　16 开本　18.25 印张　456 千字
	2021 年 9 月第 1 版　2021 年 9 月第 1 次印刷
定　　　　价	49.80 元